U0579890

天文与艺术

科学家笔下的天象奇观

[英]贾尔斯·斯帕罗　著
闫文驰　译

北京出版集团
北京美术摄影出版社

Published by arrangement with Thames & Hudson Ltd, London
Phaenomena: Doppelmayr's Celestial Atlas © 2022 Thames & Hudson Ltd, London
Foreword © 2022 Martin Rees
Text © 2022 Giles Sparrow
For copyright information, see page 253
Designed by Daniel Streat, Visual Fields
This edition first published in China in 2025 by BPG Artmedia (Beijing) Co., Ltd Beijing
Simplified Chinese edition © 2025 BPG Artmedia (Beijing) Co., Ltd

图书在版编目（CIP）数据

天文与艺术 ： 科学家笔下的天象奇观 / （英） 贾尔斯・斯帕罗著 ； 闫文驰译． -- 北京 ： 北京美术摄影出版社， 2025． 3． -- ISBN 978-7-5592-0684-8

Ⅰ． P1-49

中国国家版本馆 CIP 数据核字第 2024W7H757 号

北京市版权局著作权合同登记号：01-2024-0753

责任编辑：罗晓荷
责任印制：彭军芳
封面设计：赵英凯
版式设计：金彩恒通

天文与艺术
科学家笔下的天象奇观
TIANWEN YU YISHU

[英] 贾尔斯・斯帕罗 著
闫文驰 译

出　版　北 京 出 版 集 团
　　　　北京美术摄影出版社
地　址　北京北三环中路6号
邮　编　100120
网　址　www.bph.com.cn
总发行　北京出版集团
发　行　京版北美（北京）文化艺术传媒有限公司
经　销　新华书店
印　刷　广东省博罗县园洲勤达印务有限公司
版印次　2025年3月第1版第1次印刷
开　本　787毫米 × 1092毫米　1/8
印　张　32
字　数　185千字
书　号　ISBN 978-7-5592-0684-8
审图号　GS（2024）3659号
定　价　398.00元

如有印装质量问题，由本社负责调换
质量监督电话　010-58572393

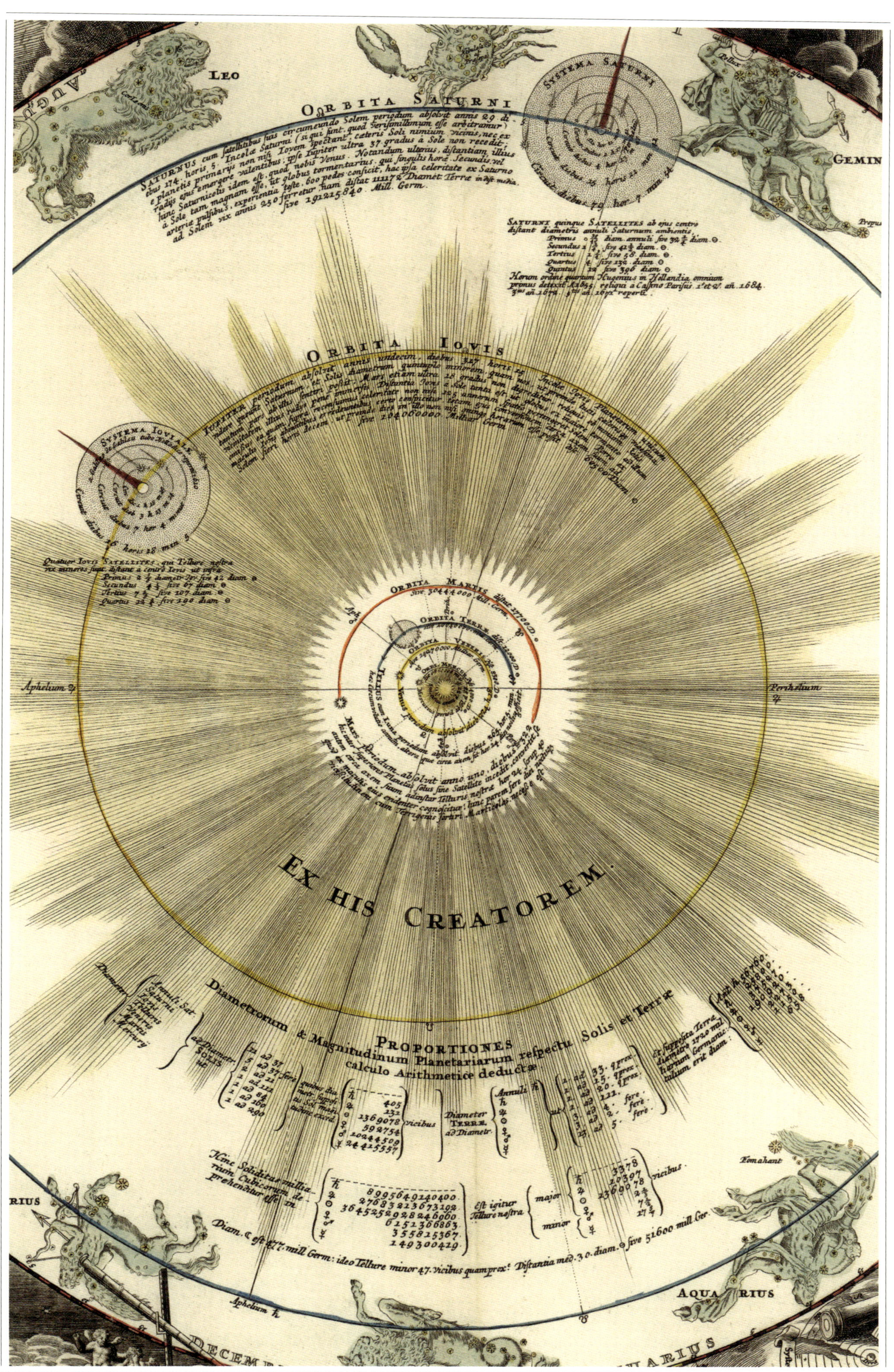
LEO
ORBITA SATURNI
SYSTEMA SATURNI
GEMIN
ORBITA IOVIS
SYSTEMA IOVIALE
ORBITA MARTIS
ORBITA TERRÆ
Aphelium ♃
Perihelium ♃
EX HIS CREATOREM.
Diametrorum & Magnitudinum Planetariarum respectu Solis et Terræ
PROPORTIONES
calculo Arithmetice deductæ
Fomahant
AQUARIUS

PLANISPHÆRI
ÆSTUS MARIS PER MOTUM LUNÆ
R. DES CARTES
AQUARIUS
PISCES
ARIES
TAURUS
Triangulum
Caput Medusæ
Andromeda
Pegasus
Equuleus
Delphinus
CAPRICORNUS
Cassiopea
Cepheus
Cygnus
Antinous
Perseus
Capella
Auriga
Erichtonius
Aquila
SAGITTARIUS
Lira
Stella Polaris
Circulus Arcticus
Colurus
Solstitiorum
Polus Arct.
Vrsa minor
Engonasi
Hercules
GEMINI
Castor
Pollux
Vrsa maior
Calisto
Dubhe
Draco
Corona Bor.
Serpentarius
Ophiuchus
Coma Berenices
Bootes
Serpens
Arcturus
CANCER
SCORPIUS
LEO
Tropicus
VIRGO
LIBRA
Regulus
ILLUMINATIO LUNÆ PER SOLEM

CŒLESTE
PISCES
ARIES
AQUARIUS
Cetus, Balena
CAPRICORNUS
Piscis notius
Fomahant
Phœnix
Grus
Indus
TAURUS
Fluvius Eridanus
Orion
Lepus
Colomba Noe
Hydra
Pauo
Corona australis
Apous Indica
Cameleon
Musca
Canis maior Sirius
GEMINI
SAGITTARIUS
SCORPIUS
Ara, Thuribulum
Canicula Procyon
Argo Navis
Fera, Lupus
Centaurus
CANCER
Hydra
Tropicus Capricorni
LIBRA
Crater Vas
LEO
Corvus
VIRGO
Circulus Æquinoctialis
Spica Virginis
HYPOTHESIS TYCHONICA
P. LANSBERGII SCHEMA
MOTUS TERRÆ ANNUI CIRCA SOLEM
Controversia. Secunda.
Amstelodami apud Fredericum de Wit

目录

*本书插图系原书插图

序

马丁·里斯

（英国皇家天文学家）

繁星点点的天空是我们生活的环境中最具世界性的特征。在人类历史上，人们始终满怀敬畏地仰望着天穹。而今的一些广为人知的星座的名称，仍回响着古时的余韵。在久远的古代，人们早已知晓月球绕着地球运动，而且比太阳离地球更近。行星以“恒定的星”为背景进行的令人费解的运动也引发了古人的思考。在公元2世纪，托勒密（Ptolemy，约90—168）的地心宇宙体系就已经建立了。

在之后的许多个世纪里，“地心说”被不断改进。为了使它能与日益精确的数据相符合，人们在原有的模型里增添了一个又一个本轮（epicycle）和偏心匀速圆。大科学家第谷·布拉赫（Tycho Brahe，1546—1601）甚至提出了一个比原有模型更复杂的改进模型。最终，尼古拉·哥白尼（Nicolaus Copernicus，1473—1543）的日心体系取得了压倒性优势。其后，约翰内斯·开普勒（Johannes Kepler，1571—1630）发现行星轨道实际上是椭圆而不是正圆，给哥白尼的日心模型也增加了一些复杂性。不过，由于那时人们尚不能深入理解行星沿其特定轨道运动背后的原理，与之竞争的其他模型依然有一些市场。直到艾萨克·牛顿（Isaac Newton，1643—1727）在1687年提出万有引力理论，人们才明白，行星的椭圆形轨道以及它们的运动速度，都是太阳的引力牵拉导致的自然结果。

图1—1. 荷兰画家奥利维尔·范德伦（Olivier van Deuren）的《一位年轻的天文学家》（*A Young Astronomer*）大约创作于1685年。画作的主体配备了启蒙时代天文学的关键工具——星图、天球仪和一个用来测量天空中的角度和位置的小象限仪。在当时的荷兰，描绘类似人物的画作为数不少，反映出一个对天空的理解被精确测量所改变的时代的魅力。

图1—1

在《天图》（*Atlas Coelestis*）一书中，约翰·加布里尔·多佩尔迈尔（Johann Gabriel Doppelmayr，1677—1750）用他高超的技艺，展示了18世纪初期人们关于宇宙方方面面的观念。书中插图华丽丰富的装饰，反映出目标读者的文化广度和审美情趣。这类风格的作品能够备受赞赏，正说明当时的知识精英在文化领域的涉猎之广泛。英国皇家学会（The Royal Society）最早的一批成员都是博学之士，其他国家类似身份的学者也是如此。他们不仅身处当时的文化金字塔的顶端，而且深深着迷于宇宙学和旅行者带来的关于遥远大陆的故事。南半球尚且模糊的轮廓，也被多佩尔迈尔绘制在本书中的地图和地球仪上。而在他所画的天图上，有最醒目的恒星，以及彗星的轨迹和木星卫星、土星卫星的轨道。原则上，航海家可以观测到这些卫星，并将它们的运动当作“宇宙时钟”。

测量太阳系的真实尺度是一件非常困难的事情。最佳测量方法需要一种相当罕见的天文现象——金星穿越太阳表面的“凌日”（transit）现象。为此，一些官方资助的探险队远赴太平洋小岛，观测了1761年和1769年的金星凌日。

甚至早在16世纪，焦尔达诺·布鲁诺（Giordano Bruno，1548—1600）就曾猜测，恒星就是“其他的太阳”。它们的光芒如此暗弱，意味着它们比所有的行星都要远得多得多。不过，直到很久以后，恒星遥远的距离才得到确证。到了18世纪，在托马斯·赖特（Thomas Wright，1711—1786）的启发下，伊曼纽尔·康德（Immanuel Kant，1724—1804）等人提出，银河系是一个盘状或片状的恒星集合体。直到20世纪20年代，事实才明确了：我们生活的星系拥有超过1000亿颗恒星，并且围绕着位于中心的核区转动。而一些暗淡模糊的“星云”（nebula），例如所谓“仙女座星云”，实际上是和我们的星系完全平起平坐的天体系统。在现代望远镜的观测范围内，能看到数十亿个类似的星系。

图1—2

图1—2. 自《天图》创作的年代以来，天文学的技术已经发展到令人难以置信的地步。现代的观星者能够从遥远的行星、恒星和星系的光线中提取惊人的信息，甚至不需要亲自看望远镜一眼。然而，宇宙的图像——比如哈勃空间望远镜（Hubble Space Telescope）所拍到的这个遥远的星系——仍然有力量让想象力飞扬，这是单靠数据无法办到的。

在19世纪中期，多数人还相信，天上的星星是由不同于构成物质世界的土、气、火、水四大元素的“第五元素”构成的。弄清恒星为什么闪烁着特定颜色的光芒，还要等到约瑟夫·冯·夫琅禾费（Joseph von Fraunhofer，1787—1826）和他的后任使用光谱学方法——先是对太阳光，之后是星光。直到20世纪，人们才认识到，恒星主要以其内部的核聚变为能量来源，并且也具有生命周期。

如果多佩尔迈尔生活在现代，他在创作这样的天图时，一定会画上猎户星云（Orion Nebula）这样的发射星云。那里有新的恒星诞生，也有以超新星爆发为信号的恒星之死。这些极为猛烈的爆炸将“处理过的”物质抛回太空。这些物质与那里的星云气体混合，随后凝结成新的恒星。太阳也是这样的一颗恒星。我们是死了很久的恒星的余烬，或者，用不那么浪漫的话说，我们是使恒星发光的燃料留下的“核废料”。人的身体包含了整个银河系中许多不同的恒星以原初氢铸成的原子。这些恒星在超过50亿年前就已生存并死亡，而那时太阳尚未形成。我们与恒星的联系之密切是占星术师不能想象的。

在多佩尔迈尔最引人注目的画作中，有几幅的主题是从地球以外的其他行星的视角所见的太阳系样貌。或许，他想都不曾想过，在300年后，我们能够向这些“其他的世界”发送探测器，还能以比在他的有生之年对地球南半球的描绘高得多的精度测绘这些世界的表面。

如果多佩尔迈尔和他的读者生活在今天，有哪些变革性的进步能够吸引他们呢？他们肯定会在知道宇宙极为漫长的寿命时啧啧称奇。部分地由于神学讨论的影响，18世纪思想家所知的“年代学”是颇具局限性的。在19世纪，查理·达尔文（Charles Darwin，1809—1882）和地质学家们指出，地球有至少几千万年的历史。但在20世纪，人们认识到，核能可以为太阳和其他恒星提供数十亿年的燃料，而来自最遥远的可观测星系的光线花了100多亿年才到达我们身边。今天，宇宙的起源可以追溯到138亿年前，万物在那时都挤在一个比恒星的中心更炽热的致密火球里。

我认为，他们也会被关于外星生命可能性的新观点所吸引。空间探测器证实了月球和其他行星都是些荒芜的不毛之地，这与克里斯蒂安·惠更斯（Christiaan Huygens，1629—1695）、威廉·赫歇尔（William Herschel，1738—1822）等科学家猜想的相反。但最近25年的新发现表明，大多数恒星周围都环绕着一批行星扈从，就像太阳被地球和太阳系的其他行星所环绕一样。这也许又会使他们为之一振。在银河系内，有数以百万计的与地球类似的“系外侧行星”，但在它们之上存在生命吗？至少对我来说，这是整个科学领域中最令人激动也最具挑战性的问题，它与人类的意义和命运息息相关。成功探索外星生命需要整合数学、物理学、化学和生物学等多种学科，也需要进行文化研究。好奇与探索未知的精神曾激励着多佩尔迈尔在《天图》中颂扬博识者，这种精神正在复苏。

白羊座
金牛座
双子座
巨蟹座
狮子座
室女座
天秤座
天蝎座
人马座
摩羯座
宝瓶座
双鱼座

引　言

约翰·加布里尔·多佩尔迈尔的《天图》是欧洲启蒙运动时期天文学领域中最引人注目的艺术和科学成就之一。在30幅精美绝伦的图页上，作者汇集并解释了当时的天文科学中的许多知识，包括行星的运动和日食、月食的时间，以及彗星和遥远恒星的特性。德国纽伦堡的大制图商霍曼继承人（Homann Heirs）于1742年出版了该书。书中整理了过去几十年为之前的世界地图集创作的插图，也加入了专门为该书绘制的图页。这些插图和图页的总和是一扇无与伦比的窗口，使我们能够窥见启蒙运动的宇宙观：世界已不再被自古典时代以来一直存在诸多错误的理论笼罩，但许多问题仍未得到解答。

从21世纪远眺往昔，多佩尔迈尔的时代看起来风平浪静，已经把16世纪后期到17世纪初期席卷天文界的动荡抛在了身后。“哥白尼革命”将地球拉下了宇宙中心的特权宝座，

图2—1. 生于德国的荷兰制图师安德烈亚斯·策拉留斯（Andreas Cellarius）于1660年创作了星图《和谐大宇宙》（*Harmonia Macrocosmica*）。在卷首插图中，他描绘了参加希腊神话中司天文的缪斯女神乌剌尼亚（Urania）举办的关于宇宙本质的辩论中的关键人物。画中人有第谷·布拉赫（前排最左）、尼古拉·哥白尼（前排最右）和亚历山大港（Alexandria）的托勒密（后排最左）。

图2—1

把它变成了围绕太阳运行的几颗行星之一。想到这件事，我们很容易认为转变始于尼古拉·哥白尼在他去世的那一年出版的专著《天球运行论》（*On the Revolutions of the Heavenly Spheres*），并在罗马教廷于1633年对伽利略·伽利雷（Galileo Galilei，1564—1642）的审判中达到高潮。尽管受到了教会的谴责，但在一切能理性思考的人的心目中，伽利略的发现和理论从那时起就已经扎根了。

事实真相当然要复杂得多。唯其如此，几乎在哥白尼过世整200年后出版的《天图》一书，依然长篇累牍地探讨了各种其他宇宙体系。

当人们通过望远镜发现金星像月亮一样的相位变化，以及围绕木星转动的卫星等种种事实时，一个万事万物都绕着地球转的宇宙观开始站不住脚了。而适用于天上地下的整个物理学体系，虽然2000年来几乎未曾遭到挑战，此时也开始崩塌。中世纪的伊斯兰和欧洲天文学家可能看到了古人建立的宇宙学体系日益明显的缺陷，并为此感到不安，但大多数人认为解决办法在于继续修修补补旧的理论，而不是让新理论取而代之。

显而易见，很多问题还有待回答。是什么决定了行星绕日轨道的形状和运动周期？能否以足够的精度对轨道的具体细节进行模拟，从而预测行星的运动？宇宙的真实尺度是多大？行星的本质又是什么？最重要的是，传统的物理学法则声称物质自然地落向地球这一宇宙的中心，然后各得其所。如果抛弃这一旧的法则，新的法则应该是什么样的呢？

今天，我们知道，上面最后一个问题的答案是“引力”。在1687年发表的《自然哲学的数学原理》（*Mathematical Principles of Natural Philosophy*）中，英国数学家、天文学家艾萨克·牛顿不厌其详地阐述了自己的引力理论。这一理论经受住了时间的考验。尽管后来阿尔伯特·爱因斯坦（Albert Einstein，1879—1955）使人类理解引力成因的思维范式发生了转变，牛顿的理论依然能够优雅地描述最极端情况以外的多数情形中物体的运动方式。

读者可能以为，当时的知识分子一定会如释重负地欢迎牛顿的理论，将其看作是期待已久的对无数天文学问题的解答。但事实是，牛顿物理学迟迟未被接纳——特别是在欧洲大陆。在比我们能想象的长得多的时间里，那些

图2—2

图2—2. 策拉留斯星图中的一页展示了哥白尼宇宙模型的平面视图。太阳位于圆心，绕着它做圆周运动的是行星和载着恒星的球壳（以传统的黄道星座表示）。地球和木星还有其卫星为伴。

天文学问题一直悬而未决。

这种情况部分是由于人们对“牛顿引力”的传递方式心存疑虑。在当时，许多自然哲学家是法国数学家、哲学家勒内·笛卡儿（René Descartes，1596—1650）提出的机械论宇宙模型的拥趸。根据他的理论，整个空间都被运动的物质充满，而运动是由物体与物体之间的直接物理接触传递的。与之相反，牛顿提出的神秘吸引作用能够让遥远对象相互影响，几乎像是魔法，而这种超自然的力量是启蒙时代的理性主义自然哲学家所避之不及的。

此外，尽管由约翰内斯·开普勒改进过的哥白尼体系在一些预测中取得了成功，使多数天文学家相信了它的正确性，人们仍然有充足的理由提出质疑。质疑的依据不仅是传统的理论，还有观测方面看起来不容忽视的问题：缺乏本该支持这一理论的天文学检验证据。

更重要的是，那时还有一套有实力的竞争理论，其提出者是著名的前望远镜时代天文学家第谷·布拉赫。被称为“第谷体系”（详细说明见图页3）的模型让行星绕着太阳运动，但依旧让月球和太阳围绕着静止的地球转动。对于许多人来说，这看起来是调和两种观点的最优解，或者，至少是与当时的观测事实最贴近的理论模型。第谷体系的幻影在《天图》的书页间徘徊，这种另类的宇宙学依旧留存在人们的记忆中。作为一种工具，它可以帮助人们理解地球观星者所见到的由天体划出的线条。

* * *

多佩尔迈尔出生于神圣罗马帝国的纽伦堡自由市。当时的神圣罗马帝国的疆域包括今天的德国、奥地利、捷克和其他邻近地区。在中世纪晚期，纽伦堡位于欧洲贸易通道要冲，十分富庶。蓬勃发展的商业与宗教宽容相结合，使它成为德国文艺复兴晚期的中心城市。最著名的纽伦堡之子，正是伟大的画家、雕刻家阿尔布雷希特·丢勒（Albrecht Dürer，1471—1528）。他与同时代人一起，创造了日耳曼艺术和文化空前的繁荣。近两个世纪后，他们的影响依然存在，甚至塑造着多佩尔迈尔的作品。

关于纽伦堡在所谓北方文艺复兴（Northern Renaissance）中所扮演的角色，有几件称得上巧合的事，使它深入参与了敌对的宇宙论之间正在进行的辩论。15世纪时，该城市的地理位置和日益提高的地位使其成为天文仪器制造的佼佼者。对某些金属的垄断，通过贸易路线获得其他原材料的渠道，以及积极建设工业基础设施的远见卓识，以上这些因素使纽伦堡成了金属加工的中心。由于观星活动需要用到复杂的金属制品，相关需求日益增长，纽伦堡技艺娴熟的工匠欣然接下订单，制造出从日晷到象限仪，从星盘到地球仪、天球仪的各种仪器。

反过来，优秀的制造工艺吸引当时首屈一指的天文学家慕名来到纽伦堡。他们在那里开宗立派，多佩尔迈尔肯定也对此有所了解。库萨的尼古拉（Nicholas Cusa，1401—1464）是15世纪一位很有影响力的教士、哲学家。在1444年左右，他对天体产生了兴趣，曾前往纽伦堡购置仪器。更重要的人物则是柯尼希斯贝格的约翰内斯·缪勒（Johannes Müller of Königsberg，1436—1476）。他在经历了四处游荡的早年职业生涯后，于35岁时在纽伦堡定居。

缪勒更为人知的称呼是他的拉丁语化名雷乔蒙塔努斯（Regiomontanus）。此前，他已经因其仪器制造的高超本领和在占星学、三角学、历法改革、代数学等多种主题上的专著享誉世界。他已故的朋友和导师格奥尔格·冯·波伊尔巴赫（Georg von Peuerbach，1423—1461）曾撰写过一本书，评论了统治西方天文学大约1300年、备受尊崇的托勒密天文学。雷乔蒙塔努斯承诺要将这本书出版。在纽伦堡，他为兑现承诺与当地一位成功的商人伯恩哈德·瓦尔特（Bernhard Walther，约1430—1504）合伙，建立了世界上第一家科学出版社。他们的第一件成品（也是第一部使用当时刚刚出现不过30年的印刷机印刷的天文学教科书）正是波伊尔巴赫的《行星新论》（*New Theory of the Planets*，1472）。

雷乔蒙塔努斯在1476年英年早逝，职业生涯也戛然而止。但瓦尔特继承了他的事业，从而确保了纽伦堡继续稳居天文学、占星术和数学新思想的中心，且地位不断提高。在1515年，丢勒甚至亲自制造了欧洲的第一批印刷星图（见第172—173页），为之做出了重大贡献。

到了16世纪，纽伦堡的新教学校埃吉丁中学于1526年成立，而这座城市的声誉也得到进一步巩固。学校的教育主要集中在古典语言、演讲、修辞学一类的文艺复兴人文主义核心科目，但也吸引到了其他人才。该校的第一位数学教授是知名的“数学大师”约翰内斯·舍纳（‘mathematicus’ Johannes Schöner，1477—1547）。舍纳自己就是个出版人，也是熟练的制图师、地球仪制作者和天文学家。在1538年，他邀请到了来自维滕贝格（Wittenberg）的教授格奥尔格·约阿希姆·雷蒂库斯（Georg Joachim Rheticus，1514—1574）。雷蒂库斯曾是哥白尼的学生。两个人一起探讨了哥白尼思想。5年后，在他们的促成下，哥白尼的巨著《天球运行论》由约翰内斯·彼得雷乌斯

图2—3～2—5. 这几个星盘（astrolabe）是15到16世纪时纽伦堡制造的高品质天文仪器的典型。
从左至右：16世纪的黄铜星盘，由标准化生产该仪器的先驱格奥尔格·哈特曼（Georg Hartmann）制造；约翰·瓦格纳（Johann Wagner）在1538年制造的星盘，主要用于占星；哈特曼生产的纸和纸板制星盘，作为家庭自制仪器的印刷纸模销售。

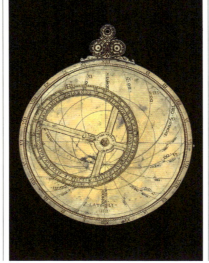

图2—3

图2—4

图2—5

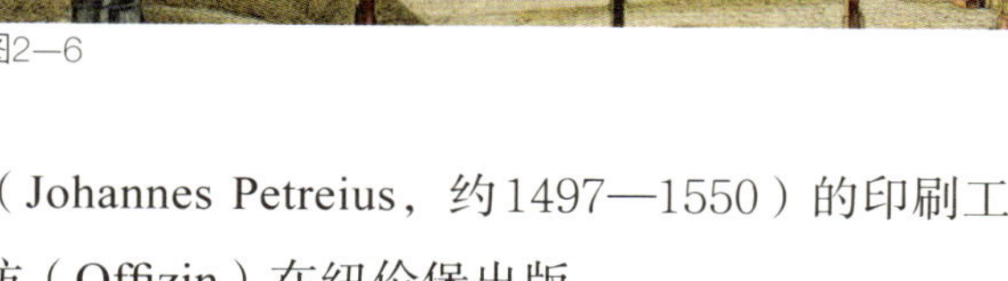

图2—6

图2—7

图2—6. 这幅纽伦堡埃吉丁广场（Egidienplatz）的风景画是约翰·安德烈亚斯·格拉夫（Johann Andreas Graff）在1682年绘制的。图中右侧是罗曼式的圣埃吉丁教堂，旁边是埃吉丁中学，远处是宏伟的佩勒府（Pellerhaus）。教堂在1696年被大火烧毁，之后取而代之的是一座新的巴洛克式建筑。

图2—7. 格拉夫在1693年画下了纽伦堡市巴洛克风格的新楼（Neuer Bau）广场（今称马克斯广场，Maxplatz）的景色。画面突出了新建成的海神喷泉（Tritonbrunnen）。

（Johannes Petreius，约1497—1550）的印刷工坊（Offizin）在纽伦堡出版。

在接下来的几十年里，纽伦堡的印刷商将继续充任天文学新思想的信息交换中介：他们出版了另一部极富影响力的作品，第谷·布拉赫的《新天文学仪器》（*Instruments for the Restoration of Astronomy*，拉丁语原书名为*Astronomiæ Instauratæ Mechanica*；本书第50—51页也展示了一些该书的插图页）。第谷本人只定制了少量副本供人私下传阅，但在他去世后，出版商勒维努斯·胡尔修斯（Levinus Hulsius，约1546—1606）于1602年再版了此书，将它介绍给了更广大的读者。与此同时，尽管建校初期困难重重，埃吉丁中学在迁至纽伦堡以东约24千米外的阿尔特多夫（Altdorf）后扩大了规模，也更出名了。到了1622年，帝国敕令将其升格为大学，其教学部门被分为低年级的文法学校和大学本身两部分。几年后，文法学校回到了它在市内的旧址，但大学部依旧保留着旧校名，以便与阿尔特多夫大学区分开来。埃吉丁中学的两个分部都对多佩尔迈尔的人生和工作有着重要的影响。

自17世纪初起，由于贸易路线的改变和三十年战争（1618—1648）的摧残，纽伦堡的财富、人口和政治影响力开始遭受损失。然而，即使是在这一时期——甚至直到多佩尔迈尔的时代和之后的岁月里，它作为学习、出版、艺术和科学活动中心的声名依旧不减。

* * *

多佩尔迈尔家族的发源地是属于瓦尔登费尔斯家族领地的上赖兴塔尔（Oberreichental in the Grafschaft of Waldenfels），位于现在奥地利的西北部。他的曾祖父是一位鞋匠，名叫西格蒙德。1562年，可能是为了寻找工作，西格蒙德移居到了纽伦堡。他在新生活中大获成功，不仅于1593年获得了该市的公民权，更在1626年成为市大议会（Greater Council）的成员。西格蒙德于1632年逝世。很快，他的儿子约翰内斯（1603—1661）就接替了他在议会的位置。当然，真正掌握权力的是贵族组成的小议会（Lesser Council），而大议会不过是前者的顾问机构。但能够被选为大议会的成员，依旧标志着他们的家族在纽伦堡的商人阶级中已占有一席之地。

多佩尔迈尔家在纽伦堡的第三代——特别是约翰·加布里尔的父亲约翰·西格蒙德（Johann Sigmund，约1641—1686）——开始显露出对于自然哲学的兴趣。在厄廷根（Öttingen）逗留期间，约翰·西格蒙德不仅结了婚，还结识了一位影响了他自己和他儿子一生的人物——哲学家约翰·克里斯托夫·施图尔姆（Johann Christoph Sturm，1635—1703）。施图尔姆同时也是数学家，还是声誉日隆的高水平实验者。约翰·西格蒙德本人在年轻时也展露出了学术天赋。后来，他不得不继承家族产业，因而未能在学术上更进一步。当施图尔姆于1669年到阿尔特多夫大学就任时，约翰·西格蒙德借机找上了他。

在那之后，约翰·西格蒙德似乎就成了施图尔姆非正式的学生，跟随他学习力学、光学，也学着自己制作科学仪器。施图尔姆模仿当时欧洲正在兴起的各种科学院，成立了一个私人的实验俱乐部，名为“实验会”（Collegium Experimentale）或称“兴趣会”（Curiosum）。约翰·西格蒙德同时也在与之后任柏林天文台首任台长的天文学家戈特弗里德·基尔希（Gottfried Kirch，1639—1710）书信交流。从1679年起，在艺术家、雕刻家、天文学家格奥尔格·克里斯托夫·艾姆马尔特（Georg Christoph Eimmart，1638—1705）刚刚在纽伦堡城堡的“费斯特纳门”棱堡（Vestnertor bastion）上建立的天文台里，约翰·西格蒙德可能也度过了一些时光。那个时候他有两个儿子：贝内迪克特·雅各布（Benedikt Jakob，生于1667）和约翰·加布里尔。兄长被当作接管家业的继承人培养（不过，他最后并没实现期望，并且似乎主要靠着吃遗产过活），而比他小10岁的弟弟约翰·加布里尔则需要自寻出路。

约翰·西格蒙德在1686年过世时，他的小儿子只有8岁。按照当时的法律，寡母玛丽亚·卡塔里娜（Maria Catharina）对儿子前途的决定权有限，有关部门因而为他指派了几位监护人。其中一位叫约翰·法布里丘斯（Johann Fabricius，1644—1729），是阿尔特多夫的神学讲师（一些资料显示，他与那位在17世纪初因发现太阳黑子扬名天下的同名者没有关系）。直到1689年，约翰·加布里尔都是在家中接受教育的，但在12岁那年，他进入了埃吉丁中学。在那里，他汲取了许多学科的知识，其中包括数学、神学，也包括逻辑学和自然科学。对于那个时代受过教育的年轻学者而言，拉丁语是理所当然要学习的——它也是启蒙时期欧洲的通用语言——而多佩尔迈尔还学习了希腊语。自15岁起，多佩尔迈尔便获得由校方推荐的“公开讲座参席”（ad lectiones publicas）的荣誉，即在后续的学习中，可以参加由学校里最知名的教授开设的课程。

图2—8. 在这幅同时代人创作的线雕画里，多佩尔迈尔的形象和头衔正如一位标准的启蒙主义自然哲学家和学者，配得上与当时最杰出的思想家进行对话。

图2—8

多佩尔迈尔的母亲于1688年再婚。一段时间后，多佩尔迈尔搬到了监护人法布里丘斯的家中长期借住。这无疑让他提早适应了从中学到大学的转变。1696年，他进入阿尔特多夫大学，攻读法律专业。但很显然，来自父亲的对自然哲学的兴趣慢慢占了上风。多佩尔迈尔参加了几门由施图尔姆主讲的课程，之后很快臣服于他的魅力，将学习的重心彻底转到了数学和物理学上。最终，他在施图尔姆的指导下写了几篇论文，主题包括太阳、视觉以及当时的一种光学新发明——暗箱（camera obscura）。

1699年，多佩尔迈尔与之前的大学室友莫里茨·威廉·伯默尔（Moritz Wilhelm Böhmer，1676—1712）一起离开了阿尔特多夫。他们的第一个目的地是当时刚刚成立的哈雷大学（University of Halle）。两人在新的学校继续学业。起初，多佩尔迈尔还想重拾法律旧业，但最终他在哈雷大学下定决心，誓将自己的一生都献给数学和自然哲学。在那之后，他重新踏上旅程。多佩尔迈尔打算先前往荷兰，之后去英格兰——在这两个国家，围绕自然哲学的讨论最多，且还在增加。他相信，他能够在那里学到新的技艺，接触到最新的思想。

对于身处17、18世纪之交的青年学人，荷兰具有很大的吸引力。在荷兰黄金时代（Dutch Golden Age），艺术、商业和科学的新进展一日千里——这一时期的发明如望远镜、简单的显微镜、摆钟等，都为自然哲学带来了新的洞察力和精确性。同时，荷兰共和国（Dutch Republic）宗教宽容的氛围也使它成为学者们远离宗教迫害的避风港。在那时的欧洲其他地区，因宗教而起的动荡依然频频扰人不宁。法国对新教的镇压使胡格诺派（Huguenot）的手工业者在1685年后成批地逃到了荷兰。熟练的印刷工人从此将荷兰变为蒸蒸日上的思想交流枢纽，为即将到来的启蒙运动提供了动力。

在“游学之旅”中，多佩尔迈尔和伯默尔先到了乌得勒支，之后又到了莱顿。在莱顿时，多佩尔迈尔与德国数学家、天文学家洛塔尔·聪巴赫·冯·克斯菲尔德（Lothar Zumbach von Koesfeld，1661—1727）一起待了几星期。后者当时正在潜心制作天球仪和其他记录天空的设备。很有可能，多佩尔迈尔就是从他那里学到了将各种用于描述天体位置的天球坐标系按不同投影方式转为星图上的位置的实用技术。他可能还抽空向当地的一位光学工匠学习了打磨用于光学仪器的玻璃的技艺。

1701年5月初，多佩尔迈尔和伯默尔这对伙伴从鹿特丹乘船前往伦敦。多佩尔迈尔要在那里继续寻找志同道合的数学家和自然哲学家。在各路学者、外科医师、实验家的辛勤耕耘下，英格兰此时以关于自然世界的新鲜思想著称。他们的努力更促使查理二世（Charles Ⅱ，1630—1685）于1662年颁发特许状，成立了英国皇家学会（正式名称为伦敦皇家自然知识促进学会，The Royal Society of London for Improving Natural Knowledge）。这不是第一所科学院（法国和意大利都已经有了类似的机构，尽管是私立的），但富有创新性的研究项目——以及1665年开始发行的世界上第一份纯科学刊物《哲学汇刊》（*Philosophical Transactions*）——使之成为这些科学院中的执牛耳者。话虽如此，英国的自然哲学家和他们在欧洲大陆的同行总是分歧不断。

多佩尔迈尔在伦敦和牛津结识了一些重要人物，其中有萨维尔天文学教授戴维·格雷戈里（David Gregory，1659—1708）和备受尊敬的学者约翰·沃利斯（John Wallis，1616—1703），可能还有首位皇家天文学家——约翰·弗拉姆斯蒂德（John Flamsteed，1646—1719）。随后，多佩尔迈尔受邀参与了皇家学会的一些讲座和讨论。从那时起，他们开始了持续一生的联系。很可惜，尽管在那几次会面后，著名的绝顶天才艾萨克·牛顿就当上了皇家学会的会长，但现存的资料无法证明多佩尔迈尔曾与他见过面。到了年底，多佩尔迈尔返回了荷兰，之后于1702年8月回到了纽伦堡。

图2—9

图2—9. 约翰·亚当·德尔森巴赫（Johann Adam Delsenbach）笔下格奥尔格·克里斯托夫·艾姆马尔特在纽伦堡城堡的天文台，绘于1678年。该天文台后来由多佩尔迈尔接管。台里的仪器包括各式各样的用于精确测量天体的位置和角距离的象限仪、八分仪、六分仪。遗憾的是，天文台是露天的，上面的仪器很容易朽坏。

* * *

多佩尔迈尔闪闪发亮的新本领和对新思想的了解想必让纽伦堡的学者们大受震动。在1704年，年仅26岁的他被任命为他的母校埃吉丁中学的数学教授。他将在这里度过余生，致力研究、教学，以及对后代最重要的工作——最新科学思想的普及。1716年，他与当地一位知名药剂师的女儿苏珊娜·玛丽亚·克尔纳（Susanna Maria Kellner，1697—1728）成婚。他们曾经有过4个儿子，但只有老二顺利长大。这个活下来的孩子名叫约翰·西格蒙德。他在儿时就展露出在数学方面的才能，在中学时由父亲亲自教授。但后来，他选择了母亲一方的行业，成了一名药剂师。1728年时，多佩尔迈尔的妻子过世。他毕生没有再娶，而是把生命剩下的时间全部奉献给了学术研究、讨论交流、他的花园和他的出版事业。

多佩尔迈尔或许没有什么让自己名声大振的伟大科学发现，但他用自己敏锐的头脑和好奇的心灵，为广大读者解释了数学和天文学的思想，用易懂的语言介绍了其他人的理论。如果说有一条主线能连接他的多数文章，那就是收集和传播关于哥白尼宇宙模型的正确性的论据。

阿尔特多夫大学和埃吉丁中学的教师是可以自由教授个人偏爱的宇宙观的。甚至到了1669年，在施图尔姆之前担任此职位的阿布迪亚斯·特罗伊（Abdias Treu，1597—1669）还在几乎毫无保留地捍卫亚里士多德

图2—10

图2—10. 这幅18世纪版画的作者是约翰·威廉·温特（Johann Wilhelm Winter）。画中的霍曼在皈依新教后抛弃了自己早年的神职呼召。20多岁时，他在纽伦堡找到了一份公证员的工作，但对雕刻和制图的兴趣驱使着他在1702年创立了自己的出版社，那时他38岁。短短几年后，他与多佩尔迈尔的合作关系就开始了。

（Aristotle，公元前384—前322）的古老思想。施图尔姆本人则在衡量各方证据后，赞同行星是绕着太阳转的。但他也很清楚，地球的运动还没有得到证实。

18世纪初，关于宇宙结构的辩论在德国又重新燃起了战火。事情的开端是约翰·菲利普·冯·武策尔鲍尔（Johann Philipp von Wurzelbauer，1651—1725）——他是纽伦堡的一位显赫的商人，同时也是艾姆马尔特在天文台的助手——翻译了一本来自低地国家的奇特而有影响力的书。该书名为《宇宙观察者》（*Cosmotheoros*），由大名鼎鼎的天文学家、仪器制造者克里斯蒂安·惠更斯所撰，应其本人要求在死后出版。书的主要内容是对其他世界的生命的大篇幅推测，但究其根本，立足点是对宇宙的哥白尼式解释。武策尔鲍尔在1703年出版的译本，引发了德国人对后来被称为“哥白尼-惠更斯体系”的理论的新一轮兴趣。

身为纽伦堡天文圈的一员，多佩尔迈尔肯定读过这本新译著，而且显然深受吸引。他也因此发现了一个满足人们对了解哥白尼宇宙模型的新需求的好办法。多佩尔迈尔可能是在1705年首次出版了他的作品，即英国天文学家托马斯·斯特里特（Thomas Streete，1621—1689）的《查理天文学》（*Astronomia Carolina*，1664）的拉丁语译本。通过这次翻译，他在德国科学界推广哥白尼理论实际应用的意图显露无遗。斯特里特的书中不仅描述了按约翰内斯·开普勒的行星运动定律修正过的哥白尼模型，也提供了一系列用于准确预测行星位置的表格。这本书很好地展示了日心模型的威力，牛顿在撰写《自然哲学的数学原理》时对它也有所参考。而多佩尔迈尔的翻译将它带到了欧洲大陆的天文学家面前。

自1706年起，多佩尔迈尔开始与约翰·巴普蒂斯特·霍曼（Johann Baptist Homann，1664—1724）合作。霍曼起初是一位多明我会的僧侣，之前为纽伦堡的其他出版商当地图雕刻师，后来在1702年成立了自己的公司。两个人这一联手，就一起走过了霍曼的一生，还一起创作出了《天图》这样的杰作。他们合作完成的第一件作品是一张雕版图画，画上演示了1706年5月12日横扫欧洲的日食的轨迹。在这张图后面，霍曼还附上了一张解释现有关于太阳系的认识的图页（最终成为《天图》的图页2，见本书第40—41页），并委托多佩尔迈尔写了一本配套的小书，更详细地解释图页背后的理论和数学。值得一提的是，雕版图画上的文字是拉丁语，而注释书的语言则是德语。这么做是相当精明的：霍曼的顾客群扩大到了阅读拉丁文的精英阶层之外，而多佩尔迈尔能够将哥白尼思想带给普罗大众。图画和书在1707年上市销售，二者都大受欢迎。显然，这让他们相信彼此是步调一致的。第二年，这对搭档再次合作，出版了多佩尔迈尔的《天文学导论》（*Short Introduction to Astronomy*）。

数学教授多佩尔迈尔这时越来越受到具有科学意识的纽伦堡出版商的青睐了。1708年，他扩充了一本关于日晷标记的现有论著。1712年，他又改编了法国仪器制造商尼古拉·比翁（Nicolas Bion，1652—1733）的一本关于数学工具制造的百科全书式作品。在这两本书后来的版本中，多佩尔迈尔还添加了有用的表格、制作测量工具的说明以及关于天文仪器的扩展章节（其中介绍了他曾经的老师聪巴赫的一些巧妙发明）。

多佩尔迈尔在1713年回到了理论方面的工

作，继续卓有成效地推广哥白尼学说。他翻译了英国哲学家约翰·威尔金斯（John Wilkins，1614—1672）的两部作品，将它们合为一本发表。其中，《发现月中世界》（*The Discovery of a World in the Moone*，1638）是威尔金斯对月球的运动、表面特征及存在居住者的可能性的讨论，而《关于新世界和另一颗行星的讨论》（*A Discourse Concerning a New World and Another Planet*，1640）则论证了哥白尼和伽利略的观点以及地球本身就是一颗行星的概念。多佩尔迈尔没有使用原书有些令人困惑的书名，而是给译本起名为《约翰·威尔金斯为哥白尼辩护》（*John Wilkins' Defence of Copernicus*）。

在这段高产期里，多佩尔迈尔的声望一天比一天高了。他虽然没有再四处旅行，但和各地广泛的书信交流始终不断。1715年，他被选入德国国家科学院（German National Academy of Sciences，位于哈雷）和柏林科学院（Berlin Academy）。1724年，他得到了俄国新首都圣彼得堡的一席教授职位。多佩尔迈尔因为担心当地气候不佳，拒绝了这份工作，但后来还是被接纳为俄国帝国科学院（Imperial Russian Academy of Sciences）院士。1733年，他接待了英国皇家学会副会长马丁·福克斯（Martin Folkes，1690—1754）的来访，后者随后推荐他成为皇家学会会员。

与此同时，在1730年，多佩尔迈尔将纽伦堡的数学家、仪器制造商和艺术家的名录和传记编纂成书，书名为《关于纽伦堡数学家和艺术家的历史记述》（*Historical account of the Nuremberg mathematicians and artists*）。对于后世的历史学家，这将是一部极为宝贵的参考资料。次年的《图解实验物理》（*Illustrated Experimental Physics*）收录了约700个为施图尔姆的实验会设计、开展的实验，其中许多实验多佩尔迈尔本人在讲课时也演示和解释过。

图2—11

图2—11. 多佩尔迈尔和霍曼为1706年5月欧洲部分地区可见的日食绘制的日食路径图（原版）。图中，蓝色的阴影区域代表月球完全阻挡了太阳的全食带。虚线标记的是日食的“半影”区域，其中太阳受遮挡的程度各有不同。这张地图在当时是所有同类中最精确的。它大受欢迎，甚至霍曼的竞争对手老彼得·申克（Peter Schenk the Elder）也抄袭了它（只做了一些相当笨拙的修改）。多佩尔迈尔在《天图》的图页13（见本书第120—121页）中再次探讨了这次日食。

图2—12～2—13. 这两个多佩尔迈尔制作的天球仪现藏于德累斯顿国家艺术收藏馆（Dresden State Art Collections）。左图中的32厘米天球仪制于1728年，上面刻有托勒密的48个经典星座，以及大约30个后来增加的星座，上面有对应于1730年的恒星坐标。右图中的是1730年制作的20厘米天球仪。

图2—12

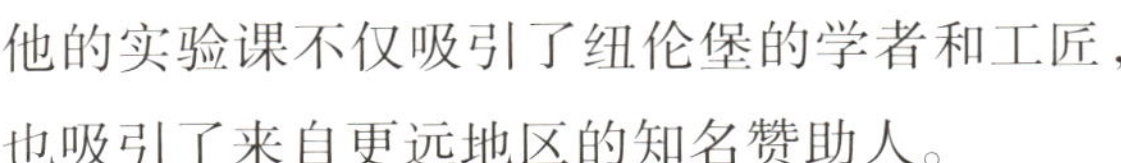

图2—13

他的实验课不仅吸引了纽伦堡的学者和工匠，也吸引了来自更远地区的知名赞助人。

大约在这段时期，多佩尔迈尔迷上了新兴的电学。他做了许多电学实验，还制造了自己的设备。然而，一些资料显示，他因为一次实验中受到的电击而中风，右侧身体从此瘫痪。其后他日益衰弱，并最终于1750年去世，享年72岁。

从1728年起，多佩尔迈尔还参与到地球仪和天球仪制造的行业中，也颇为成功。世界上现存最古老的地球仪（据我们所知，也是自古以来第一个在西欧制造的地球仪）就是出自纽伦堡。这座城市是行业的领军者。

早期的大型地球仪在设置得当并配备各类附加圆环和测量装置后，可以在科学和导航中派上各种用场。但在16世纪，随着地图制作方法的改进，平面地图在这些场合取代了地球仪的位置。到了多佩尔迈尔的时代，地球仪依然存在，但只是教育的工具和知识的象征。就像今天一样，炫耀性地展示这一类物品，传达的是关于主人的兴趣和地位的信息。

地球仪的制造工艺要求所有参与者都是高度专业化的：制图师必须将地球上的地点（或星星的位置）绘制在之后要绕在地球仪上的透镜形状的扭曲布瓣上，艺术家必须为这些地图特征画上装饰，而制作工匠则必须将一切结合起来。多佩尔迈尔与铜版雕刻师约翰·格奥尔格·普施纳（Johann Georg Puschner，1680—1749）的工作室合作，制作了地球仪和天球仪，在纽伦堡和维也纳销售。他们的产品取得了巨大的成功。在欧洲德语区，它们是当时所有同类产品中销售最广的，而且直到19世纪初还在生产。

除了上述成就，多佩尔迈尔还在近40年的时间里持续与霍曼及其继任者合作。他们的合作硕果累累，本书介绍的图页也属其中。霍曼本人以极快的速度成了当时最重要的制图师之一。1715年，神圣罗马帝国皇帝查理六世（Charles Ⅵ，1685—1740）任命他为帝国地理学家。这一头衔给霍曼带来了显著的商业优势。它不仅是一种尊荣，也意味着具有帝国印刷特权（一种早期版权形式，可以保护霍曼的公司免受非法复制之害）。而多佩尔迈尔作为数学家的技能对霍曼来说是无价的。在多佩尔迈尔的帮助下，他们确定了将地球和假想的天球的球面转为平面印刷品的最佳方法。

多佩尔迈尔也开始为霍曼的地图集补充上描绘天文学各方面知识的图页。《新全球地图》（*New Atlas of the Whole World*，1707）纳入了原日食图后解释哥白尼理论的图页，同时还加入了一张显示月球表面特征的大图。而在《百幅地图集》（*Atlas of 100 Charts*，1712）中，他增加了一张介绍与哥白尼理论竞争的第谷宇宙理论的图页，以及一张绘制行星在天空中的运动的插图。这些早期的插图在最终版《天图》中分别作为图页2和11，以及图页3和7—10出现。

目前还不清楚，霍曼和多佩尔迈尔何时开始有了整理和补充现有图页以制作大型天文图册的想法，但显然在1724年之前他们就已经以某种形式开展了这项工作。因为，在霍曼去世时，他的遗产中已经包括了其他几张图页（包括一些星座图）。专家在这些图页中看到了波兰天文学家约翰内斯·赫维留（Johannes Hevelius，1611—1687）的影响，但却没有发

图2—14

图2—15

图2—14～2—15. 另外两个多佩尔迈尔设计、约翰·格奥尔格·普施纳制造的天球仪。左侧的是1730年制造的20厘米天球仪。右侧的是1736年制造的10厘米微型天球仪。在这种最小尺寸的天球仪上，多佩尔迈尔只纳入了部分星座。他去掉了6个星等中最暗的星，并做了一些其他的改动。

现任何弗兰斯蒂德在18世纪20年代末发表的权威星表和天图集留下的痕迹。多佩尔迈尔自己在《关于纽伦堡数学家和艺术家的历史记述》中的评论表明，到1730年时，这项工作已经有了最终的构想，但直到18世纪30年代末和40年代初，肯定还有更多的图页有待完成。能确定这些较晚的日期，原因在于部分图页版权属于霍曼继承人（该公司在1730年后改为此名），而且书中包含了更晚近的天文数据。

1742年出版的《天图》行销四海，成为当时一本很受尊敬的畅销书。它的影响力足以让它在1748年或不久后扩充再版（后来的《新天图》，*Atlas Novus Coelestis*）。新版中增加了一些来自其他设计者的零散图页。乌得勒支大学的研究员罗伯特·哈里·凡根特（Robert Harry van Gent）在世界各地的专业图书馆中找到了18份原版，以及大概17份来自1748年及以后的印本。不过，在私人销售中，整本《天图》和其中的单张图页都是相当频繁出现的。

多佩尔迈尔的《天图》标志着相对于早期天文制图学的实质性转变。与此前约翰·拜尔（Johann Bayer，1572—1625）、赫维留和弗兰斯蒂德等天文学家发表的天图和星表不同，它没有提供新的观测数据，也没有试图引入新的星座。相反，它旨在总结当时认识宇宙的知识水平和状况，阐释知识背后的计算和理论依据，展示哥白尼模型对解释天体现象的威力。《天图》无疑是一部我们今天称为科普或大众科学的作品，而其丰富的插图、标题和注释可以说是现代插图读物的祖先。

《天图》代表艺术与科学的非凡结合。在它成书的年代，精巧的寓言和形象的星座图像还未被“一丝不苟”的方法替代。但即使在之后，书中的一些图页依然具有生命力和影响力。例如，图页15的世界地图是根据当时最新的天文观测结果绘制的，在单张销售时卖得很好。尽管图上有一些小问题，人们还是公认，这张地图是当时最好的作品之一，也是后来更精确的地图的基础。还有，德国业余天文学家约翰·格奥尔格·帕利奇（Johann Georg Palitzsch，1723—1788）利用多佩尔迈尔的星座图，记录了自己于1758年圣诞节发现的一颗位于双鱼座的微弱彗星的位置。帕利奇的发现证实了埃德蒙·哈雷（Edmond Halley，1656—1742）的预测，即1682年看到的彗星将在76年后再次出现，而多佩尔迈尔毕生倡导的理论也因此更加无可置疑。

最后，在今天看来，尽管历史上已经发生过无数大大小小的天文革命，地球在宇宙中的重要性也随之一再降低，而《天图》谆谆告诫我们的是，科学和思想史上的革命并不像我们在事后讲给自己的“就是这样”的故事一样。它们更加循序渐进，更纠结不清，也更引人入胜。这本图集不仅清楚地展示出围绕哥白尼学说的辩论历经了漫长的岁月，也阐明了为何许多人持有合理怀疑，偏好支持与哥白尼观点相左的宇宙模型。《天图》是对知识的逐步发展的精彩展示，同时也是对多佩尔迈尔和他同时代人所理解的宇宙的不朽总结。

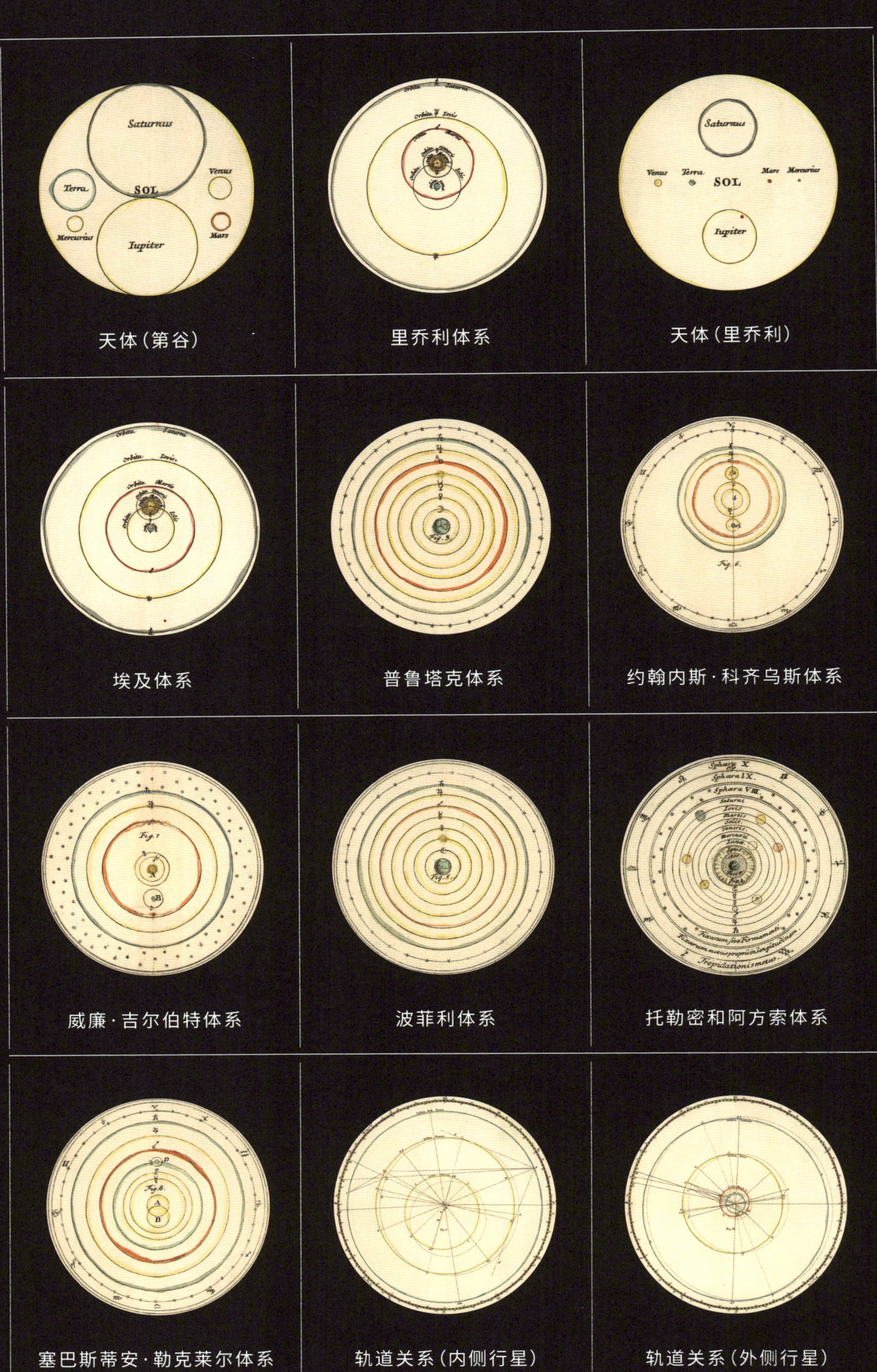

天体（第谷）　里乔利体系　天体（里乔利）

埃及体系　普鲁塔克体系　约翰内斯·科齐乌斯体系

威廉·吉尔伯特体系　波菲利体系　托勒密和阿方索体系

塞巴斯蒂安·勒克莱尔体系　轨道关系（内侧行星）　轨道关系（外侧行星）

天　图

Posteritatis boné omnia peracta sunt
Claud. Ptolemeus
Nic. Copernicus
Omnia mutantur, stat
Sol et terra movetur.
O curas hominum! ô quan
tum est in rebus inane!
Ioh. Keplerus.
Ne frustra vi-
xisse videar.
Tycho Brahe.
ATLAS COELESTIS
studio et labore
IOH. GABRIELIS DOPPELMAIERI. Math. P.P.
impensis
Heredum Homannianorum
Noribergæ. A. MDCCXLII

ATLAS COELESTIS

IN QVO

MVNDVS SPECTABILIS

ET IN EODEM

STELLARVM OMNIVM

PHOENOMENA NOTABILIA,

CIRCA IPSARVM LVMEN, FIGVRAM, FACIEM, MOTVM, ECLIPSES, OCCVLTATIONES TRANSITVS, MAGNITVDINES DISTANTIAS, ALIAQVE

SECVNDVM

NIC. COPERNICI

ET EX PARTE

TYCHONIS DE BRAHE

HIPOTHESIN.

NOSTRI INTUITU, SPECIALITER, RESPECTU VERO AD APPARENTIAS PLANETARVM INDAGATV POSSIBILES E PLANETIS PRIMARIIS, ET E LUNA HABITO, GENERALITER

E CELEBERRIMORUM ASTRONOMORUM OBSERVATIONIBUS

GRAPHICE DESCRIPTA EXHIBENTVR

A

IOH. GABRIELE DOPPELMAIERO,

ACADEMIARVM IMPP. LEOPOLDINO CAROLINAE ET PETROPOLITANE, SOCIETATVMQVE REGG. SCIENTIARVM BRITANNICAE ET BORVSSICAE, SODALI, NEC NON PROFESSORE PVBL. MATHEMATVM NORIMB.

NORIMBERGAE

Sumptibus Heredum Homannianorum. A. 1742.

在哥白尼之前

早期的宇宙理论和托勒密宇宙理论

M基于地心宇宙的天空模型起初很简单,但为了与越来越精确的测量结果相符合,模型不可避免地变得更加复杂。

《天图》以装饰性的卷首插图开篇，画中是自古代到多佩尔迈尔时代的4位伟大的天文学家。他们站在幻想性的景色里，地平线上是德国的纽伦堡，上方的天空中充满着无数的“太阳系”。这种构想反映的是法国哲学家勒内·笛卡儿的宇宙观。这几位关键人物从左到右依次是克劳狄乌斯·托勒密、尼古拉·哥白尼、约翰内斯·开普勒和第谷·布拉赫。哥白尼、开普勒和布拉赫都是我们在《天图》的书页中会多次遇到的人物，而托勒密正是那个建立了他们3位或多或少都反对的宇宙模型的人。一场科学革命正在展开，而约翰·加布里尔·多佩尔迈尔的作品就是在此处上演。希腊自然哲学中通行了许多世纪的关于天空的观点是托勒密本人继承、提炼和改进的。要充分理解这场科学革命，了解这些观点是有帮助的。

第24～25页图. 多佩尔迈尔《天图》的卷首插图和标题页，1742年第一版。

图3—1. 本图来自安德烈亚斯·策拉留斯的1708年版《和谐大宇宙》。图中天体（包括拟人化的太阳、月亮和行星）在战车上，沿着圆形轨道围绕固定不动的地球运动。

图3—1

几千年来，对宇宙最直观的解释是将地球置于万物的中心，而太阳、月亮、行星和恒星都围绕它转动。否则，人们如何解释星星在天空中的周日轮转、日出日落，以及月亮的相位呢？据我们所知，这种以地球为中心，又称地心说的宇宙观在希腊古典时代之前就已经是所有古代文明的共识了。

不难想到，将地球置于舞台中央，就自然地引发了天上的事件可能会影响地面世界的观点，也因此产生了许多占星术的传统。这些传统直到17世纪之前还是大多数天文学的基础。它们各不相同：古代美索不达米亚人认为地球上的重大事件和天上的重大事件遵循相似的周期（因此，仔细寻查天空中过去的天文事件的重复性，可以得到地面重大事件的预兆）；古典时代的地中海地区在埃及影响下产生的星座占星术认为，天体在特定时间的位置可以直接指示个人命运。除此之外还有许多例子表明，因为占星术的要求，理解天体的运动成为一件日常生活中需要关注的事情。

直到公元前 5 世纪左右，才开始有人考虑更复杂的理论。他们是毕达哥拉斯派的哲学家，也就是相信数字是自然的核心的神秘哲学家毕达哥拉斯（Pythagoras，约公元前570—约前500）的追随者。这些人中有克罗顿的菲洛劳斯（Philolaus of Croton，约公元前470—前385）。他提出，地球和太阳都围绕一团看不见的中心火运行，而这团中心火则永远位于地中海半球的视线之外。

然而，大多数哲学家依然坚信地球是静止在宇宙中心的，而物理和哲学方面的证据看起来更佐证了这一点。亚里士多德认为地球是不可能运动的，否则我们就会看到运动的影响。譬如，假如地球在太空中跋涉前行，为什么没有顶头风产生呢？假如地球在绕轴自转，为什么垂直抛向空中的物体没有落在抛掷者身后

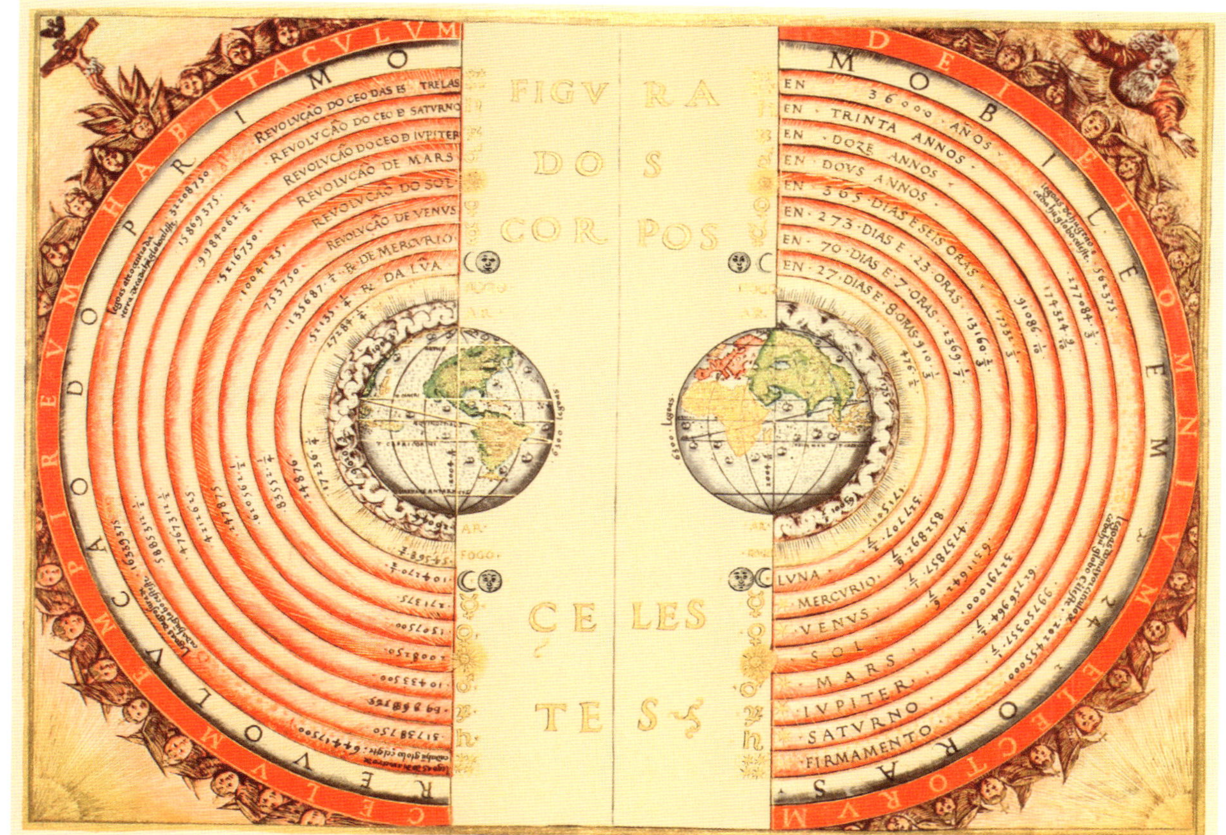

图3—2

图3—2.葡萄牙制图师巴尔托洛梅乌·韦略（Bartolomeu Velho）的《宇宙志》（*Cosmographia*，1568）中描述地心宇宙的插图。图中每个球层上所写的数目显示出托勒密体系发展到的惊人的复杂程度。这一系统不仅包括了恒星天36000年的自转周期（为解释所谓“进动”现象），还可以用来估计每个球层的周长以及与地球的距离。

呢？还有，如果地球绕着太阳转，那么在一年的时间里，其他天体的方位应该发生变化。为什么我们没有看到这种现象呢？最重要的是，亚里士多德认为，如果不施加某种永恒的外力来维持地球的运动，地球就不可能运动。这个想法源于亚里士多德所支持的那套希腊宇宙观。根据这种宇宙观，多变、混乱的日常生活领域由土、空气、火和水四种始终流动着的元素组成。与之相对，天体居于更高处的完美领域。因为组成天体的是第五种元素以太，它们运动的路径不是地球上的直线和弧线，而是完整的圆，而且它们的运动是永恒的。

亚里士多德时代的希腊体系将宇宙视为一系列层层嵌套的同心球壳，球心是地球。这一想法起源于毕达哥拉斯学派，后由与亚里士多德同时代的但年岁稍长的柏拉图（Plato，公元前427—前347）具体化。柏拉图对几何的兴趣使他相信，宇宙应该围绕球形的大地形成一个完美的球，而宇宙球上的物体的运动只能是在球面或圆周之上。月球位于最内部的球层，因为最接近大地而具有多变的外观。在它之外是太阳，然后是金星、水星、火星、木星和土星——以最外侧的恒星天球层为背景，沿着错综复杂的路径徘徊的明亮光体。

最让古典天文学家头疼的是行星的运动。金星似乎在天空中画着大“8”字，但从未远离太阳。水星的运动和金星相似，只是和太阳挨得更近。与此同时，火星、木星和土星缓慢地穿过黄道带区域的星座，从东逐渐向西移动。然而，它们会周期性地停下脚步，掉头前进，在重新向西出发之前在天空中逆行。

柏拉图在他位于希腊雅典的著名柏拉图学园里向弟子们提出挑战，要求他们建立一个模型，通过多重球层或圆圈上的圆周运动来描述这些复杂的路径。这些球壳都必须以地球为中心，每一层球壳都以自己恒定的速度绕自己的轴旋转。由于每个天球层都是被下一层带动的，它们的运动成了一个整体，并导致了行星在天空中有些难以捉摸的游荡。第一个迎接挑战的人大概是克尼多斯的欧多克索斯（Eudoxus of Cnidus，约公元前408—约前355）。他的原始著作已经永远佚失了，但后来的希腊文本还提到过他的作品。这些现已失传的作品中有一部名为《论速率》（*On Speeds*）。在这本书中，欧多克索斯建立了一个具有27个天球层的系统，用以解释天体的运动：其中有3个天球层驱动着月球和太阳，4个天球层驱动4个当时所知的行星，还有一个囊括万有的最外球层来承载恒星。

欧多克索斯的模型或许看起来干脆利落，但作为预测工具几乎没什么用。在继续观察、记录天空时，天文学家们发现，行星离预期位置一年比一年远了。为了校正水星、金星、火星和月球的运动，以及纳入他所发现的太阳在一年中以变化的速度穿越恒星的现象，欧多克索斯的学生卡利普斯（Callippus，约公元前370—前300）又为模型增加了7个球层。

亚里士多德继承了这一体系。他的主要创新是在每一组复合天球层之间增添了一些“抵消天球”，用以抵消外层天球的运动。这样，就可以孤立地考虑每个行星的运动了。然而，依然有新的问题不断出现。皮塔内的奥托吕科斯（Autolycus of Pitane，约公元前360—前290）提出了无法回避的质疑：既然行星固定在嵌套的球层中，无法发生距离变化，行星的亮度为何是变化的呢？

天文学家和哲学家就如何修复这个嘎吱作响的体系（在某些解释理论中，它现在正被压在57个不同球层下负重前行）进行了长久而激烈的争论。在这种情形下，显然是萨摩斯的阿利斯塔克（Aristarchus of Samos，约公元前310—前230）首先讨论了以太阳为中心的体系的可能性。部分原因可能是他发现太阳比地球大得多，并且认为讨论较大的天体绕着较小的天体运行毫无意义。和欧多克索斯一样，他的原始著作也失传了。阿利斯塔克这些初步的想法似乎没有引起人们的兴趣——仍然存在许多有说服力的物理学证据反对地球运动，直到伽利略·伽利雷在17世纪初发现惯性原理。

然而，早在公元前3世纪，佩尔加的阿波罗尼奥斯（Apollonius of Perga，约公元前262—前190）就提出了一种可以消除绝大多数的亚里士多德嵌套天球层的替代方案。假如行星不是直接固定在围绕地球的天球层上，而是在一个较小的球壳（本轮）上运行；而这个小球又围着一个更大的以地球为中心的球体（均轮）上的一个点旋转，会怎么样呢？这个方案一看就很吸引人，它似乎能够相当直观地解释外侧行星在逆行时的旋轮线形运动。在接下来的几十年里，尼西亚的喜帕恰斯（Hipparchus of Nicaea，约公元前190—前125）将这套理论推广开来。然而，它也未能通过一项名为“准确预测行星长期运动”的最终测试。问题在于，为了符合柏拉图式的完美观念，均轮和本轮仍在以均匀的速率旋转，但实际上，不论怎样组合，这些固定速率的转动之和都凑不出人们在天空中看到的行星速度变化。公元2世纪的托勒密力挽狂澜，让均轮和本轮的使用寿命又延长了1000年甚至更长的时间。而正是因为这项丰功伟绩，他在《天图》卷首插图中也占据了

图3—3

图3—4

图3—3. 这幅15世纪法国手稿的插图中，基督固定着一个球体。球分为5层，包含亚里士多德式宇宙中的5种元素：以太、火、空气、水和土。

图3—4. 这幅插图出自15世纪希腊语版的《宇宙志》（今天更广为人知的名字是《地理志》），描绘了托勒密测量天地的情景。

突出地位。

托勒密是他那个时代最杰出的天文学家和地理学家。他关于宇宙的伟大著作起初被赋予了一个毫无吸引力的标题——《数学论集》（*Mathematical Syntaxis*）。但在历史上，这本总结了人类在他的时代一切关于天空的认识的巨著以《天文学大成》（*Almagest*，公元150年）一名流传。托勒密对本轮均轮体系最重要的原创补充是“偏心匀速点”的概念。这个点在空间中远离地球中心的地方。它所在位置的有利之处在于，在这一点上，某一特定的均轮看起来是匀速旋转的。因此，虽然从地球上看，行星本轮的枢轴点在天空中的速度可能会发生变化，但从该行星的偏心匀速点看，它的运动实际上是稳定的。这样一来，托勒密通过一分为二，有效地保留了匀速圆周运动的设想——对于每个天体，均轮以地球为中心做圆周运动、以偏心匀速点为中心做匀速运动。

在现代人看来，托勒密的解决方案似乎不过是在教条式地坚持柏拉图理想。然而，事实证明它是一种非常有效的数学工具，可以在相当长的时间内准确预测行星位置（在当时仪器的误差范围内）。当观星者需要出于占星术或宗教原因绘制行星运动图表时，他们就会关注行星过去和现在的位置信息及其准确性，以改进对未来的预测。因此，《天文学大成》中概述的方法成为整个古典晚期时代西方天文学的标准工具。

随着西罗马帝国的衰落，托勒密的思想和著作只留存于使用希腊语的东部拜占庭宫廷中。从此处出发，它们一直传播到了伊斯兰世界，并在那里被不必忠于古希腊哲学的学者接纳、改编。

伊斯兰黄金时代（Islamic Golden Age）的天文学家，在对知识的追求以及为新兴的伊斯兰教进行授时和制定历法的推动下，开发了极为精密的新仪器来测量和预测天体运动。因此，尽管他们非常推崇托勒密模型，但还是发现了它的缺点。大约在1027年，数学家海什木（Hasan ibn al-Haytham，约965—1040）在名为《对托勒密的质疑》（*Doubts on Ptolemy*）的著作中总结了自己的疑虑。这部著作引发出许多后续的改进和调和托勒密模型的尝试。

图3—5

图3—5. 这幅描绘月亮位于巨蟹座的插图出自《奇迹之书》（*Kitab al-Bulhan*）。这是一部14世纪的波斯手稿，内容涉及天文学、占星术和其他活动，由阿布德·哈桑·伊斯法哈尼（Abd al-Hasan al-Isfahani）编纂。

例如，在1247年，波斯学者奈绥尔丁·图西（Nasir al-Din al-Tusi，1201—1274）设计了一套取代托勒密的偏心匀速点的全新机制，用以描述内侧行星来回往复的视运动。有趣的是，哥白尼本人后来也用到了这个今天被称为“图西双轮”的系统。这使人们不由得猜测，或许哥白尼了解过图西的思想。许多其他伊斯兰天文学家纷纷指出，就算地球实际上没有在太空中运动，它至少可能是在旋转的。

到了中世纪，古希腊文本开始重新进入欧洲（通常通过西班牙和西西里岛这样的文化熔炉）并被翻译成更为通行的拉丁文，伊斯兰世界的新思想也随之到来。这一段文化融合在天文学中最明显的印记之一是许多恒星的新名称。然而，更重要的新事物是历表（zij），即一种记录天文学表格的书籍。这种书籍可以为计算行星未来的运动提供参数。历表起源于波斯，在卡斯蒂利亚的阿方索十世（Alfonso Ⅹ of Castile，1221—1284）的支持下传入欧洲。正是因为无论怎样改进历表，天体都顽固地拒绝符合表格的预测，西方天文学的一场革命才最终爆发。

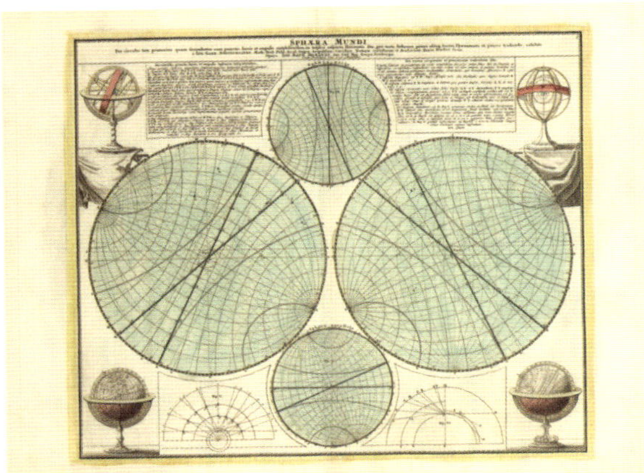

图页1 | 34—35 |

图页2 | 40—41 |

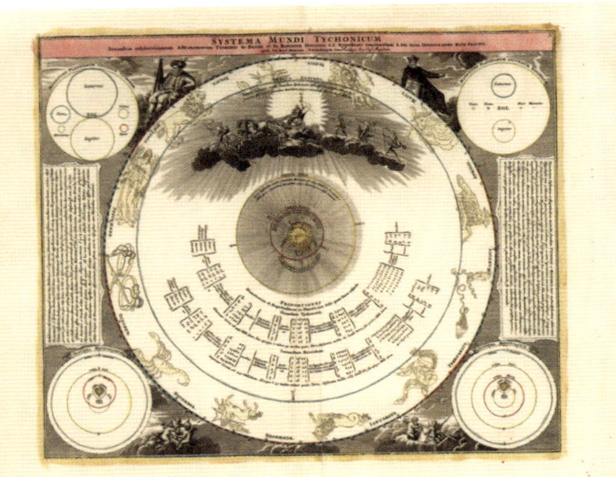

图页3 | 46—47 |

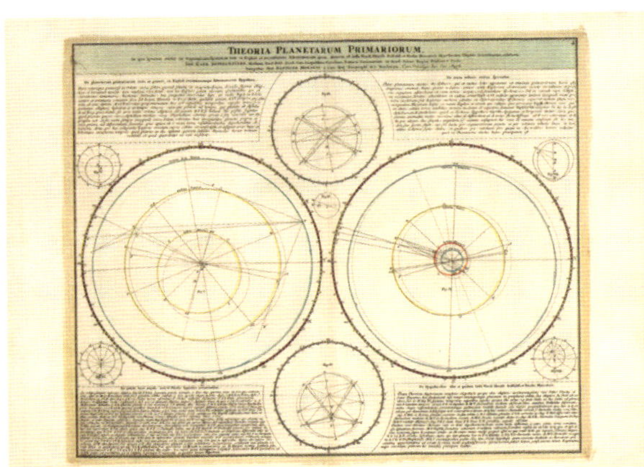

图页4 | 56—57 |

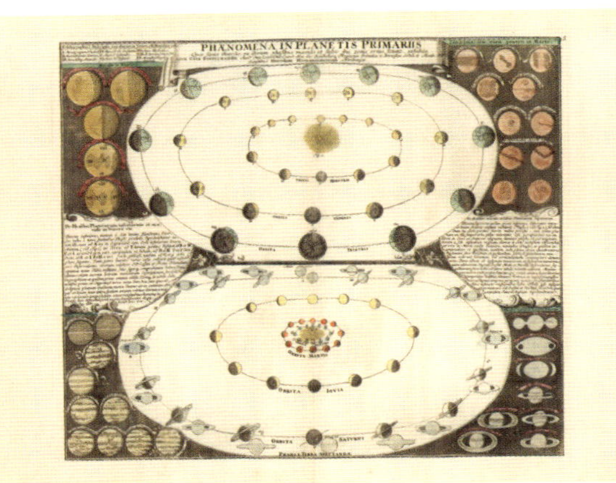

图页5 | 64—65 |

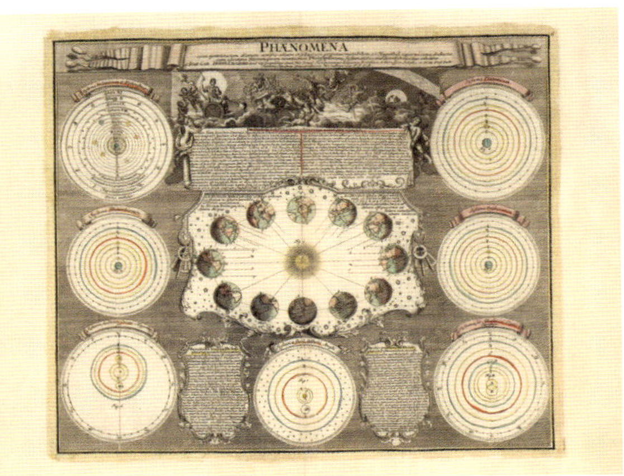

图页6 | 70—71 |

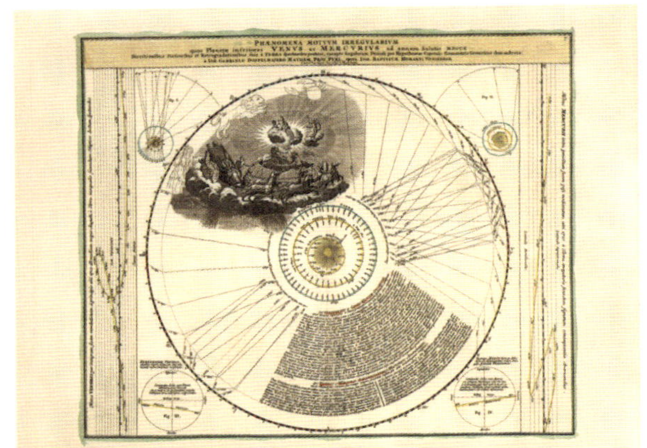

图页7 | 78—79 |

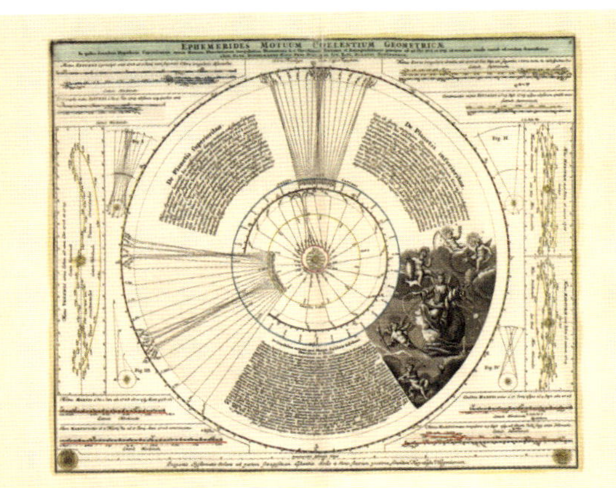

图页8 | 84—85 |

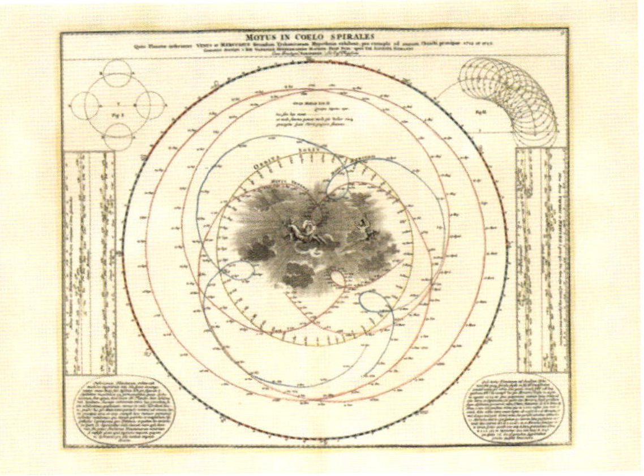

图页9 | 90—91 |

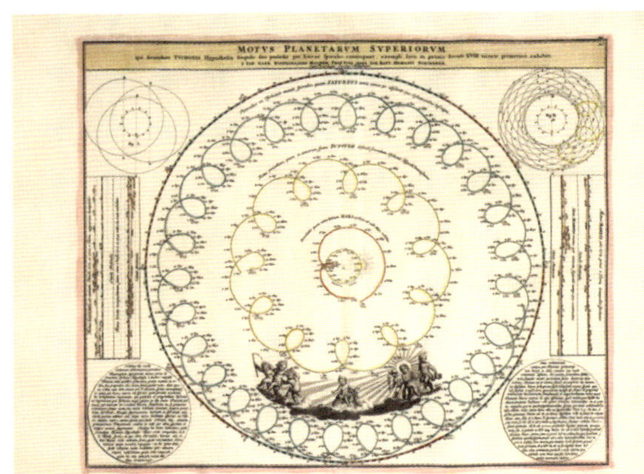

图页10 | 96—97 |

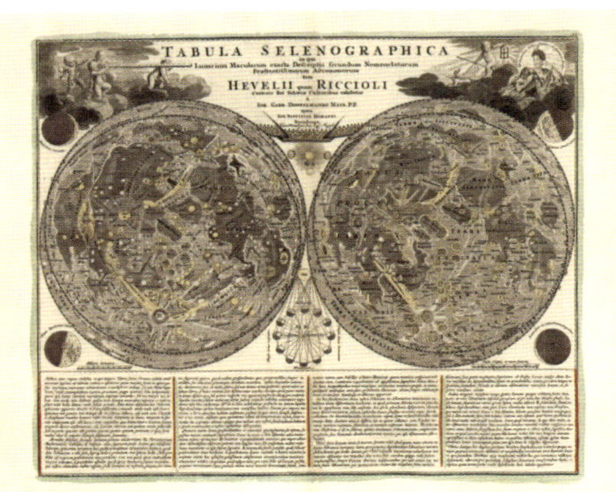

图页11 | 104—105 |

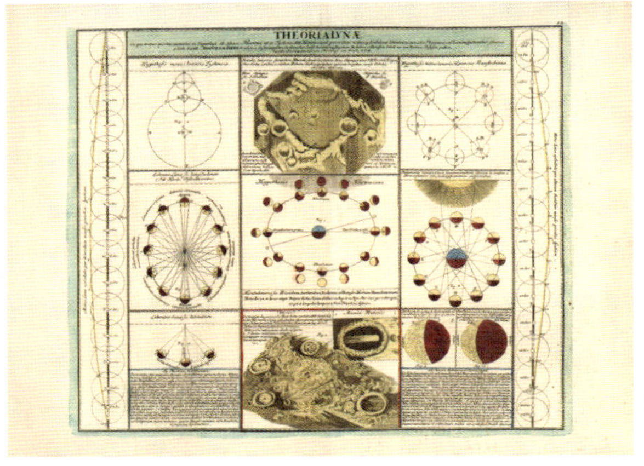

图页12 | 112—113 |

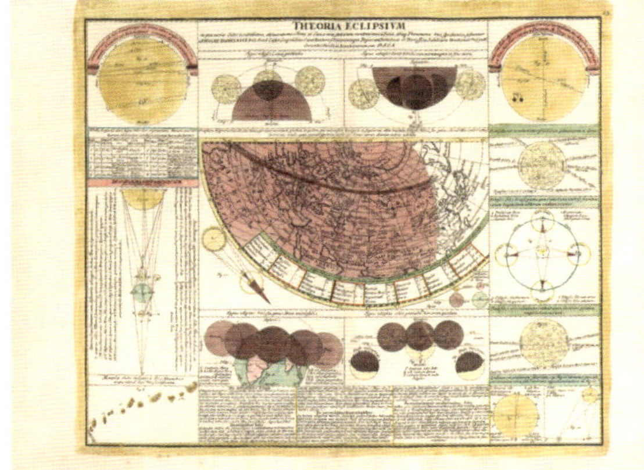

图页13 | 120—121 |

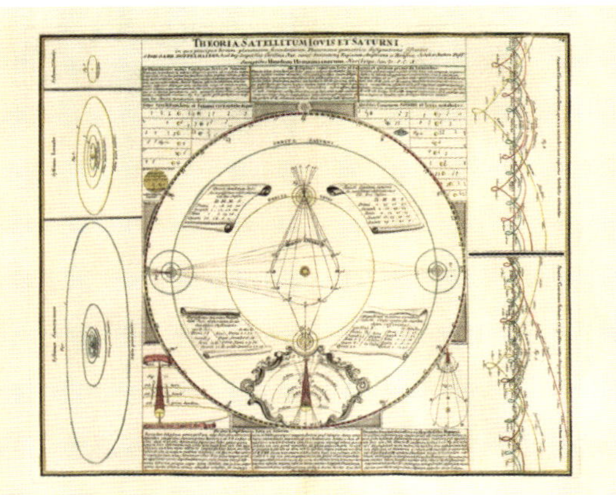

图页14 | 128—129 |

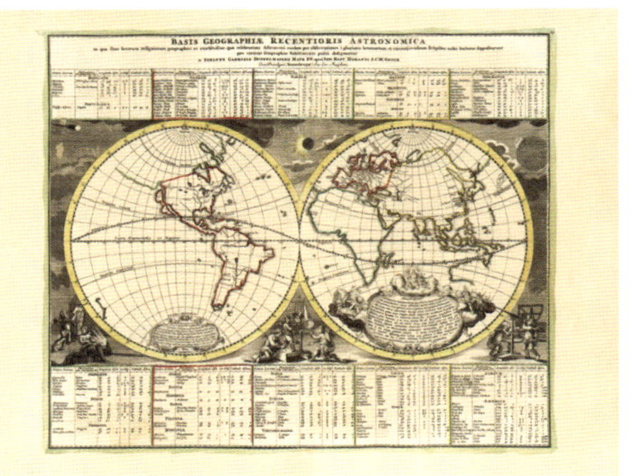

图页15 | 134—135 |

图页16 |140—141|

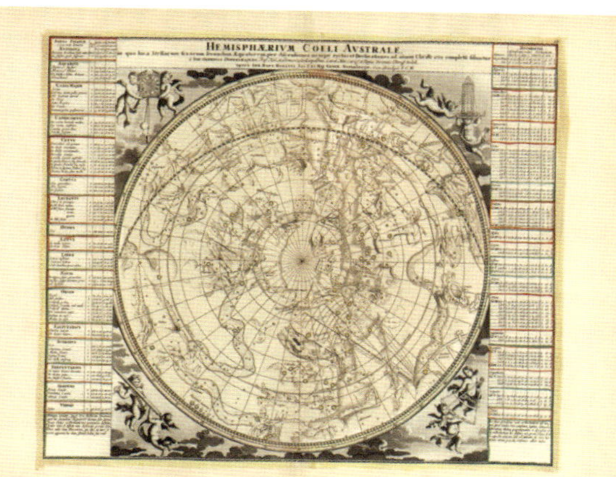

图页17 |148—149|

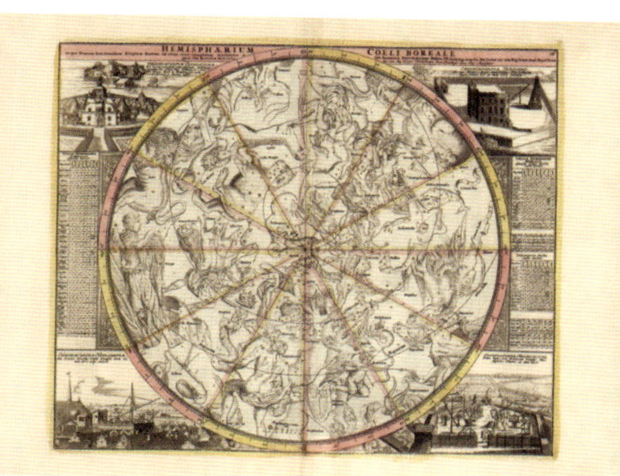

图页18 |156—157|

图页19 |162—163|

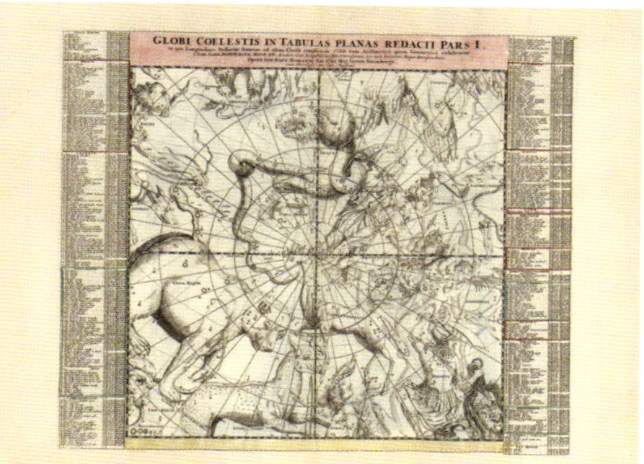

图页20 |168—169|

图页21 |174—175|

图页22 |180—181|

图页23 |186—187|

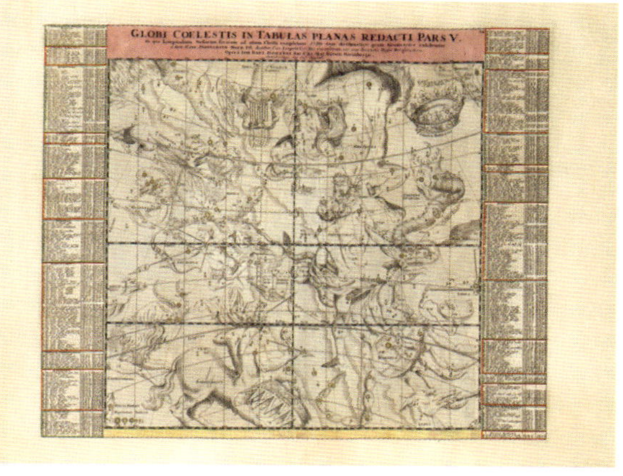

图页24 |192—193|

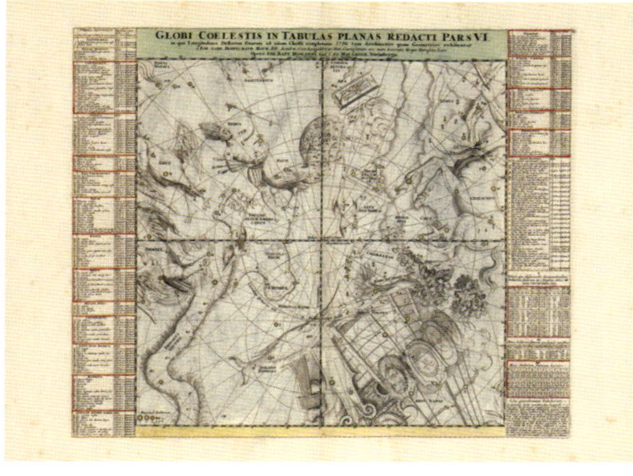

图页25 |198—199|

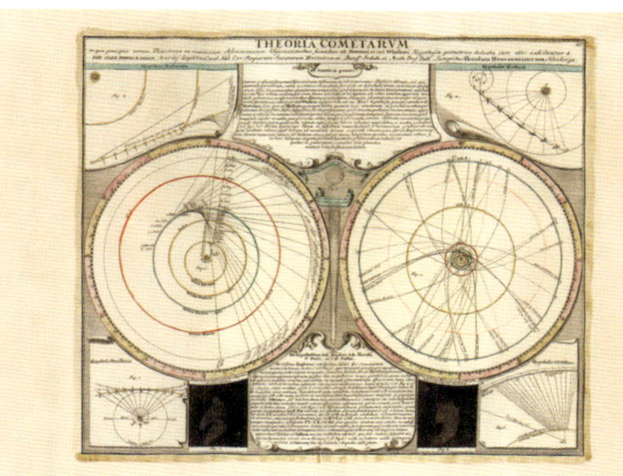

图页26 |206—207|

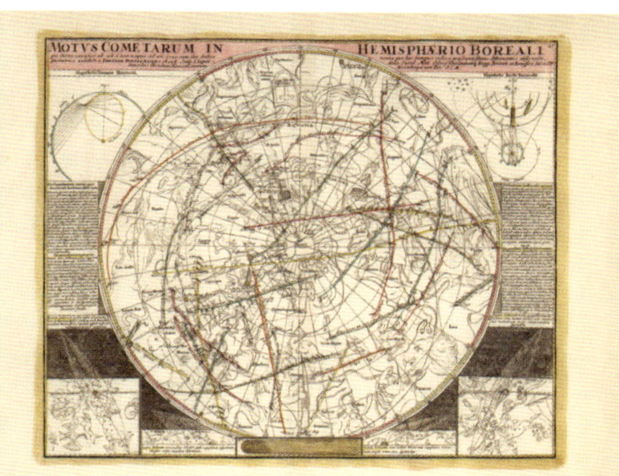

图页27 |212—213|

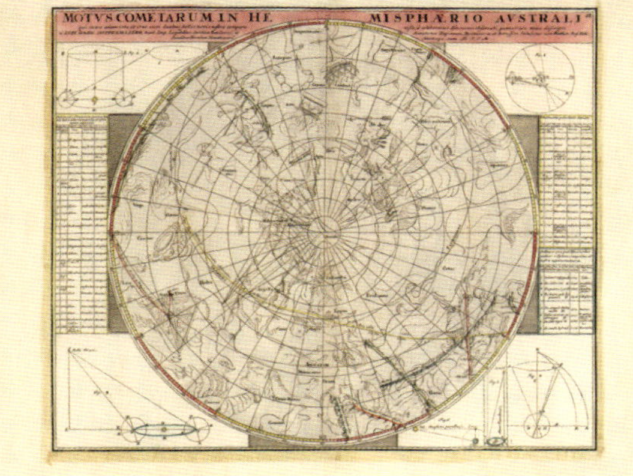

图页28 |220—221|

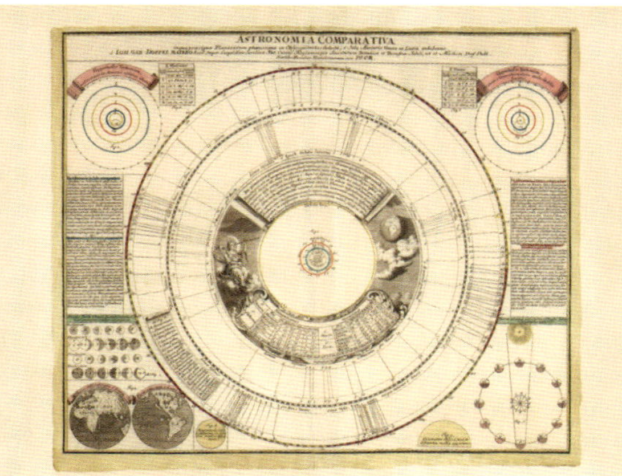

图页29 |226—227|

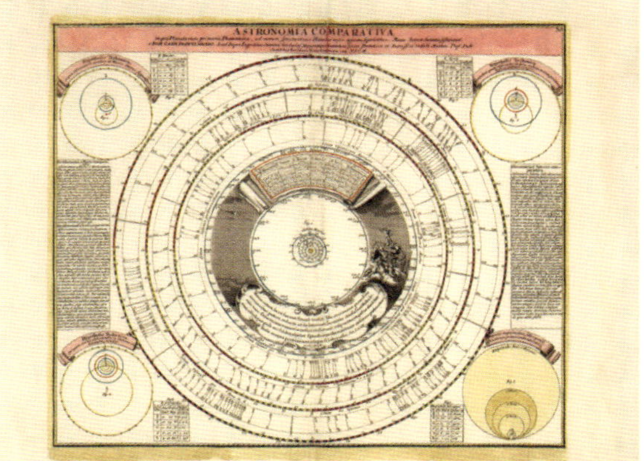

图页30 |230—231|

宇宙之球

(SPHÆRA MUNDI)

多佩尔迈尔描述了将观测者的地理位置和天球在该地的可见度之间联系起来的原则。

多佩尔迈尔《天图》的图页1描绘的是自古以来的天文学家在解读天空时都会用到的一个原则：地球的表面和所谓“天球”之间的关系。即使在今天，如果不提天体的相对距离，许多人还是会自然而然地将夜空设想为一个广袤、均匀的穹顶。对于古典世界的哲学家而言，这种假设是他们的整个宇宙学系统的基础。他们假定地球以外的事物都在一面镶嵌着“固定的星星”的遥远的球壳前方移动，这个球壳每24小时绕轴自转一圈，而地球在宇宙的中心一动不动。在天文望远镜发明以前的许多个世纪，人类的观星活动主要是致力将这一模型与天体的实际运动相调和。有了光学仪器的助力之后，约400年的天文学发展表明，现实与古人的设想大相径庭。然而，由于在天球上测量角度、描述天体的运动相当方便，天球的概念依然很有用处，并且一直沿用至今。

图4—1. 这个精美绝伦的袖珍浑仪是约翰·巴普蒂斯特·霍曼在1715年之前制作的。它展示出，我们所见到的天空可以被投射为一个囊括苍穹的球壳，而其形状对应于地球本身的几何形状。在直径仅为6.4厘米的天球外壳和地球外壳以内，还塞下了一个紧凑的可移动浑仪。

图4—1

就像多数古代民族一样，古希腊人清楚地认识到地球是个球。他们注意到，一个人向北或向南移动时能看到不同的恒星，而且天体所能达到的地平高度也有所不同。他们还观察到，太阳在东方升起得比较早，而在西方升起得比较晚。任何一种假设大地是一个平面的模型都无法解释这两种现象。其他的证据还包括，月食期间地球在月球上投下的阴影是圆形的，以及当一艘船接近港口时，高层建筑的顶部先进入视野，而此时较低的建筑物仍然在视野之外。

因此，天文学家自古以来就在使用的天球的概念，也就是多佩尔迈尔的插图所描绘的，是地球本身的几何形状在天空中的延伸。天球固定在一根轴上，这根轴是连接地球的地理北极和南极的线向外延伸形成的，它与天球的交点是南北天极。视觉上，天球每天围绕该轴自东向西旋转一周（当然，事实上是地球在自西向东自转）。从在地球表面的观测者的视角来看，不论何时，地球这颗行星的本体都会遮挡住半个天球。同时，由于地球在自转，每时每刻都有新的星座进入视野，另一些星座消隐在地平线下，可见的半个天球始终是在变化中的。天空中只有一个点是固定不动的，在北半球是北天极，在南半球是南天极。在北半球，相对明亮的北极星（在小熊座）的位置与北天极非常接近，因此可以充当天空中的一个方便的标志物。不过，北极星现在的位置纯属巧合。在南天极附近就没有这样明显的标志了。在一天的24小时里，恒星绕着天极转动。有一些恒星离天极足够近，永远都不会落到地平线以下。这样的恒星称为拱极星。不过，多数恒星是从东方升起，在穿过天空中连接北点、正上方的天顶点和南点的子午线时达到最大地平高度，之后在西方落下。

不难想到，在两个天极之间的正中，天赤

图4—2

图4—2. 这张画着浑仪和太阳系仪的插图是托比亚斯·康拉德·洛特（Tobias Conrad Lotter，1717—1777）于1774年在奥格斯堡（Augsburg）出版的。浑仪是一种古老的仪器，它将陆地上的关键特征，如赤道、南北回归线、黄道等，延伸投影到围绕地球的球壳上。人们从而可以绘制地球的真实自转以及天体在天球的视运动。相比之下，太阳系仪是一种相当现代的设备（发明于1704年），用于模拟和预测行星在空间中的位置。它通常是基于以太阳为中心的模型设计的。

道将天空分为两个半球。因为天球的这些特征都是地球特征的概念延伸，在高纬度地区，天极在天空中的位置更高，而在接近赤道的地区，天极的高度也更低。与天极相对地，当天极高度最低的时候，天赤道达到其最高点。天赤道与天极之间有90度的夹角，在地球的两极地区，天赤道几乎挨着地平线，而在地球的赤道地区，天赤道高挂在头顶正上方。天赤道在天空中的高度自然就决定了特定观测者能看到的“另一半”天球的面积。

多佩尔迈尔的插图上的另一条重要的线是黄道。黄道是在一年的时间里太阳看起来相对于恒星走过的路径。实际上，它是地球围绕太阳运行的轨道平面在天空上的投影。（在地球以一年一周的速度绕着太阳转动的过程中，地球看向太阳的方向不断变化，太阳背后的恒星背景也会随之变化。这些背景恒星就组成了我们熟知的黄道十二星座。）由于地球的自转轴倾斜于它的公转轨道面，黄道和赤道有23.5度的夹角。也就是说，黄道的一半位于南天，另一半位于北天。多佩尔迈尔的图表强调了黄道也具有其对应的两极这一事实，并且给出了在可能存在的各种不同的天文坐标系统（类似于地球的经度和纬度）中确定天体位置的方法。这些坐标系取决于人们是测量天体相对于天极和天赤道的角度、相对于黄道的角度，还是相对于当地的地平线的角度。最后一种坐标系是最直观的，因为它所测量的是地平高度（高于地面的角度）和方位角（相对于正北或正南的方向）。但是，因为天体的地平坐标每时每刻都在变化，而且对于不同位置的观测者各不相同，在记录天上的位置时，这种坐标系是最不实用的。

在描述这些复杂问题的时候，多佩尔迈尔不仅画了中心的一系列球面图，还在图页的角落里画了一些地球仪和天球仪，以及一种被称为“浑仪”的天球模型。在图页的底部，他还探讨了另外两个重要的问题——在地球表面和从地球真正的中心测量到的天体位置间具有差异，以及地球大气具有欺骗性的折射效应使天体的形象偏离其真实位置。（不过，幸运的是，这两个问题都是可以被计算并预先纳入考量的。）

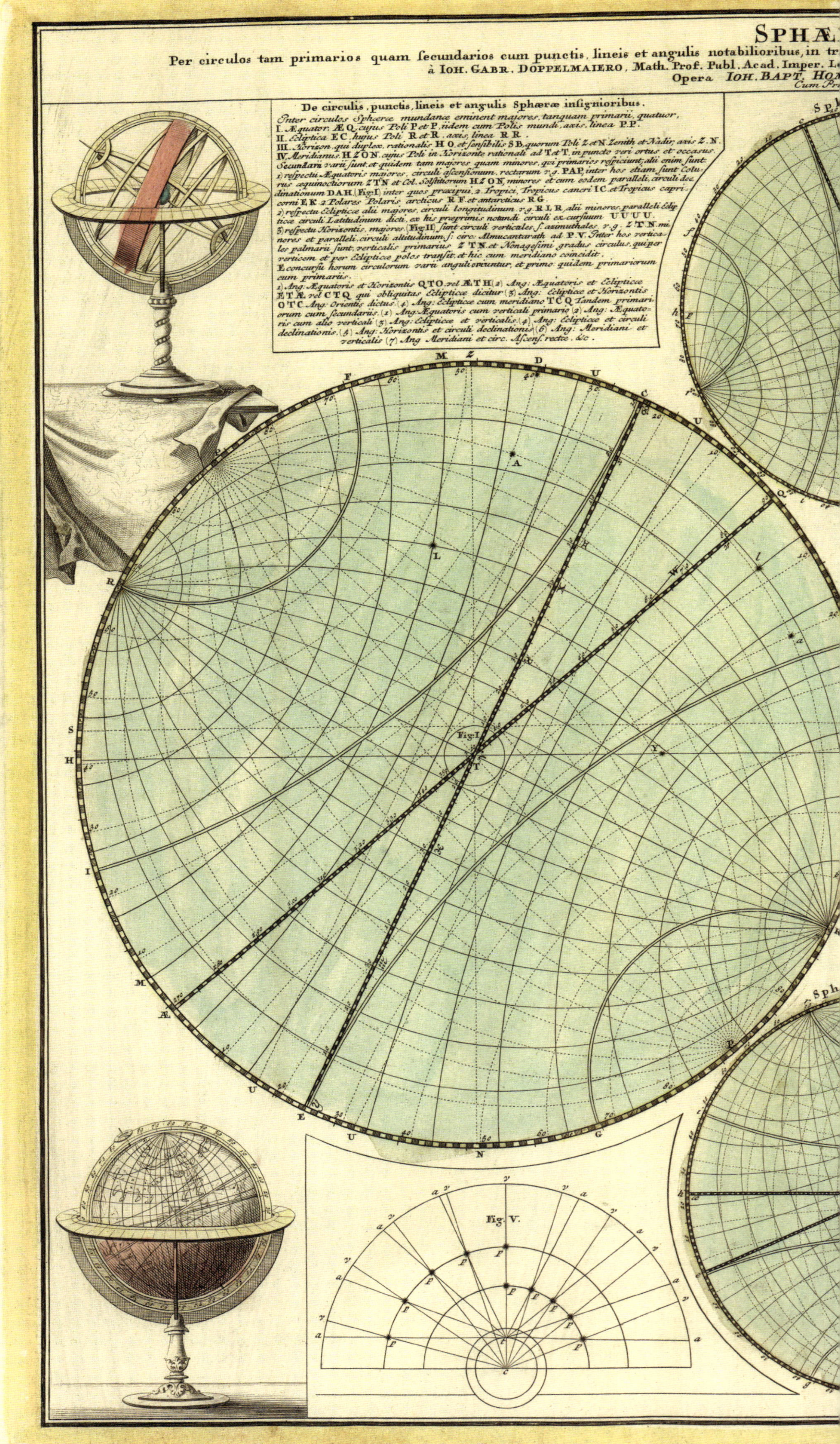
SPHÆ
Per circulos tam primarios quam ſecundarios cum punctis, lineis et angulis notabilioribus,
à IOH. GABR. DOPPELMAIERO, Math. Prof. Publ. Acad. Imper.
Opera IOH. BAPT.
De circulis, punctis, lineis et angulis Sphæræ inſignioribus.
Inter circulos Sphæræ mundanæ eminent majores, tanquam primarii, quatuor,
I. Æquator ÆQ, cujus Poli P et P, iidem cum Polis mundi, axis, linea P.P.
II. Ecliptica EC, hujus Poli R et R, axis, linea RR.
III. Horizon, qui duplex, rationalis HO, et ſenſibilis SB, quorum Poli Z et N, Zenith et Nadir; axis Z.N.
IV. Meridianus HZON, cujus Poli in Horizonte rationali ad T et T, in puncto veri ortus et occasus.
Secundarii varii ſunt, et quidem tam majores quam minores, qui primarios reſpiciunt; alii enim ſunt
1) reſpectu Æquatoris majores, circuli aſcenſionum, rectarum v.g. PAP, inter hos etiam ſunt Coluri aequinoctiorum ZTN et Col. Solſtitiorum HZON, minores et cum eodem paralleli, circuli declinationum DAH (Fig: I) inter quos præcipui, 2 Tropici, Tropicus cancri IC et Tropicus capricorni EK, 2 Polares Polaris arcticus RF et antarcticus RG.
2) reſpectu Eclipticæ alii majores, circuli longitudinum v.g. RLR, alii minores, paralleli Eclipticæ circuli Latitudinum dicti, ex his preprimis notandi circuli ex curſuum UUUU.
3) reſpectu Horizontis, majores (Fig: II) ſunt circuli verticales, ſ. azimuthales v.g. ZTN, minores et paralleli, circuli altitudinum, ſ: circ: Almucantarath ad P.V. Inter hos verticales palmarii ſunt, verticalis primarius ZTN et Nonageſimi gradus circulus, qui per verticem et per Eclipticæ polos tranſit, et hic cum meridiano coincidit.
E concurſu horum circulorum varii anguli oriuntur, et primo quidem primariorum cum primariis.
1) Ang: Æquatoris et Horizontis QTO vel ÆTH (2) Ang: Æquatoris et Eclipticæ ETÆ vel CTQ qui obliquitas Eclipticæ dicitur (3) Ang: Eclipticæ et Horizontis OTC Ang: Orientis dictus (4) Ang: Eclipticæ cum meridiano TCQ Tandem primariorum cum ſecundariis. (1) Ang: Æquatoris cum verticali primario (2) Ang: Æquatoris cum alio verticali (3) Ang: Eclipticæ et verticalis (4) Ang: Eclipticæ et circuli declinationis (5) Ang: Horizontis et circuli declinationis (6) Ang: Meridiani et verticalis (7) Ang Meridiani et circ. Aſcenſ. rectæ. &c.

多佩尔迈尔
《天图》
图页1

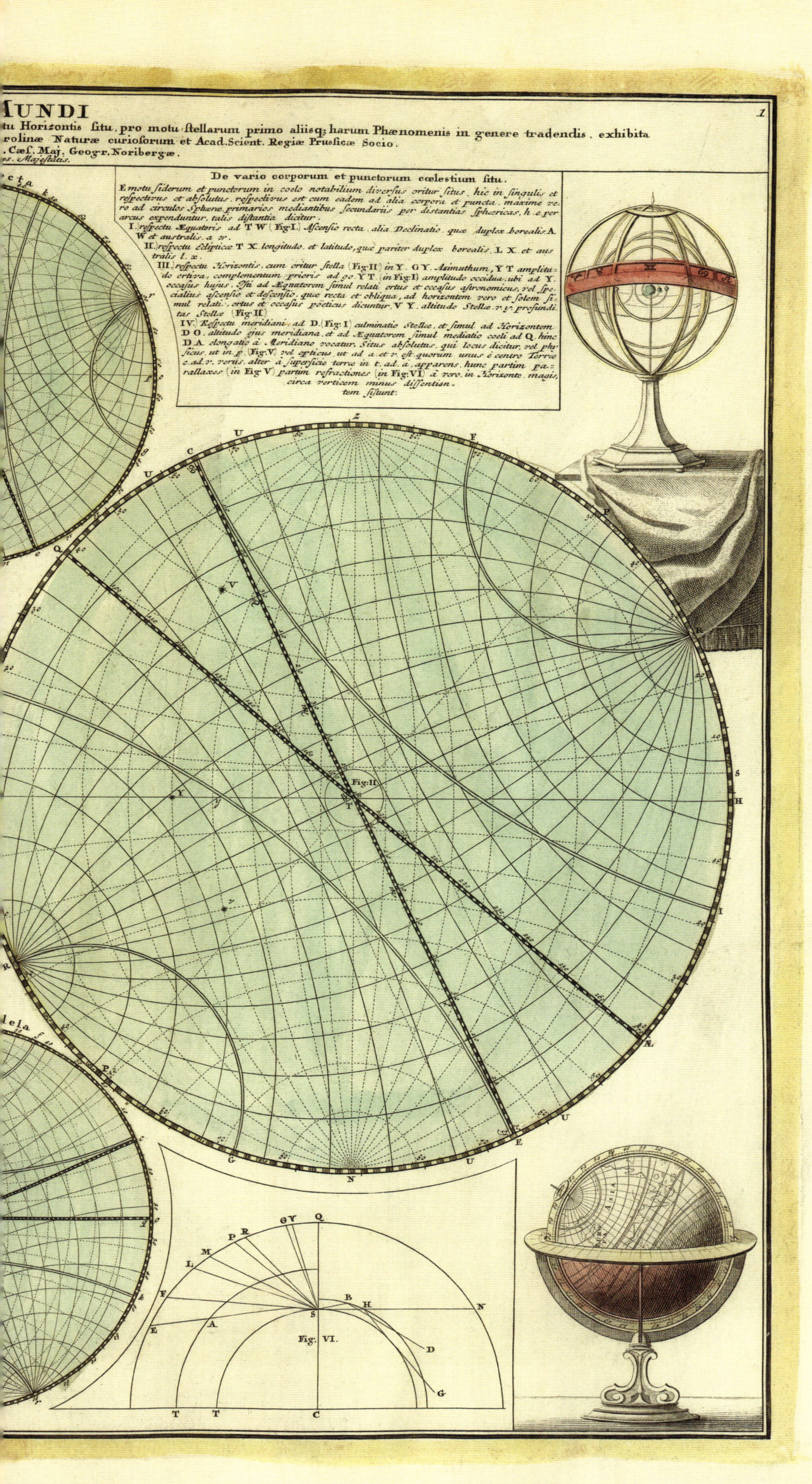

天球坐标系

多佩尔迈尔将一个大球分成两半，并且假设了从内向外的观看视角，用以描述天球上的重要点和由它们建立的坐标系。地球（Terra）居于中心，由一个以字母T为标记的小圆圈表示。有两条线将天球一分为二，其端点各有字母标记。天赤道两端是Æ 和Q，而太阳走过的黄道是E和C。天极（地球自身的两极连线的自然延长）以字母P表示，黄极是字母R。以这些固定的点和线为基准，继而可以构建两个坐标系。首先，沿着与黄道或赤道平行的同心圆圈，可以描述从0度到90度的黄纬和赤纬。其次，利用经过各自坐标系的两极的大圆，可以确定黄经和赤经。黄经和赤经的角度测量起始点都是黄道向北穿越天赤道时的交点（太阳在北半球春分时的位置）。

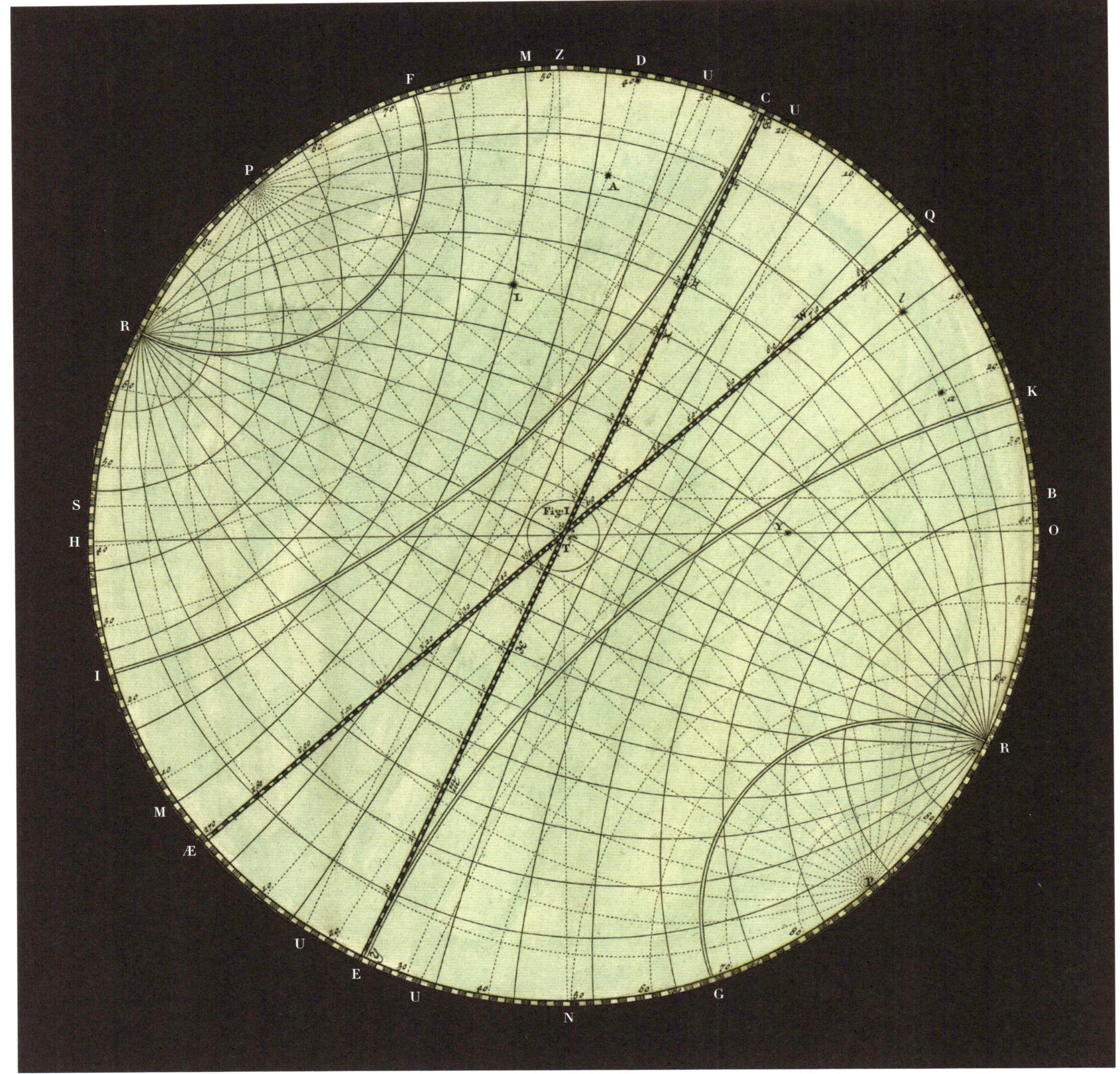

观测者的天空

右侧的半个巨大的天球是左图的镜像。因为黄道与天赤道在天空中是连续的一整圈，在右图上也绘有带坐标的黄道和天赤道。除了天空中的固定点，多佩尔迈尔还在中心的地球小图的顶部位置标记了几个对于观测者有重要意义的点：Z代表天顶，即头顶正上方的点；N代表天底，即脚底正下方的点。字母H和字母O连成的线代表的是“地心地平”，它是一条穿过地球的中心并与天球相交的直线。字母S和字母B的连线代表的是“视地平”，这是在观测者所在的地点，想象出的一条线。它代表了地球表面的切平面向四周无垠延展的视觉边界（考虑到地球本身阻挡了视线）。在任意观测地点，只要简单地根据某天体在某一特定时刻的高度角（高于地面的角度）和方位角（画一条连接天顶点与该天体的线，这条线与地平有一个交点。该交点与地平上的正北点或正南点之间的夹角，就是该天体的方位角），就可以构造第三个坐标系。

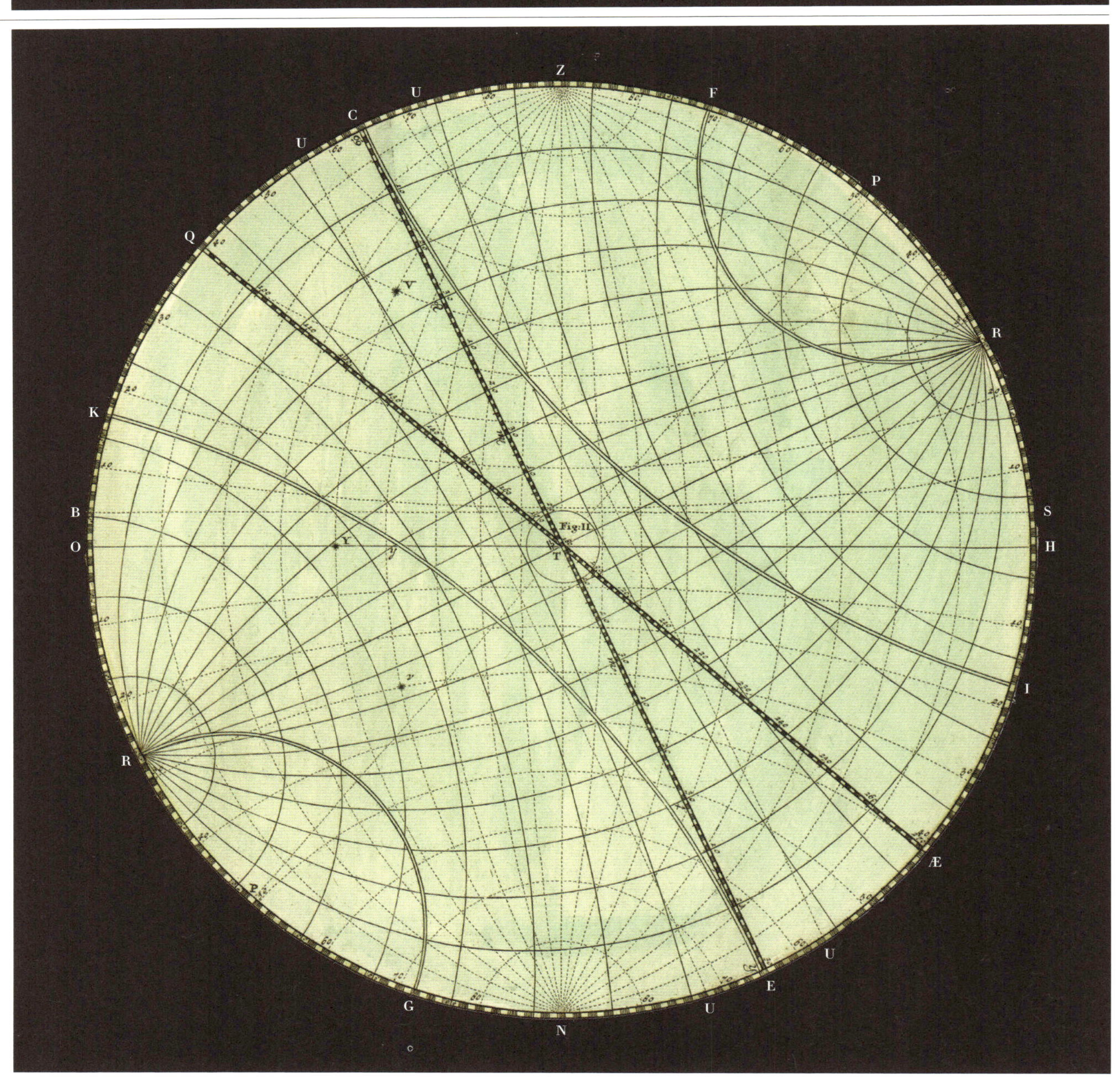

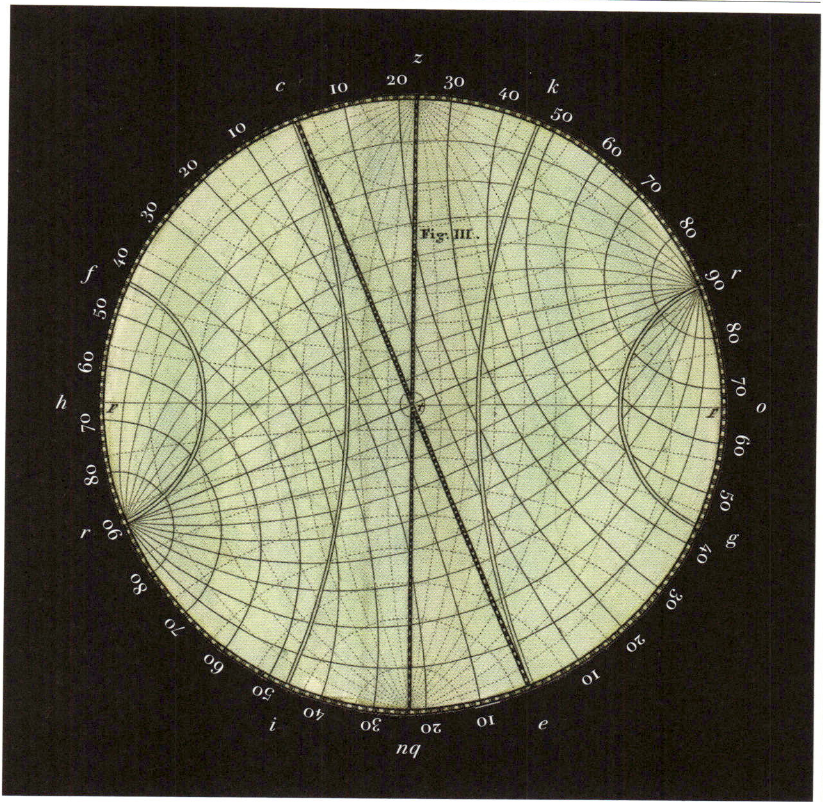

赤道视角

两个主图中展示了任意选定的倾斜角度的天球，而在主图的上方和下方，多佩尔迈尔还画了一对小图，上方的叫作垂直球（标题为Sphaera recta，描绘了天赤道与地平线垂直的情形，即在地球的赤道上所见的情况），下方的叫作平行球（标题为Sphaera parallel，描绘了天赤道与地平线平行的情形，即在地球的两极所见的情况）。

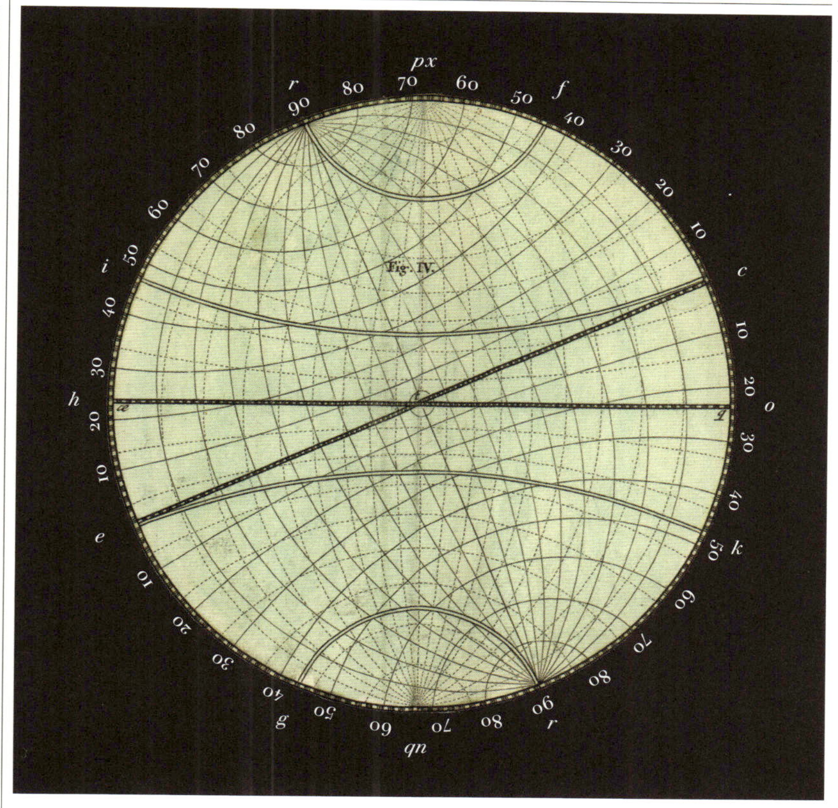

极视角

值得注意的是，在多佩尔迈尔所有描绘天球的插图中，黄道坐标经纬线是以细实线绘制的，看起来比赤道坐标更加醒目。在绘制行星的运动图时，使用黄道坐标格外方便。而直到允许望远镜直接沿着赤经和赤纬方向转动的托架面世之后，赤道坐标才变得流行起来。

浑仪

图页顶部的角落装饰是一对浑仪。左侧那个的构造是大家比较熟悉的。它的正中央是地球，外面环绕着的平行圆环标记的是天赤道和回归线，另外还有一条倾斜的带子表示黄道。右侧的浑仪是基于太阳系的地心模型绘制的，其中，行星由一些同心圆环支撑。

天球仪与地球仪

在图页的底部，左侧的天球仪和右侧的地球仪成为页面装饰性的点缀。它们也突出体现了用于测量地球上的位置和用于测量天体位置的坐标系的相似性。

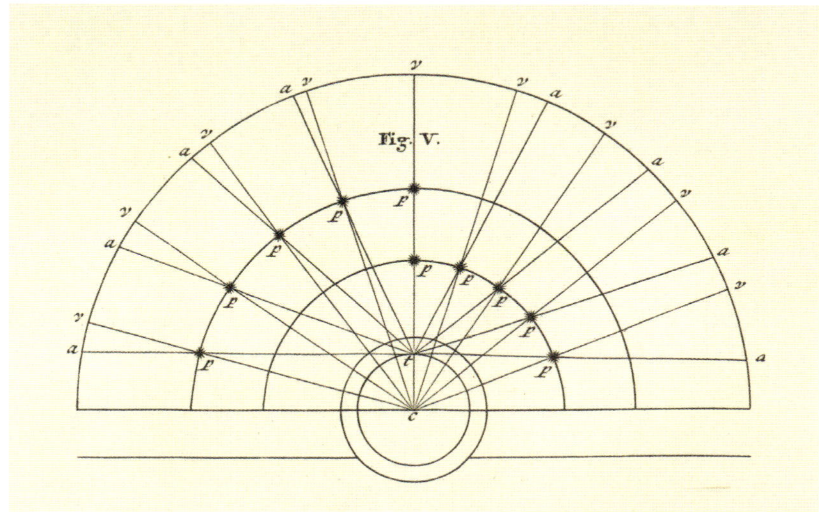

视差效应

在这张示意图中，多佩尔迈尔展示了从地球表面（t）和从地球中心（c）测量到的天体视位置之间的差别。当地球每天的自转带着观测者一起转动时，也会产生同样的效应（所谓“周日视差”）。但实际上，这种效应只能影响到最邻近的对象。

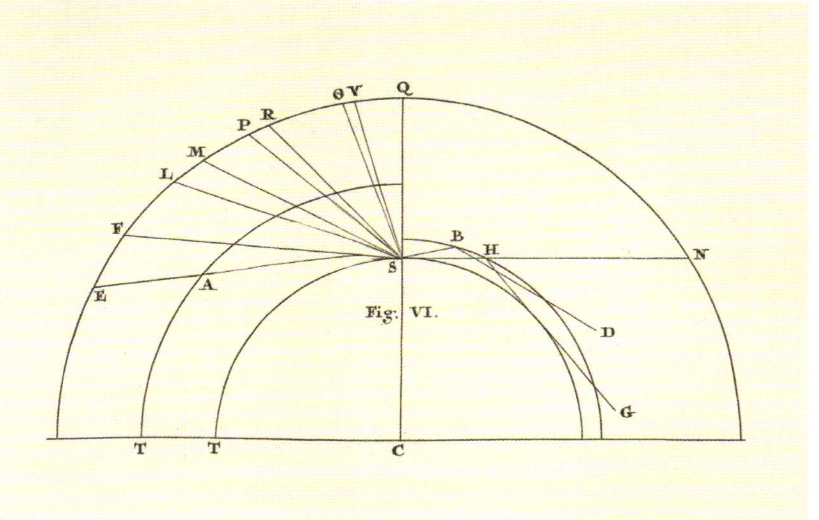

折射效应

早在古希腊罗马时代，大气折射（光线在地球的大气层中发生偏折）能够改变天体的视觉位置的现象就已为人所知了。尽管还无法在测量中完全改正这一效应，多佩尔迈尔用图解表明，大气折射的影响在地平线（E）附近更大，而在天顶（Q）处几乎完全不存在。

太阳和行星系统

(SYSTEMA SOLARE ET PLANETARIUM)

多佩尔迈尔总结了哥白尼太阳系模型并论证了它对解释天体现象的有用性。

《天图》的图页2（见本书第40—41页）展示了启蒙运动时代的宇宙形象。这张大幅插图最初是为约翰·巴普蒂斯特·霍曼的《新全球地图》（1707）绘制的。画面中心的太阳系模型依据尼古拉·哥白尼的理论以太阳为中心。画中还附有根据130多年来望远镜观测发现撰写的详细说明。

我们现在所知的“哥白尼革命”实际上是旷日持久的，走过了漫长而困难重重的接受之路。传统的“位置天文学”认为，只要行星位置和运动的初始测量值足够精确，古老的本轮与偏心匀速点系统就可以做出准确的预测。到了13世纪后期，伊斯兰教、犹太教和欧洲的思想与学说在中世纪的西班牙自由地交流碰撞，而位置天文学也发展到了顶峰。在卡斯蒂利亚的阿方索十世的赞助下，西班牙天文学家汇编了一些天文表。这些表广泛利用了早期资料和最新的观测结果，达到了前所未有的准确度。表格最终总结成书为《阿方索历表》（*Alfonsine Tables*）。人们进而利用它编写了用于占星术的星历表。

希腊天文学家托勒密提出的复杂宇宙模型在这个过程中逐渐显出了缺陷。更优质的测量数据让表格变得更加精确，但也暴露出这些表格在过去几个世纪里可能被忽视了的预测错误。因此，就像此前的亚里士多德模型一样，托勒密模型也变得越来越臃肿了：为了让宇宙的发条对准天文观测数据，本轮上套起了更多的本轮。

1377年，法国哲学家尼古拉·奥雷姆（Nicolas d’Oresme，约1320—1382）发表了《天地通论》（*Book of the Heavens and the Earth*），吹响了革命的第一声号角。他在书中证明，恒星每天的运动与其说是被旋转的外部天球层带动，不如说是源自地球自身的转动。奥雷姆还提出，地球上的元素是与地球共同运动的，因此地球的自转并不会导致永远持续的东风。这一观点与后来伽利略·伽利雷的惯性概念不谋而合。根据奥雷姆的观点，对于宇宙而言，让相对较小的地球绕轴自转可能比让庞大的恒星球层每24小时就转一圈更经济。最后，他直接解决了一个之后曾让伽利略格外困扰的棘手问题：《圣经》中有几处关于太阳的记载，其中（在《约书亚记》中）甚至提到了太阳在行进时短暂停住的情况。奥雷姆表示，《圣经》只是在用其听众的语言和共同经历进行叙述，而不是在陈述宇宙的真实构造。不过，他最终没有得出任何激进的结论，只是坚称自己和所有思维正常的人一样，相信静止的是天空而不是大地。

一个半世纪后，当哥白尼推出他的理论时，时代风向已经变了。文艺复兴和新教改革运动改变了人们的思想，许多早已确立的教条开始遭到公开质疑。而印刷机的发明更是让新思想比以往任何时候都更快地传遍各地。雷乔蒙塔努斯和格奥尔格·冯·波伊尔巴赫的《天文学大成概要》（*Epitome of the Almagest*，1496）给了哥白尼特别的启发。这本书探讨了托勒密理论中关于月球运动部分的一些问题。哥白尼通过观测，亲眼确认了他们发现的问题。此后，他阅读了更多的著作，发展出自己的思想。到1514年时，他将自己的想法总结为一本后来通称为《短论》（*Little Commentary*）的小书，并将手稿分发给朋友和天文学家同行传阅。

尽管哥白尼宇宙观主要是以将太阳而非地球置于宇宙中心而闻名的，它实际上既没有像后来的描述（包括多佩尔迈尔）所说的那样简单，也不是太全面。哥白尼将行星放置在我们今天熟知的绕日轨道上，只留下月球绕着地球运行，却还是不得不保留了较小的本轮。如若不然，行星在天上就只有通常的西向移动，而不能来回徘徊。而这一切的主要原因是，哥白尼仍然相信匀速圆周运动的必要性。既然行星视运动的速度和方向变化不能完全用地球上的视角变化来解释，那一定还有别的机制存在。虽然模型无可奈何地变复杂了，哥白尼体系还是成了托勒密体系的有力替代。新体系的消息在欧洲学术界传开了。传说，当第一版《天球运行论》在1543年5月送到哥白尼的病榻前时，他已因中风奄奄一息。他可曾知道，印刷商为他的作品增加了一段神学家安德烈亚斯·奥西安德（Andreas Osiander，1498—1552）写的序言，声称该书的假设只应被当作数学工具，而不是对宇宙的真正性质的描述？答案永远无从知晓。

现代研究表明，这本繁复的作品并不像人们长期以来认为的那样在当时影响不大。事实上，对其现存的所有早期印本的普查表明，许多乐于使用其数学工具的天文学家阅读了此书（并留下了注释）。然而，许多人似乎确实对这本书所暗示的宇宙学视若不见——考虑到当时激烈的宗教辩论以及哥白尼思想饱受新教徒嘲笑的事实，这也许不足为奇。具有讽刺意味的是，尽管后来天主教会将与伽利略发生冲突，此时的天主教会人士对哥白尼理论给予了相对更热烈的欢迎——至少，在它老老实实地留在数学假设领域时是这样。直到1609年左右，随着望远镜的发明和发展，人类才看到了唯有以太阳而非地球为中心的宇宙模型才能合理解释的新天象。

图5—1

图5—1. 这也许是安德烈亚斯·策拉留斯的《和谐大宇宙》中最著名的插图。在这里，太阳位于太阳系的中心。这张图还展示了地球倾斜的自转轴使北半球在一年中的不同时间朝向和背离太阳倾斜，从而产生我们熟悉的季节变化。图中有一年中4个时间点的地球，从顶部逆时针，这4个点分别是冬至、春分、夏至和秋分。

Systema
ex hypothesi Copernicana secundum elegantißimas
Magnitudines corporum Planetariorum respectu Solis Geometrice exhibitae
Saturnus
Sol
Iupiter
Typus macularum et Planetarum Facies diversae
Leo
Virgo
Libra
Scorpius
Sagittarius
September
October
November
December
Systema Ioviale
Ex his

多佩尔迈尔
《天图》
图页2

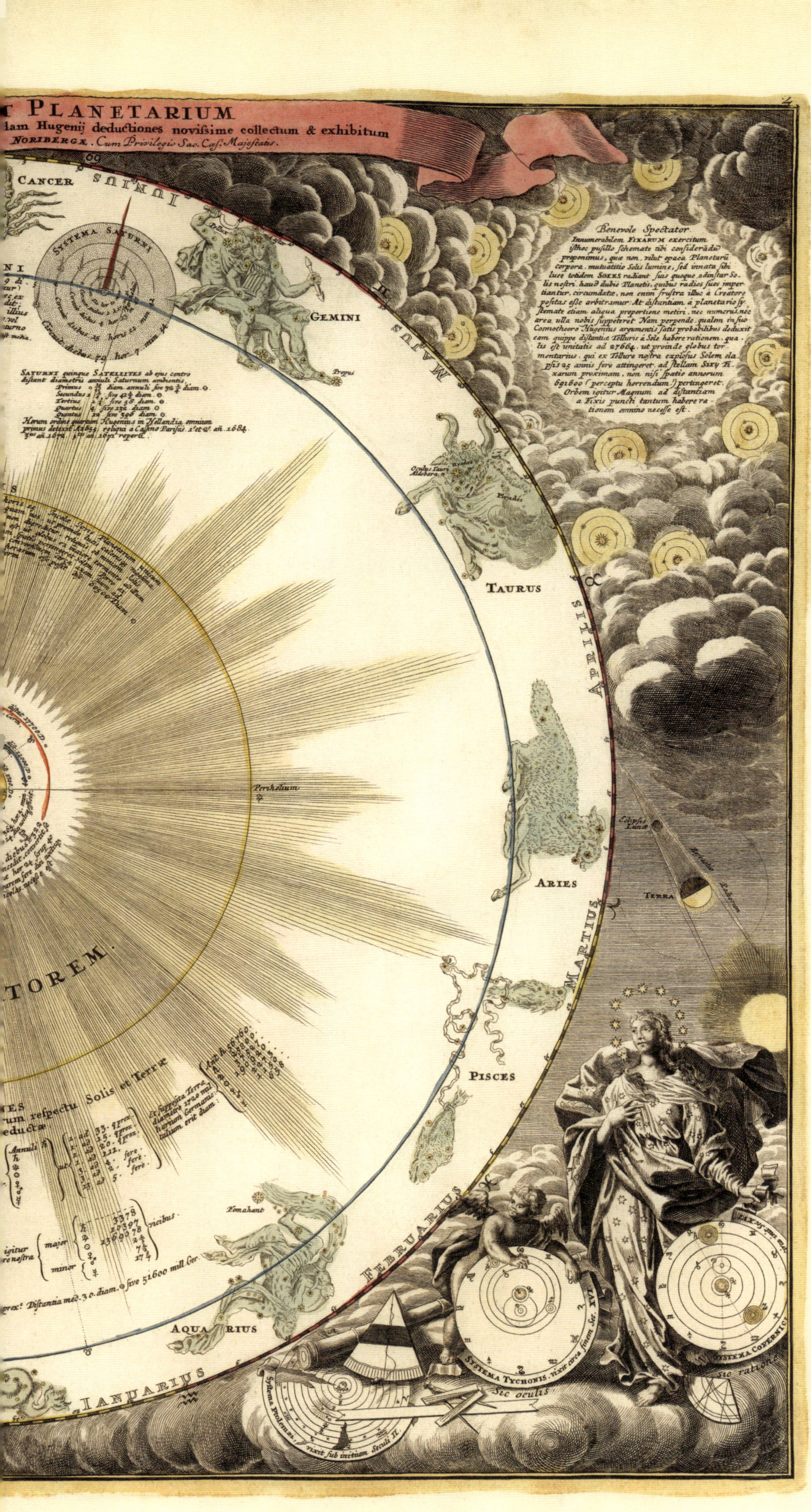
PLANETARIUM
Hugenij deductiones novissime collectum & exhibitum
NORIBERGÆ. Cum Privilegio Sac. Cæs. Majestatis.
CANCER
GEMINI
TAURUS
ARIES
PISCES
AQUARIUS
IUNIUS
MAIUS
APRILIS
MARTIUS
FEBRUARIUS
IANUARIUS
TOREM
Perihelium
Terra
SYSTEMA TYCHONIS
SYSTEMA COPERNIC
Sic oculis
Sic ratio
Benevole Spectator

哥白尼的太阳系

图页2的中央插图描绘了行星轨道的相对尺度。其中，4颗内侧行星相对靠近太阳，而木星和土星则要远得多。太阳周围光线的绘制方式也暗示了太阳在更远处的影响力更弱。

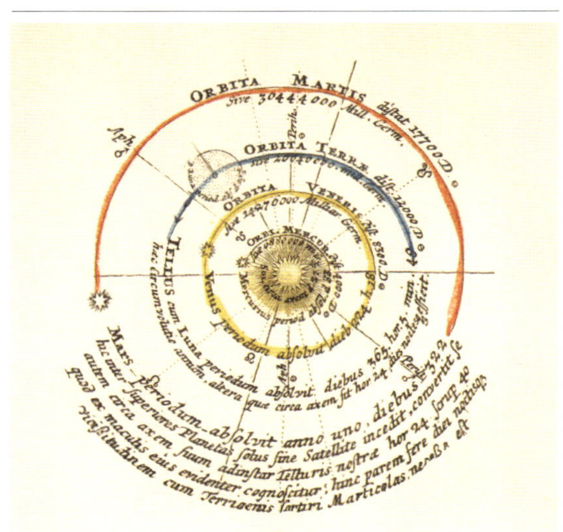

内侧行星

水星、金星、地球和火星周围写满了关于它们轨道的信息。此处，与太阳的距离以地球直径表示，轨道周期以天和小时表示。当时的近日点（每个轨道离太阳最近的点）和远日点（最远距离点）的方向也在图上标了出来。

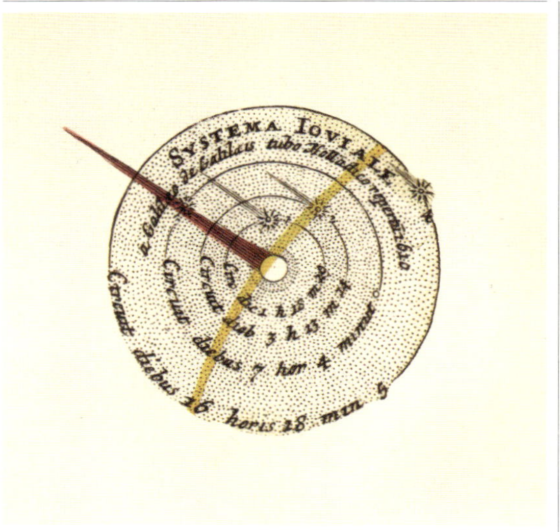

木星系统

图中绘制了木星和它的4颗主要卫星（今天被称为“伽利略卫星”）。这些卫星从内向外按1至4编号，旁边标有其轨道周期。大家熟悉的卫星名——木卫一（Io）、木卫二（Europa）、木卫三（Ganymede）和木卫四（Callisto）直到20世纪才被广泛采用。

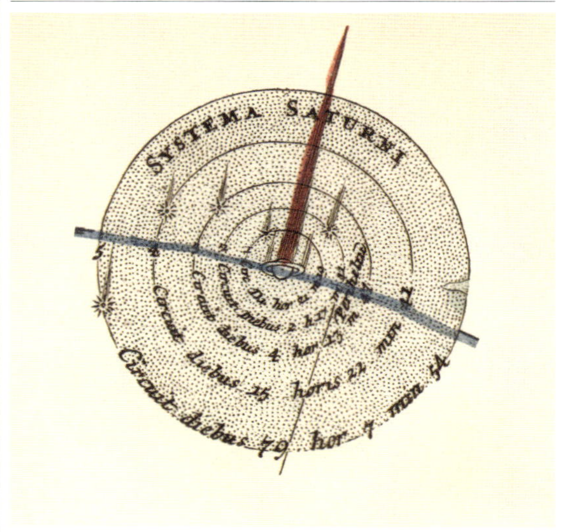

土星系统

土星是多佩尔迈尔时代已知的最外层的行星。本图中还绘制了它周围的环系统和5颗已知的卫星：土卫三（Tethys）、土卫四（Dione）、土卫五（Rhea）、土卫六（Titan）和土卫八（Iapetus）（编号1至5）。克里斯蒂安·惠更斯在1655年发现了土卫六，其他4颗卫星则是乔瓦尼·多梅尼科·卡西尼（Giovanni Domenico Cassini）于1671年至1684年发现的。

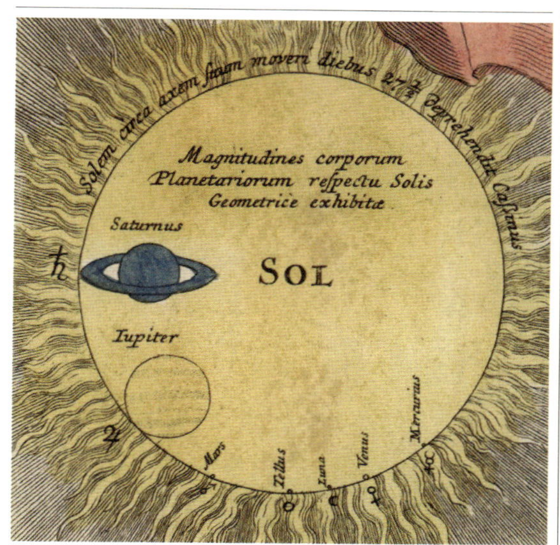

行星体与太阳的大小对比

图页左上角再现了惠更斯的《宇宙观察者》（1698）中的插图，比较了太阳和行星的相对大小。主图中心（哥白尼模型）下方的表格进一步介绍了如何计算行星相对于地球的直径和体积。

多重世界

右上方是一大段关于恒星的描述。文段中写道，恒星本身就是太阳，每颗恒星都拥有自己的太阳系。文中先讨论了惠更斯的计算，即天狼星（夜空中最亮的恒星）比太阳远约27664倍，接下来描述了前往这些其他恒星系统所需的漫长时间。

建立宇宙模型

寓言式的人物和天文仪器旁边画着太阳系的3个伟大的历史模型。这3个模型分别是托勒密体系（正在分崩离析）、第谷体系（下方写着sic oculis，意思是“目视如是”）和哥白尼学说（下方写着sic ratione，意思是“理思如是”）。

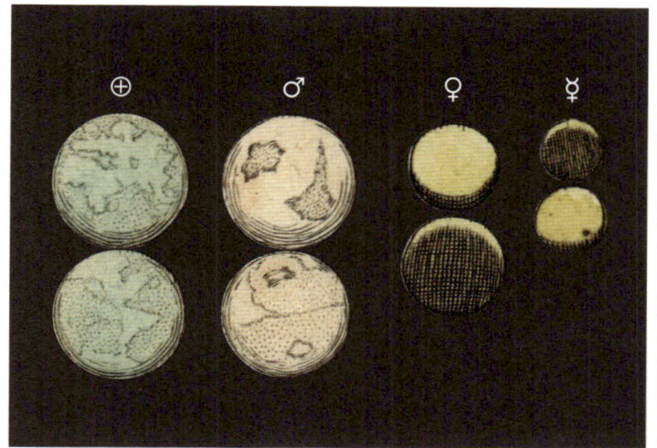

行星的外观和特征

图页此处绘制了4颗内侧行星的典型表面特征和外观。这些特征包括地球的海洋和大陆、火星表面的深色标记以及金星和水星的相位变化。关于上述内容更详细的探讨见图页5。

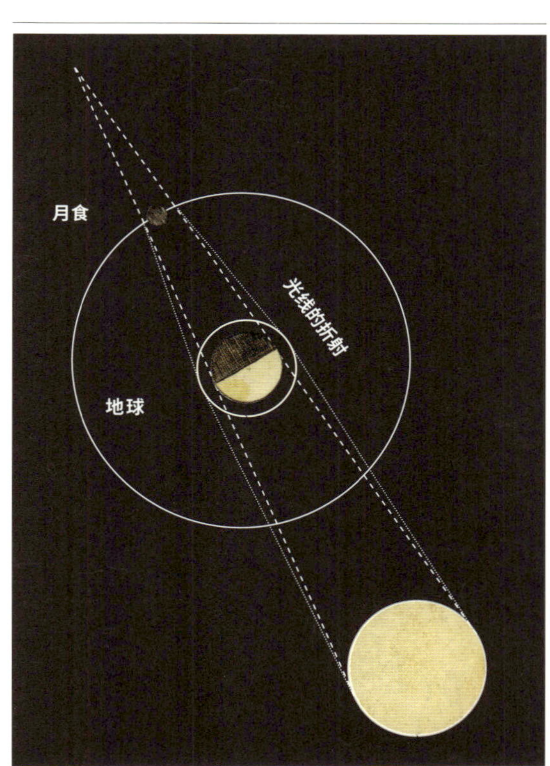

月食

日食图后的附图解释了月食的几何学原理，即满月穿过地球投射的长长的锥形阴影。由于地球比月球大，月食对准精度要低得多，而且地球的整个夜半球都可以看到月食。

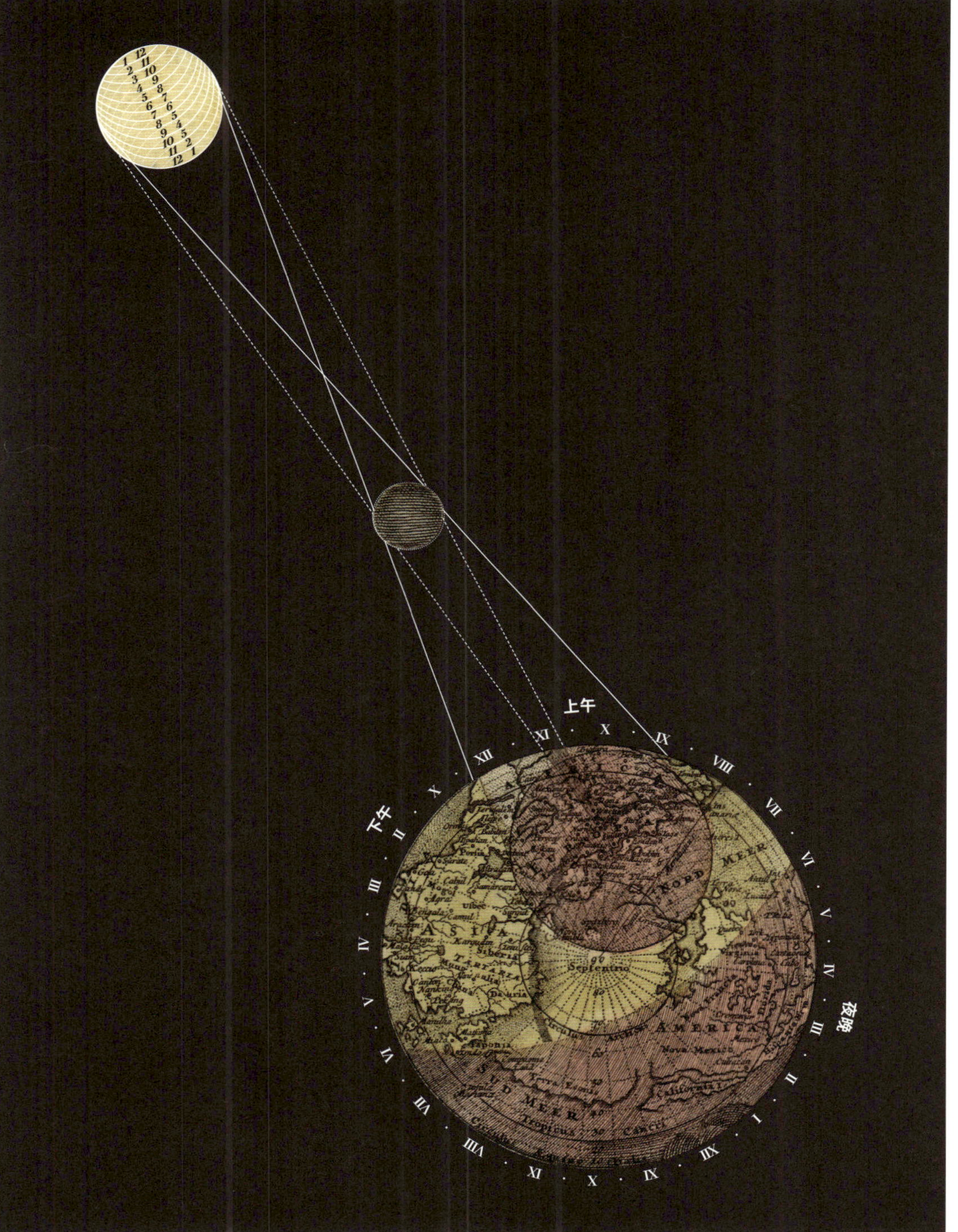

1706年5月12日的日食

图页2上的这幅插图首次出现在霍曼的《新全球地图》（1707）中，描述的是当时在欧洲刚刚发生的日食。人们提前准确预测了这次日食扫过地球表面的路径，以及月球投下的本影（全食）和半影（偏食）的范围，这还是史上第一次。

第谷的宇宙体系

(SYSTEMA MUNDI TYCHONICUM)

多佩尔迈尔描绘了哥白尼体系在启蒙运动早期的主要替代方案。

多佩尔迈尔为约翰·巴普蒂斯特·霍曼的《百幅地图集》(1712)设计了一张整页插图，介绍了16世纪末和17世纪初期的一套地心太阳系模型。这是当时尼古拉·哥白尼体系的主要替代方案。今天，它被称为第谷模型。这张插图后来成了《天图》的图页3。

这一体系以丹麦贵族第谷·布拉赫的名字命名。第谷是他的时代最著名的天文学家。他出生于贵族世家，还继承了极为可观的财产。在年少时，第谷就对星空产生了兴趣，1560年8月日食的景象令他深受启发。这次日食前，人们曾对它做过预测，但结果与日食最终发生的时间差了一天。第谷由此意识到，更精确的测量是更准确的预测的关键。

自古典时代以来，测量天体位置的技术基本上没有改变过。我们所见的天空总是携着上面的恒星和行星，不停地旋转。因此，天体的精确方位和高度角随时都在变化。不过，旋转的天球(见图页1)上的位置仍然是可以测量的。例如，天体的赤纬(以它的位置在天赤道以北或以南的度数表示)可以通过测量它穿过子午线(穿过天空的连接南北的线，过此线时天体位于最高点)时高于地平线的角度来计算。同时，天空中的相对赤经(东西方向上的角距离)可以根据天体穿越子午线的时间差表示。

有许多巧妙的仪器可以用来测量角度。例如，墙象限仪是一种安装在南北准直的墙上的四分之一圆，圆弧上标有角度。墙象限仪的圆心钉有可转动的瞄准杆，观测者可以用它精确地对准穿过子午线的天体并读取高度。另一个例子是直角照准仪，它由末端(近观测者端)带有瞄准镜的刻度杆和与之垂直的横杆组成。横杆两端各有一个窥孔，并且可以沿着刻度杆上下滑动。需测量的两个天体对准横杆的两端时，刻度杆上的标记就可以显示二者之间的角度。

在丹麦国王腓特烈二世(Frederick II of Denmark，1534—1588)的支持下，第谷在厄勒(Øresund)海峡的文岛(Hven)上建造了两座天文台。台内安装的各种仪器中，有许多是他自己设计的。大规模的设备使他能以更高的精度测量角度，他因此积累了大量行星位置数据表格。最终，在他后来的助手和继任者约翰内斯·开普勒手中，这些数据成了解释太阳系本质的关键。

第谷在晚年时因为第谷宇宙模型而闻名。这一模型的影响力一直延续到17 世纪。建立第谷体系，部分是出于实用的考量：早在1563年，第谷观测到了一次距离非常近的“木星合土星”，并且发现，不管是基于哥白尼理论还是古老的托勒密模型的表格，都未能将其准确描述。然而，正是16世纪70年代发生的两次重大天象让他彻底相信，古老的亚里士多德宇宙论一定是错误的。一个天象是1572年11月在辉煌地爆发后于天空中徘徊了一年多的新星(nova)，另一个是1577—1578年横扫天空的大彗星。在与欧洲其他地方的观测者合作时，第谷确定地看到，两个天体都没有表现出视差(从不同位置观察时，较近的对象相对于背景物体的方向偏移)。他因此得出结论，这些天象一定发生在很远的地方。同时，彗星的轨道穿过了其他天体所在的天球层。

这些发现虽然让第谷对天球层的真实性产生了些许怀疑，但并没有动摇他对《圣经》或自己的感官体验的信念。《圣经·约书亚记》谈到，上帝让太阳在天上停了一段时间(基督教支持太阳运动的关键证据)。与此同时，当时还没有发现什么支持地球旋转或运动的物理学效应。再者，第谷也对像地球这样的庞然大物能否在空中移动持怀疑态度。

于是第谷想出了一个绝妙的折中方案，并在1588年将其公之于众。新的体系摒弃了亚里士多德宇宙的固态天球层，但依旧让地球居于中心位置。与以往的模型不同，这一体系有两个运动中心：月球和太阳沿着圆形轨道，围绕静止的地球运动，而其他行星则围绕太阳运行。为解释水星和金星与众不同的运动模式，第谷假定它们的轨道小于太阳与地球的距离。这样，它们在地球的天空中就永远不会远离太阳。火星、木星和土星的轨道同时包围着地球，这样一来，它们可以与太阳相隔半个天空。为了让行星（和彗星）的路径能够相互交叉，第谷抛弃了天球层，转而支持流体宇宙。这种宇宙由一种类似于古代斯多葛哲学家（亚里士多德主义的主要竞争对手）提出的名为普纽玛（pneuma）的轻盈物质组成。行星受到这种物质中内蕴的生命力或精神的作用，在其中徜徉。

第谷体系提出后的几十年里，出现了一些其他的“地心日心”模型。图页3的底部介绍了其中两个。耶稣会士、天文学家乔瓦尼·巴蒂斯塔·里乔利（Giovanni Battista Riccioli，1598—1671）提出了一个第谷模型的变体，让外侧的木星和土星回到了直接围绕地球的轨道。而有些神秘的“埃及体系”将火星也拿了出去，只留下水星和金星绕太阳公转。直到多佩尔迈尔活跃的时代，这些太阳系模型依然一直是争论的主题。

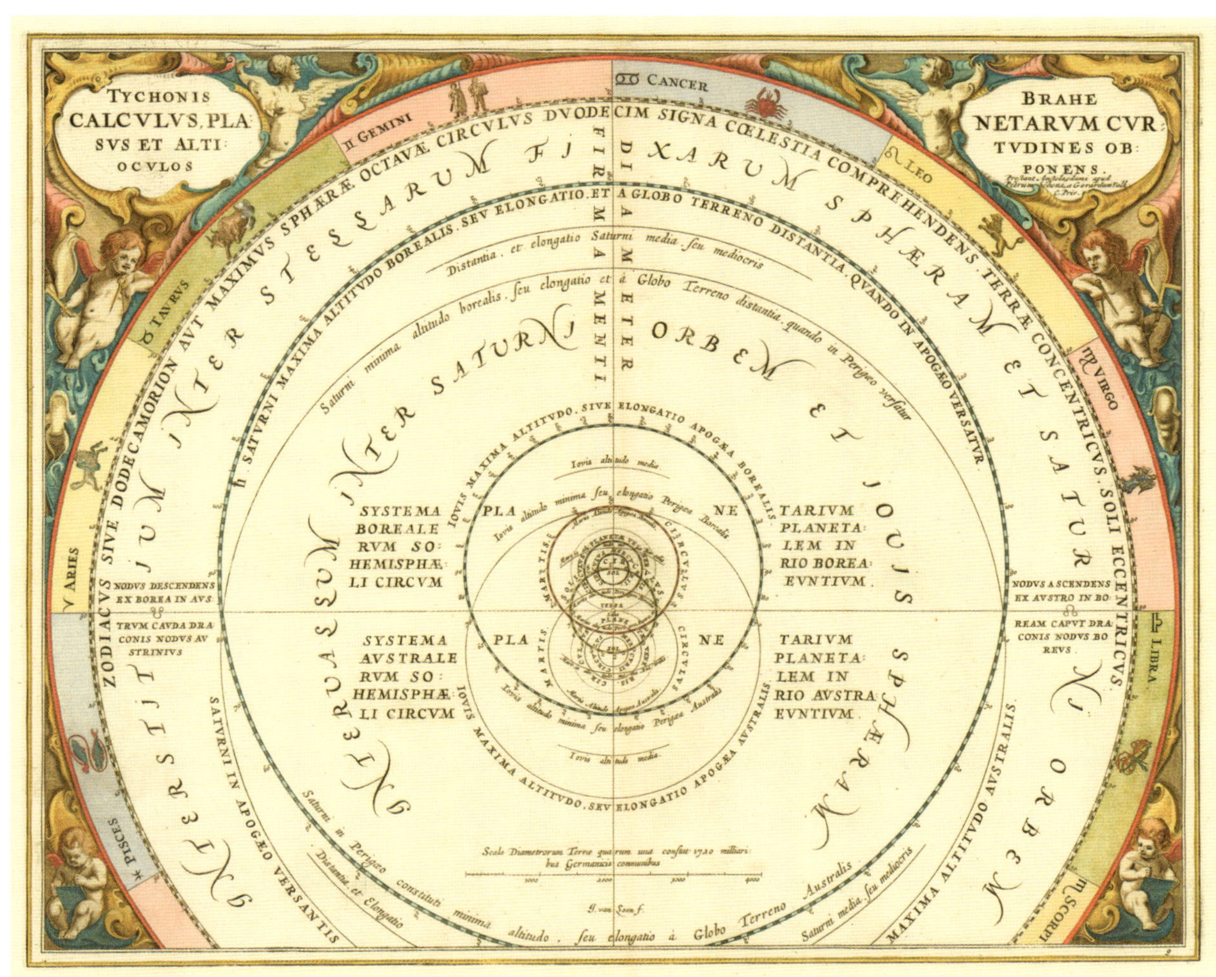

图6—1

图6—1. 这张阐释第谷体系的插图来自安德烈亚斯·策拉留斯的《和谐大宇宙》。这幅图展示了行星围绕太阳运行的轨道，以及行星相对于地球的不同位置。图中还标注了行星距离地球的最远点、最近点和中值点。第谷的模型和哥白尼的模型一样，都允许行星与地球的距离具有巨大的变化。这样，行星视亮度的变化就可以得到解释。托勒密的理论是无法做到这一点的。

SYSTEMA MU
Secundum celeberrimorum Astronomorum TYCHONIS de BRAHE et Io. BA
MAGNITUDO PLANETARUM SECUNDUM TYCHONEM.
Saturnus
Terra
SOL
Venus
Mercurius
Iupiter
Mars
SYSTEMA RICCIOLINUM
IULIUS.
AUGUSTUS.
SEPTEMBER.
OCTOBER.
NOVEMBER.
DECEMBE
Diametrorum et Magnitud

多佩尔迈尔
《天图》
图页3

TYCHONICUM
ICCIOLI S.I. Hypotheses concinnatum â IOH. GABR. DOPPELMAJERO MATH. PROF. PUB.
Norimbergæ. Cum Privilegio Sac. Cæs. Majestatis.
3
MAGNITUDO PLANETARUM SECUNDUM RICCIOLUM.
Saturnus
Venus
Terra
SOL
Mars
Mercurius
Iupiter
MAIUS.
APRILIS.
MARTIUS.
FEBRUARIUS.
IANUARIUS.
SYSTEMA ÆGYPTIACUM.
Orbita Saturni
Orbita Iovis.
Orbita Martis
Orbita Solis

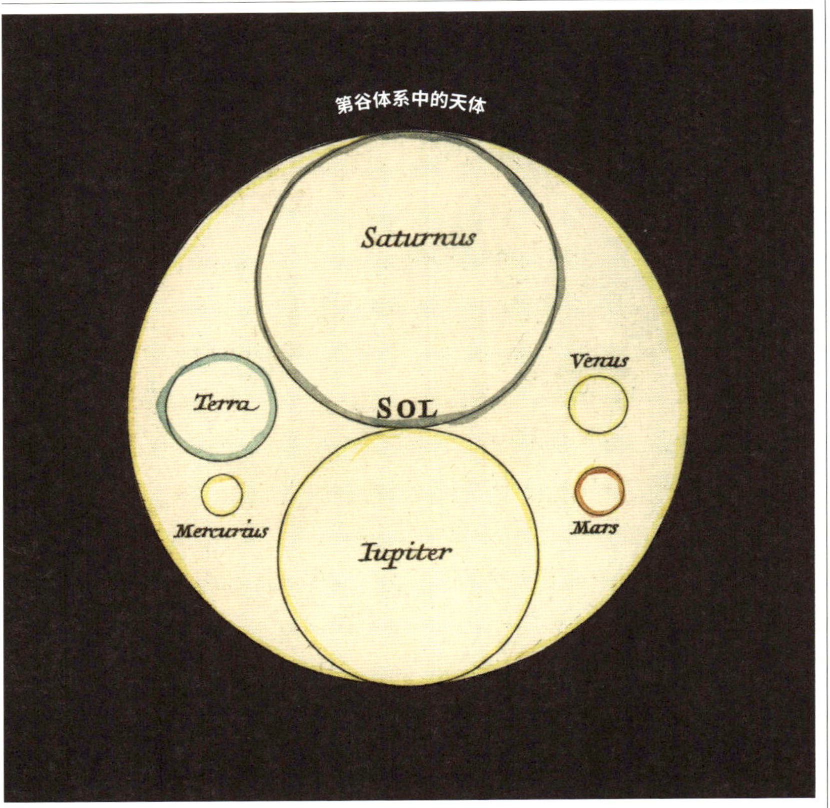

第谷体系中的天体

第谷结合了行星在地球天空中的角大小，建立了一个能够基本准确地预测行星相对大小的体系。然而，它们和太阳的尺寸之比实在是太大了。

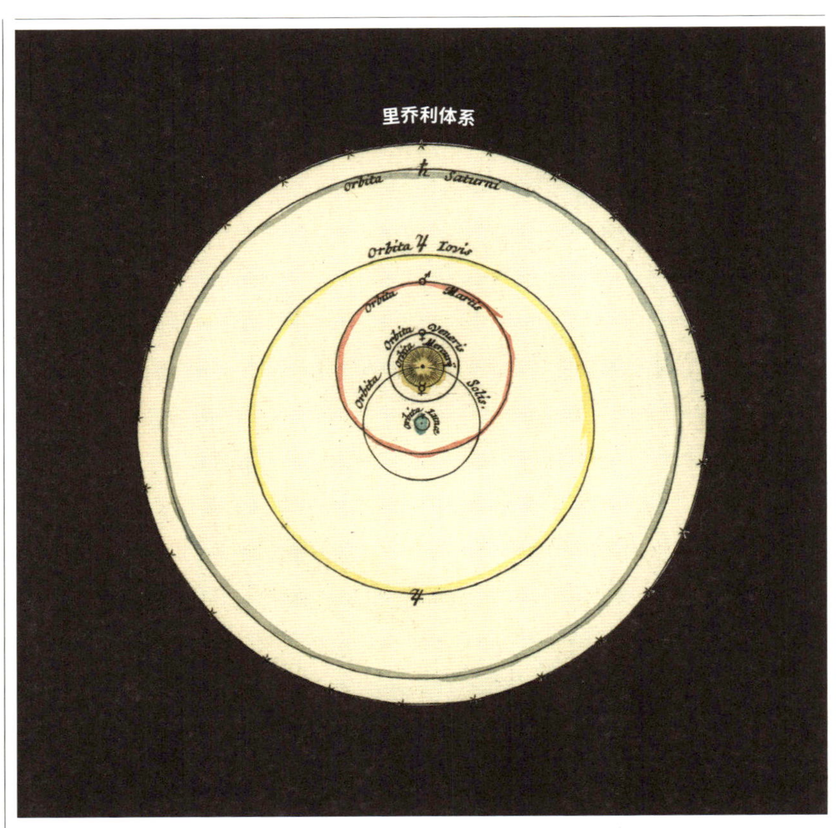

里乔利体系

里乔利的地心日心体系中，水星、金星和火星都沿着圆轨道绕太阳转动，而月球、太阳、木星和土星围绕地球转动。在这一体系中，火星的轨道包围着地球，这样火星就可以在地球的天空中走完一圈了。

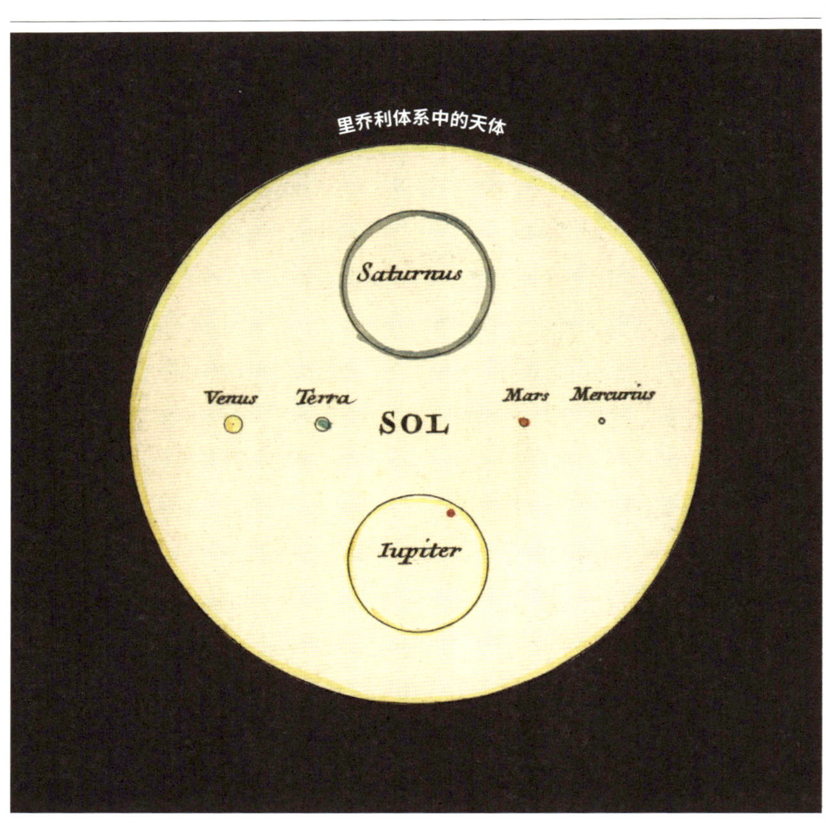

里乔利体系中的天体

里乔利的太阳系模型中，太阳比最大的行星还要大得多。但这一模型依旧低估了它们的尺度差异。

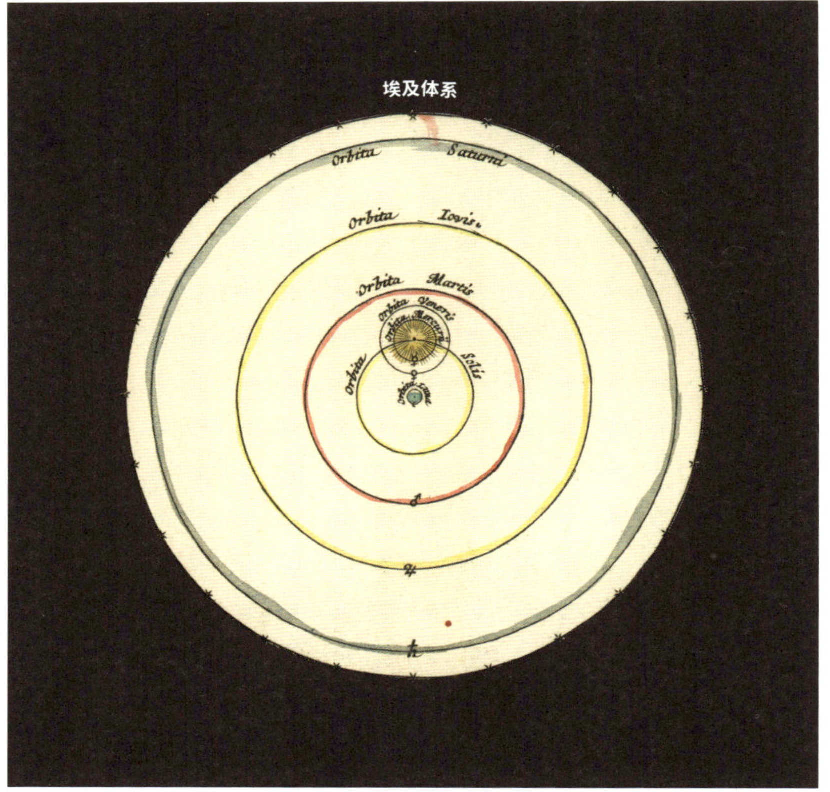

埃及体系

在相对简单的埃及体系中，水星和金星是太阳的卫星（这就解释了为什么它们的轨道总是固定于太阳在天空中的位置附近），而月球、太阳和其他外侧行星都绕着地球转。

第谷·布拉赫

前望远镜时代最伟大的天文学家穿着丹麦贵族的盛装。这幅画取材于荷兰艺术家雅各布·德海因二世（Jacob de Gheyn II）在16世纪末绘制的肖像画。

乔瓦尼·巴蒂斯塔·里乔利

此处，这位耶稣会士和天文学家身着耶稣会教团的服饰，展示着他的《新天文学大成》（*New Almagest*，1651）一书。

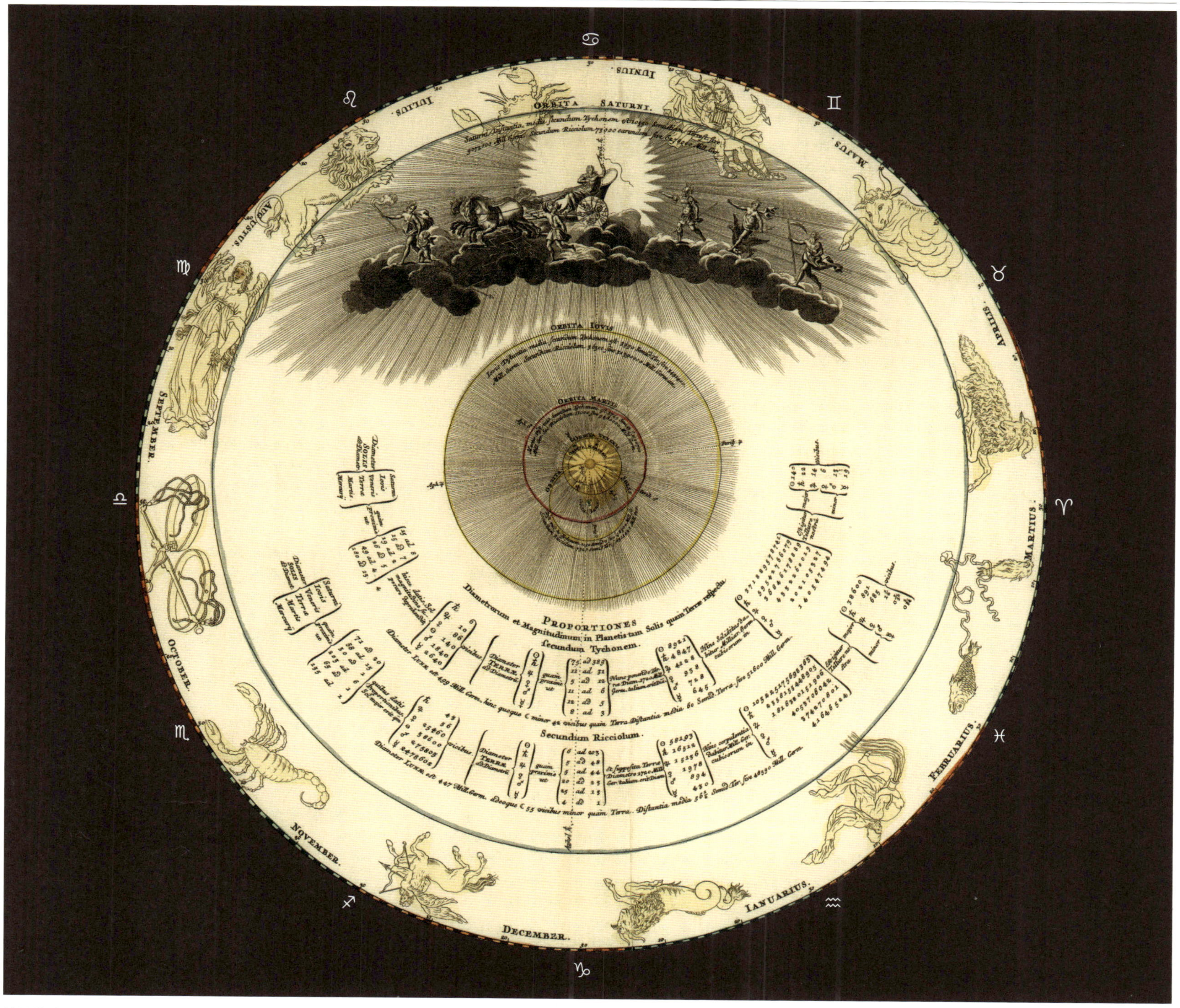

第谷体系

图页的主体是一幅阐释第谷模型的大型插图。其中行星围绕太阳运行，而月球和太阳围绕着固定不动的地球运行。在边缘的是黄道星座和太阳经过它们的对应月份。图片中上方是太阳神赫里阿斯，他两侧为与行星有关的希腊神明。

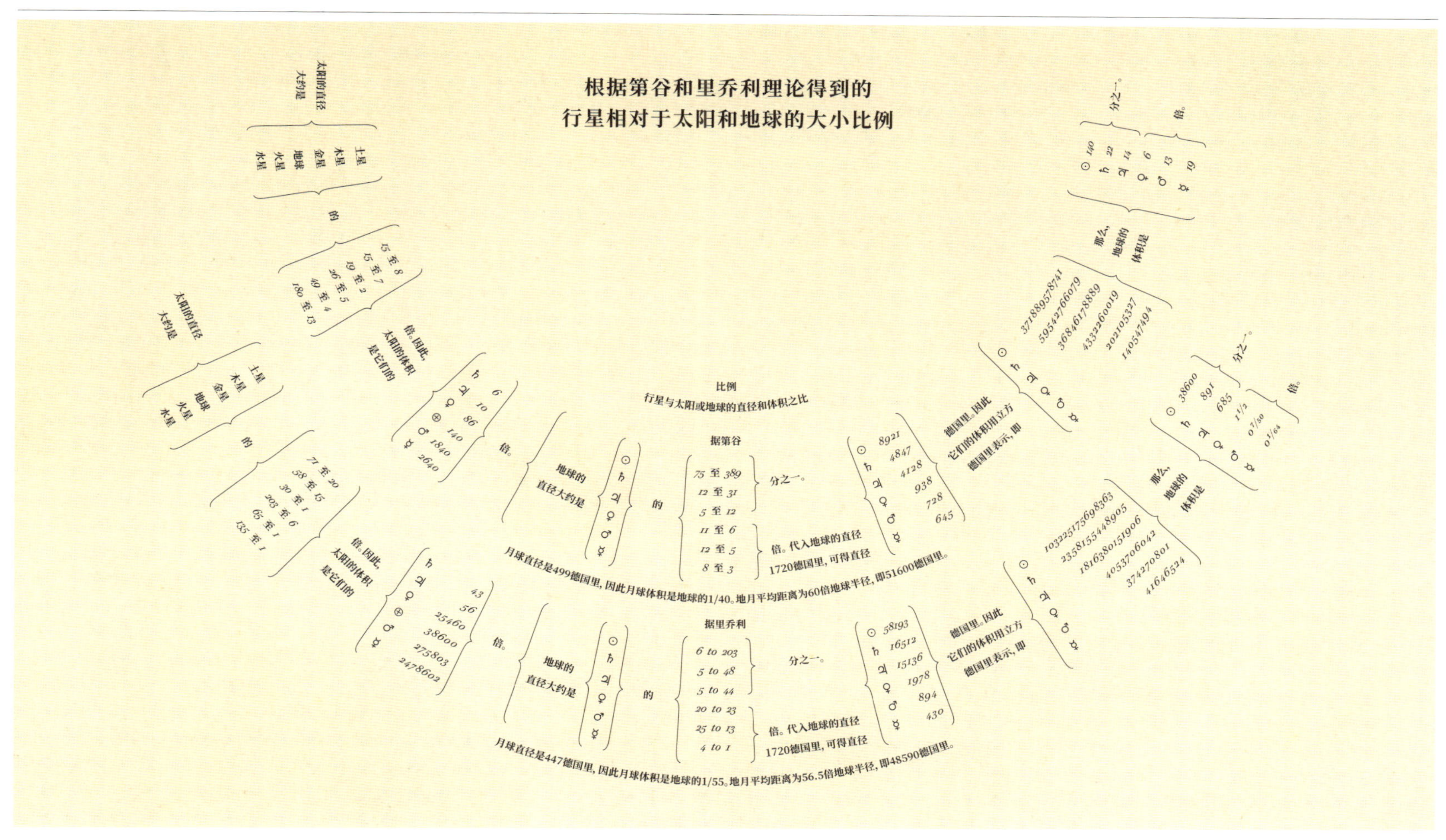

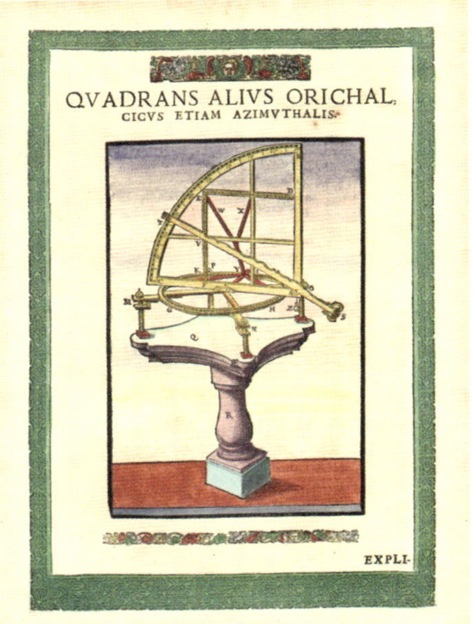

QVADRANS MAGNVS CHA-
LIBEVS, IN QVADRATO ETIAM CHA-
libeo comprehensus, undique Azimuthalis.
EXPLI-

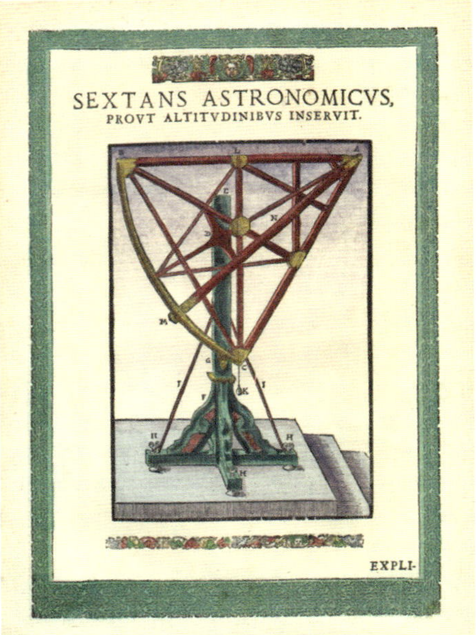

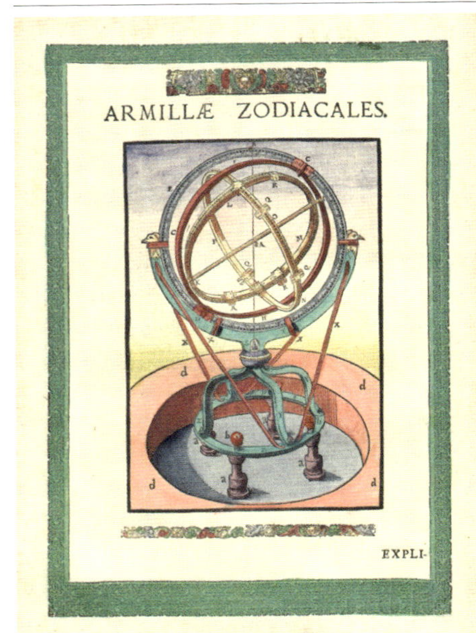

《新天文学仪器》（1602）

第谷·布拉赫的《新天文学仪器》探讨了望远镜革命前夕的前沿天文技术。该书写于1598 年，概括介绍了第谷在丹麦文岛的大型天文台使用的仪器。第谷正是使用这些仪器以前所未有的准确度记录了天体的位置。第50页摘录的插图描绘了测量位置和角距离的各种象限仪和六分仪，以及用于模拟黄道和赤道坐标系的浑仪。第51页右上角的插图

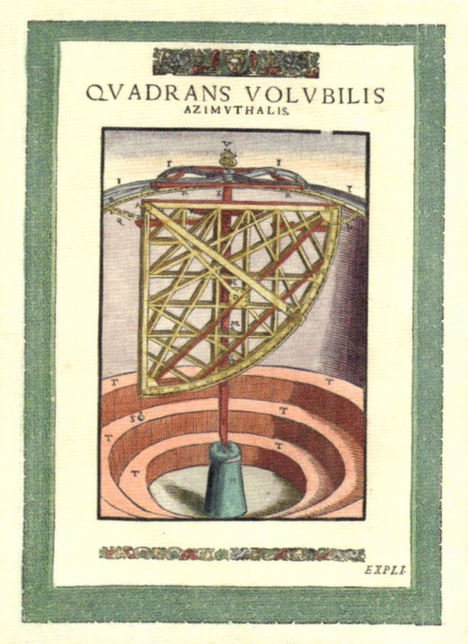

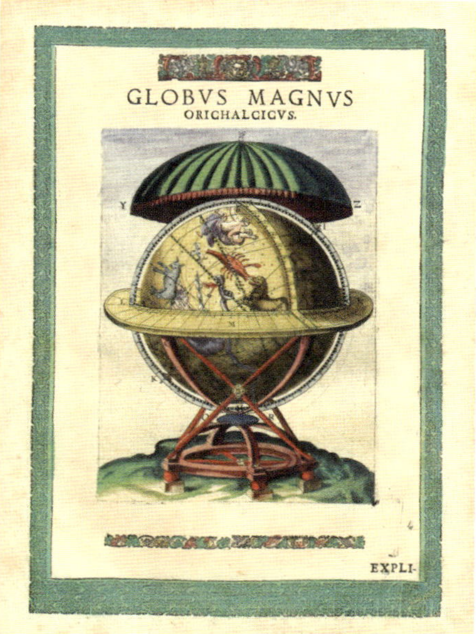

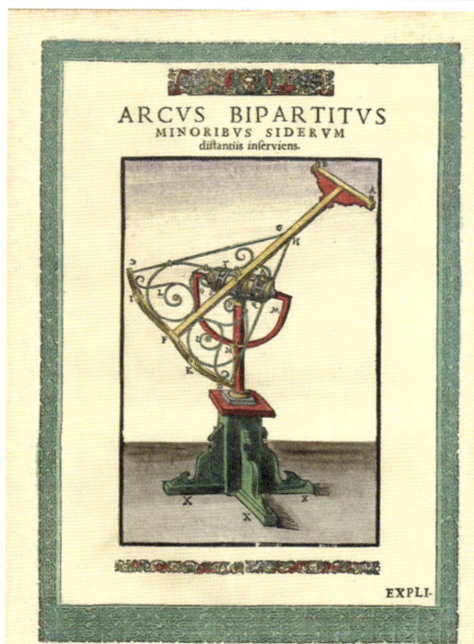

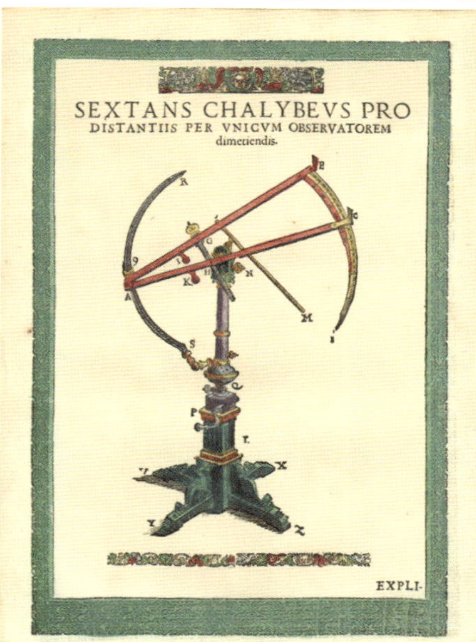

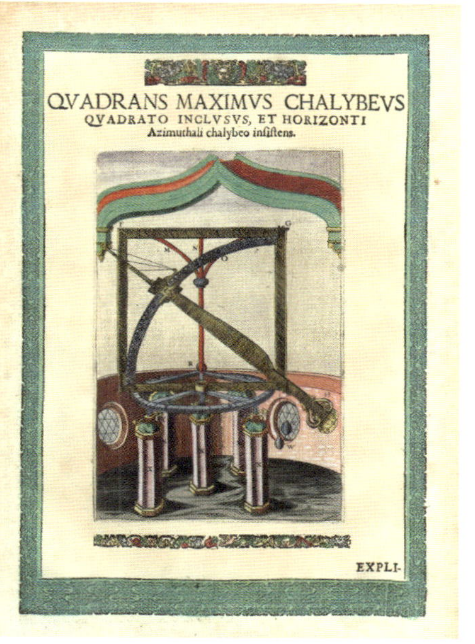

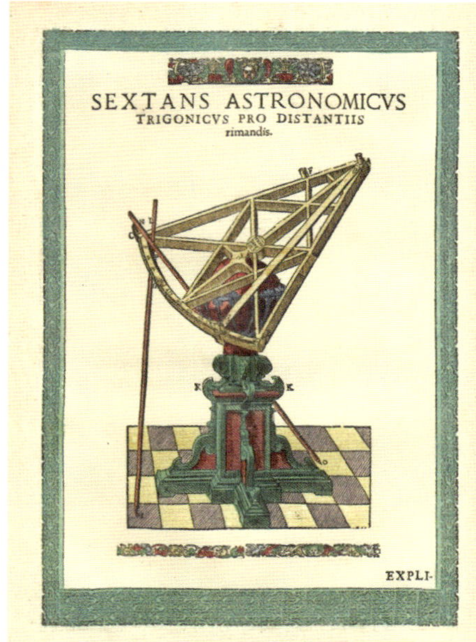

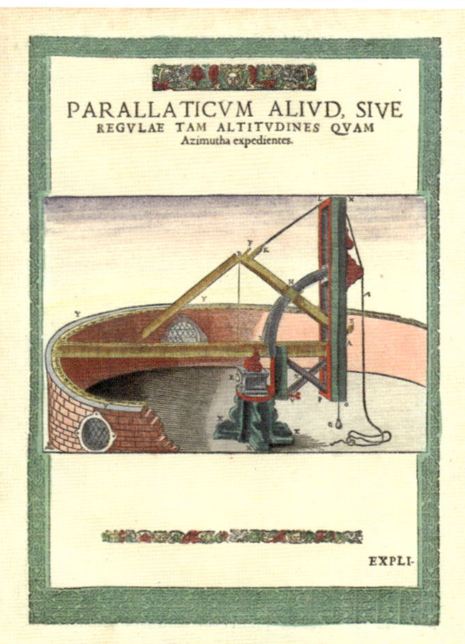

是一个大天球仪——或许这是第谷最了不起的成就。他花了10年的时间才让这个直径1.6米的空心木球达到所需的工艺精度。之后，他用黄铜板覆盖球身，铜板上可以精确蚀刻恒星和其他天体的位置。辅助用的旋转圆环可以让使用者快速从全球通用的球面坐标系切换到基于本地视角的高度和方位角坐标，方便地确定天体的位置。

关于大行星的理论

（THEORIA PLANETARUM PRIMARIORUM）

多佩尔迈尔介绍了如何使用依照开普勒椭圆轨道修正过的哥白尼系统解释行星的运动。

图页4展示了尼古拉·哥白尼的日心模型如何直观地解释行星运动中一些最明显的现象。图上还介绍了约翰内斯·开普勒的革命性想法，以及其他天文学家为解释行星轨道运动的驱动力而在开普勒的简单定律上添加的小修改。

早在认识到行星是不同于恒星的岩石或气体球之前，人们就已经注意到了它们在天空中特立独行的移动方式。当恒星按照看似一成不变的固定模式在天空中轮转时，5颗明亮的发光体却在它们之间沿着变化多端的路线漫游，其中两个总是紧随太阳左右。这两个中的一个是5颗发光体中最亮的，它仿佛夜空中的灯塔，而且在天上画着圈前进。它不是在日落时挂在西方天际，就是在日出时宣告新一天的到来。难怪，古代文明总将它与代表美的女神（罗马神话中的维纳斯）相联系。另一个则要暗得多，它移动得更快也更难找到，只在黎明或黄昏时短暂地露面。罗马人称其为墨丘利，以腿脚迅捷的众神使者命名。

图7—1. 中世纪医学是占星术最常见的应用之一。人们相信，某些行星和星座的主导地位会影响4种古典元素和4种体液或液体（根据希腊哲学家恩培多克勒提出的模型）的运动。这元素和体液又与身体器官、身体疾病和心理状态相关联，形成了一个复杂的模型。此处名为《人体解剖》（*Anatomy of Man and Woman*）的插图来自《贝里公爵的最美时祷书》（*Très Riches Heures du Duc de Berry*，1415），描述的正是这样一种模型。

图7—1

其余3颗行星的运动与前二者不同。它们基本不受太阳拘束，而是沿着星空中一条叫作黄道带的区域自东向西移动，在整个天空中划出一个大圈。它们会在每一圈的运动中追上太阳一次。此时，它们消隐在日落的天空里，直到几周或几个月后再从太阳背后挪出来，出现在日出时的东方。此外，大圈的运动总是被一段段的“逆行”打断。也就是说，它们有时会转头向东移动数周或数月，之后再恢复惯常的西向运动。3位漫游者中，最难以捉摸的那颗闪着可怕的红光，亮度变化很大。人们将这颗行星联想为战争之神，比如希腊神话中的阿瑞斯和罗马神话中的马尔斯。运动模式更稳定、亮度也更可预测的那颗行星通常与众神之王宙斯联系在一起，从罗马时代起被称为朱庇特。最后，整个系统中必不可少的是一颗比较暗淡和迟缓的行星。希腊人和罗马人都将它与神王的父亲相联系，称为克洛诺斯或萨图恩。

追踪这些行星的运动并预测它们在运行时发生的各种天文事件成了古代天文学关注的主要问题。这些天文事件包括发生各种“合”（位置极为接近），如行星合日、合月、合恒星和行星合行星的时间；“内侧行星”（inferior planet）金星和水星的大距（与太阳达到最大距离）的时间；以及自由漫游的“外侧行星”（superior planet）的“冲”（行星与太阳在天球上相距180度，因而整夜可见）的时间。最重要的是，天文学家要知道太阳、月亮和行星是如何以及何时进入和离开各个星座的。

所有这些问题都具有至关重要的现实意

图7—2

图7—3

图7—2～7—3. 这两张插图描绘了主导中世纪占星术的托勒密系统。左侧是戈蒂埃·德梅斯（Gautier de Metz）的《世界的面貌》（*L' image du Mond*）1464年版中的插图；右侧来自奥克语诗人马特弗雷·埃芒戈（Matfre Ermengau，卒于1322）的《爱之总论》（*Breviari d' Amor*）的14世纪末版本。两者都显示了诸行星天和最外层的恒星天，以及火、空气、水、土等元素所属的位于最内部的月下界域。

义，其原因在于占星术，也就是根据天上的事件预测地上的事件的学问。尽管当代占星术通常被当作一种没什么害处的迷信，但在古代和中世纪，在当时上至国家组织，下至疾病治疗无所不包的复杂世界观中，占星术是不可或缺的一部分。而直到17世纪，我们今天称为天文学的学科还与占星术密不可分。学者中极少有人相信天体本身直接影响了地球上的事和人，但他们确实普遍认为地上和天上的事件遵照同样的天定循环。历史可能不会重演，但肯定会前后呼应。例如，如果一位伟大的国王在狩猎时意外死亡，而此时特定的行星发生了“合”，那么，一位精明的君主可能希望知道类似的“合”下一次发生的时间，并据此改变计划。预测这些天文事件的能力对现代生活来说似乎不过是稀奇的小本领，但曾在2000年或更长时间内驱动着天文学的发展。

因此，早在正确领会哥白尼体系的真实含义之前，天文学家/占星家就已经对它产生了极大的兴趣。地心宇宙模型不得不采用复杂的本轮和其他机制，好让内侧行星锚定绕地球转动的太阳不断变化的位置。但哥白尼模型有着简洁的解释：地球是第三颗行星，而两颗近日行星的轨道在地球的天空中只覆盖了有限的角度。所有行星都以相同的方向（从上方看是逆时针）绕太阳公转，其公转速度和周期各有不同，行星与行星之间的距离和方位因而会发生变化。内侧行星的轨道比地球的轨道小。当它们转到其轨道的最外缘时，从我们的角度看，就是它们的东大距或西大距。内侧行星与地球最接近的时刻称为“下合”，此时它们与太阳处于完全相同的方向（尽管由于轨道略微倾斜，它们通常不会穿过太阳的视圆面）。当位于太阳正背后的另一侧时，它们离地球最远，这时称为“上合”。当一颗内侧行星从上合点经过东大距点回到下合点时，它在日落后的薄暮中可见（因为它位于太阳以东并在太阳之后落下）。在下合之后，这颗行星将出现在日出前的晨光里，接着在天空中打着圈经过西大距点，直到再次返回上合点。

除此以外，日心体系还可以简单明了地解释3颗外侧行星运动最明显的特征。火星、木星和土星与太阳的“合”只有一种，发生在它们位于太阳正背后、与地球距离最远的时候。“合”之后，它们与地球的运动的叠加使它们在地球的天空中继续稳步向西，愈发把太阳抛在身后。它们起初在黎明前出现，之后与太阳的距角越来越大，因此升起得越来越早。当地球追上它们时，就发生了“冲”。此时，外侧行星与太阳分别位于地球两侧，三者位置连为一线。在“冲”之后，它们在地球的天空中继续向西移动，缓慢拉近与太阳的距离。最后，它们到达了下一次“合”的位置，在地球的天空中从东侧追上太阳，消失在夕阳的余晖中。

哥白尼体系表面上的简单性固然看起来相当诱人，但一些内在的问题使它未能立刻被广泛接受。西方哲学家从亚里士多德那里继承了匀速圆周运动的理念，而哥白尼也没有摆脱这一桎梏。这样一来，为了让行星运动符合观测现实，他不得不加入了几乎与托勒密体系一样复杂的本轮（大轨道上运行的小轨道）系统。

正因如此，人们最初只是把哥白尼思想当作有用的计算工具，而不是推翻旧有物理观念的新模型，这可能有助于缓和他的提议最初带来的冲击。欧洲天文学家从而能够更容易地以哥白尼的方式思考，用书中的方法预测行星运动，并权衡这一体系的得失。短短一代人之后，对1572新星和1577大彗星的研究将破坏关于永恒不变的天空的亚里士多德式古老信念。受到这些天文事件启发，伟大的丹麦天文学家第谷·布拉赫发展出了自己的折中体系，与哥白尼理论相争（见图页3）。不但如此，这些广泛可见的突发天象不可否认地存在这一现实，还深刻改变了对宇宙的学术理解。如果天空可以变化，那么构成它们的也许不是完美的以太，而是和地球上普遍而易变的元素同样的物质？更重要的是，根据亚里士多德模型，天球层以下的物体在宇宙的地位取决于它们与4种古典元素土、空气、火、水的亲和力。既然恒星和行星也是由相似的材料构成的，那么一定存在其他的力——或许，类似于地球本身所受的力？

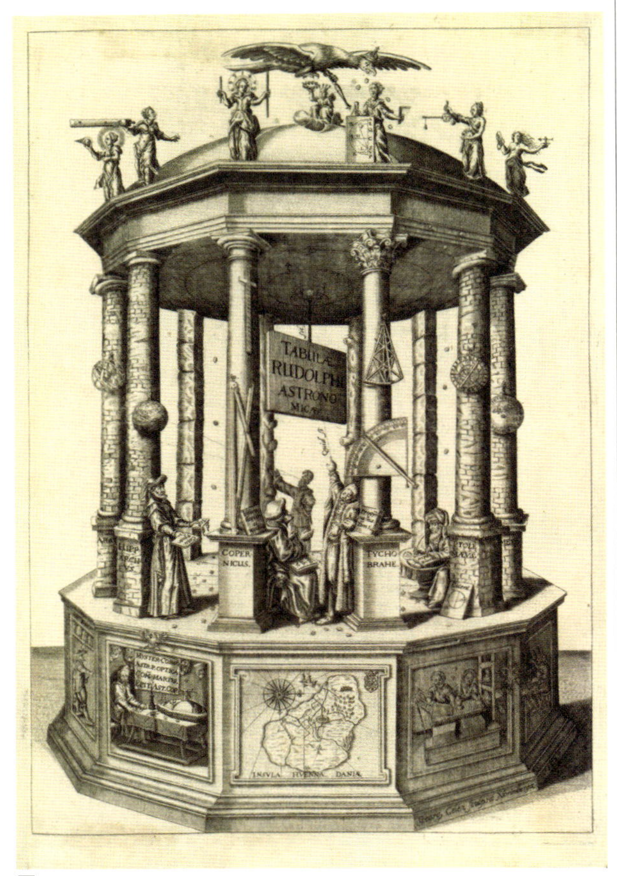

图7—4

图7—4. 开普勒在他于1627年出版的《鲁道夫星表》的卷首插图里，向喜帕恰斯（最左侧）和托勒密（最右侧）这样的古希腊天文学家致意，也让尼古拉·哥白尼（坐姿）和第谷·布拉赫（站立）居于荣誉宝座。开普勒本人出现在左下角的基座上。右侧基座描绘的是印刷机，基座正中是第谷在文岛的天文台。

16世纪末，德国天文学家、占星家开普勒加入了这场辩论。在德国图宾根大学学习期间，开普勒成了坚定的哥白尼主义者。他的信念一半来源于天文观测，另一半来自数学上的推测和神学意义上的宇宙模型。他相信，太阳可以等同于父神，因此应当是太阳系一切动力的源泉（颠覆了外部恒星天以不同速度带动内部诸行星天的运动的传统观念）。在《宇宙的奥秘》（*The Cosmographic Mystery*，1596）中，他概述了一个优雅而有些神秘的理论。根据这一理论，诸行星天球的直径对应于几何学中“柏拉图多面体”相互嵌套时产生的间距。

从现代观点看，开普勒的早期理论有些奇怪。但他将理论与数学计算的天赋和一种今天称为科学方法的手段结合了起来。他渴求为自己的理论找到最好的天文数据，因此开始与第谷通信。1600年，他前往第谷位于波希米亚的新天文台，与他一起工作。第谷那时是性情多变的神圣罗马帝国皇帝鲁道夫二世（Rudolf Ⅱ，1552—1612）的宫廷天文学家，而开普勒热切地希望获得第谷无与伦比的行星运动（尤其是火星运动）测量数据，以完善自己的模型。尽管年长的第谷对这些记录严加保护，但开普勒迅速凭借自己的数学能力取得了第谷的信任。当第谷于1601年骤然去世后，开普勒接替了他帝国数学家的职位，负责完成《鲁道夫星表》（*Rudolphine Tables*）——到那时为止最雄心勃勃的星表和行星运动表。

在接下来的几年里，前导师的精确测量结果帮助开普勒做出了支持哥白尼理论的关键发现。开普勒慢慢确信火星的运动不能用带有本

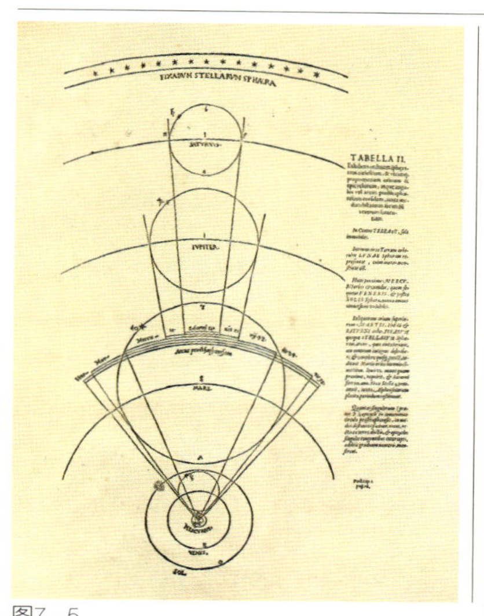
图7—5

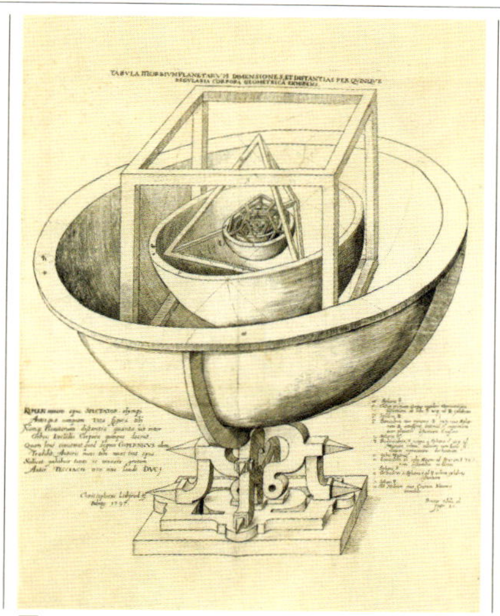
图7—6

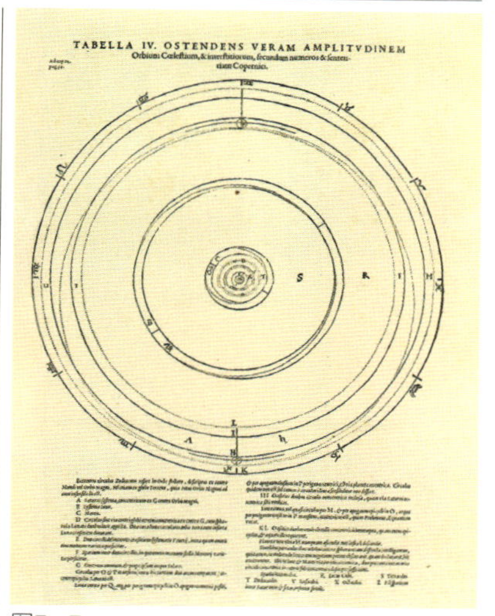
图7—7

图7—5～7—7. 开普勒的《宇宙的奥秘》是一部连接中世纪和启蒙运动宇宙观的作品。这本书相当复杂，且有时晦涩难懂。书中最著名的提议是，令每个行星的轨道定义一个球壳，壳中内接一系列嵌套的柏拉图多面体（由完全相同的规则面组成的形状，只存在5种）以控制球壳之间的距离，就可以解释6个已知行星轨道的大小。

轮的圆形轨道来准确描述，并开始思索行星所走的路径是否可以是卵形的。这些想法当然只有在完全抛弃多重天球层理论时才说得通。不过，由于路德宗信仰和独特的宇宙观，走出这一步对他来说完全不成问题。根据开普勒的观点，太阳放射出随距离衰减的动力，这种动力传递给了行星。因此，轨道离太阳越近的行星移动得越快。每一个星球在接近中心的太阳时加速，远离时减速。

经过仔细的计算，开普勒很快估计出了地球与太阳和地球与火星的距离是怎样随着它们在轨道上的位置不同而变化的。到1602年时，他已经确定，当行星沿其轨道运行时，太阳和行星的连线在相等的时间内“扫过”相等的面积（例如，每30天内，由轨道本身和太阳与行星的两条连线包围的区域的面积都是相同的，无论连线的长度如何）。到1604年底，他还将卵形轨道简化为普通的椭圆形（沿一轴拉长的圆），并令太阳位于两个焦点之一而非中心点。这两项发现就是开普勒在《新天文学》（*New Astronomy*，1609）中发表的前两条行星运动定律的基础。在《世界的和谐》（*Harmony of the World*，1619）中，开普勒又发表了第三定律，将行星的轨道周期和它与太阳的平均距离联系了起来。

尽管椭圆运动的规则最终为天文学家提供了他们所需的模型来预测行星的运动，但人们并没有一下子接受它们。诸如伽利略·伽利雷和勒内·笛卡儿这样的学者仍固守着正圆轨道的先入之见。不过，凭借着3卷本教科书《哥白尼天文学概要》（*Epitome of Copernican Astronomy*，1615—1621）的传播，开普勒的观点最终也获得了一些认可。对亚里士多德残留的敬意、开普勒自己的神秘主义倾向和关于中心动力的想法的模糊性，导致一些领先的天文学家——包括法国的伊斯梅尔·布利奥（Ismaël Bullialdus，1605—1694）、英国的塞思·沃德（Seth Ward，1617—1689）和德国的尼古劳斯·墨卡托（Nicolaus Mercator，1620—1687）——提出了部分采用开普勒想法、部分结合其他模型的替代体系。不管怎么说，开普勒定律在实践中的成功以及这些替代体系，都为17世纪中后期椭圆轨道理论的普及做出了重要贡献，也为艾萨克·牛顿的理论奠定了基础。而牛顿更普适的运动定律和万有引力定律不仅解释了开普勒定律这一特殊情况，还揭示了它们背后的力的本质。

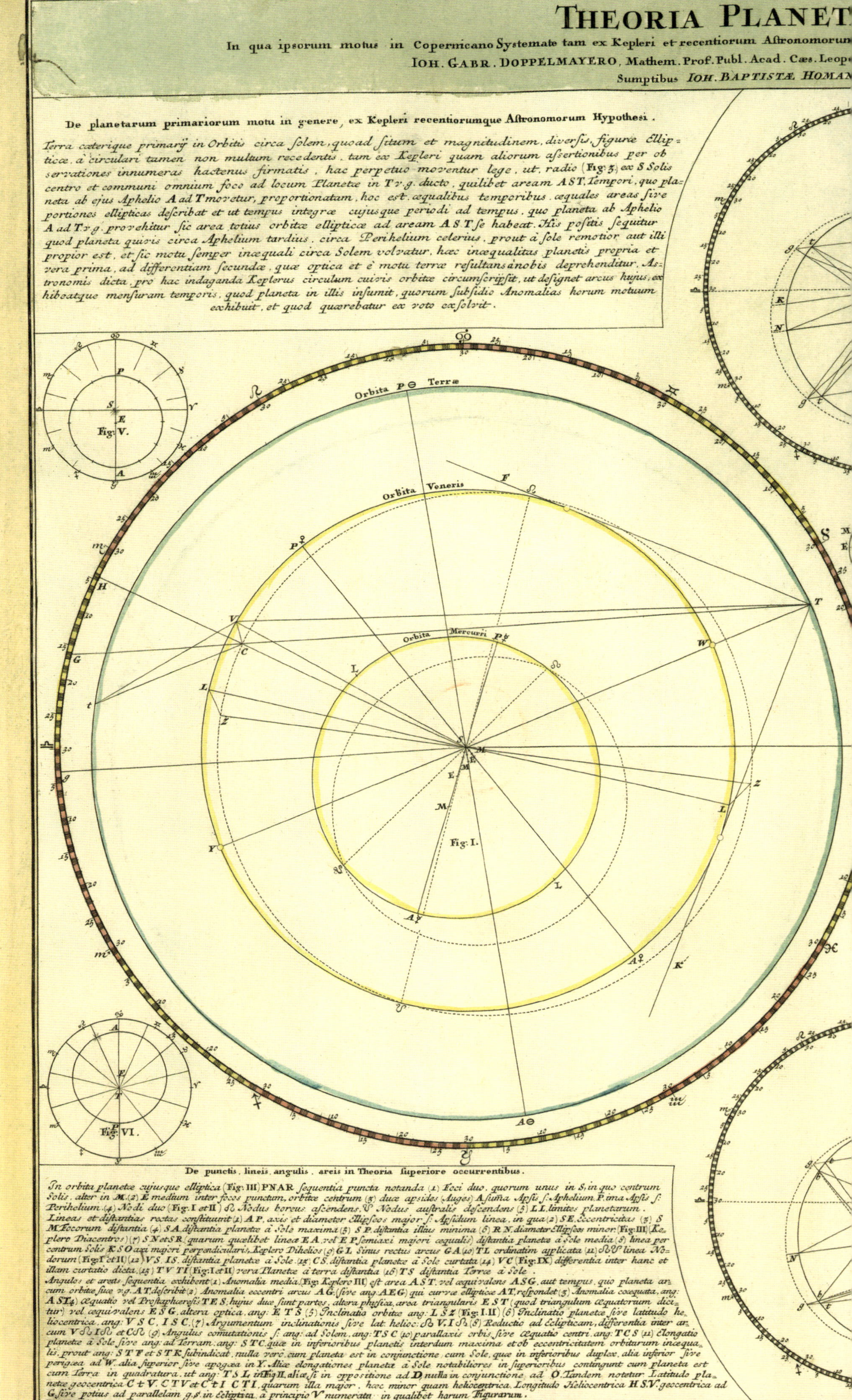
THEORIA PLANET
In qua ipsorum motus in Copernicano Systemate tam ex Kepleri et recentiorum Astronomorun
IOH. GABR. DOPPELMAYERO, Mathem. Prof. Publ. Acad. Cæs. Leop
Sumptibus IOH. BAPTISTÆ HOMAN
De planetarum primariorum motu in genere, ex Kepleri recentiorumque Astronomorum Hypothesi.
Terra cæterique primarij in Orbitis circa solem, quoad situm et magnitudinem, diversis, figuræ Ellipticæ, à circulari tamen non multum recedentis, tam ex Kepleri quam aliorum assertionibus per observationes innumeras hactenus firmatis, hac perpetuo moventur lege, ut, radio (Fig: 3) ex S Solis centro et communi omnium foco ad locum Planetæ in T v. g. ducto, quilibet aream AST, Tempori, quo planeta ab ejus Aphelio A ad T movetur, proportionatam, hoc est, æqualibus temporibus æquales areas sive portiones ellipticas describat et ut tempus integræ cujusque periodi ad tempus, quo planeta ab Aphelio A ad T v. g. provehitur sic area totius orbitæ ellipticæ ad aream AST se habeat. His positis sequitur quod planeta quivis circa Aphelium tardius, circa Perihelium celerius, prout à sole remotior aut illi propior est, et sic motu semper inæquali circa Solem volvatur, hæc inæqualitas planetis propria et vera prima, ad differentiam secundæ, quæ optica et è motu terræ resultans à nobis deprehenditur, Astronomis dicta, pro hac indaganda Keplerus circulum cuivis orbitæ circumscripsit, ut designet arcus hujus, exhibeatque mensuram temporis, quod planeta in illis insumit, quorum subsidio Anomalias horum motuum exhibuit, et quod quærebatur ex voto exsolvit.
Fig: V.
Orbita Terræ
Orbita Veneris
Orbita Mercurii
Fig: I.
Fig: VI.
De punctis, lineis, angulis, areis in Theoria superiore occurrentibus.

多佩尔迈尔
《天图》
图页4

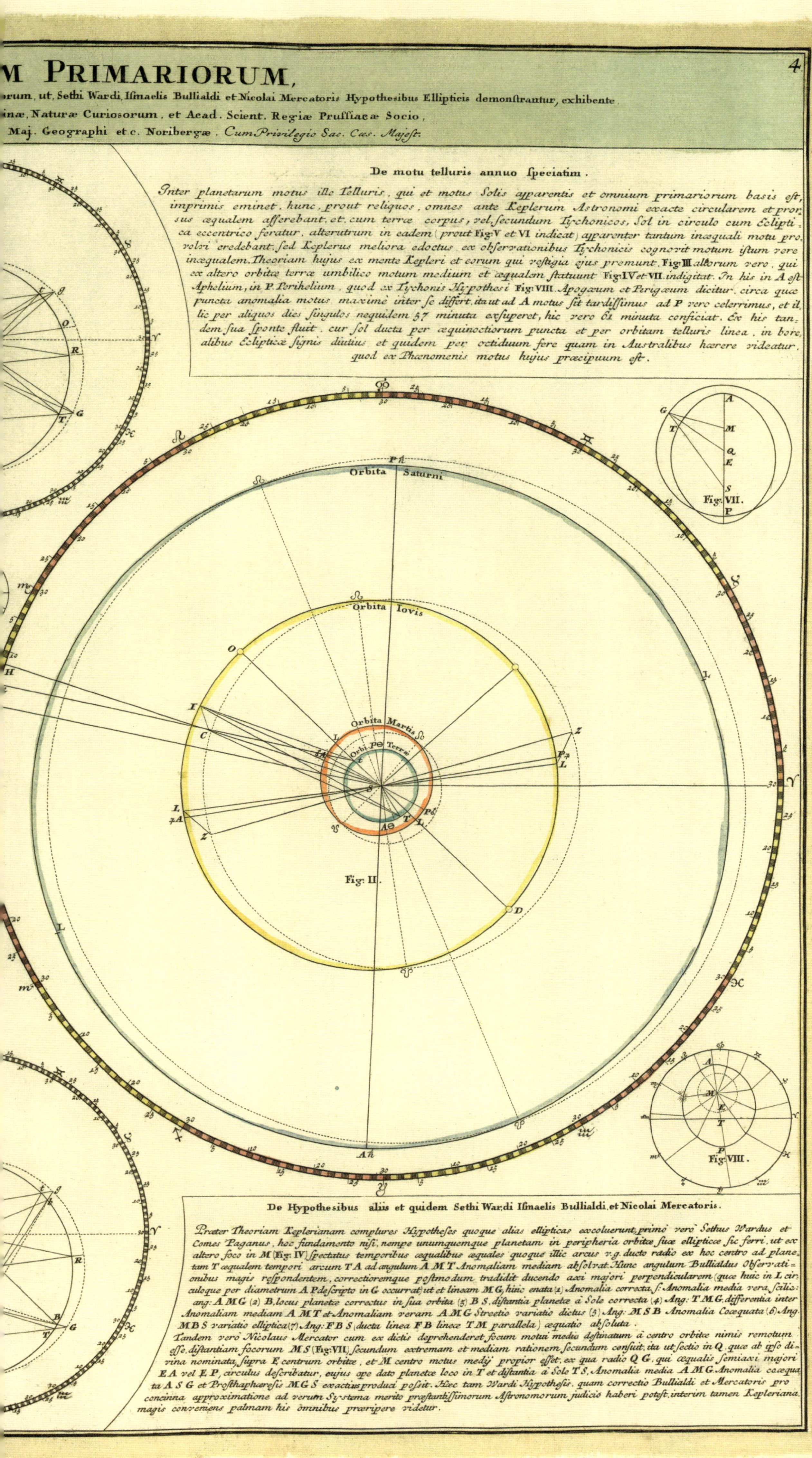
M PRIMARIORUM,
orum, ut, Sethi Wardi, Ismaelis Bullialdi et Nicolai Mercatoris Hypothesibus Ellipticis demonstrantur, exhibente
inæ, Naturæ Curiosorum, et Acad. Scient. Regiæ Prussiacæ Socio,
Maj. Geographi et c. Noribergæ. Cum Privilegio Sac. Cæs. Majest.
4
De motu telluris annuo speciatim.
Inter planetarum motus ille Telluris, qui et motus Solis apparentis et omnium primariorum basis est, imprimis eminet, hunc, prout reliquos, omnes ante Keplerum Astronomi exacte circularem et prorsus æqualem asserebant, et, cum terræ corpus, vel, secundum Tychonicos, Sol in circulo cum Ecliptica eccentrico feratur, alterutrum in eadem (prout Fig: V et VI indicat) apparenter tantum inæquali motu provolvi credebant. Sed Keplerus meliora edoctus ex observationibus Tychonicis cognovit motum istum vere inæqualem. Theoriam hujus ex mente Kepleri et eorum qui vestigia ejus premunt. Fig: III aliorum vero, qui ex altero orbitæ terræ umbilico motum medium et æqualem statuunt Fig: IV et VII indigitat. In his in A est Aphelium, in P. Perihelium, quod ex Tychonis Hypothesi Fig: VIII. Apogæum et Perigæum dicitur, circa quæ puncta anomalia motus maximè inter se differt, ita ut ad A motus sit tardissimus ad P vero celerrimus, et illic per aliquos dies singulos nequidem 57 minuta exsuperet, hic vero 61 minuta conficiat. Ex his tandem sua sponte fluit, cur sol ducta per æquinoctiorum puncta et per orbitam telluris linea, in borealibus Eclipticæ signis diutius et quidem per octiduum fere quam in Australibus hærere videatur, quod ex Phænomenis motus hujus præcipuum est.
Orbita Saturni
Orbita Iovis
Orbita Martis
Orbita Terræ
Fig: II.
Fig: VII.
Fig: VIII.
De Hypothesibus aliis et quidem Sethi Wardi Ismaelis Bullialdi et Nicolai Mercatoris.
Præter Theoriam Keplerianam complures Hypotheses quoque alias ellipticas excoluerunt, primò verò Sethus Wardus et Comes Paganus, hoc fundamento nisi, nempe unumquemque planetam in peripheria orbitæ suæ ellipticæ sic ferri, ut ex altero foco in M (Fig: IV) spectatus temporibus æqualibus æquales quoque illic arcus v.g. ducto radio ex hoc centro ad planetam T æqualem tempori arcum T A ad angulum A M T Anomaliam mediam absolvat. Hunc angulum Bullialdus Observationibus magis respondentem, correctioremque postmodum tradidit ducendo axi majori perpendicularem (quæ huic in L circuloque per diametrum A P descripto in G occurrat) ut et lineam M G, hinc enata (1) Anomalia correcta, s: Anomalia media vera, scilic: ang: A M G (2) B, locus planetæ correctus in sua orbita (3) B S, distantia planetæ à Sole correcta (4) Ang: T M G differentia inter Anomaliam mediam A M T et Anomaliam veram A M G Streetio variatio dictus (5) Ang: M S B Anomalia Coæquata (6) Ang. M B S variatio elliptica (7) Ang: F B S (ducta linea F B lineæ T M parallela) æquatio absoluta.
Tandem verò Nicolaus Mercator cum ex dictis deprehenderet focum motui medio destinatum à centro orbitæ nimis remotum esse, distantiam focorum M S (Fig: VII) secundum extremam et mediam rationem secundum consuit, ita ut sectio in Q, quæ ab ipso divina nominata, supra E centrum orbitæ, et M centro motus medij propior esset, ex qua radio Q G, qui æqualis semiaxi majori E A vel E P, circulus describatur, cujus ope dato planetæ loco in T et distantia à Sole T S, Anomalia media A M G Anomalia coæquata A S G et Prosthaphæresis M G S exactius produci possit. Hæc tam Wardi Hypothesis, quam correctio Bullialdi et Mercatoris pro concinna approximatione ad verum Systema merito præstantissimorum Astronomorum judicio haberi potest, interim tamen Kepleriana magis conveniens palmam his omnibus præripere videtur.

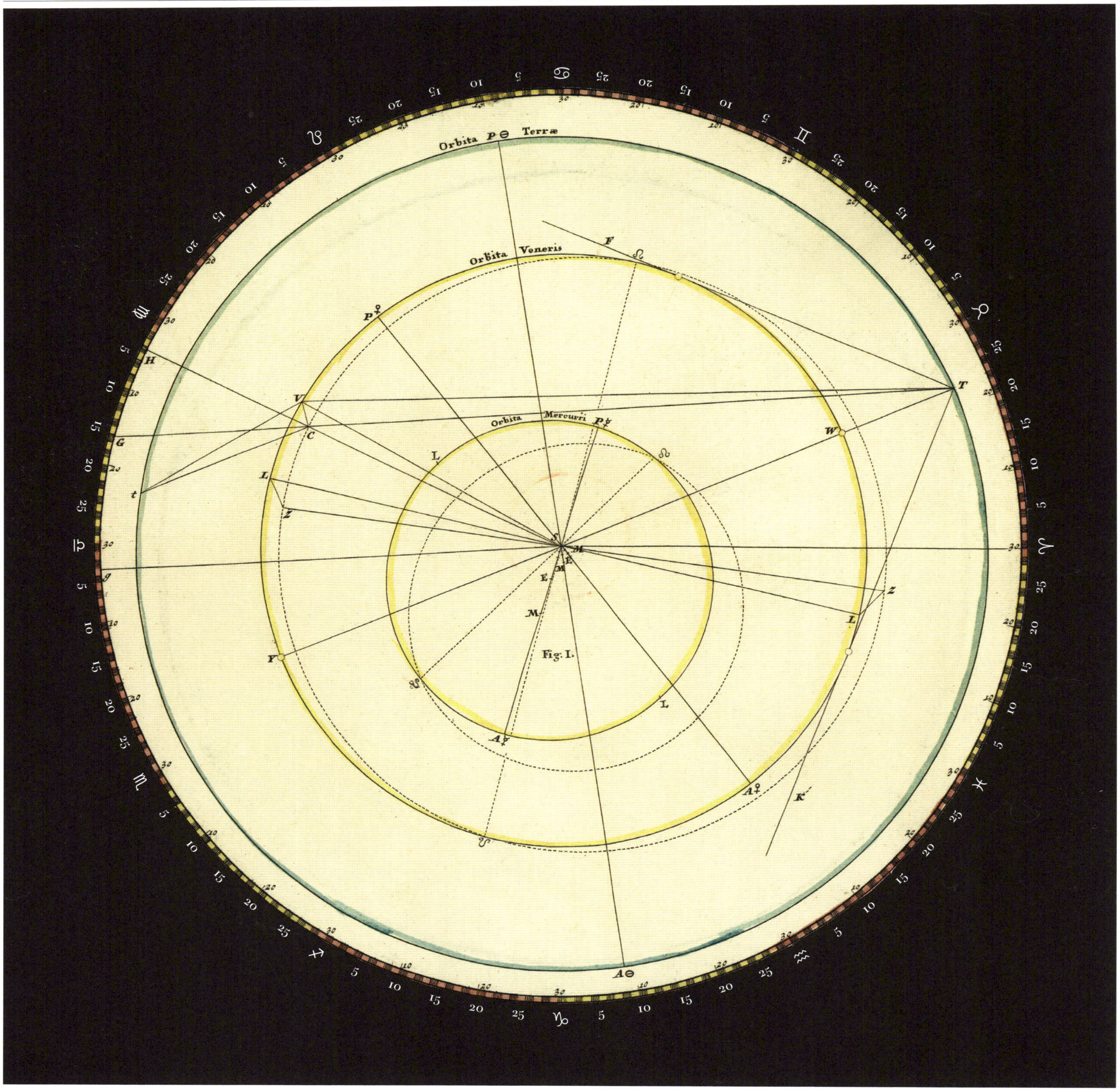

内侧行星的轨道关系

图页中部左侧的大示意图描绘的是地球、金星和水星轨道之间的关系。每个椭圆轨道上都标记了近日点和远日点。图上还标出了其他行星的倾斜轨道南北向穿过黄道的交点的位置（标记为☊和 ☋）。

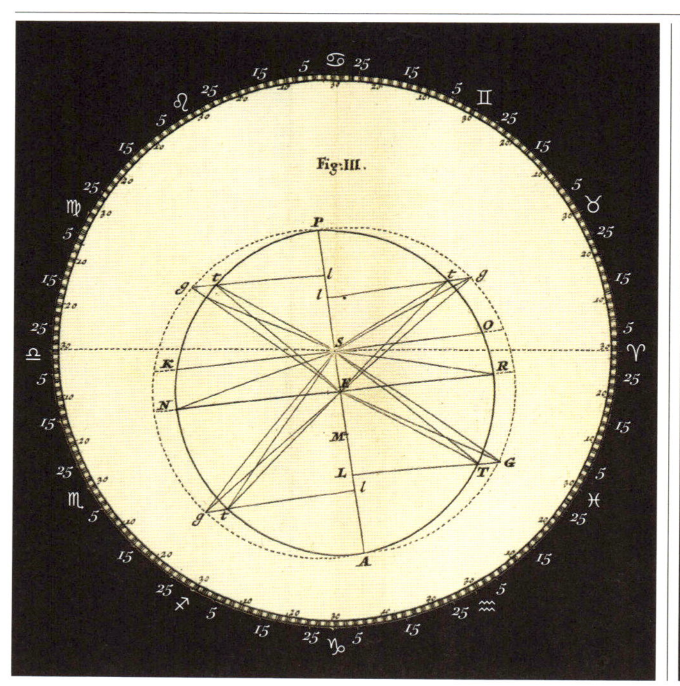

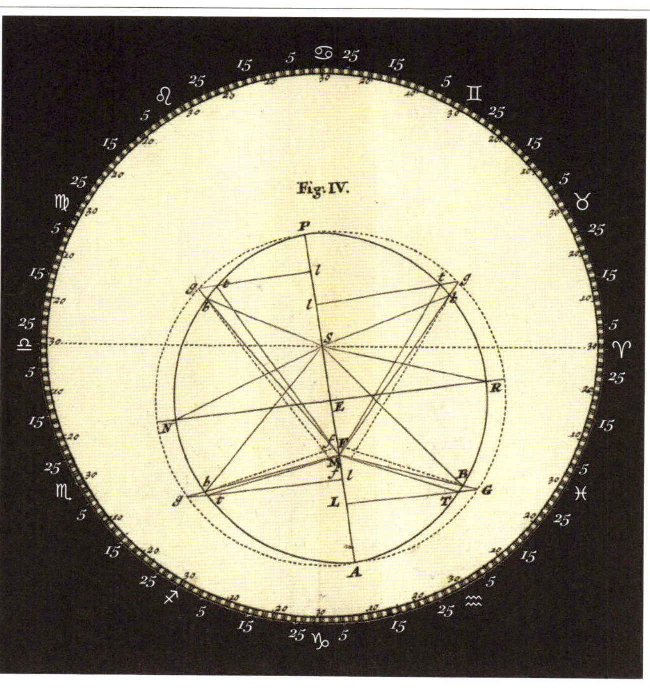

探索椭圆轨道

这两张图描述的是椭圆轨道的主要特征。首先，从太阳（S）到行星所连的直线在相等周期内扫过相等面积（因此行星在近日点移动得更快，在远日点移动得更慢）。其次，太阳位于椭圆两个焦点之一，在椭圆轨道的几何中心的一侧。

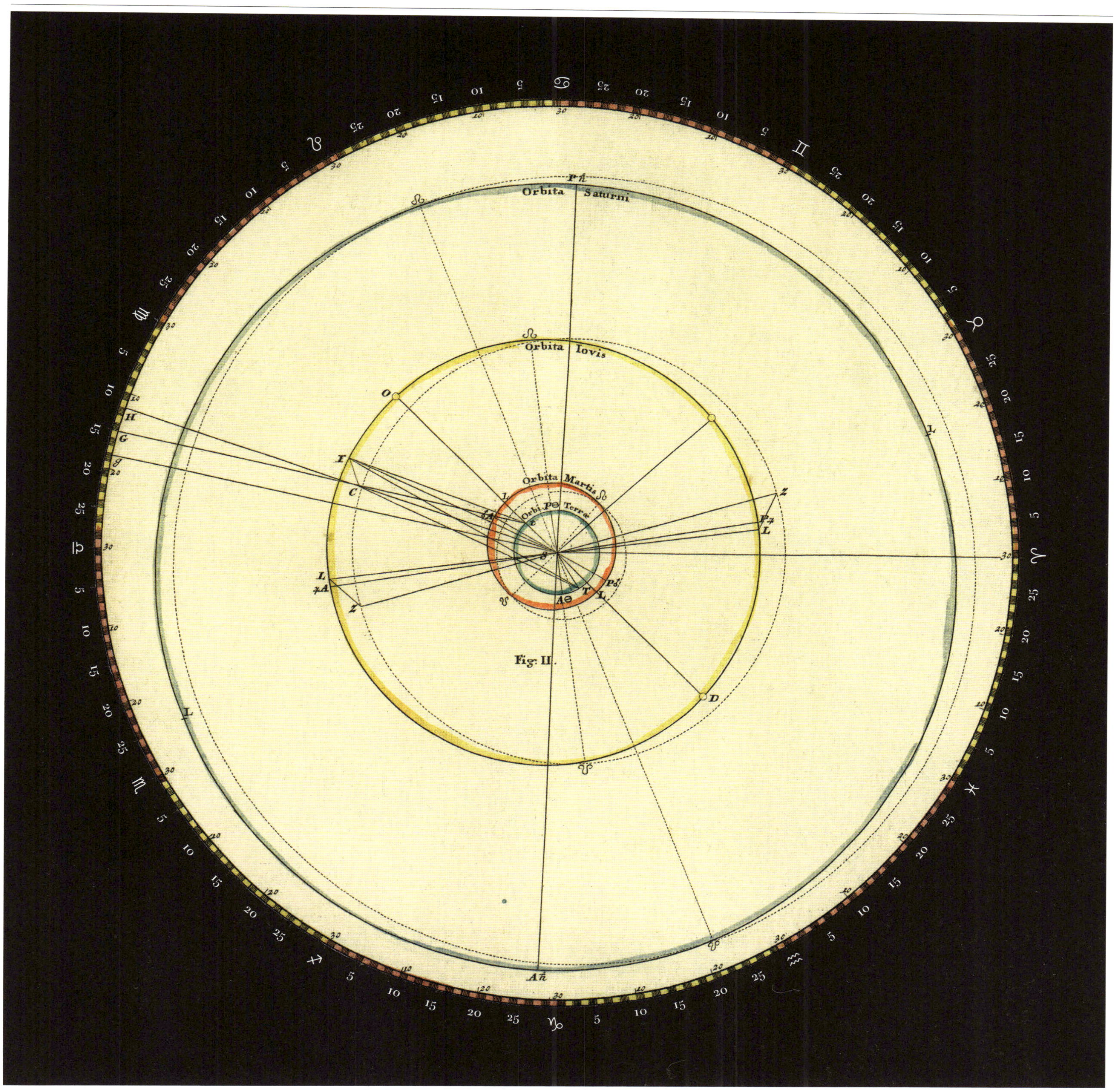

外侧行星的轨道关系

图页中部右侧的大示意图解释了火星、木星和土星的轨道相对于地球的排布。在这两张主图上，多佩尔迈尔作了一些辅助线段，解释了地球和其他行星沿着它们彼此略有倾斜的椭圆轨道进行变速运动时，是如何产生我们所观察到的行星运动的。

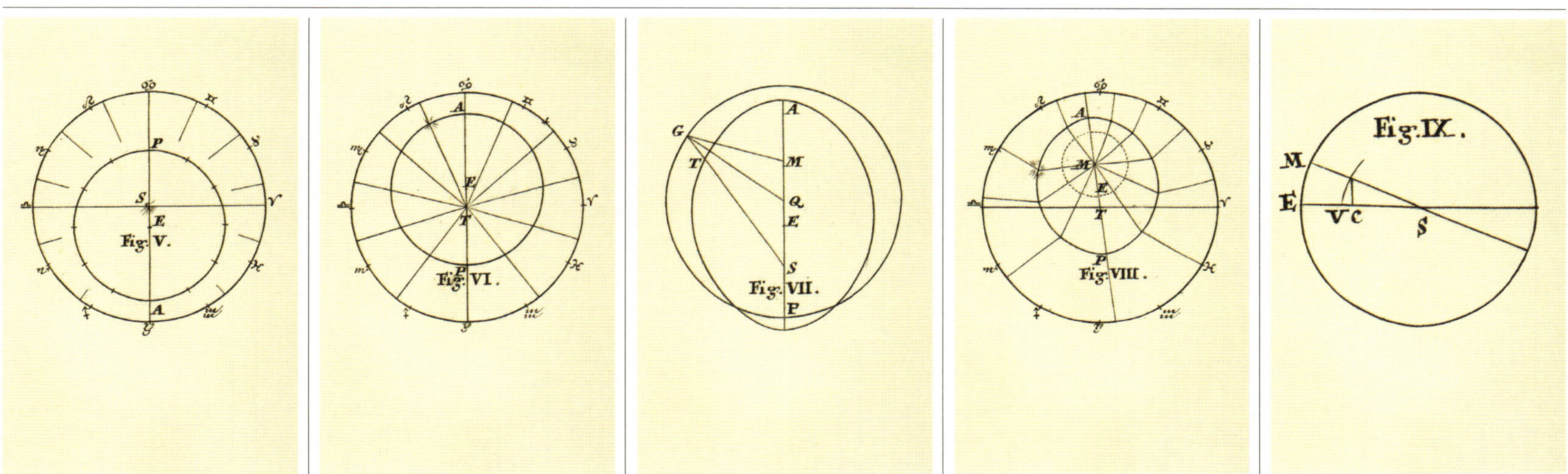

太阳在天空中的路径

一系列辅助示意图深入说明了不同模型对太阳沿黄道运动速度变化的解释，再次证明了开普勒理论的优越性。

《天文学智慧之书》（12世纪）

《天文学智慧之书》（*Libros del Saber de Astronomiá*）是一部非凡的天文百科全书，于12世纪晚期在卡斯蒂利亚的阿方索十世的要求下创作。该书由托莱多的基督教、犹太教和穆斯林学者编写，涵盖了广泛的知识，并且编入了用于占星术预测的详细表格（上图）。阿方索十世还委托编写了《阿方索历表》（一种记录行星位置的星历表）。此前，对于行星未来运动的预测始终是相当不准确的，人们也因此对地心模型更加怀疑。而《阿方索历表》能让人以前所未有

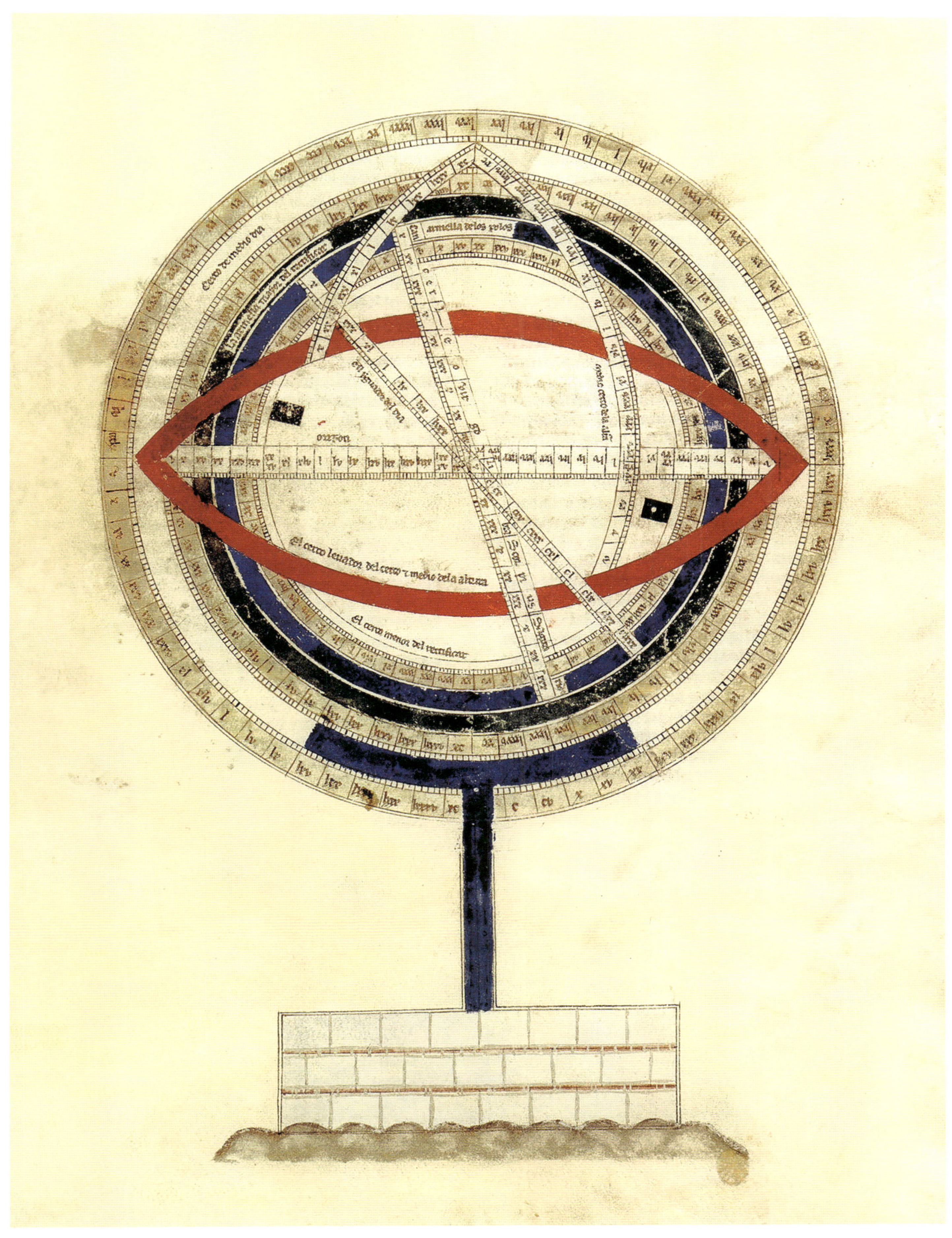

的精度预测行星的运动。除了占星表，《天文学智慧之书》中还包括了天文仪器使用手册，教读者使用上图中的浑仪和星盘这类的工具。圆盘形状的星盘不仅是测量天体倾角的工具，还可以算得上是相当精密的模拟计算机。星盘上的滑动和旋转指针可以用来简化各种计算，盘面侧边还刻有各种有用的数据。星盘不仅在天文学中相当有用，也可以成为一般性的测量工具。例如，可以用它们来计算远处物体的高度。

大行星的天象

(PHÆNOMENA IN PLANETIS PRIMARIIS)

多佩尔迈尔演示了哥白尼体系中的行星轨道和朝向与从地球上看到的行星外观之间的关系。

图页5描绘了行星的外观和相位。图中金星的表面特征有一些错误，火星的更为准确。该图页还展示了水星的相位、木星表面移动的云带，以及早年观察到的土星令人迷惑的形状。当然，克里斯蒂安·惠更斯最终解开疑团，发现那是土星环系统。上述这些天象的发现，要归功于一种新发明的设备——望远镜。

通常认为，望远镜的发明者是荷兰眼镜制造商汉斯·利伯希（Hans Lippershey，约1570—1619）。利伯希发现，如果将一块凸透镜隔着一大段距离放在一块凹透镜的正后方，二者就能够放大图像。他在1608年试图为该装置申请专利（但是失败了）。之后，关于望远镜的报道在欧洲传播开来，许多感兴趣的人也开始自己制造这种仪器。

这些人中最著名的是伽利略·伽利雷，时任意大利北部的帕多瓦大学数学教授。伽利略始这项工作时，他的望远镜的放大倍率只有3倍，但几个月后就被他提高到了大约30倍。到了1610年底，技术上的成就帮助他成为第一个通过望远镜观察到金星如月球般的相位的人。一个新时代由此开启。自此之后，行星不再只是天上的光点，而成为各有可观察特征的天体。

伽利略用他的望远镜做出了其他一些太阳系内的重要发现。他看到了太阳表面的黑子、木星的4个主要卫星，以及土星有些怪异的形状。然而，利伯希设计的光学系统能够形成锐利图像的视场十分狭窄，因此严重限制了早期的望远镜观测者。不过，早在1611年，约翰内斯·开普勒就设计出了另一套镜片组合，其前端的物镜和尾部的目镜都是凸透镜。这样一来，视场就更宽阔了，理论上来讲能放大的倍数也增加了。唯一的小缺点是这种望远镜所成的是倒像。令人惊奇的是，开普勒式望远镜一

图8—1. 约翰内斯·赫维留在但泽市（今波兰格但斯克市）收益颇丰的酿造生意给了他经济上的支持，使他得以横跨3幢房子的屋顶，建造一座颇具雄心的天文台。《天文仪器》（*Machina Coelestis*，1673）中的这幅图突出显示了它的中心——赫维留用于记录月球的开普勒式望远镜。它硕大无朋，有46米长。

图8—1

那时已经是众所周知的成功发明家和科学实验的先锋。他有条不紊地着手改进望远镜的基本设计，很快获得了成功。1609年初，他刚开直无人问津，直到1630年才由耶稣会士、伽利略的科学对手克里斯托夫·沙伊纳（Christoph Scheiner，1573—1650）制造出第一台。在那

图8—2

图8—3

图8—2～8—3. 赫维留在这两张来自《天文仪器》的插图中描绘了他极为先进的天文台里所用的技术和设备。左侧图中是一间封闭的小屋，屋内有一个用于望远镜目镜端的带遮罩的开口。白天时，可以将望远镜指向太阳，在屏幕上投射出明亮的图像。右侧图中显示的是赫维留在为他的光学仪器研磨、塑形和抛光精密镜片的艰苦过程中使用的各种工具。

之后，由于有了沙伊纳的肯定，开普勒式望远镜迅速得到了普及。

望远镜背后的原理依赖于这样一个事实：遥远物体发出的光线可以等效为平行光，因此一片精细打磨的凸透镜（或凹面镜）可以将这些光线聚成一个锥形，并最终汇聚为一点。这一点称为焦点。伽利略望远镜的目镜是凹透镜，它在中途“拦住”了物镜汇聚的光，使之“弯折”或折射到发散的路径上。这样，当光线到达眼前时，它们看起来像是来自一个近一些或大一些的物体。与此同时，在开普勒式望远镜的设计中，光线先经过物镜焦点后，再由目镜折射，从而形成观察者所见的发散光锥。

任一折射式（由透镜组成的）望远镜的实际放大倍率都依赖于目镜、物镜的形状和二者之间的距离。不过，有弧度的玻璃透镜自有其不足之处。简要地说，不同颜色的光穿过镜片时被偏折的程度各不相同，因此会形成一系列彩色的“条纹”，也就是所谓的“色差”。透镜的曲率越大，这种效应就越强。人们在18世纪末终于战胜了色差，早期的望远镜天文学家想出了一个绝妙的权宜之计——减小物镜的曲率。这样，光线在到达目镜并形成放大的像之前，会形成一个非常长的光锥。此时，放大倍率还是很高，而色差减少了。

最后还有一个一直影响着自17世纪中叶到多佩尔迈尔时代的望远镜的因素，也就是今天所说的“聚光”本领。由于望远镜物镜的集光面积比人眼瞳孔大，它能够将更多来自遥远物体的光传给人眼，原本暗弱的对象就会显得更加明亮。物镜口径越大，能送入人眼的光就越多，但这时焦距也要随之增加（事实上，在其他参数保持不变时，若物镜口径变为2倍，则焦距变为4倍）。光学仪器制造商制作和抛光镜片的技艺不断提升，透镜越做越大，望远镜的尺寸也水涨船高。最终的结果是一个充满奇形怪状大仪器时代的到来。那时候，有的望远镜有着用脚手架支撑的数十米长的镜筒。还有一种空气望远镜比这还长，它完全抛弃了镜筒，只是在相距更远的桅杆上安上物镜，并用绳索、控制丝和其他机关与目镜相连。这些设备或许看起来有些不靠谱，但正是在它们的帮助下，17世纪和18世纪初期的伟大天文学家们开始了对其他行星的天象观测。

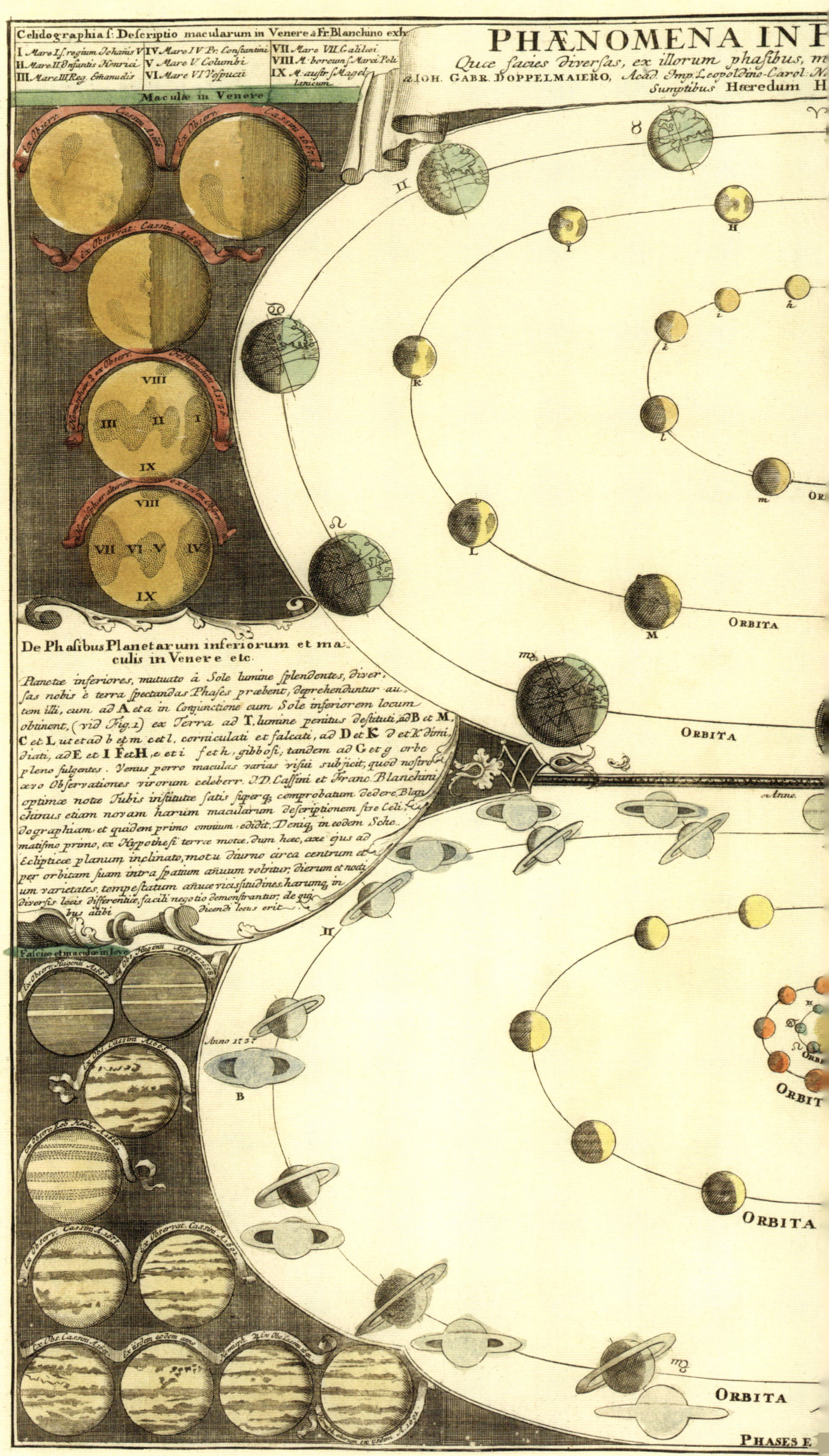
Celidographia s: Descriptio macularum in Venere à Fr. Blanchino exh
I Mare I s. regium Johannis V
II Mare II Infantis Henrici
III Mare III Reg. Emanuelis
IV Mare IV Pr. Constantini
V Mare V Columbi
VI Mare VI Vespucii
VII Mare VII Galilaei
VIII M. boreum s. Marci Poli
IX M. austr. s. Magellanicum
Maculae in Venere
PHÆNOMENA IN P
Quæ facies diversas, ex illorum phasibus, m
à IOH. GABR. DOPPELMAIERO, Acad. Imp. Leopoldino-Carol. N.
Sumptibus Hæredum H
De Phasibus Planetarum inferiorum et maculis in Venere etc.
Planetae inferiores, mutuato à Sole lumine splendentes, diversas nobis è terra spectandas Phases praebent; deprehenduntur autem illi, cum ad A et a in Conjunctione cum Sole inferiorem locum obtinent, (vid. Fig. 1) ex Terra ad T, lumine penitus destituti, ad B et M, C et L ut et ad b et m c et l, corniculati et falcati, ad D et K d et k dimidiati, ad E et I F et H, e et i f et h, gibbosi; tandem ad G et g orbe pleno fulgentes. Venus porro maculas varias visui subjicit, quod nostro aevo Observationes virorum celeberr. J.D. Cassini et Franc. Blanchini optimae notae Tubis institutae satis superq; comprobatum dedere. Blanchinus etiam novam harum macularum descriptionem sive Celidographiam et quidem primo omnium edidit. Deniq; in eodem Schematismo primo, ex Hypothesi terrae motae, dum haec, axe ejus ad Eclipticae planum inclinato, motu diurno circa centrum et per orbitam suam intra spatium annuum volvitur, dierum et noctium varietates, tempestatum annuae vicissitudines, harumq; in diversis locis differentiae, facili negotio demonstrantur; de quibus alibi dicendi locus erit.
Fasciae et maculae in Iove
ORBITA
ORBITA
ORBITA
ORBITA
ORBITA
PHASES E

多佩尔迈尔《天图》

图页5

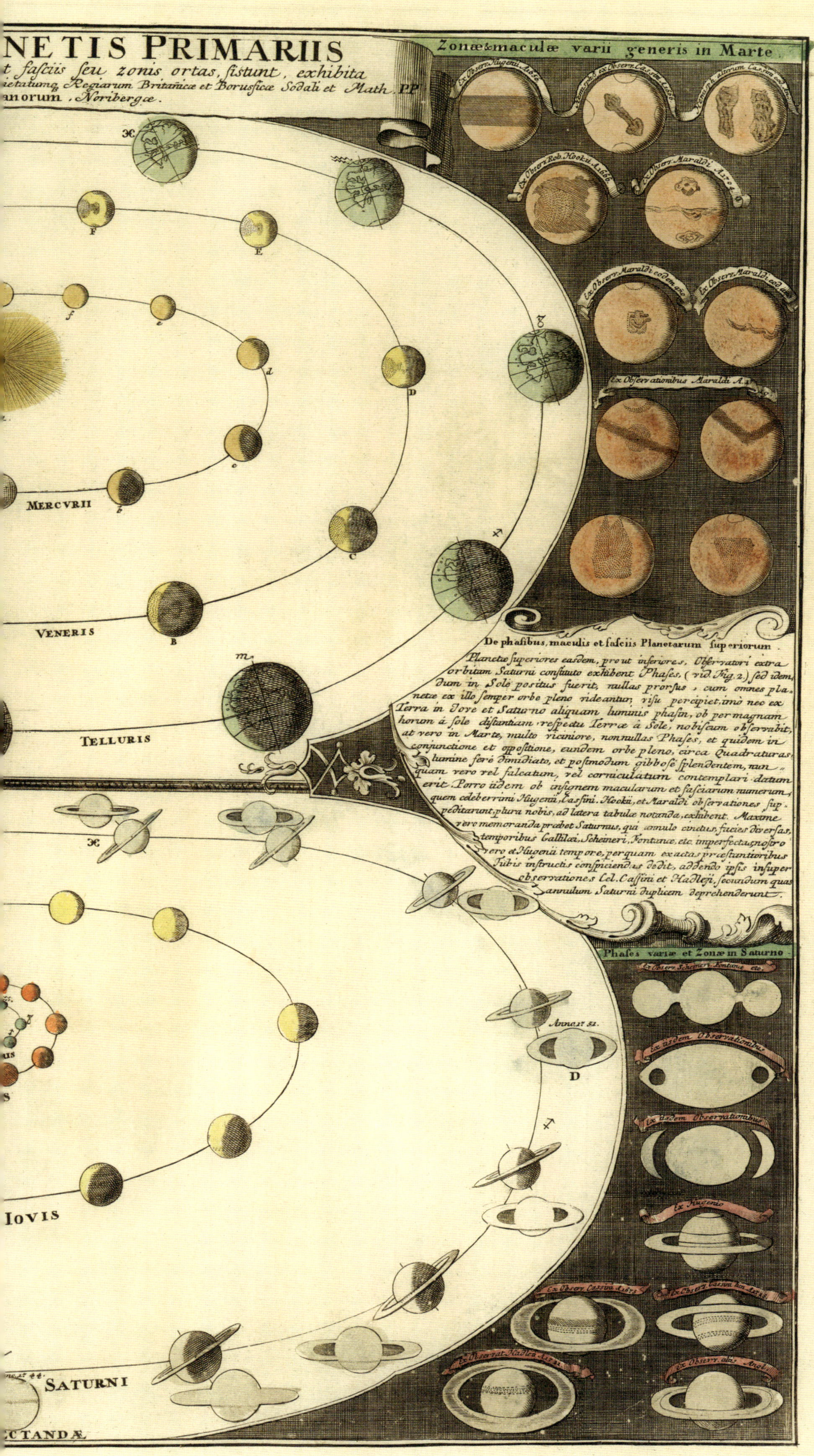
NETIS PRIMARIIS
t fasciis seu zonis ortas, sistunt, exhibita
ietatumq Regiarum Britanicæ et Borusficæ Sodali et Math. PP
anorum. Noribergæ.
Zonæ & maculæ varii generis in Marte
5
MERCVRII
VENERIS
TELLURIS
IOVIS
SATURNI
CTANDÆ
De phasibus, maculis et fasciis Planetarum superiorum.
Planetæ superiores easdem, prout inferiores, Observatori extra
orbitam Saturni constituto exhibent Phases. (vid. Fig. 2.) sed idem,
dum in Sole positus fuerit, nullas prorsus, cum omnes pla-
netæ ex illo semper orbe pleno videantur, visu percipiet, imò nec ex
Terra in Jove et Saturno aliquam luminis phasin, ob permagnam
horum à sole distantiam, respectu Terræ à Sole, nobiscum observabit,
at vero in Marte, multo viciniore, nonnullas Phases, et quidem in
conjunctione et oppositione, eundem orbe pleno, circa Quadraturas,
lumine ferè dimidiato, et postmodum gibbosè splendentem, nun-
quam vero vel falcatum, vel corniculatum contemplari datum
erit. Porro iidem ob insignem macularum et fasciarum numerum,
quem celeberrimi Hugenii, Cassini, Hookii, et Maraldi observationes sup-
peditarunt, plura nobis, ad latera tabulæ notanda, exhibent. Maxime
vero memoranda præbet Saturnus, qui annulo cinctus, facies diversas,
temporibus Gallilæi, Scheineri, Fontanæ, etc. imperfectas, nostro
vero et Hugenii tempore, perquam exactas præstantioribus
Tubis instructis conspiciendas dedit, addendo ipsis insuper
observationes Cel. Cassini et Hadleji, secundum quas
annulum Saturni duplicem deprehenderunt.
Phases variæ et Zonæ in Saturno

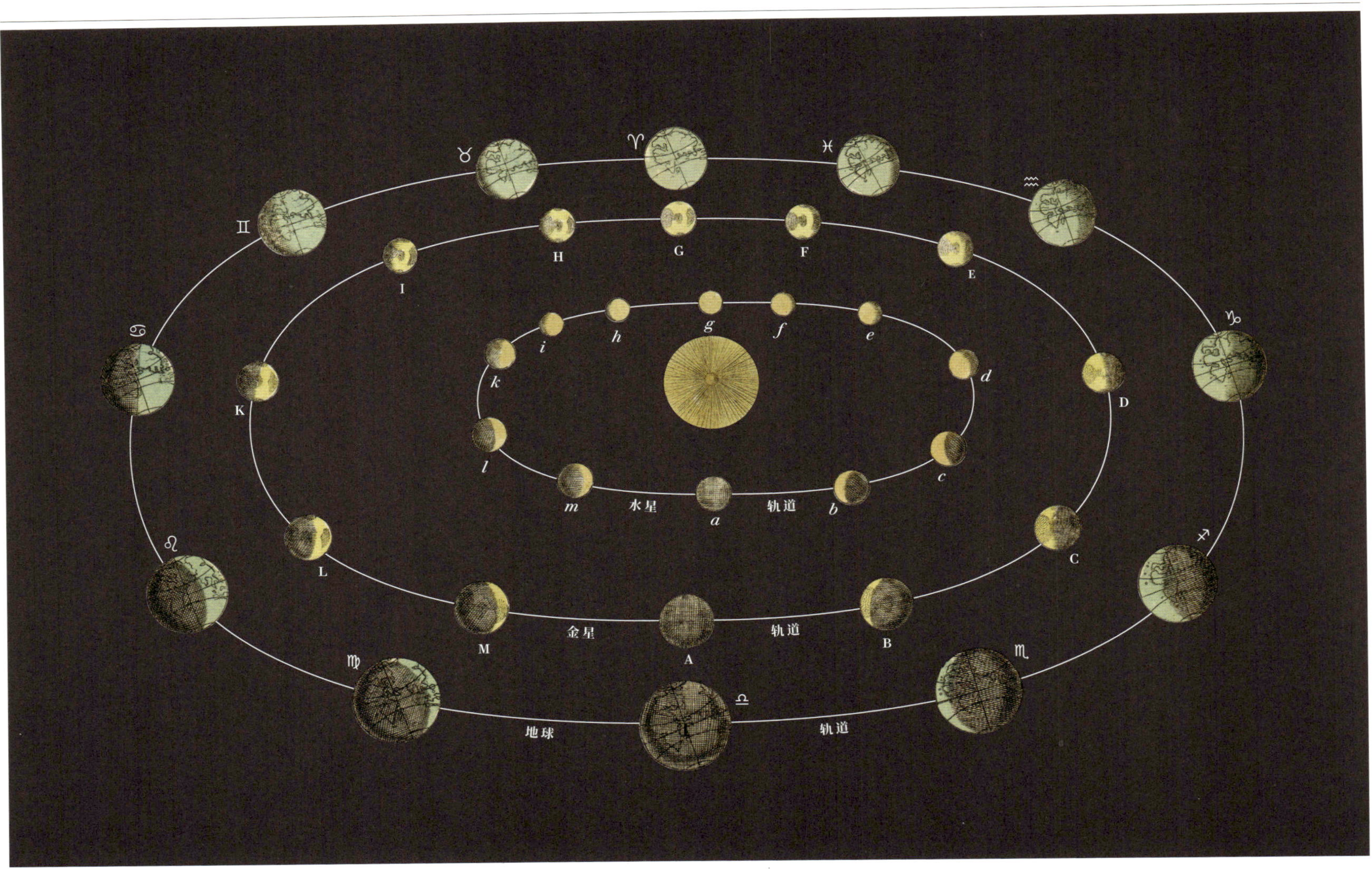

内侧行星的相位和金星表面的条纹

图页中央上方绘制了水星、金星和地球的轨道，并解释了内侧行星的外观为何会随着地球上的观察者看到的它们被太阳照亮区域的大小而变化。这幅插图还暗示着金星表面具有条纹——这一话题至今尚无定论。

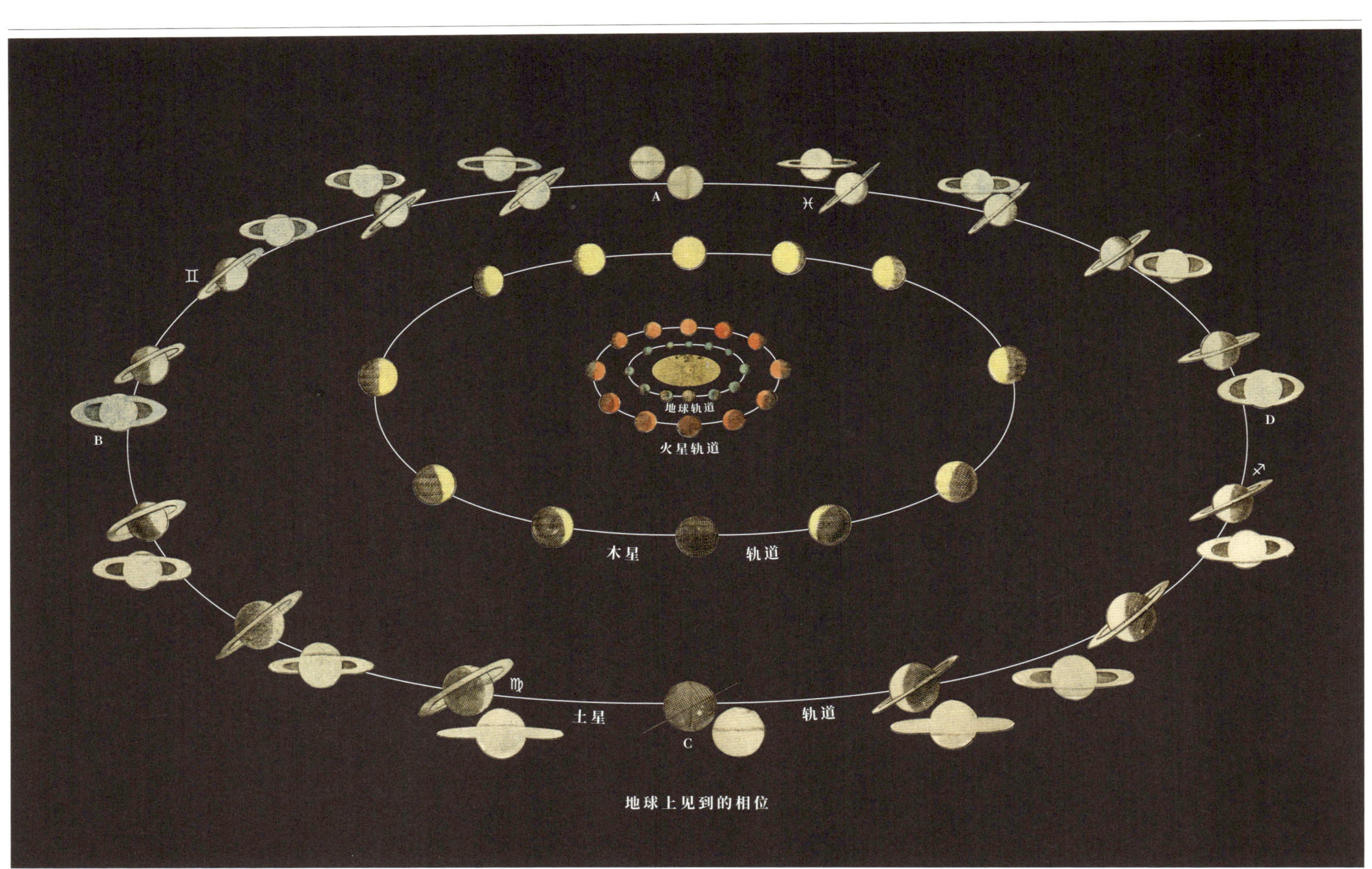

外侧行星的相位和外观

图页中央下方绘制的是火星、木星、土星与地球和太阳的轨道关系。图中的外侧行星绘有日半球和夜半球，但因为我们是从有太阳的一侧看向它们的，我们能看到的主要限于太阳光照射的那一半。多佩尔迈尔还结合了惠更斯关于土星的图表，显示了土星环在土星进行轨道运动时的外观变化。

金星的表面特征

这一部分展示了弗朗切斯科·比安基尼（Francesco Bianchini，1662—1729）在其1728年关于金星表面特征的书中介绍的各种金星表面标记。在每个小图下方，多佩尔迈尔标注了报告此特征的天文台。金星明亮的白色浓云使其表面在光学波段通常显得很均匀，但偶尔还是会有关于暗区域的报道。然而，这些通常被认为是幻觉或望远镜的赝像。

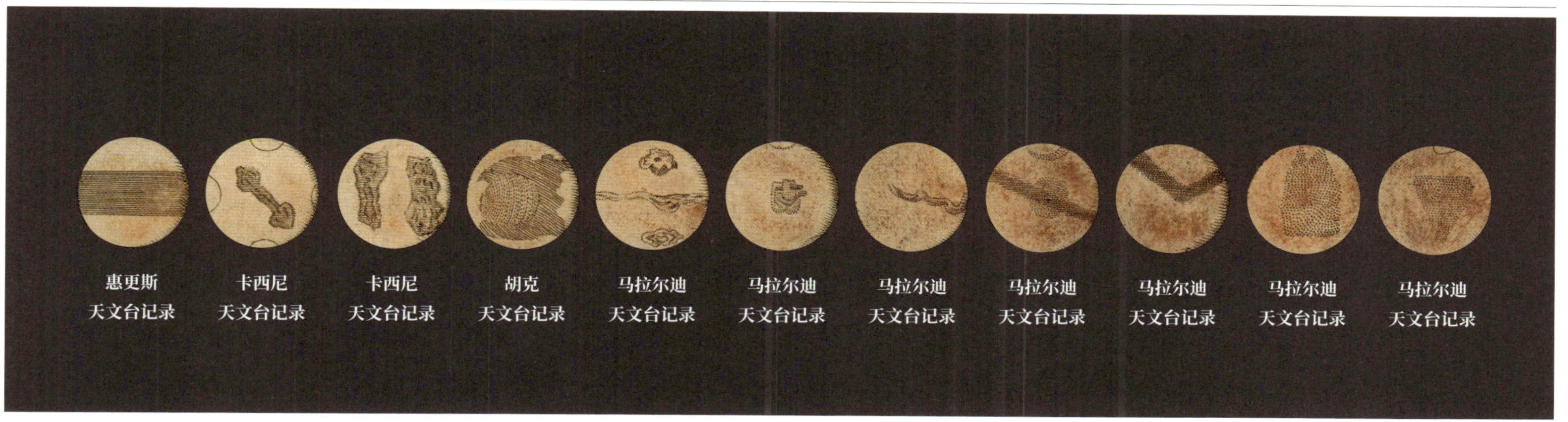

火星的表面特征及其变化

这一系列小图再现了克里斯蒂安·惠更斯、乔瓦尼·多梅尼科·卡西尼、罗伯特·胡克（Robert Hooke，1635—1703）和贾科莫·马拉尔迪（Giacomo Maraldi）观察到的火星。虽然早期对火星表面的解释有很大差异，但马拉尔迪的最后一张图上的三角形很可能代表的是现在被称为大瑟提斯（Syrtis Major）的区域。

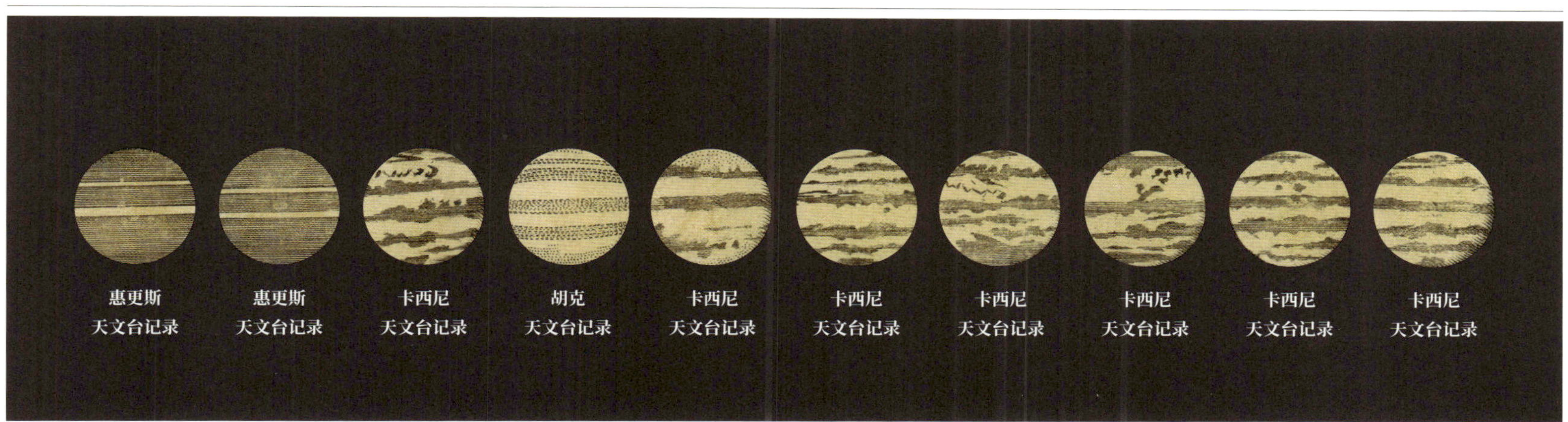

木星的表面特征

多佩尔迈尔复现了克里斯蒂安·惠更斯、乔瓦尼·多梅尼科·卡西尼和罗伯特·胡克等观测者所绘制的各种木星简图。卡西尼所画的木星尤其显示出他已对主导该行星外观的湍流云带有所理解。

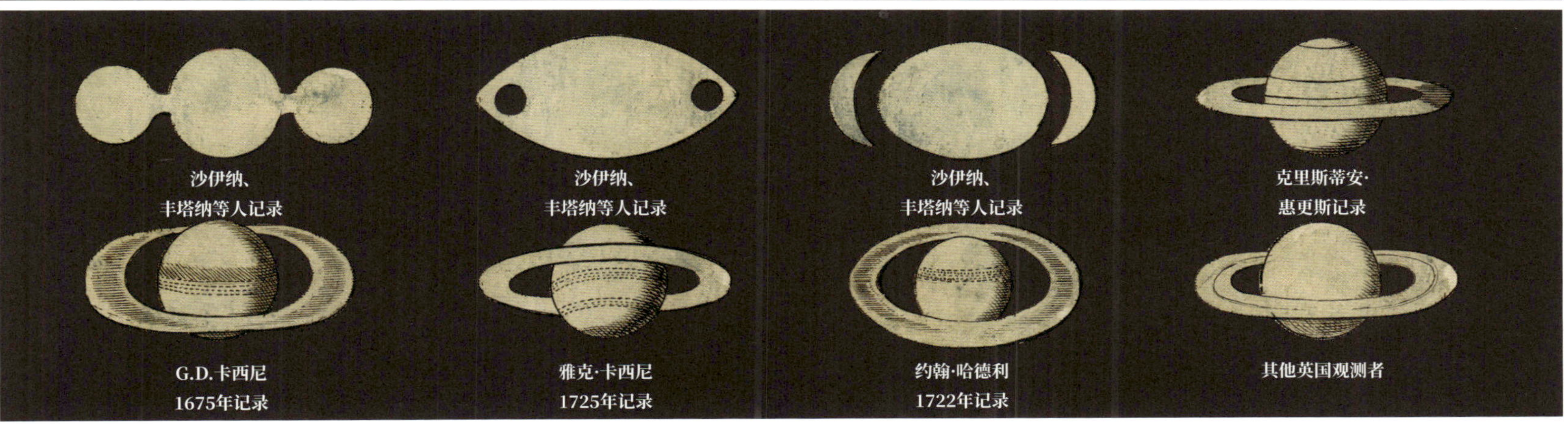

土星表面特征记录和解释的变化

多佩尔迈尔介绍了早期望远镜使用者对土星奇怪外观的一些解释。这段故事结束于惠更斯辨认出土星环。上图下排的4张图显示了观看土星环以及环在土星上的投影的视角不同时，土星外观的差异。

各种现象

（PHÆNOMENA）

多佩尔迈尔解释了季节的成因，
并介绍了一系列有趣的宇宙观。

多佩尔迈尔《天图》图页6主要关注的是地球表面每日长度变化的问题，因此，这一页的标题部分画的是驾着太阳车穿越天空的太阳神赫里阿斯。本页是该书中较晚完成的图页之一，其设计和雕刻时间在1735年以后。

传统上来说，每年的季节模式是从太阳位于北半球的春分点（此时昼夜平分）开始的。按现在的日历，这一天通常是每年的3月20日或21日。在这一天里，太阳从正东方升起，在正南方穿越子午线（上中天）时达到其最高点，最后在正西方落下。在之后的几个月里，太阳在天空中的位置越来越高，离北天极越来越近。太阳升起和落下的点也各自向着东北和西北方向移动。白日渐长，直到6月20日或21日的夏至日时达到最大值。在那一天之后，太阳的运动完全反过来了。它的轨迹慢慢向南移动，漫长的白昼越来越短，而短暂的黑夜越来越长。到了9月22日或23日，太阳再一次从正东方升起，正西方落下，而日夜长度也再一次相等，这一天就是秋分。之后，太阳在天空的轨迹继续一刻不停地向南，直到12月21日或22日的冬至日。在这一天，太阳从东南方升起，以其最低高度越过南方的地平线，并在短短几个小时后滑落到西南地平线以下。冬至日之后，太阳的漂移再次反转，走向下一次春分。

图9—1. 这幅令人惊叹的13世纪插图出自德国神秘主义者宾根的希尔德加德（Hildegard of Bingen）所写的《天主的化工》（*Book of Divine Works*）。它展示了她关于人类身体和灵魂与更广大的宇宙之间的联系的灵视。希尔德加德在亚里士多德的四种地球元素、中世纪医学的四种体液和一年四季之间，以及人体和宇宙的理想化古典几何学构型之间做了复杂的类比。

图9—1

论及天球上的运动，不管倾向于哪种宇宙论，都可以用类似的方式想象这种每年的变化模式。太阳以黄道带的恒星为背景，向东走过一条名叫黄道的轨迹。黄道是天球上的“大圆”（其所在平面经过球心），但与将天球等分为南北两半的天赤道之间具有23.5度的夹角。在（北半球的）冬至时，太阳在黄道最南点，并从此处转而向北移动。之后，太阳在春分点处进入北天球，并在夏至时到达最北点。在那以后，太阳的运动开始向南，一直移动到秋分点。当然了，对于赤道以南的观测者来说，当太阳位于南半天球时，其位置更高。北半球的冬至就是南半球的夏至，南半球的季节与北半球相反。

黄道相对于赤道的倾角让支持地心说的天文学家不得不在他们的宇宙模型中加入另一个复杂的因子，以便使太阳和行星所在的天球层在一年的时间里能够南北向缓慢摆动。季节的长度不等是他们面临的另一项严峻的挑战。事实上，太阳运动的4个关键标志点之间的间隔从少于89天（从秋分到冬至）到94天（从春分到夏至）不等。为了解释太阳为何不按照均匀的速度绕着地球转，他们只得再次引入了在解释行星运动时用到的本轮和均衡点体系。

哥白尼理论就没有这样的问题了。由于地

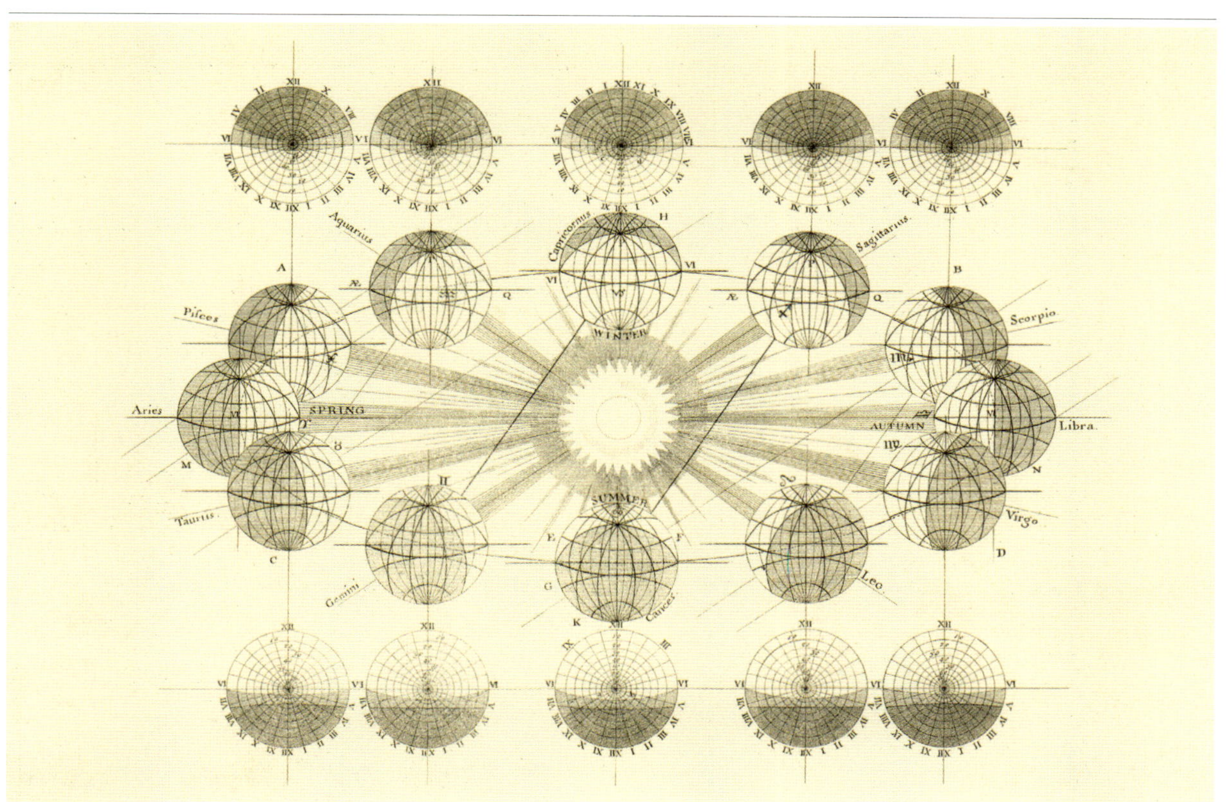

图9—2

图9—2. 这张示意图来自达勒姆（Durham）的托马斯·赖特的著作《普世季节变迁》（*Universal Vicissitude of Seasons*，1737）。该图详尽地描述了季节的成因，以及一年中在地球的不同地方观察太阳在天空中的视运动路径的不同。

球只不过是一颗围绕太阳公转的行星，设想它每日自转的自转轴倾斜于其公转轨道没什么难的。换言之，地球的北极始终指向空间中唯一且固定的方向（并定义了天球的极轴和天赤道），但这一方向并不是笔直地垂直于地球绕太阳的公转轨道面的，而是有23.5度的倾角。因此，每个半球都有倾斜朝向太阳（此时太阳在天空中的位置更高）和远离太阳的时候。

多佩尔迈尔在本图页中心解释了这一原理，展示了在北极圈、南极圈以及纽伦堡等各种纬度的地点所见的太阳高度在一年中的变化。在17世纪，行星轨道椭圆模型的提出使季节长度的不同有了一个简洁明了的解释：如果地球的轨道是一个椭圆，它在离太阳较远时运动得就会比较慢（那么，太阳在地球天空中的视运动就会变慢）。

在图页上方中央的画作周围，多佩尔迈尔还画了一系列7幅装饰性小图，介绍了各种古代和现代的宇宙理论。左上角是《阿方索历表》（其特别之处在于，为了使恒星位置与被称为“岁差”的长期天文变化相符，该表在托勒密理论的基础上又增加了两个天球层）中阐述的托勒密理论。这张图旁边的是通常被认为由柏拉图、普鲁塔克（Plutarch，46—119）和提尔的波菲利（Porphyry of Tyre，约234—305）提出的3个模型。这些模型的不同在于其中太阳、水星和金星所在天球层的顺序。图页底部依次是约翰内斯·科齐乌斯（Johannes Cocceius，1603—1669）、威廉·吉尔伯特（William Gilbert，1544—1603）、塞巴斯蒂安·勒克莱尔（Sébastian Le Clerc，1637—1714）提出的有趣的宇宙论。所有这些宇宙模型，都代表着用某种方式使地球或太阳偏移旋转中心以解释季节变化的尝试。其中，格外引人注目的是吉尔伯特的方案。其原因在于，早在地心说占统治地位的时代，他就已经提出地球在自转，而恒星是以不同的距离散布在整个空间中的。

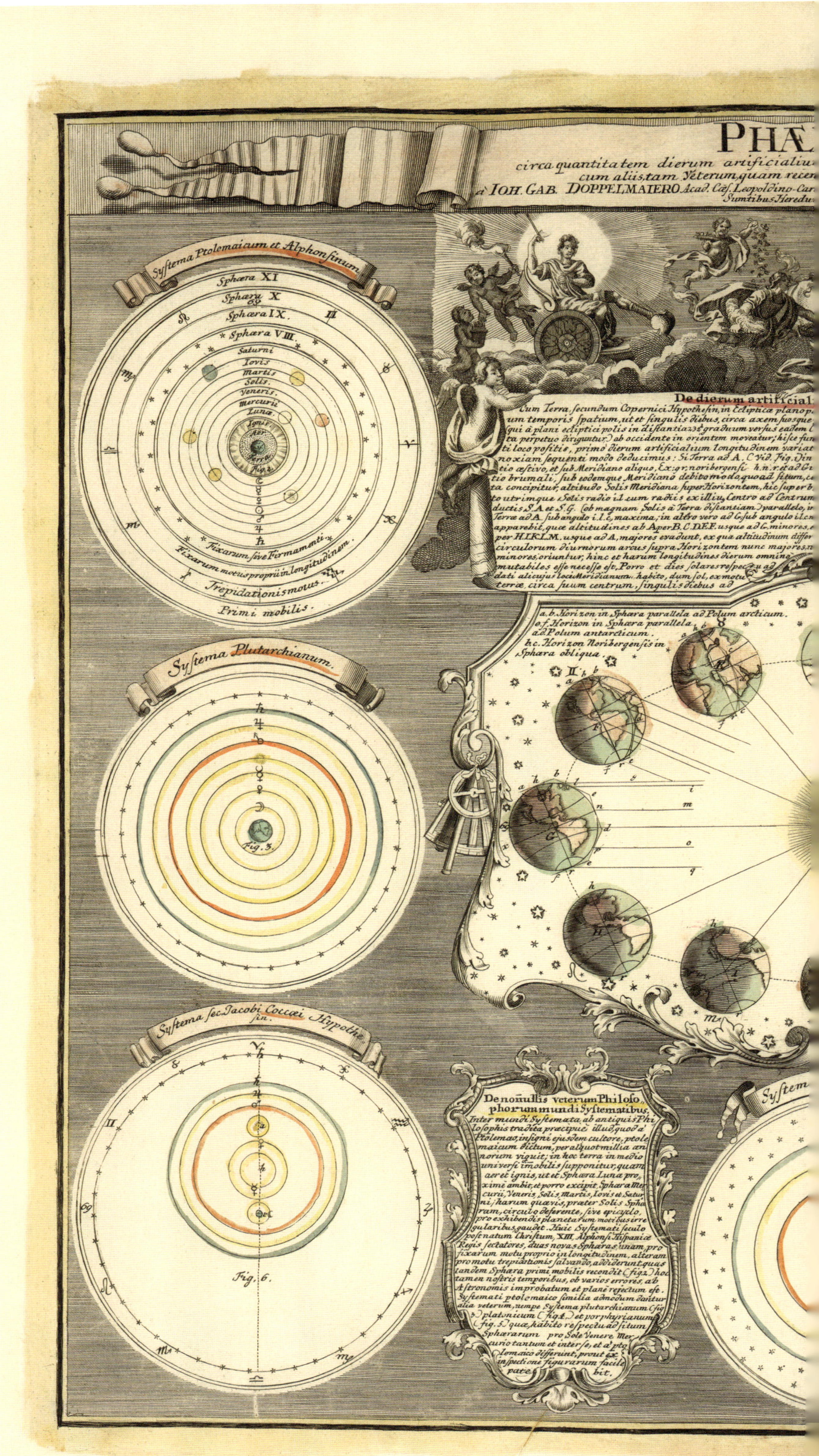
PHÆ
circa quantitatem dierum artificialiu
cum aliis,tam Veterum,quam recen
à IOH. GAB. DOPPELMAIERO Acad. Cæs. Leopoldino-Car
Sumtibus Heredu
Systema Ptolemaicum et Alphonsinum
Sphæra XI
Sphæra X
Sphæra IX.
Sphæra VIII.
Saturni
Iovis
Martis
Solis.
Veneris.
Mercurii
Luna
Fixarum sive Firmamenti
Fixarum motus proprii in longitudinem
Trepidationis motus
Primi mobilis
Systema Plutarchianum.
Fig. 3.
Systema sec. Iacobi Coccæi Hypothesin.
Fig. 6.
De dierum artificial
a. b. Horizon in Sphæra parallela ad Polum arcticum.
e. f. Horizon in Sphæra parallela ad Polum antarcticum.
h. c. Horizon Noribergensis in Sphæra obliqua.
De nonnullis veterum Philosophorum mundi Systematibus.
Systema

多佩尔迈尔
《天图》
图页6

MENA
Systema Platonicum.
Fig. 4.
Systema Porphyrianum
Fig. 5.
Systema sec. Sebastiani Clerici Hypothesin.
Fig. 8.
De aliis recentiorum Philosophorum Systematibus mundi.

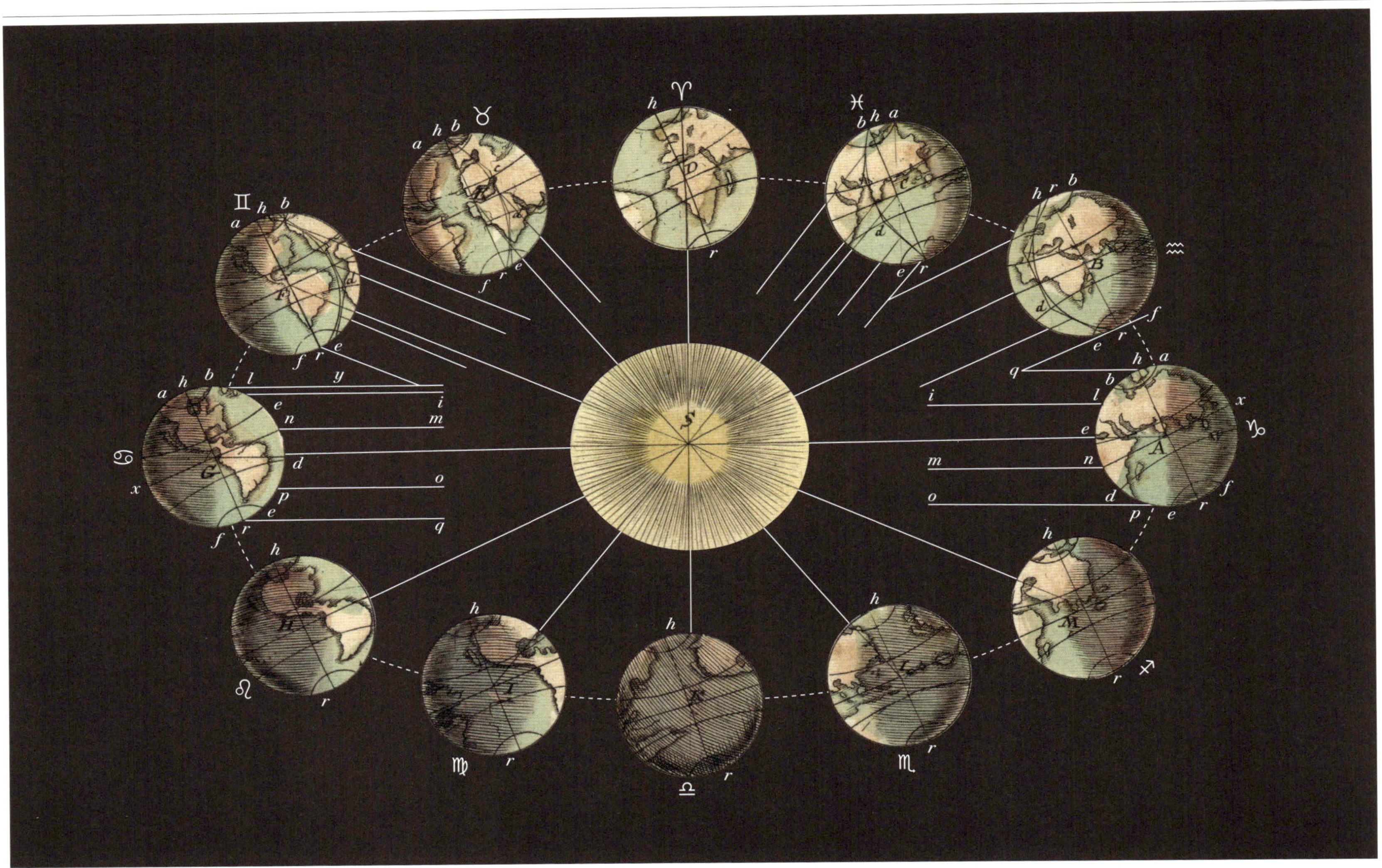

季节的成因

多佩尔迈尔的中心示意图展示了地球在其周年绕日轨道上的不同位置。图中，地球自转轴的朝向在空间中是固定不变的。中央的太阳发射出的线段是用来显示一年中不同时间段地球上的光照情况。对北半球而言，最左侧是夏至，最右侧是冬至，上方和下方分别是春分和秋分。

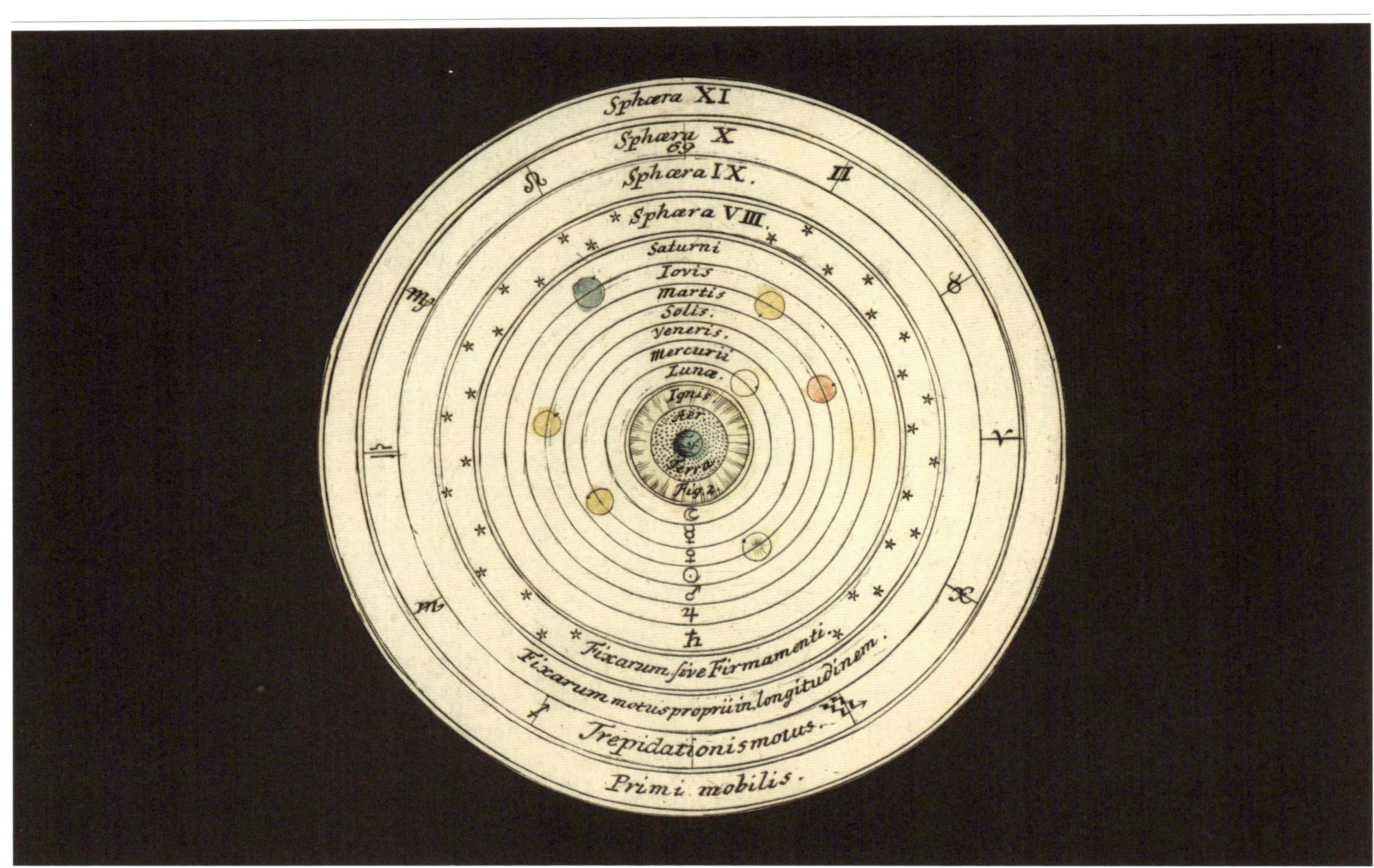

托勒密和阿方索体系

这张图按照13世纪的《阿方索历表》的理解，详细展示了托勒密体系中层层嵌套的球壳。在月球天以内，是亚里士多德四元素的四层球壳。在恒星天以外，还有一层额外的球壳，控制着长期缓慢的岁差漂移，以及一种现已多余的叫作“黄道震动”（trepidation）的周期性运动。最外层的球壳叫作宗动天（primum mobile），它驱动着整个系统的运动。

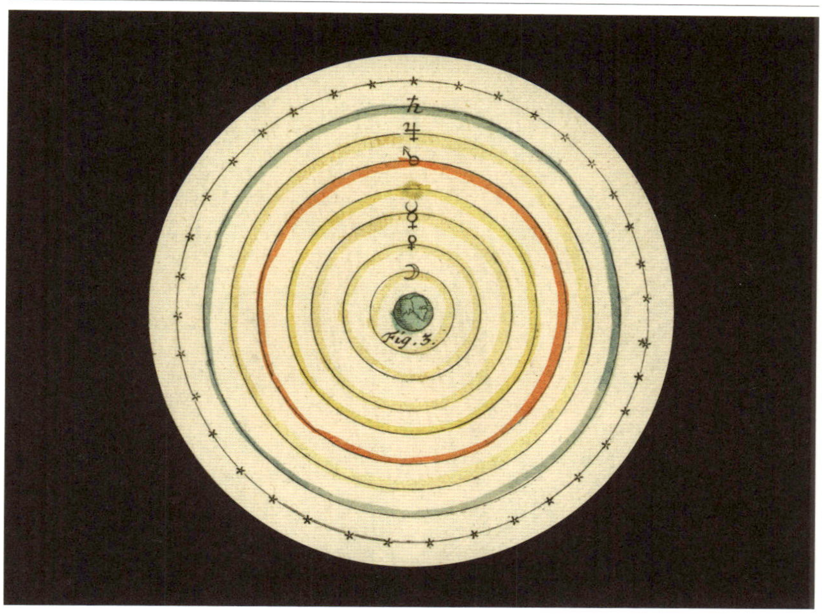

普鲁塔克体系

希腊传记作家、哲学家普鲁塔克在他的天文学著作中描述了一种地心体系，其中金星和水星的球层位于月球和太阳的球层之间，并且部分地被太阳球层的运动所驱动。辉煌的金星是月球之外最接近地球的天体。

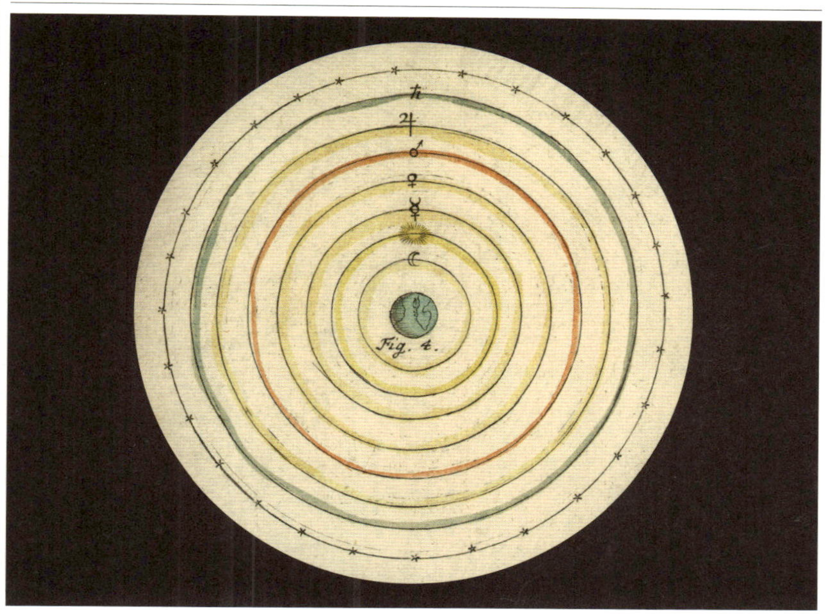

柏拉图体系

这个通常被认为是柏拉图提出的地心体系（实际是他的学生欧多克索斯的工作）将地球放在了宇宙的中心。外面层层包围地球的是承载着月球、太阳、水星、金星、火星、木星、土星和无数恒星的同心球壳。多佩尔迈尔在其图页中将驱动各个天体运动的系列球壳简化为了一些同心圆。

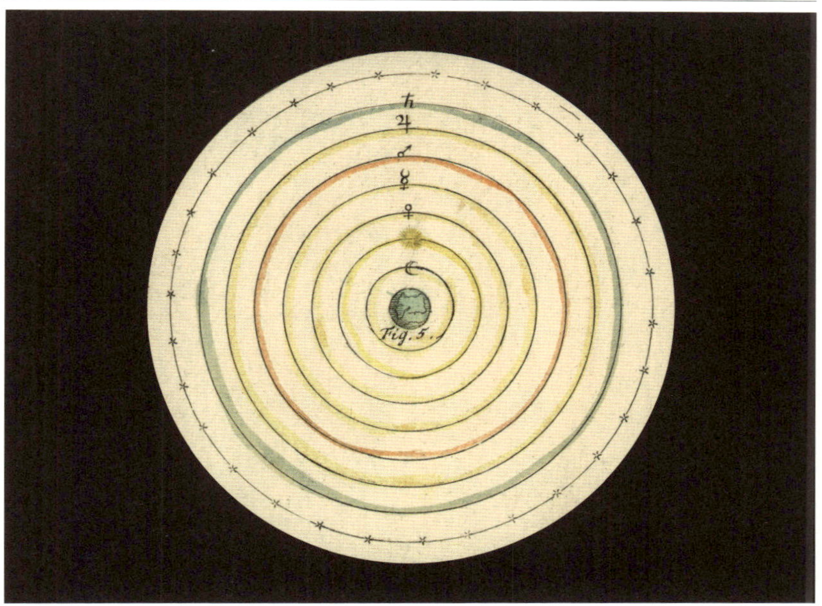

波菲利体系

新柏拉图主义哲学家、占星家波菲利建立了一个与普鲁塔克模型类似的体系。不过，在他的体系中，月球的外侧是水星的球层，运动更慢的金星距地球更远、离太阳更近。

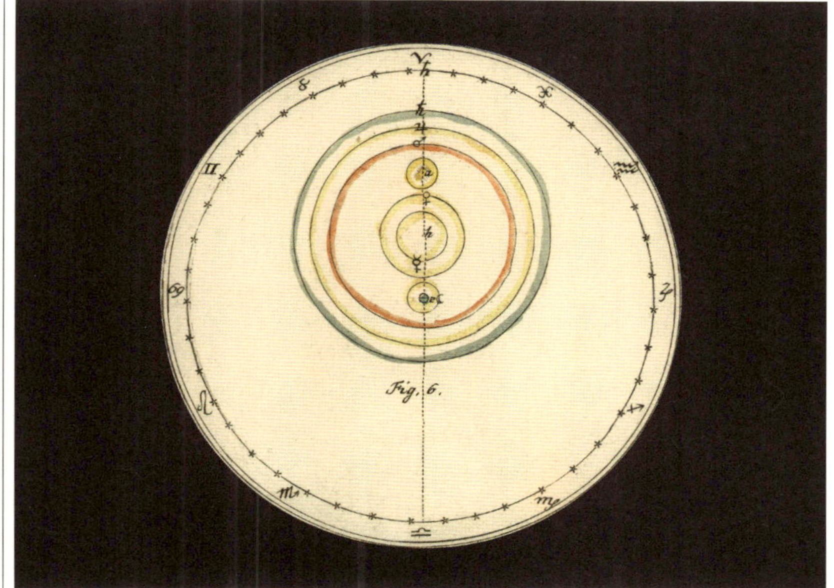

约翰内斯·科齐乌斯体系

这个有趣的宇宙模型是一位寂寂无名的荷兰天文学家提出的。在这一体系中，行星绕着固定不动的地球和绕地球转的太阳的连线中点转动。水星和金星始终位于地球和太阳二者之间，而外侧行星的轨道则包围着地球和太阳。

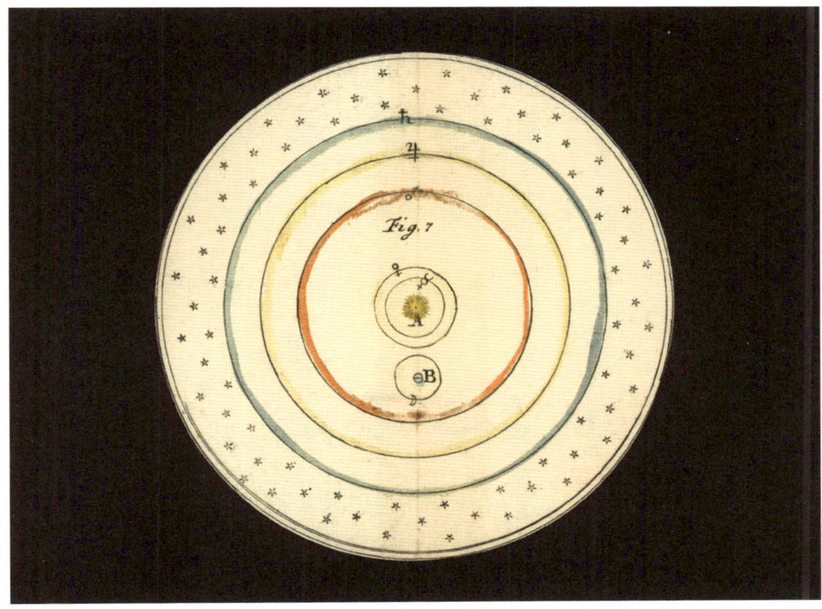

威廉·吉尔伯特体系

威廉·吉尔伯特是一位16世纪的磁学研究先锋。他是第一个提出恒星不是嵌在同一个球壳上，而是与地球距离各不相同的人。他将天空中的多数运动都归结于地球的每日自转。但是，他对于太阳系的描述很明显地有别于哥白尼或第谷的观点。

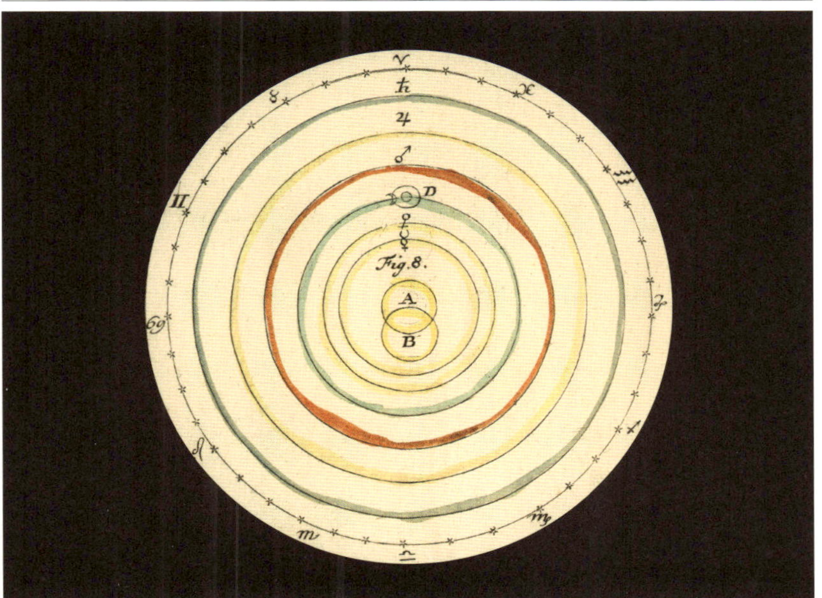

塞巴斯蒂安·勒克莱尔体系

这是哥白尼体系的一种巧妙但不为人知的变体。其中，地球和其他行星都在围绕太阳（A）的圆形轨道上。然而，这个体系将太阳本身置于一个围绕真中心点（B）的小轨道上运行，以试图解决因固守匀速圆周运动而遗留下来的问题。

《贝里公爵的最美时祷书》（15世纪）

这一系列精美的画作摘自也许是有史以来最著名的插图手稿。图画中描绘了每个月对应的劳作活动——宫廷贵族和在公爵的土地上劳作的农民在一年中所进行的活动。每个场景的上方都绘有一道拱门，上面有福玻斯（Phoebus，希腊神明阿波罗的另一个名字）在金色战车上载着太阳穿过相应的黄道十二宫的图案。“时祷书”是中世纪流行的一种祷告用的书籍，是从修道院和教会仪礼日历发展而来的，其中有适合一年中不同时节的每日祈祷和阅读内容组合。《贝

里公爵的最美时祷书》由法国的贝里公爵让（Jean）委托荷兰细密画家兰堡兄弟（Limbourg brothers）制作。书中有大约206张插图，全部绘制在最优质的小牛皮上。其中约有一半是整页插图，并且经常使用公爵的许多城堡作为装饰性的背景。兰堡兄弟3人和他们的赞助人都于1416年去世，其时此书尚未完成。但是在15世纪晚些时候，有许多人继续创作完成此书。

不规则运动现象

(PHÆNOMENA MOTUUM IRREGULARIUM)

多佩尔迈尔证明，加入椭圆轨道的哥白尼模型
可以用来解释内侧行星的复杂运动。

多佩尔迈尔《天图》的图页7至图页10是该书中最早创作的部分。它们与图页3一样，最初都是为约翰·巴普蒂斯特·霍曼的《百幅地图集》(1712)构想的。在繁杂的图表中，其较早的成文年代露出了蛛丝马迹（例如，记录了水星和金星在1710年的运动）。然而，尽管时隔30年，这些图解依然能够巧妙地解释各种错综复杂的现象。

内侧行星的运动属于天空中最为复杂的现象。要想说它们只是绕着太阳当前位置转圈，那必须先忽略它们运动中的各种距离、角度和速度的变化，更别提它们的亮度了。不管怎么说，金星是不可能被认错的：它是天空中除了太阳和月亮以外最明亮的一颗星，也是晨曦或暮色中的永久住客。与之相比，水星是古人所知的所有裸眼可见的行星中最不可捉摸的。它本身就比金星暗得多，而且总是稍纵即逝，在黎明或黄昏的光芒下难觅踪影。

在今天，这两颗行星分别以罗马神话中的美神和行走如飞的众神信使命名。而古代民族花了一些时间才认识到，曙光中出现的二者和黄昏时的它们是同一个。古希腊人给金星起了两个名字——早晨的福斯福罗斯（Phosphorus）和傍晚的赫斯佩罗斯（Hesperus）。到了公元前5世纪或前6世纪的时候，人们认识到，它们两个完完全全就是同一颗星。但是，给早晨和晚间出现的金星以不同名字的传统继续了下去，直到今天。古典时代晚期的罗马人称之为路西法（Lucifer）和威斯帕（Vesper），今天仍有晨星和晚星的说法。最内侧的行星也具有同样的双重属性。它在早晨的显现称为阿波罗（Apollo），而傍晚称为赫耳墨斯（Hermes）。当然，赫耳墨斯这个名字后来占了上风。到了罗马时期，水星的守护权就自然而然地转给了赫耳墨斯在罗马神话中的对应——墨丘利（Mercury）。

金星与太阳的最大角间距（此时称为“大距”）可达约46度，水星在大距时与太阳的距角则只有28度。这也就意味着，太阳落山之后，金星还能在天空中逗留好一段时间。同样，在日出之前，金星早已升起，并成为夜晚最耀眼的明星。然而，水星却永远被束缚在晨昏蒙影之中——太阳落山后不久，它就被拖下地平线，而当它在早晨出现时，太阳紧随着它的脚跟就升起了。

对于古代的天文学家，金星运动最令人大惑不解的是它相对于背景恒星的鲜明的速度变化。在一次东大距（傍晚）到下一次东大距，或一次西大距（黎明）到下一次西大距之间，

图10—1

图10—1. 意大利艺术家杰罗尼莫·弗雷扎（Geronimo Frezza）将晨星路西法描绘为一个从水罐里倾倒光的有翼裸童（1704）。这幅版画复现的形象来自《时之寓言》（*Allegory of Time*，1611—1612）——巴洛克艺术家弗朗切斯科·阿尔巴尼（Francesco Albani）为罗马的韦罗斯皮宫（Palazzo Verospi）绘制的穹顶湿壁画。

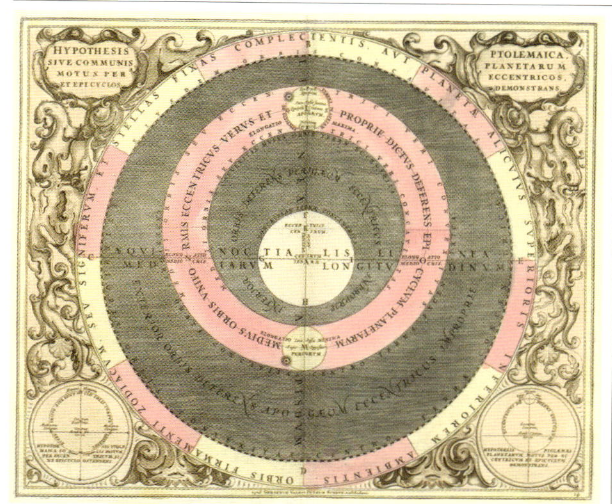

图10—2

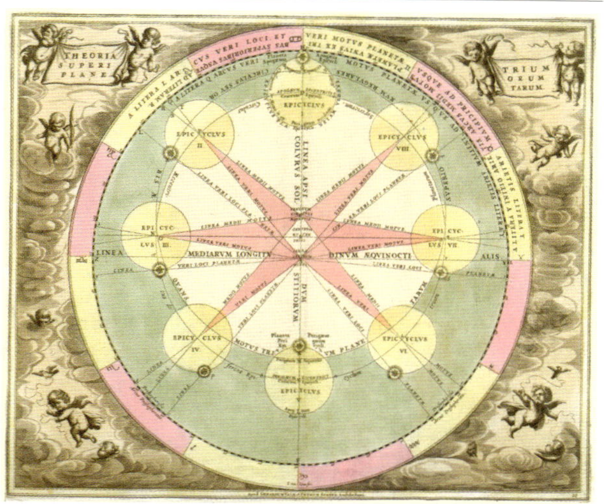

图10—3

图10—2～10—3. 这两张关于托勒密本轮均轮体系的示意图来自安德烈亚斯·策拉留斯的《和谐大宇宙》（1660）。难能可贵的是，在描述托勒密的本轮系统的物理意义时，作者还注意到了每个行星所在的球层各自需要一定的“深度”。

有着大约584天的间隔。但是，从东大距点走到西大距点，这颗行星只需要短短141天，而之后却要花大约443天才能回到起始位置。

这对于任何想要建立以绕地球的匀速圆周运动为基础的地心模型的人来说，都显然是一道难题。但受到这一问题的启发，一些希腊哲学家开始考虑日心模型的可能性。在日心模型里，金星运动表面上的不均匀性只是地球和金星的相对速度和位置导致的自然结果。这些哲学家中，最为知名的是萨摩斯的阿利斯塔克。在他之后，其他人也提出了一些类似于后世的第谷·布拉赫的想法的半日心模型，其中太阳绕着地球公转，但金星和水星围绕太阳转动。不过，关于这一问题，最广为接受的解释还是我们在前文已经介绍过的托勒密的本轮理论。根据托勒密的理论，金星在一个小圆上运动，而小圆的圆心位于它所在的天球层上。这一理论还给出了对于金星在运动中的亮度变化的直观解释——它源自金星与地球上的观察者之间的距离变化。

关于水星的运动，不仅存在和金星类似的问题，还有一些额外的麻烦。首要的问题是，水星每次大距的距角相差很大，前一次大距和太阳之间还有28度，下一次却可能只有18度。与这一问题一致，水星的运动速度变化模式固然与金星类似，从西向东运动时速度较慢，而从东回到它出现在黎明前的西大距状态的速度则比较快，但是水星的两次东大距或西大距之间的时间间隔却总是有很大的差异。最后，水星的轨道可以相对于黄道显著地偏北或偏南，并与其在特定可见期内的可见性息息相关。在现代，水星运动的所有上述这些多变性都可以用它的轨道形状来解释。水星的轨道是一个明显的椭圆。在其88天的公转周期内，水星与太阳的距离在4600万千米到7000万千米之间变化。此外，水星轨道与黄道之间具有7度的夹角。然而，即便已经理解了这些特征，人们发现水星运动还有一些反常之处，而这要到20世纪初才能得到解释了。

多佩尔迈尔作图阐释了如何利用具有椭圆轨道的哥白尼模型正确地解释内侧行星的运动。图页下方两侧是一对展示金星和水星在1710年的几个月间相对于黄道的运动的投影图，而页面正中看起来有些缭乱的大图突出了地球、金星、水星三者嵌套的轨道，其外侧是一圈黄道环。行星在重要日期（关系到它们轨道运动速度变化的点）的位置标记在了图中。放射线交织而成的网络指示着当行星与地球的连线不断变化时，它们在视觉上沿着黄道运动并经过各种星座的方式。左上角和右上角的简图展示了同一原理，并解释了为何内侧行星的轨道大小决定了它们与太阳的距离。页面右下角小图回顾了1710年11月的水星凌日（从地球看来，水星穿过太阳圆面。这是一种相对常见的现象）。而在左下角的小图中，多佩尔迈尔瞻望了预计将在1761年6月发生的更为罕见的金星凌日。

PHÆNOMENA MO
quos Planetæ inferiores VENVS ET
Directionibus, Stationibus et Retrogradationibus suis è TERRA spectandos præ
À IOH. GABRIELE DOPPELMAJERO MATHEM.
Fig. I.
Motus VENERIS per integram suam revolutionem à principio an̄i 1710 ad medium usque Augusti è Terra inæqualis secundum Eclipticæ ductum spectandus.
PHÆNOMENON VENERIS, quidem corpore sub lucido Solis orbe, maculæ instar transituro rarissimum.
Septentrio.
Conjunctio Solis cum Venere
Eclip tica.
ORBITA VENERIS
Fig. III.
Meridies.
ORBITA

多佩尔迈尔
《天图》
图页7

IRREGVLARIVM
RCVRIVS ad annum Salutis MDCCX
plo fingulorum Periodi pro Hypotheseos Copernic. firmamento Geometricè demonftrata
L. operâ IOH. BAPTISTÆ HOMANNI NORIBERGÆ.
Fig. II.
Fig. IV.
Septentrio.
Meridies
Ecliptica.
ORBITA MERCURII.
Latitudo Meridionalis.
Latitudo Septentrionalis.

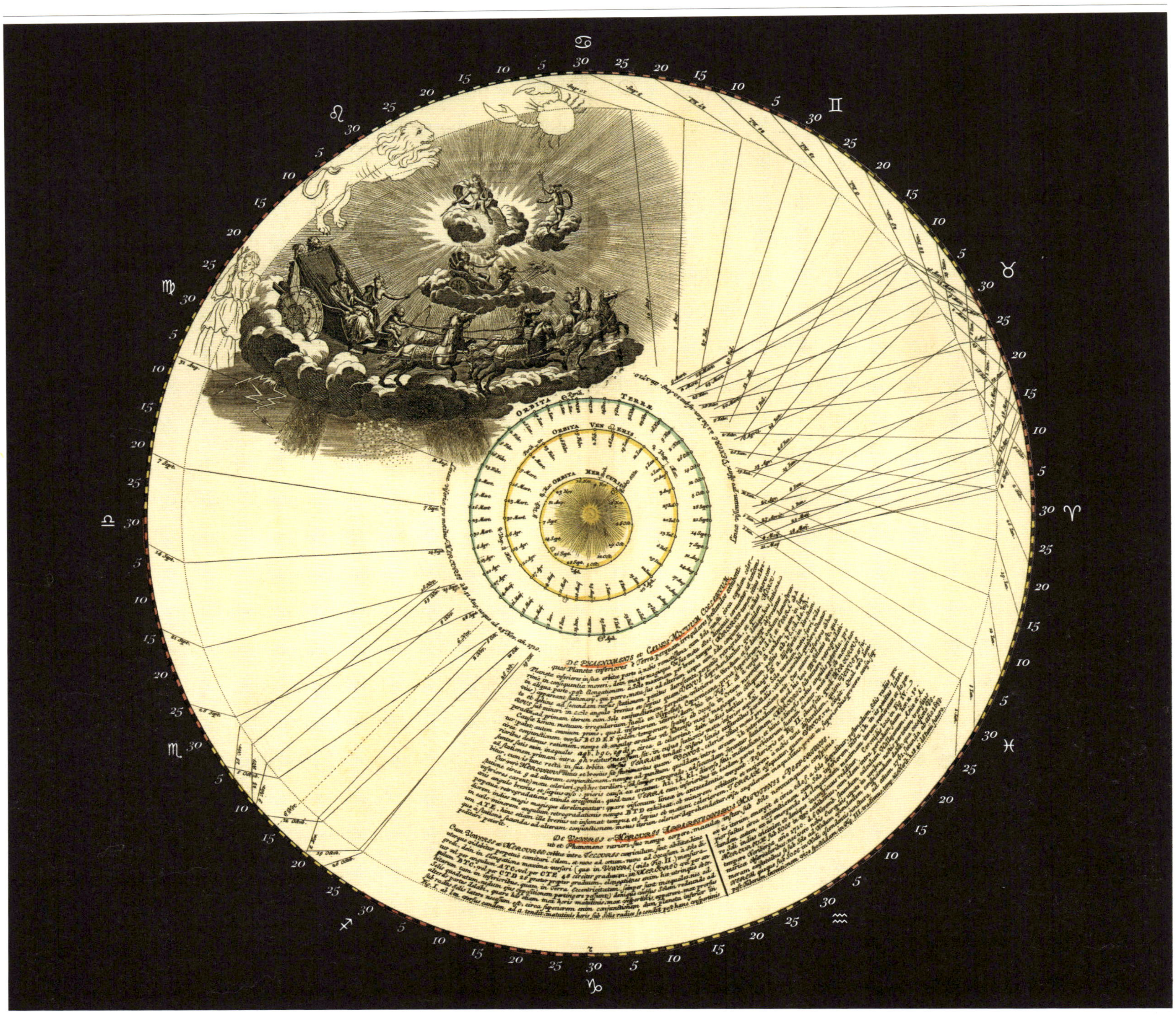

水星、金星和地球轨道

图页7正中的示意图中心绘有水星、金星和地球的轨道，旁边标注着1710年这些行星所在的不同位置对应的日期。图中还清晰地标注了每个轨道的近日点和远日点。地球轨道之外的线条指示的是各行星的相对方向与它们在地球的天空中漫游的路径之间的关系。图页中心偏左上的图中拟人地画着3颗在各自的绕日轨道上的行星。

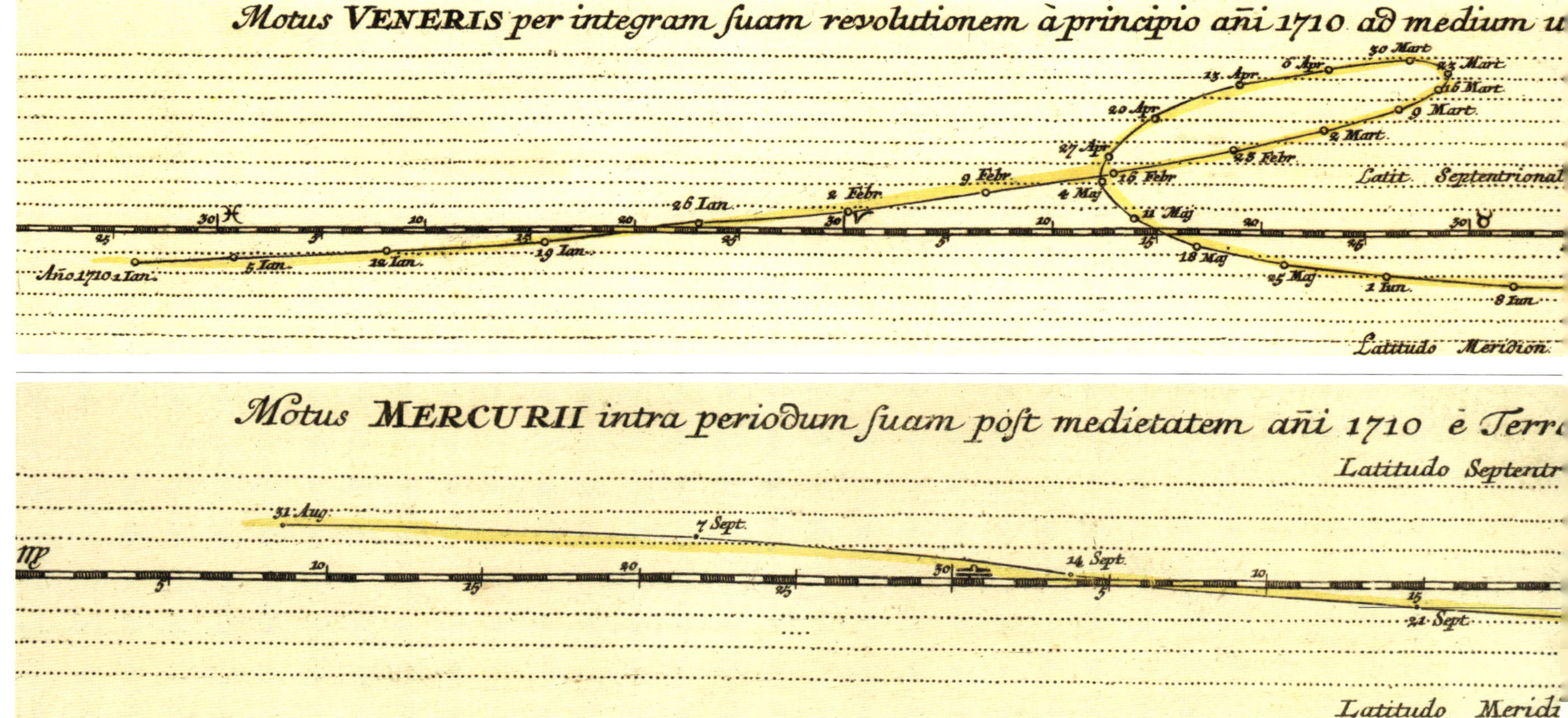

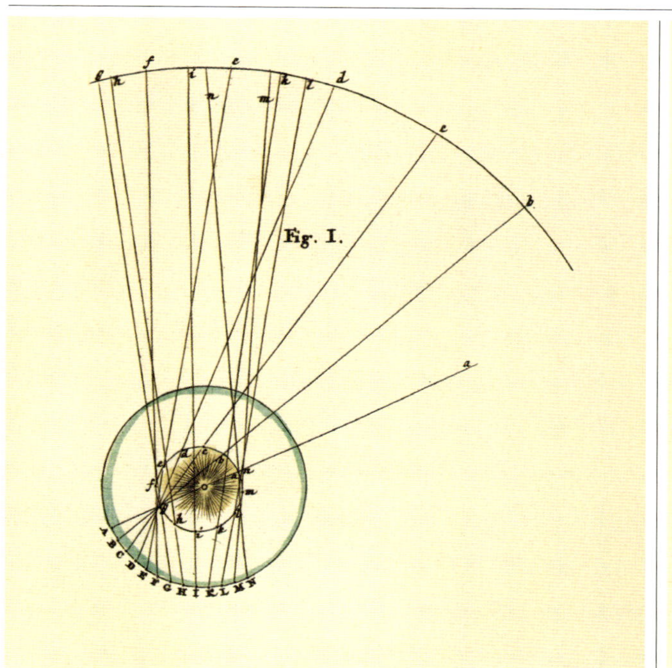

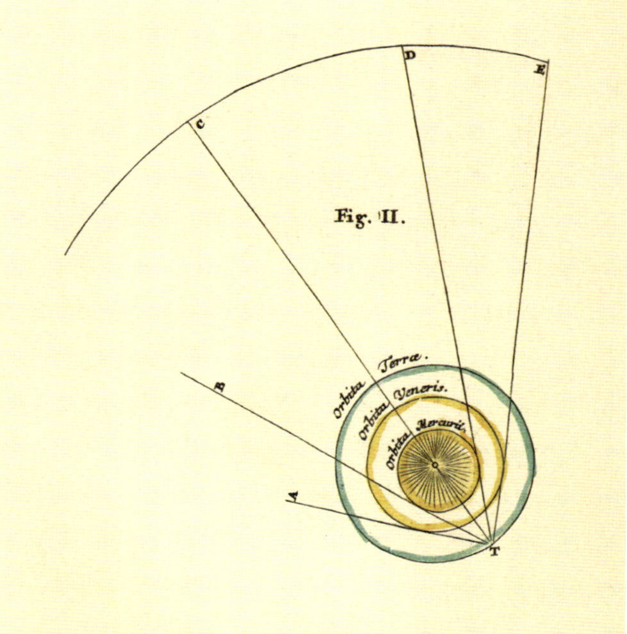

构建关系的方法（本行左图）

这张简化的示意图以及多佩尔迈尔的解释性文字介绍了如何计算地球与内侧行星（中央示意图中）的相对方向。

大距与“合”（本行右图）

这张小示意图展示了从地球观察内侧行星时的几个关键位置。这几个位置包括大距（行星在太阳以东或以西达到最大距离时的位置，此时行星的运动看起来会短暂地停止）和“合”（行星在太阳的正前方或正后方，此时它们的运动看起来最快）。

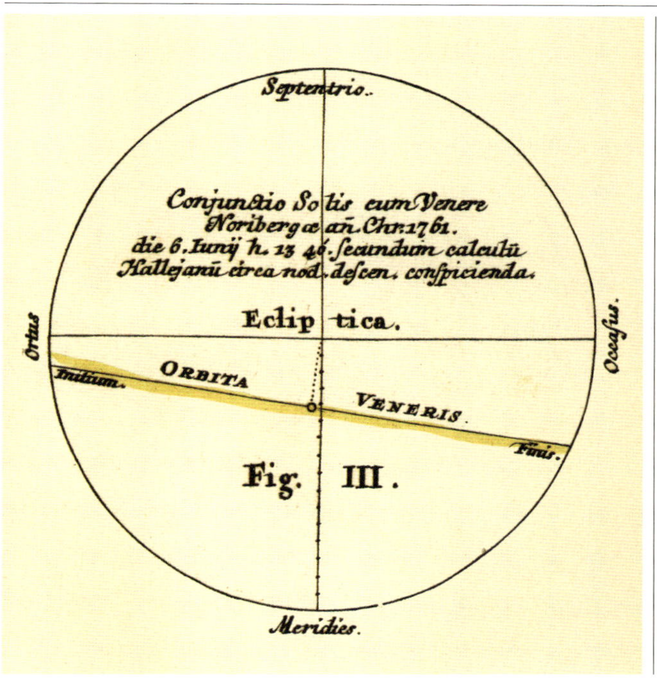

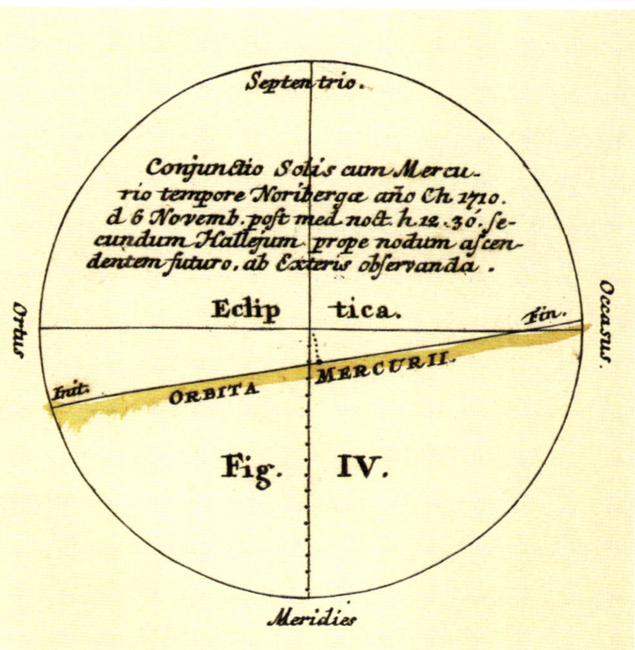

金星凌日（本行左图）

多佩尔迈尔展示了以纽伦堡为观测点可以见到的金星穿过太阳表面（凌日）时的路径。据埃德蒙·哈雷预测，这一事件将发生在1761年6月。

水星凌日（本行右图）

这张图展示了1710年观测到的水星凌日的概况。这一事件也是哈雷预测的。图中水星的轨迹表明，水星轨道倾斜于黄道，这也解释了为什么并不是每一次水星经过地球和太阳正中间时都会发生凌日。

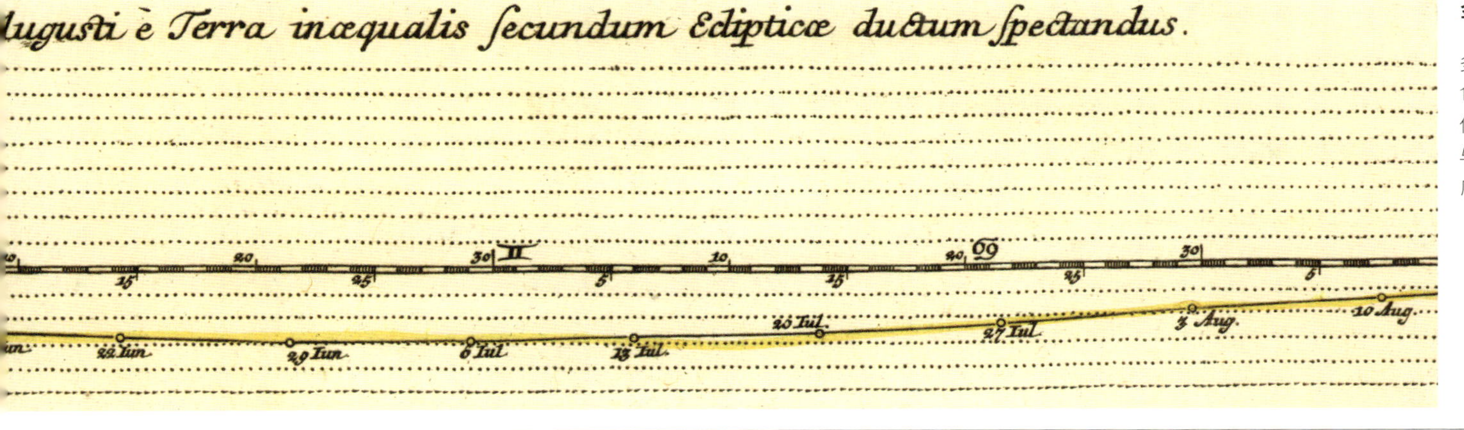

金星的运动

多佩尔迈尔在这张图表中记录了1610年1月到8月金星相对于黄道的位置，并解释了本图中标记的位置与中央大示意图中的连线之间的对应关系。

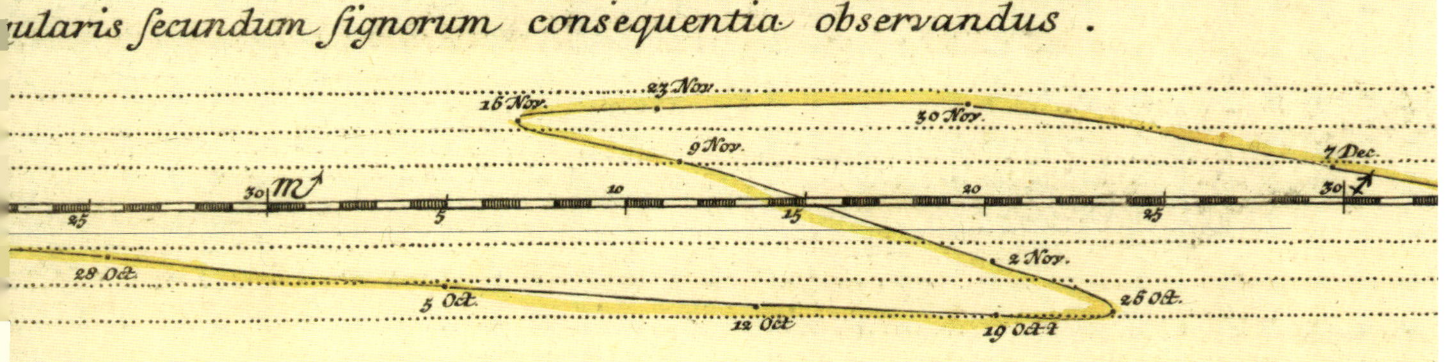

水星的运动

这颗最内侧的行星沿着明显是椭圆形的轨道绕太阳运行，每一圈只用88天。多佩尔迈尔附在此处的图表展示的是，在水星的一个轨道周期内观测到的水星在地球天空中的位置与基于哥白尼/第谷模型的计算结果是吻合的。

天体几何学运动的星历表

（EPHEMERIDES MOTUUM COELESTIUM GEOMETRICÆ）

多佩尔迈尔描述了1708年到1709年记录的行星不规则运动，并解释了它们是如何出现在哥白尼太阳系模型中的。

回顾了内侧行星的精确运动，多佩尔迈尔进一步将这一方法施展到了整个太阳系，并在图页8中进行了介绍。他分析了行星在近两年的时间里的运动，为之绘制了一系列图表，即本页的中心图。多佩尔迈尔的注意力格外集中于外侧行星，即火星、木星和土星。

在现代天文学中，“外侧行星”一词指的是轨道大于地球轨道的行星（与地球轨道以内、离太阳更近的“内侧行星”相对），但外侧行星的概念实际上源自托勒密的地心宇宙论。在托勒密的模型中，如果一颗行星的均轮（行星围绕地球运动划出的较大的圆形轨道，与此同时行星本身还在绕着自己的本轮转动）的运转速度与太阳均轮的速度相等，因而其围绕本轮的运动在天空中好像绕着太阳画圈，则称之为“内侧行星”。而所谓外侧行星，其均轮的运动与太阳无关，并且转动速度也慢得多。

哲学家们对于如何将这两种行星安放在相互嵌套的重重天球层中略有分歧。可以理解，他们将运动得比较慢的外侧行星放在了靠外的球层，使之离恒星更近。至于内侧行星，托勒密将水星和金星放在了月球以上、太阳之下（太阳之外是火星、木星、土星），而提尔的波菲利（Porphyry of Tyre）则让太阳直接位于月球之上，其外才是水星、金星和火星。

理解外侧行星，特别是火星的运动，成了中世纪天文学的头等大事。这些行星的可见期都以出现在黎明前的东方天空开始，之后向西离太阳越来越远，直到不必再被淹没在太阳光中。在之后的几个月里，它们与太阳的间距日益增加，慢慢开始在前半夜升起。此时，甚至在傍晚也能看到它们。最后，它们到达了“冲”（与太阳在完全相反的方位，太阳落山时它们则升起）的位置。之后，它们开始从东方“接近”太阳，在傍晚出现的时间越来越短，直到消失在日暮的余晖中，并在不久后开始下一次循环。

但是，一旦真正去测量行星相对于背景恒星的运动，我们就会发现，上面这种根据日常经验做出的表面化的描述是有误导性的。总的说来，外侧行星沿着黄道带缓慢地向东运动，但是由于它们运动的周期要长于太阳沿黄道（太阳在一年的时间里看起来在天空中走过的路径）运动的周期，它们显得像是在相对于太阳向西运动。

让事情变得更加复杂的是，每颗行星在进行一般而言向东的运动时，其视运动速度乃至方向都会发生改变。每次到“冲”附近的时候，它们的运动就开始减慢，并且掉头向西前进一段时间，开始在恒星背景上画出环圈。这个阶段称为“逆行”。在“冲”和“逆行”期之后，它们再次恢复“顺行”，继续向东。火星的逆行圈最大，两次逆行之间相隔的时间也最长（大约两年），而木星和土星的逆行圈要小不少，逆行发生得也更频繁（二者都是大约一年多一次）。

两次逆行之间，或两次冲之间的时间间隔，称为该行星的“会合周期”（synodic period）。火星的会合周期是780天，木星的是399天，而土星的是378天。而一颗行星回到它相对于恒星背景的初始位置的周期称为“恒星周期”（sidereal period）。它的时长与会合周期大不相同。火星的恒星周期是687天，木星的是4333天，而土星的是10759天。

地心宇宙体系之所以要引入本轮系统，主要动机之一正是要解释行星的这些运动模式，特别是它们的逆行运动。向主均轮上添加更小的圆周，就可以合理地结合二者对应的行星视

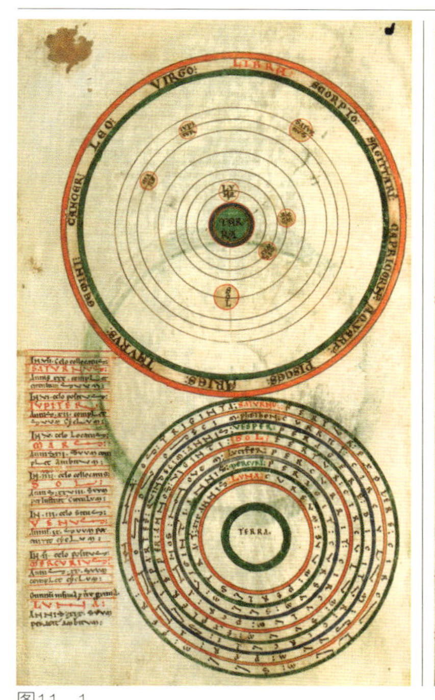
图11—1

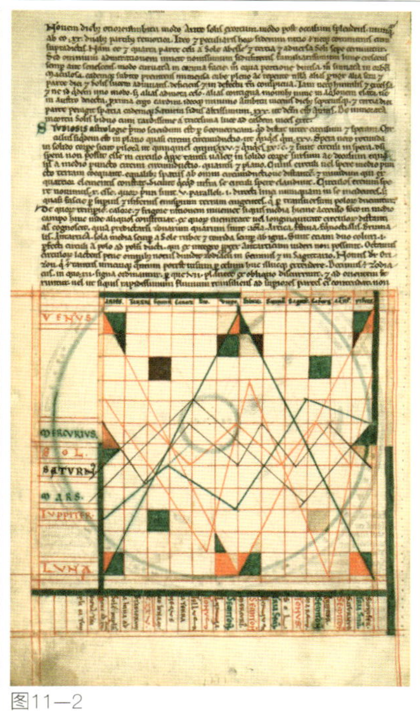
图11—2

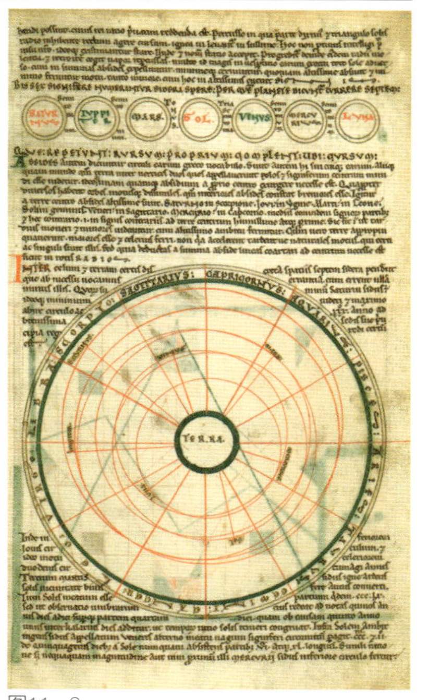
图11—3

图11—1～11—3. 这几张书页摘自一本12世纪晚期的英国宇宙志。这本罕为人知的图书在基督教语境下讨论了一些经典的思想，以便在修道院使用。最左侧的书页上有一幅关于托勒密体系的示意图，图下绘有一个展示各天体周期性运动的轮形。中间页面上是一个标有各行星经过黄道十二宫路径的图表。最右侧的页面则展示了宇宙的和谐：天上的各种圆周运动之间的比例对应着音乐中的音符和音程。

运动，以解释这些偶然的逆转，至少在理论上是如此。在日心说的哥白尼体系里，这些问题起初看起来是烟消云散了。行星的恒星周期对应于地球的“年”，也就是它们绕太阳一整周的时间。而会合周期是地球与行星在各自独立的绕日公转轨道上运行时，再次回到相对于太阳的同样方向的时间。“逆行”运动来自这样一个事实，即地球绕太阳公转的速度比外侧行星更快。每当快到某行星的冲日时，地球与该行星的运动的差异最为明显。由于地球是从内侧超过的这颗行星，从地球的观星者的角度看来，这颗行星看起来就变慢了，并且改变了在天空中运动的方向。

哥白尼的理论在原则上听起来相当简单，但太阳系混乱的现实意味着观测和理论不会轻易地互相符合——特别是当讨论到火星的时候。原版的哥白尼体系仍然坚持着完美圆轨道上的匀速运动，只是把除月球外万物公转的中心由地球换成了太阳。自然，这样的理论想要解释行星复杂的真实运动是绝无可能的。毕竟，行星的轨道实际上很明显都是椭圆，并且随着与太阳距离的变化，它们在不同点的运动速度也是不同的。这一点在水星和火星的运动中格外突出。

事实上，那颗“红色星球”与太阳的最近点（近日点）和最远点（远日点）距离可以差出20%。此外，由于冲可以在火星位于其轨道的任何位置上时发生，每次冲时，火星在地球天空上的大小、亮度和相对速度都可能有极为显著的不同。大约每16年一次，火星在近日点附近冲日，此时火星与地球的距离不到6000万千米。而在远日点到达冲日时，火星与地球的距离远达1亿千米。这些运动都被第谷·布拉赫数十年如一日地、一丝不苟地记录了下来。为了解释背后的原理，约翰内斯·开普勒以已故导师的记录为基础，在17世纪初首次提出了行星椭圆轨道定律和运动定律，补上了哥白尼天文学缺失的拼图，使之终于能够充分发挥潜力。

到了多佩尔迈尔的年代，行星沿椭圆轨道运动的观念已经深入人心，他已经能够在图页中精确地画出3颗外侧行星的轨道形状。多佩尔迈尔结合了关于地球本身与太阳的（相对不明显的）距离变化的知识，以及相应的轨道速度变化，详细解释了这几颗行星在1708年初到1709年末在地球天空中的路径。

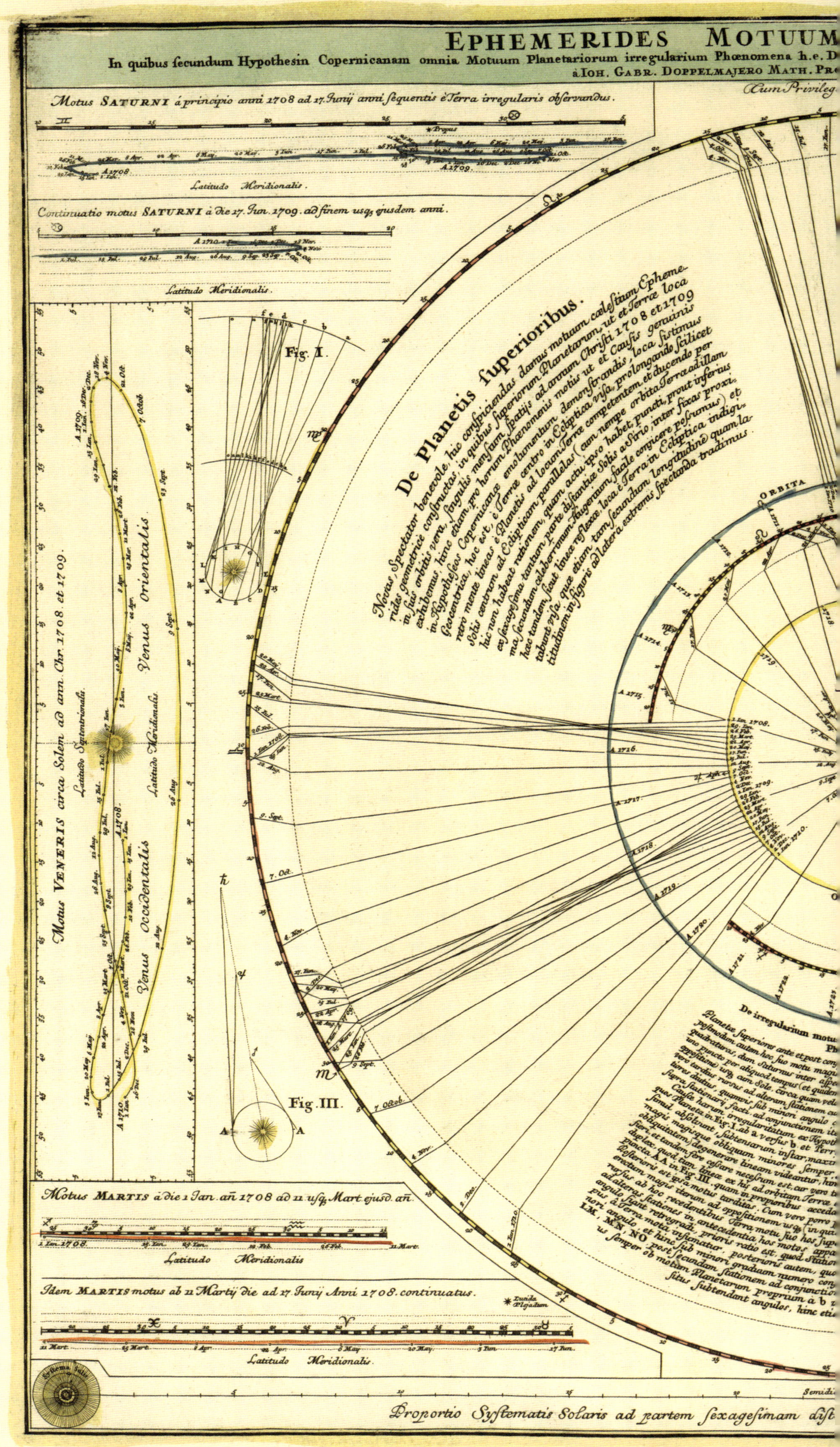
EPHEMERIDES MOTUUM
In quibus secundum Hypothesin Copernicanam omnia Motuum Planetariorum irregularium Phœnomena
Motus SATURNI à principio anni 1708 ad 17. Junij anni sequentis è Terra irregularis observandus.
Latitudo Meridionalis.
Continuatio motus SATURNI à die 17. Jun. 1709. ad finem usque ejusdem anni.
Latitudo Meridionalis.
Motus VENERIS circa Solem ad ann. Chr. 1708. et 1709.
Venus orientalis
Venus occidentalis
Latitudo Septentrionalis
Latitudo Meridionalis
Fig. I.
Fig. III.
De Planetis superioribus.
ORBITA
De irregularium motu
Motus MARTIS à die 1 Jan. añ 1708 ad 11. usq. Mart. ejusd. añ.
Latitudo Meridionalis
Idem MARTIS motus ab 11 Martij die ad 17 Junij Anni 1708. continuatus.
Latitudo Meridionalis.
Proportio Systematis Solaris ad partem sexagesimam

多佩尔迈尔
《天图》
图页8

ELESTIUM GEOMETRICÆ
Stationes et Retrogradationes præcipue ad añ.Chr. 1708 .et 1709 .ut et eorum causæ curiose ad oculum demonstrãtur
Ioh. Bapt. Homanni Norimbergæ.
Motus Iovis irregularis ab initio añi 1708. ad d. 23. Sept. añi sequentis è terra mota in cœlo spectandus.
Latitudo Septentrionalis
Continuatio motus Iovialis à d. 23. Sept. 1709. usque ad finem ejusdẽ anni.
Latitudo Septentrionalis
De Planetis inferioribus.
Fig. II.
Fig. IV.
Motus Mercurii circa Solem ad annum 1708
Motus Mercurii circa Solem ad annum 1709.
Ejusdem Martis motus à 17. Junij usque ad 9. Sept. añi 1708.
Latitudo Meridionalis
Ultima Martis motus irregularis a 9. Sept. usq. ad finem Julij seqq. anni delineatio.
Latitudo Septentrionalis
à Sirio, fixarum proxima, secundum Hypothesin Hugenianam.
Sirius

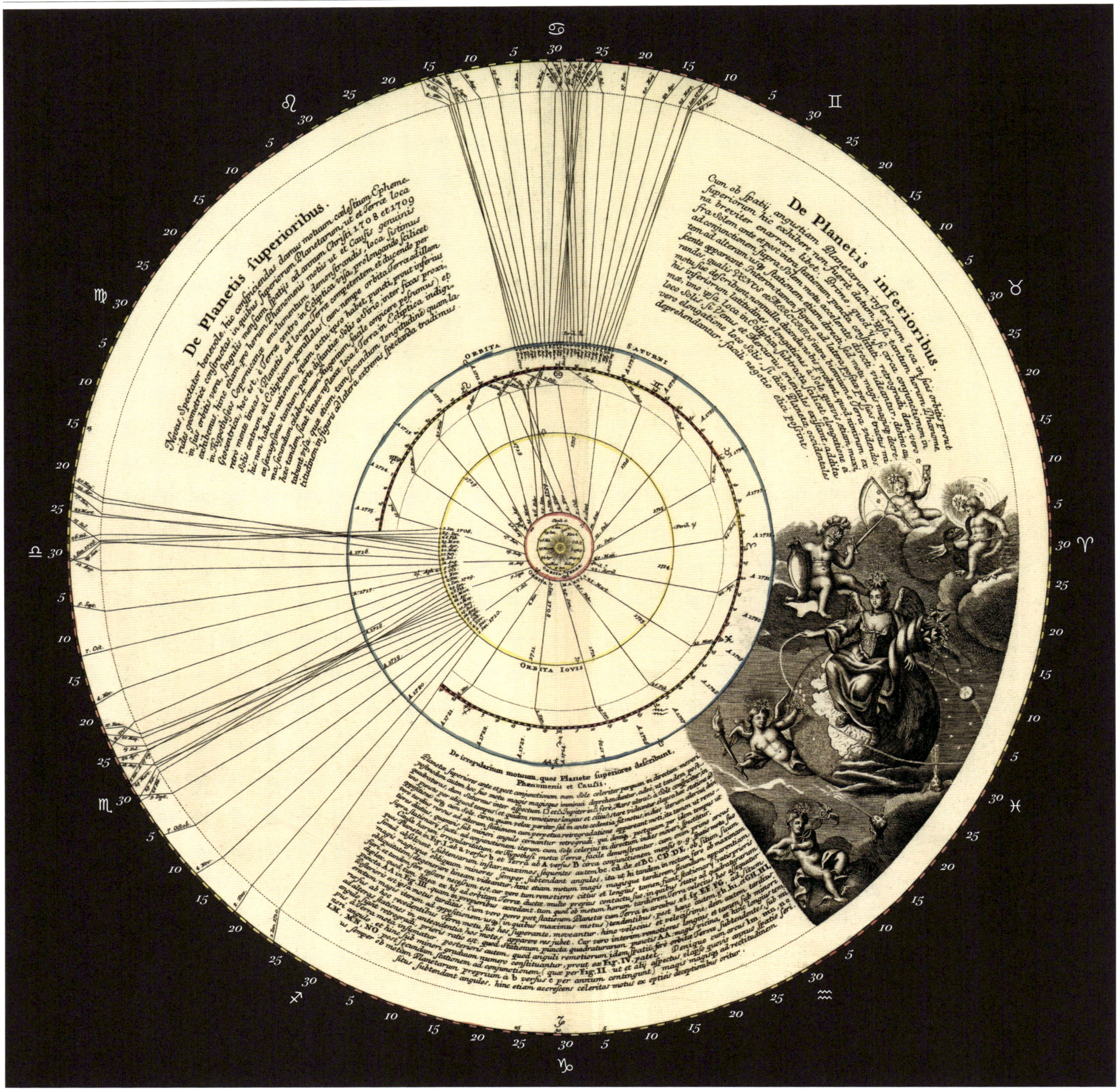

De Planetis superioribus.

De Planetis inferioribus.

ORBITA SATURNI

ORBITA IOVIS

De irregularium motuum, quos Planetæ superiores describunt, Phænomenis et Caußis.

火星、木星和土星的运动

图页8中央的示意图遵循与图页7相似的原则，展示了地球、火星、木星和土星在1708年至1710年在轨道上的位置，并且将它们投影到了周围的黄道圈上，以展示它们变化的相对位置与它们在地球天空上看似不规则的移动方式之间的关系。为了避免让火星在天空中一整周的运动轨迹与运动较慢的木星和土星的轨迹重叠，多佩尔迈尔将火星的黄道位置画在了两颗巨行星的轨道之间的一个环上。

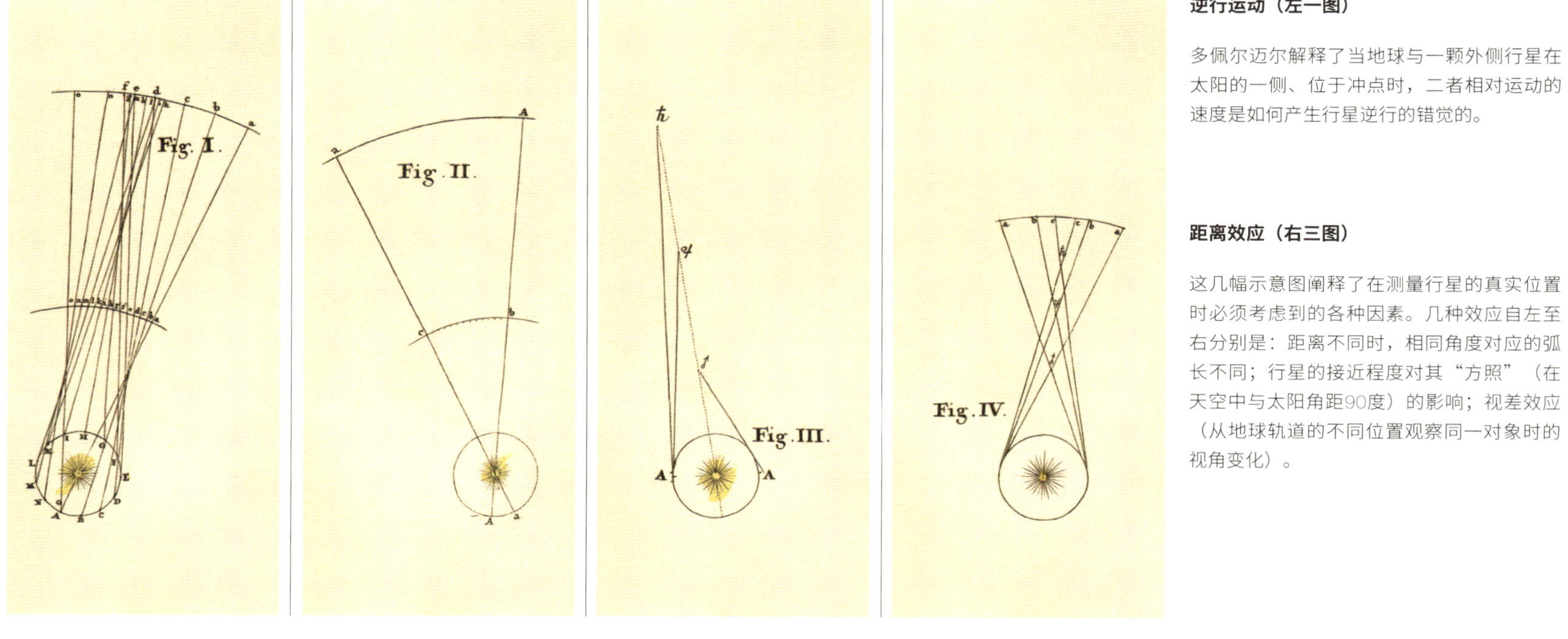

逆行运动（左一图）

多佩尔迈尔解释了当地球与一颗外侧行星在太阳的一侧、位于冲点时，二者相对运动的速度是如何产生行星逆行的错觉的。

距离效应（右三图）

这几幅示意图阐释了在测量行星的真实位置时必须考虑到的各种因素。几种效应自左至右分别是：距离不同时，相同角度对应的弧长不同；行星的接近程度对其“方照”（在天空中与太阳角距90度）的影响；视差效应（从地球轨道的不同位置观察同一对象时的视角变化）。

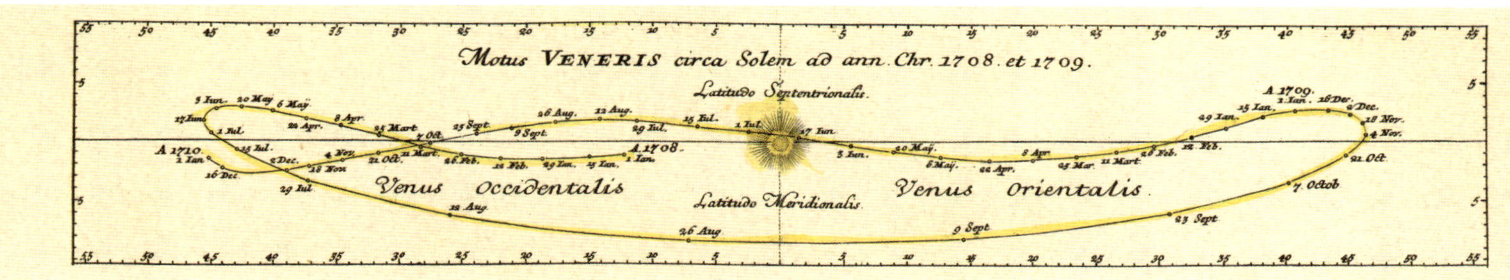

金星的运动

多佩尔迈尔在此处绘制了1708年1月1日至1710年1月1日之间金星相对于太阳的运动。他记录了整个轨道周期，包括了东大距、西大距、下合（距地球较近）和上合（距地球较远）。

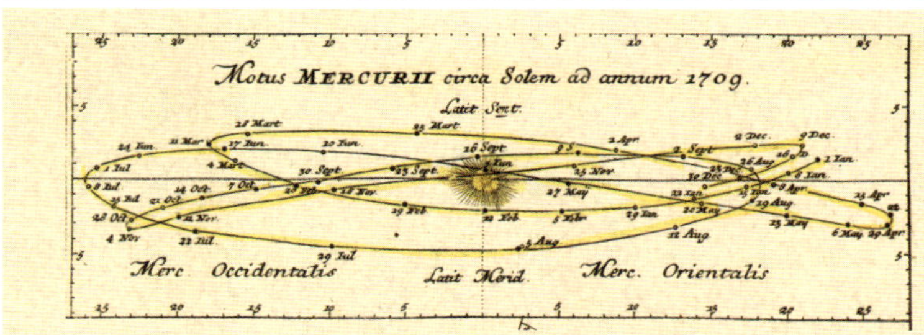

水星的运动

水星的轨道周期很短，这意味着在地球的天空中，它在一年里要绕太阳好几圈。当然，每一圈和下一圈都有显著不同。为明晰起见，多佩尔迈尔为1708年和1709年的运动各画了一张图表。

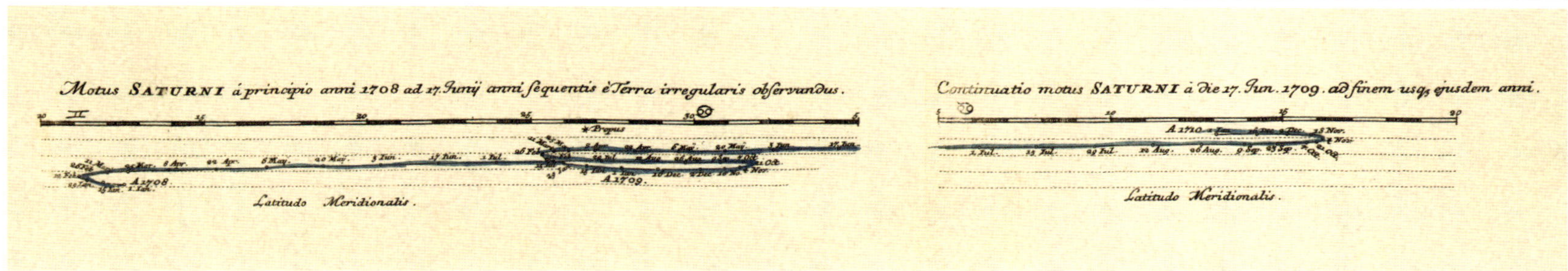

土星的运动

多佩尔迈尔在两张图表上跟踪绘制了土星在1708年到1709年相对黄道的缓慢路径。他记下的这段轨迹包括了一个逆行圈的末尾、一整个逆行圈和第三段逆行的开始部分。

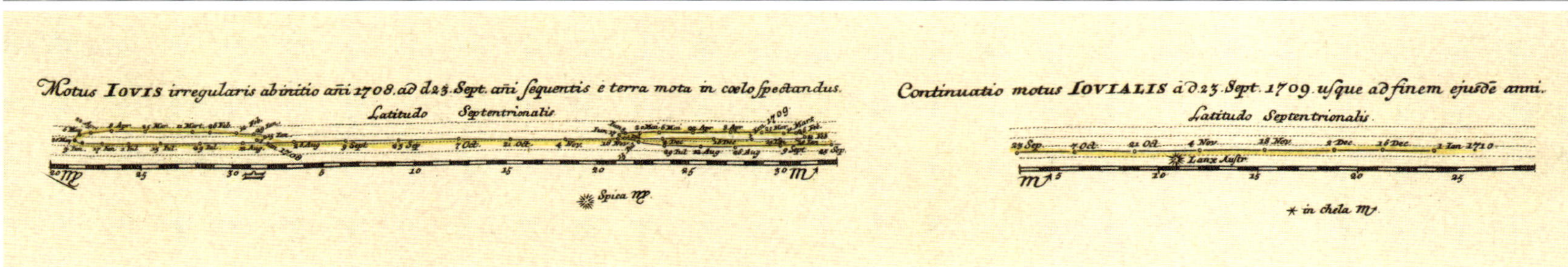

木星的运动

这两张图表绘制了1708年至1709年木星沿着黄道的运动。在这段时间里，木星从室女座经天秤座运动到了天蝎座。这段轨迹中包括了两个差不多完整的逆行圈。

火星的运动

土星和木星的运动速度缓慢，因此在较长时间里其轨迹始终分别保持在黄道之下和之上。与前二者不同，火星的运动速度较快，其轨迹会从南侧和北侧穿过黄道。除此之外，因为轨道倾角与地球不同，所有的行星还会相对于黄道“上摇下摆”。

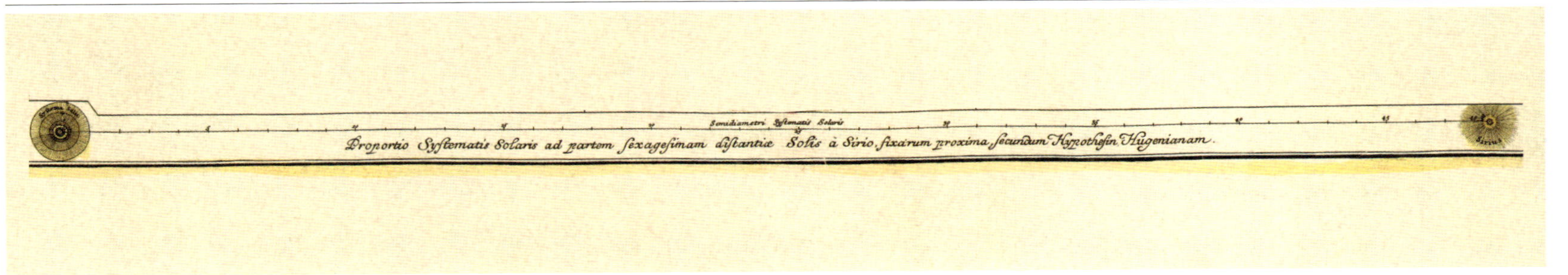

惠更斯计算的天狼星距离

克里斯蒂安·惠更斯在《宇宙观察者》（1698）中巧妙地估计了天狼星的距离。多佩尔迈尔据此绘制了本图，展示了这颗恒星的距离与太阳系尺度之比。尽管已将整个太阳系缩至指尖大小，为了将天狼星画入图页，其距离还是要缩小为原距离的1/60。

天空中的螺旋运动

(MOTUS IN COELO SPIRALES)

多佩尔迈尔根据第谷・布拉赫的理论，
探讨了太阳和内侧行星与地球的运动关系。

已经知道了多佩尔迈尔和他的纽伦堡同辈都是尼古拉・哥白尼和约翰内斯・开普勒的铁杆支持者，读者也许会惊讶地发现，除了介绍第谷体系的图页3外，《天图》中还有两个图页，讨论的是第谷・布拉赫的地心宇宙论中的行星运动。图页9展示的是内侧行星水星和金星的轨道。但是，我们要在讨论图页10上展示的火星、木星、土星这3颗外侧行星时，再回来解释它们的螺旋形路径。在此之前，我们首先要探索第谷体系通常被忽视的成功之处，以及为何围绕第谷理论优点的辩论延迟了哥白尼宇宙理论的推广。

图12—1

图12—1. 本图为里乔利在1651年出版的《新天文学大成》的卷首插图。图中绘有一位结合了阿斯特赖亚（Astraea）和乌剌尼亚形象的天文缪斯。她手执正义女神禹斯提提亚（Iustitia）的秤杆，比较着哥白尼宇宙模型和里乔利自己改进过的第谷体系。或许不难猜到，画中里乔利的体系更具分量。陈旧的纯粹托勒密体系已经遭到抛弃，正颓坐在地。

第谷认为，月球和太阳绕着地球公转，而行星绕着太阳转动。在前文中我们已经了解到，第谷的思想部分来自他对于《圣经》中叙述的太阳运动的坚持，但同样也来自当时的共识，也就是对于像地球这样的大块头在空间中运动的可行性的怀疑。然而，还有第三个因素，即所谓“恒星尺寸之争”，使第谷的理论在开普勒的椭圆轨道弥补了哥白尼模型的缺陷之后依然有其市场。

众所周知，第谷是他那个时代最杰出的观测者，而对行星相对大小的测量无疑是他最令人印象深刻的壮举之一。早在第一台望远镜出现前30年，第谷已经能用他的文岛天文台里的仪器达到半角分（1/120度）的测量精度了——这对于测量行星在天上的不同角直径已经足够了。第谷将测量与一套用于估计不同天体相对距离的模型相结合，得出了结论：木星和土星的尺寸远远大于地球，金星和地球的尺寸差不多大，火星比地球小一些，而水星最小。

得到了这个了不起的结果，第谷继续将同一种方法用于恒星。根据他的测量数据，他相信，位列夜空最亮恒星之一的南河三（Procyon）具有与土星大致相同的角直径。恒星越暗，其直径就越小，直到超出仪器的测量极限。

同时，如果哥白尼的理论是正确的，第谷这些仪器的准确性是足以让他计算出最近的恒星的距离的。移动的地球必然会产生所谓的“视差移动”——也就是说，每相隔6个月，当地球从其轨道的一端移动到另一端时，恒星的视位置应该发生左右移动。然而，作为测量这种位移的最佳人选的第谷，并没有发现视差效应的任何迹象。自从日心说刚被提出之日起，恒星视差的不存在就是反对它的论据了。对此，标准的反驳（哥白尼本人在1543年的《天球运行论》中提出）是，恒星只是离我们无比远而已（当然，它们确实如此）。由于双方都提不出更多的证据，辩论僵持不下。但第谷关于恒星尺寸的测量似乎改变了双方的平衡。

在写给德国的一位哥白尼支持者克里斯托夫·罗特曼（Christoph Rothmann，约1560—约1600）的信中，第谷指出，如果一颗像南河三一样的恒星看起来和土星一样大，但其距离又远到测不出视差，那么它的尺寸一定是太阳的几百倍。这一逻辑对天上的每一颗恒星都成立，哪怕是最暗弱的也不例外。如果恒星就像哥白尼的支持者们说的那样，真的是其他的太阳，那为什么唯独太阳本身如此微小呢？

罗特曼唯一的反驳是诉诸宗教。万物都在上帝的掌控之中，那上帝创造出这些如此巨大的太阳又有何不可呢？谁说上帝的创造必须符合人类的理解呢？如果想到在后世，人们倾向于将哥白尼理论的兴起看作理性之于宗教教条的胜利，那么哥白尼理论的早期支持者频频用这种反驳方式回应质疑者合理的疑问这件事，看起来颇有些讽刺。然而，如果将恒星放置在土星以外的一个距离相对较近的球形晕轮中，第谷的测量数据对应的恒星尺寸就与太阳相当了。

恒星尺寸之争在接下来的好几十年里都是哥白尼理论面临的主要问题，而望远镜的发明对于解决问题也没什么帮助。望远镜测量的结果不仅再次确证，验证视差的存在很明显是不可能的任务，同时还很明显地“支持”恒星确实具有可测量的直径。据一些训练有素的观测家反映，在最完美的观测条件下，最明亮的恒星绝对是有大小不可忽视的圆面的。上述论点被乔瓦尼·巴蒂斯塔·里乔利用在了他1651年的《新天文学大成》一书中。他在书中用很大的篇幅讨论了哥白尼和第谷体系的优点，列举了支持和反对各方的论据，并最终站在了本质上是第谷体系宇宙观的一方。

然而，里乔利的著作发表数年后，关于恒星的尺寸问题，又有了两种不同的声音。荷兰天文学家克里斯蒂安·惠更斯在1659年发表了一篇关于土星的论文。他在文中提到，使用染上不同颜色的玻璃观察恒星，可以极大地减小恒星的视直径，而如法观察行星时，行星的大小却不受影响。到了1662年，杰里迈亚·霍罗克斯（Jeremiah Horrocks，1618—1641）几十年前的观测笔记终于得以发表。霍罗克斯在笔记中记录了月球掩食（遮掩）昴星团中的明亮恒星的过程。他注意到，恒星在被掩食时都是立即消失的，而不是像有圆面的光源一样，一点一点地被月球遮掩。受到他的记录的启发，很多天文学家也满怀兴趣地观察了月球掩食其他黄道亮星的现象。不管是观测金牛座的毕宿五还是室女座的角宿一，其结果都与霍罗克斯所见的一致。

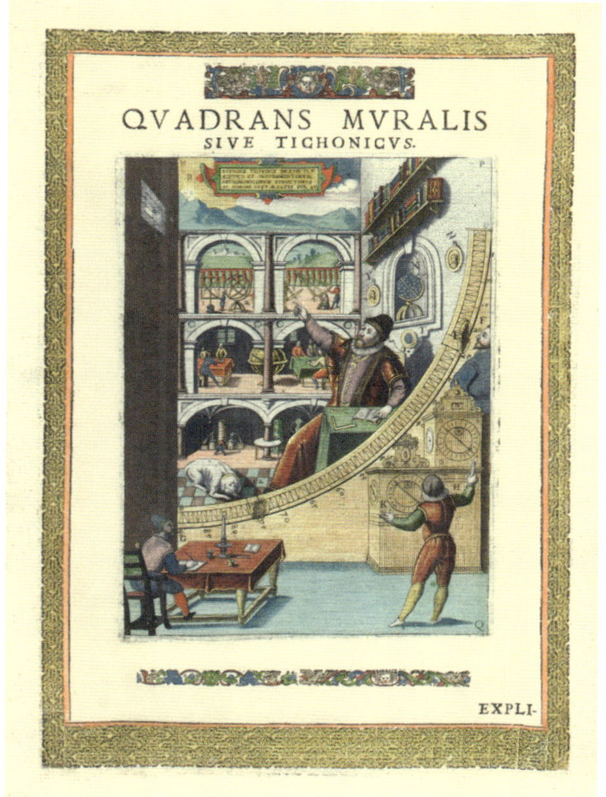

图12—2

图12—2. 这幅摘自第谷的《新天文学仪器》（1602）的铜版画定格了这位伟大的丹麦天文学家最著名的形象。图画的布局看起来非常现代。支撑着第谷在天堡（Uraniborg）的巨型墙象限仪的墙壁上，绘有一幅错视画（trompe l'oeil），其主体是比真人更大的第谷肖像，画着他工作时的状态。

到了多佩尔迈尔的时代，包括埃德蒙·哈雷在内的天文学家已经欣然将恒星的视觉尺寸当作“光学错觉”了。但是，直到19世纪，人们才正确地理解到，这一现象的真实原因在于，望远镜，特别是小型望远镜，会使入射光衍射和弯折。事实真相是，太阳是一颗中等大小的恒星。而且，尽管确实存在一些真正的巨星，可它们的距离极其遥远，在地球上看来不过是一些光点而已。

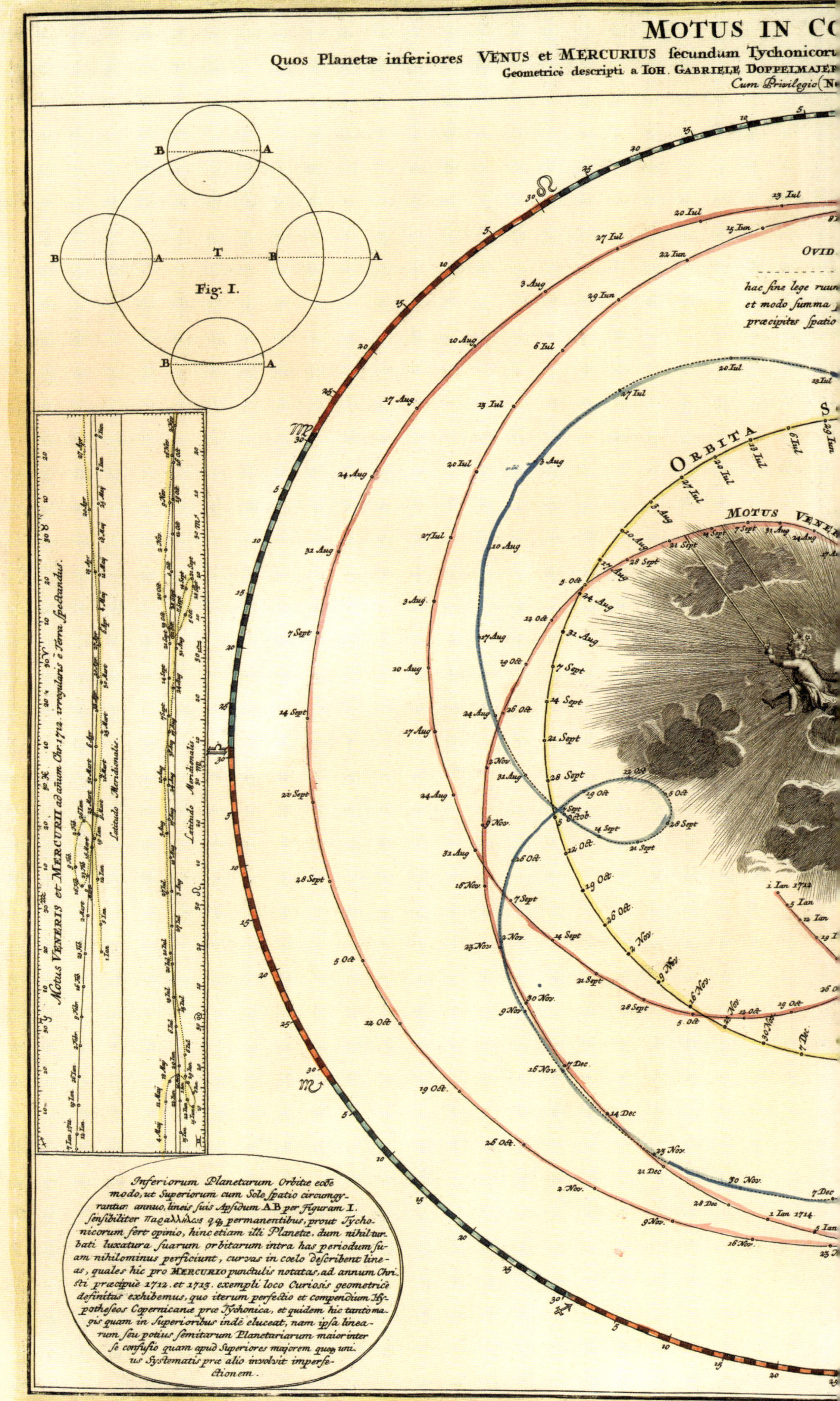
MOTUS IN CO
Quos Planetæ inferiores VENUS et MERCURIUS secundum Tychonicoru
Geometricè descripti a IOH. GABRIELE DOPPELMAJER
Cum Privilegio (N
Fig. I.
Motus Veneris et Mercurii ad annum Chr. 1712. irregularis è Terra spectandus.
Latitudo Meridionalis.
Orbita
Motus Veneris
Inferiorum Planetarum Orbitæ eodē modo, ut Superiorum cum Sole spatio circumgyrantur annuo, lineis suis Apsidum AB per Figuram I. sensibiliter παραλλήλως q. q. permanentibus, prout Tychonicorum fert opinio, hinc etiam illi Planetæ, dum nihil turbati luxatura suarum orbitarum intra has periodum suam nihilominus perficiunt, curvas in coelo describent lineas, quales hic pro MERCURIO punctulis notatas, ad annum Christi præcipuè 1712. et 1713. exempli loco Curiosis geometricē definitas exhibemus, quo iterum perfectio et compendium Hypotheseos Copernicanæ præ Tychonica, et quidem hic tantò magis quam in Superioribus indē eluceat, nam ipsa linearum seu potius semitarum Planetariarum maior inter se confusio quam apud Superiores majorem quoq; unius Systematis præ alio involvit imperfectionem.

多佩尔迈尔
《天图》
图页9

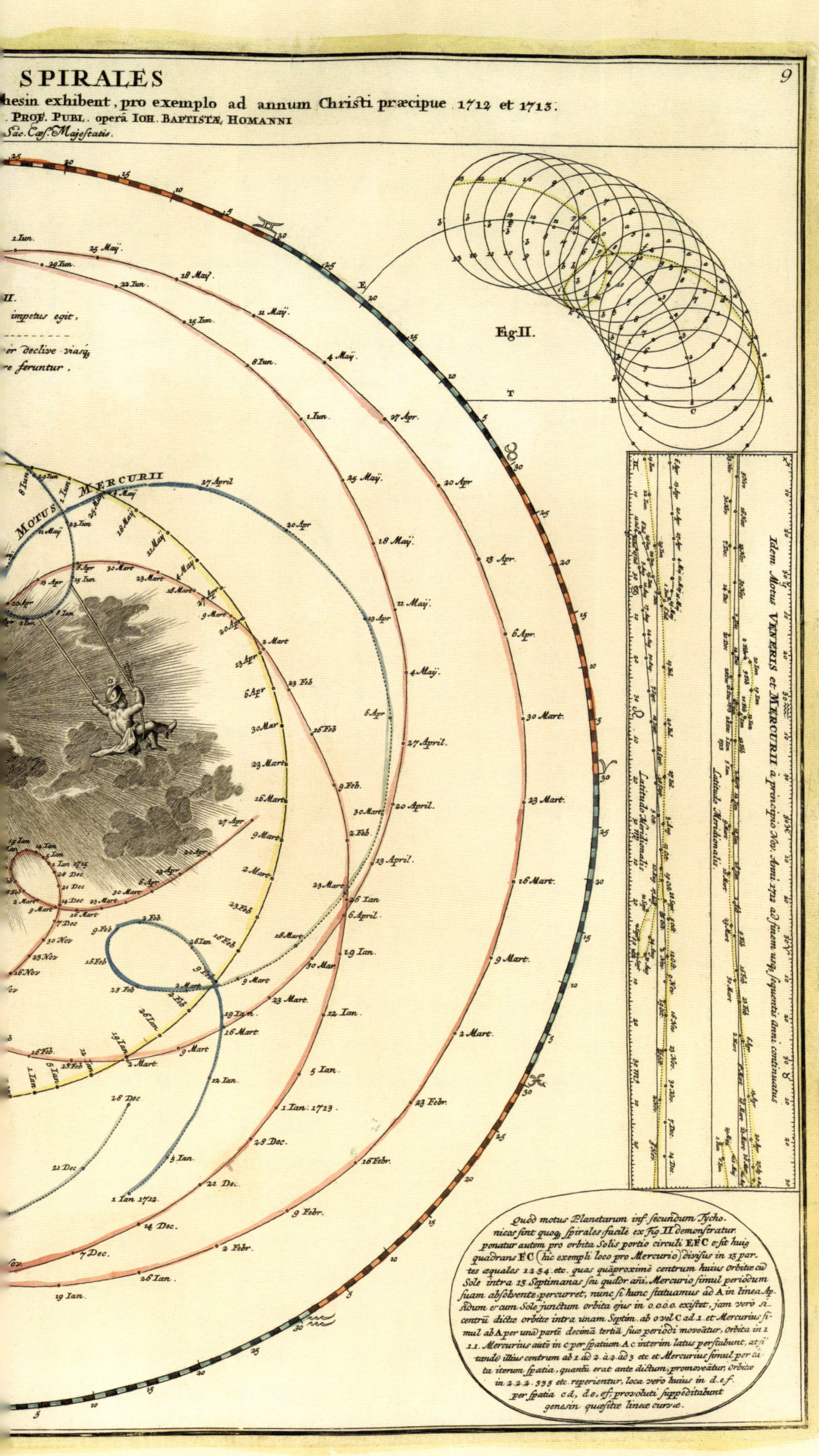
SPIRALES
9
hesin exhibent, pro exemplo ad annum Christi præcipue 1712 et 1713.
. PROF. PUBL. operâ IOH. BAPTISTÆ, HOMANNI
Sac. Cæs. Majestatis.
Fig. II.
MOTUS MERCURII
Idem Motus VENERIS et MERCURII à principio Nov. Anni 1712 ad finem usq. sequentis Anni continuatus
Latitudo Meridionalis.
Quod motus Planetarum inf. secundum Tycho-
nicos sint quoq. spirales, facilè ex Fig. II demonstratur.
ponatur autem pro orbita Solis portio circuli EFC e sit huig
quadrans FC (hîc exempli loco pro Mercurio) divisus in 13 par-
tes æquales 1 2 3 4. etc. quas quãproximè centrum huius Orbitæ cũ
Sole intra 13 Septimanas seu quadr. añi, Mercurio simul periodum
suam absolvente, percurret, nunc si hunc statuamus ad A in linea Ap-
sidum e cum Sole junctum orbita ejus in 0.0.0.0. existet, jam verò si
centrũ dictæ orbitæ intra unam Septim. ab 0 vel C ad 1. et Mercurius si-
mul ab A per unã partẽ decimã tertiã suæ periodi moveãtur, Orbita in 1
1 1. Mercurius autẽ in c per spatium A c interim latus perstabunt, atq si
tandẽ illius centrum ab 1 ad 2. à 2. ad 3 etc. et Mercurius simul per tã-
ta iterum spatia, quantũ erat ante dictum, promoveãtur, Orbitæ
in 2.2.2. 333 etc. reperientur, loca verò huius in d. e. f.
per spatia c d, d e, e f, provoluti suppeditabunt
genesin quæsitæ lineæ curvæ.

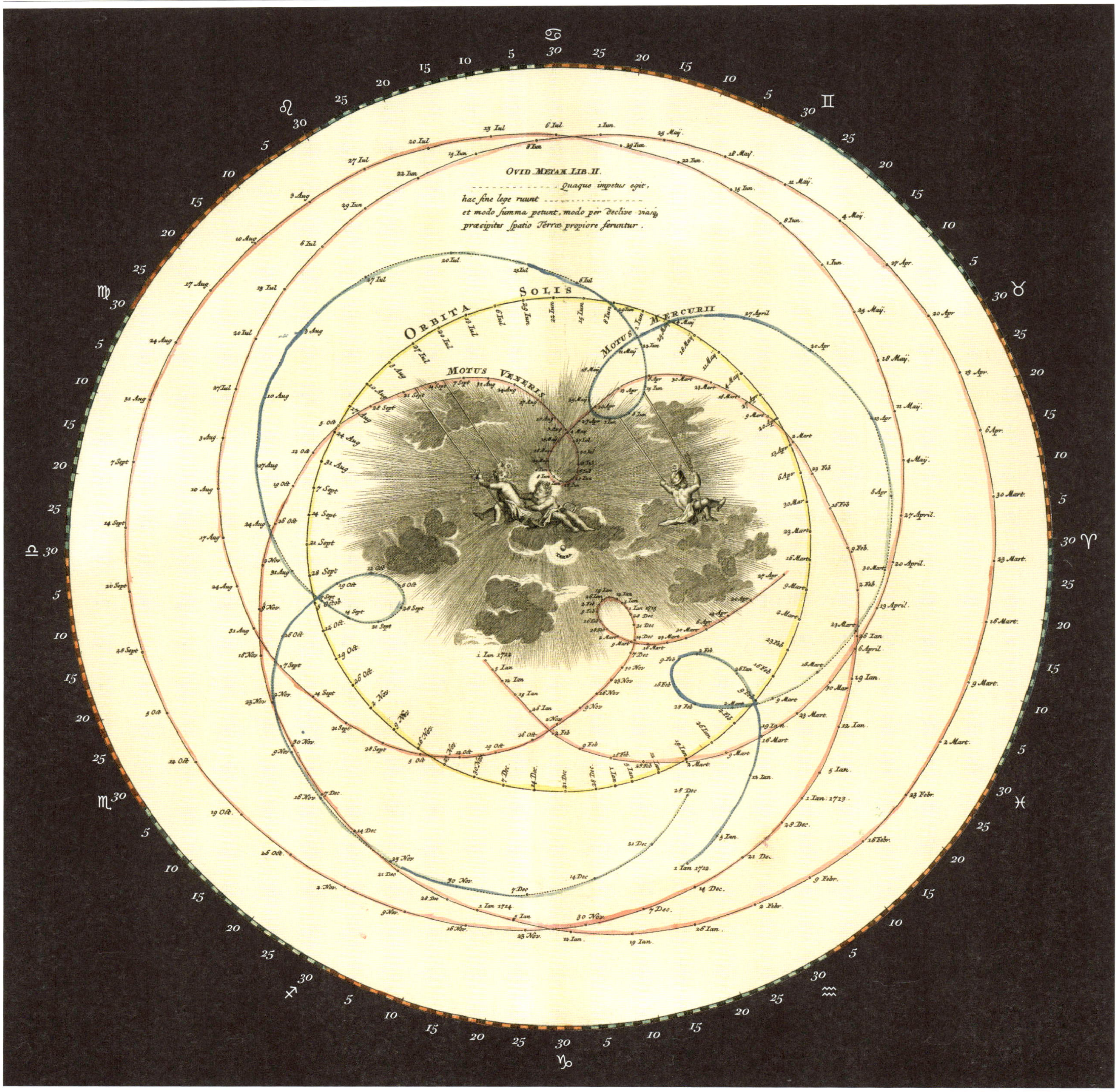

第谷体系中内侧行星的螺旋运动

图页9的中心大图优雅地建构了金星和水星这两颗行星的螺旋形运动和它们相对于静止的地球的距离变化。1712年至1713年太阳和内侧行星的相对位置也标在图内。图中央有一位像小天使般的赫里阿斯，推着活泼的金星和水星在秋千上玩耍。示意图顶部的引言来自奥维德（Ovid）的《变形记》（*Metamorphoses*，公元8年），讲述了法厄同失去对太阳车的控制的故事。

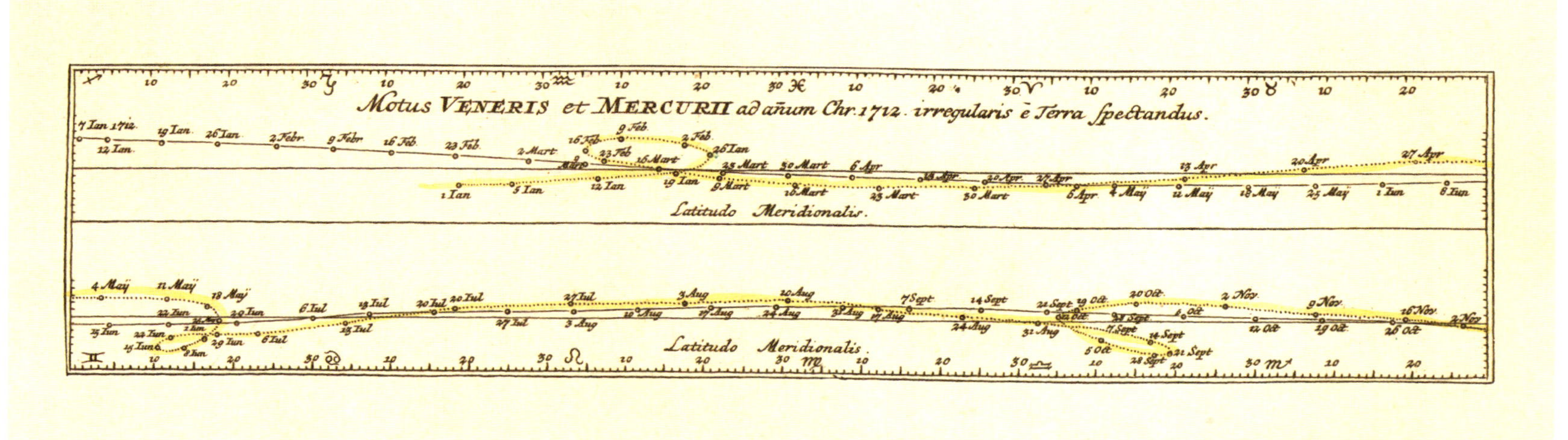

金星和水星的运动

这一组图表显示了1712年大部分时间里金星和水星在天上的位置。为了与中央的图表对应，这里的数据测量的不是太阳以东或以西的距离，而是行星相对于黄道的位置坐标以及行星相对于黄道星座背景的位置。

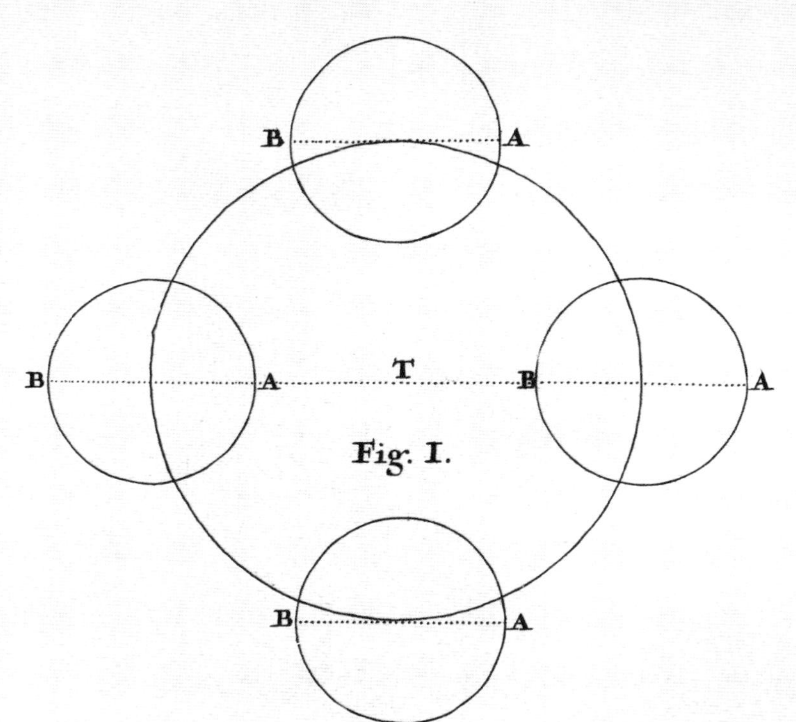

第谷式轨道的效应

多佩尔迈尔用一张简单的示意图解释了太阳沿着圆形轨道绕地球运动的同时，行星沿圆轨道绕太阳运动会产生的效应。本图显示了从圆轨道正中穿过的平行线*AB*是如何在特定的点指示近地点和远地点（轨道中离地球最近和最远的点）的。

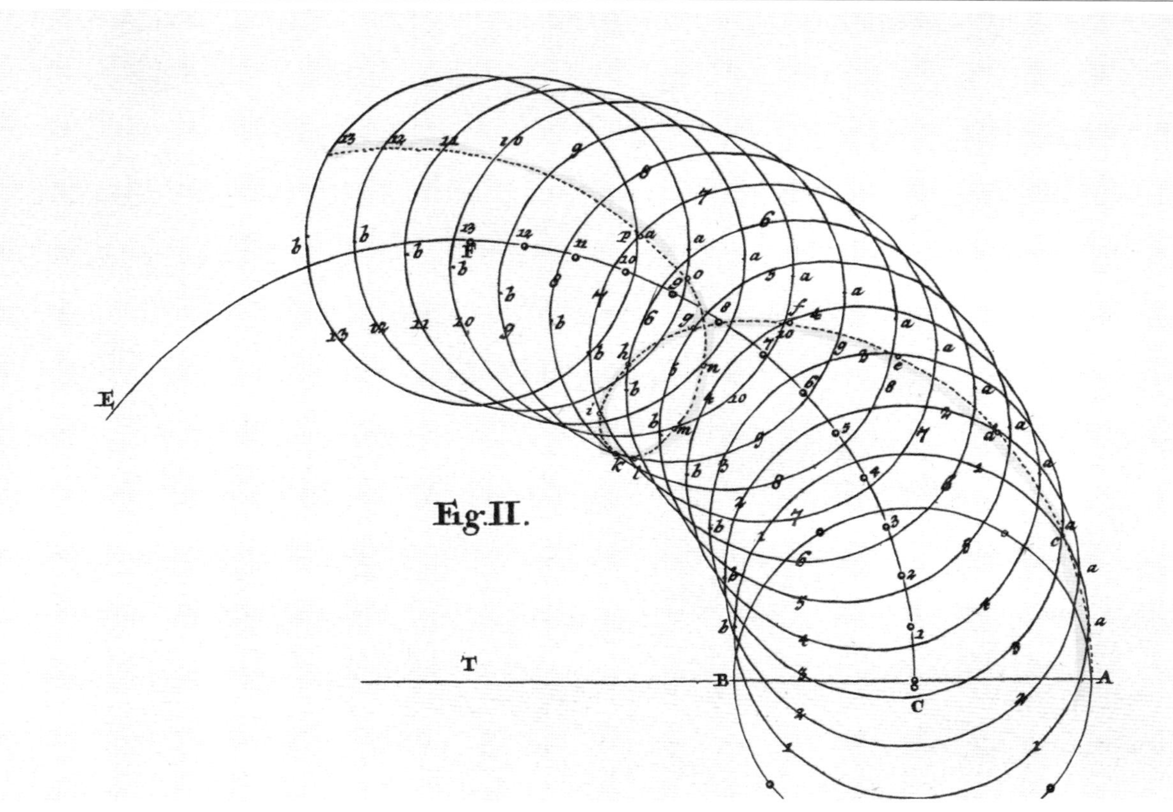

建构螺旋形

多佩尔迈尔展示了当行星沿着圆轨道运动，而此圆的圆心绕着另一点做圆周运动时，二者的叠加效应是如何产生本图页中心大图上的旋轮线形状的。这种形状被称为“余摆线”（trochoid，来自希腊语中的“轮子”）。这里的每一圈不是完全相同的，因为“导轨”长度并不是行星轨道周长的整数倍。

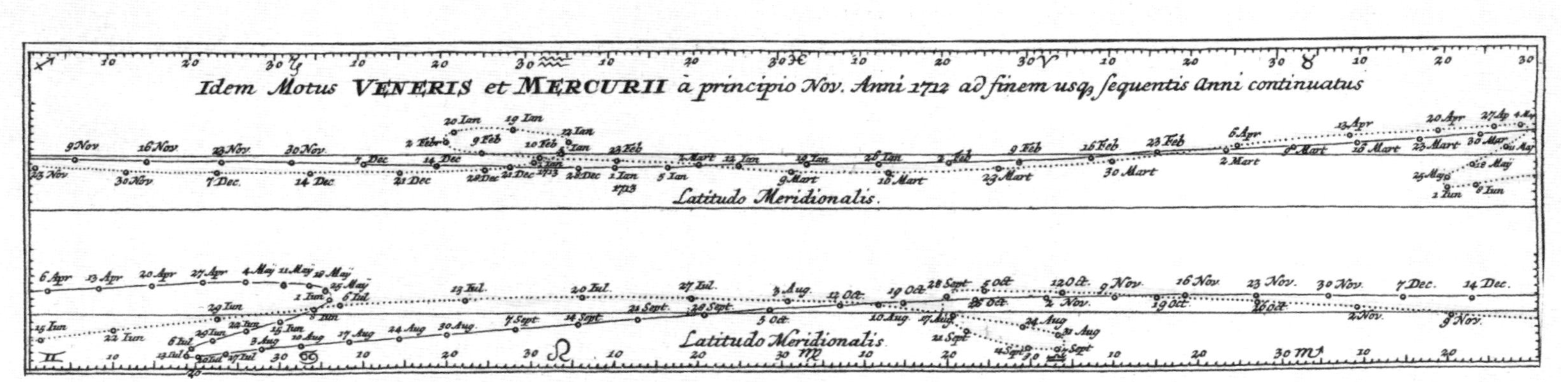

更多关于金星和水星运动的记录

这一组图表里记录了1712年末至1713年内侧行星的位置。记录时间上不均匀的分割是因为金星在1712年沿黄道移动的距离略多于一整圈，而在次年略少于一整圈。

外侧行星的运动

（MOTUS PLANETARUM SUPERIORUM）

多佩尔迈尔根据第谷·布拉赫的理论，
探讨了外侧行星螺旋形路径。

《天图》的图页9和图页10互为补充，分别介绍了内侧行星和外侧行星的运动。这两张图页都很明显是在第谷体系中探讨了这些问题。图页中讨论了行星在绕日轨道运动时相对于地球的位置，与此同时，太阳则是在圆形的轨道上绕着地球运动的。

多佩尔迈尔采用这种方式介绍问题，并不是因为他想推广第谷·布拉赫的模型，而是为了转换读者的视角。他希望读者不仅能够想象哥白尼式的全局俯瞰图，看到地球作为第三颗行星沿着圆形（或偏椭圆形）的轨道绕着太阳公转，还能思考这种模型之于地球的真实意义。对于位居地球的观星者来说，太阳系其他天体的方向、距离和亮度确实是无时无刻不在变化的。这两张看起来有些晦涩的图页上展示的螺旋线在现代宇宙论中已经很少见了。但事实上，它们并不是在应用第谷的两个中心的体系时冒出来的独特的怪谈，而只不过是用于理解行星相对运动的一种手段罢了。

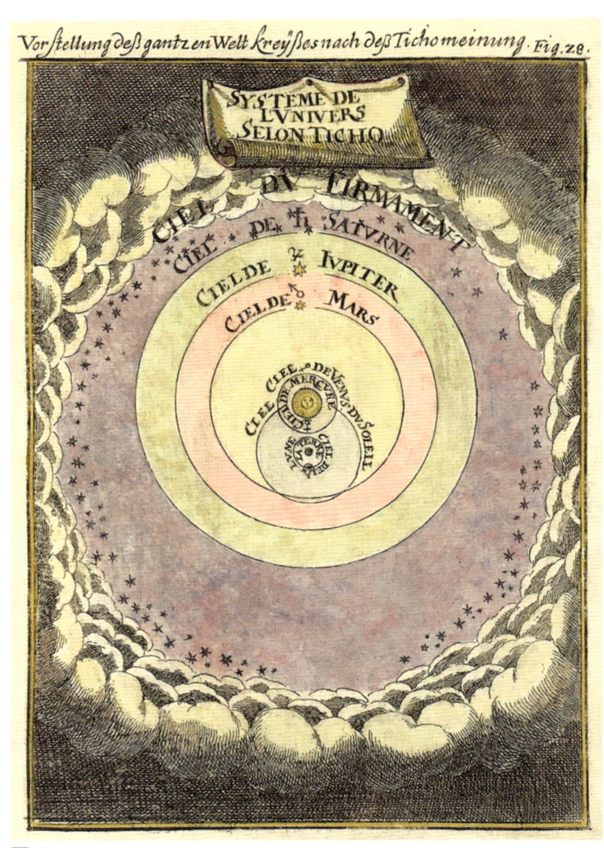

图13—1

图13—1. 这幅对第谷体系的总结图来自法国制图师阿兰·马内松·马莱（Alain Manesson Mallet，1630—1700）的五卷本图集《描述宇宙》（*Description de l'Univers*，1683）。法兰克福的出版商约翰·亚当·容（Johann Adam Jung）在1719年以单张的形式复制出售了包括本图在内的几幅马莱创作的插图。

图页3已经展示过了，第谷宇宙论的标准观点认为，地球是宇宙静止不动的中心，月球和太阳环绕地球运动，而行星则沿着圆轨道绕太阳转动。金星和水星的轨道半径小于地球和太阳的距离，因此可以从整个体系的两个运动中心之间穿过，（从地球看来）始终和太阳在大致同一方向。与此同时，其他行星的绕日轨道则大到可以将地球包在其中，这样，它们就可以在天空中出现在和太阳完全相反的方向了。

为了探索这一模型与行星在夜空中的运动之间的关系，多佩尔迈尔以地心视角描绘了第谷模型的意义。概览图中优雅交叠的圆圈看起来相当漂亮。但是，行星相对于地球的距离和方向（影响它们在天空中的亮度和位置的两个因素）实际上是如何随时间变化的呢？

问题的答案是一条美丽的螺旋形。它在数学中的专有名词叫作“外旋轮线”（epitrochoid）。这种线条是一个圆沿着另一个圆的外侧滚动时，滚动的圆的圆周上固定的一点走过的轨迹。它的美感在土星和木星这两颗外侧行星上最为明显。由于绕太阳的公转周期比较长，这两颗行星的运动在地球的外侧画出了一系列紧密缠绕的螺旋线。它们（从太阳系平面由上往下看时）基本上是以逆时针方向绕地球运动的，但都会在冲（日、地、该行星三者成一线）的前后进入逆行圈。此时，由于离地球更近，它们的亮度也是最大的。

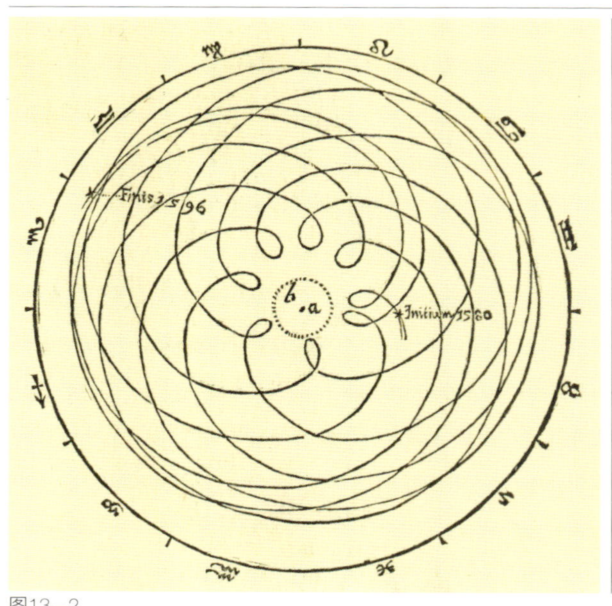

图13—2

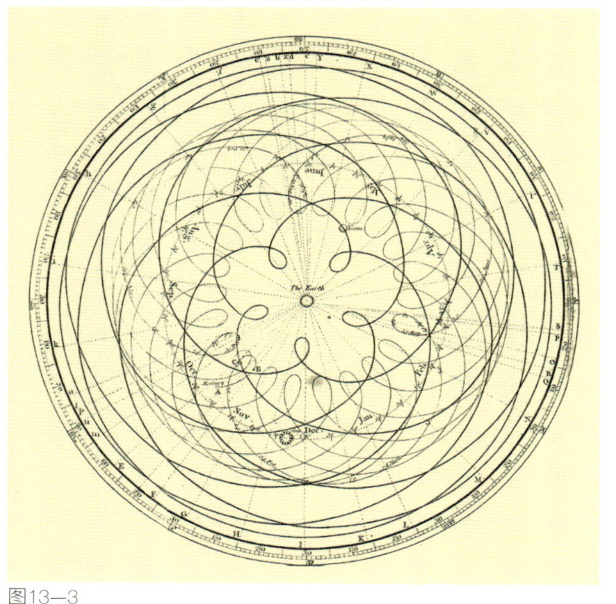

图13—3

图13—2～13—3. 两个用于描述行星与地球相对距离的外旋轮线的例子。左侧是约翰内斯·开普勒描述1580—1596年火星轨道的著名插图，发表于《新天文学》（1609）。这是历史上此类复杂的示意图首次见诸印刷品。右侧插图来自苏格兰作家詹姆斯·弗格森（James Ferguson，1710—1776）所著的《依据艾萨克·牛顿爵士的原理解释的天文学》（*Astronomy Explained upon Sir Isaac Newton's Principles*，1756）。

多佩尔迈尔将自己建构的螺旋形路径画在了图页10左上角和右上角（以及图页9的左上角和右上角）的小图里。在图页10的中央，他一一绘制了18世纪初时每颗行星在其整个恒星周期中的位置。值得注意的是，每条螺旋线的两端并不相连，因为一颗行星的恒星周期并不是地球年的整数倍。一颗行星走过一个恒星周期后，地球在空间中的位置是不同的，因此这颗行星与地球的距离也会不一样。为了避免造成误解，多佩尔迈尔只画了每颗行星绕太阳一周的螺旋线，而没有让它们继续延长和交叠。不过，对于火星而言，这导致其运动路径稍微有些不完整：火星两次冲日之间的时间是780天，要长于687天的火星年。

对于图页9上的内侧行星，第谷体系也会使之产生类似的顺行和逆行运动模式，其螺旋线中的每一圈对应着它们的下合，即它们位于地球和太阳二者连线内的点。多佩尔迈尔绘制了水星在1712年一年内的运动路径。对于这颗跑得很快的行星来说，这段时间已经够它走过3个逆行圈，并且快完成第四个了。金星则需要长得多的时间来讲出它的故事。从1712年1月到1715年4月，多佩尔迈尔记录了它3年多来的路径。在这段时间里，金星懒懒地相对于地球画出了两个大环。

如果多佩尔迈尔能将金星的路径继续延伸下去，他就能画出这颗最亮的行星运动的奇妙之处，也就是所谓的“金星五芒星”（pentagram of Venus）。金星的两次下合之间（或者，实际上，金星的任何连续的相同事件之间）在天空中的角间距为144度。因此，在5次下合后，金星会回到它相对于恒星背景的原始位置（因为5×144=720度，也就是两整圈）。出现这种现象是因为金星绕太阳13圈的时间几乎正好是8个地球年。古人早已注意到，金星在合（与太阳对齐）和大距时在黄道上的5个不同点之间绕着天空跳动，之后（几乎正正好好地）回到其原始位置。这就是“金星五芒星”。包括古苏美尔人和玛雅人在内的许多民族都经常将金星及其相关神灵与五角星图案联系起来。

乍一看，第谷体系和哥白尼体系按照截然不同的方式安排了行星的轨道。但事实上，如果从地球上的观测者的视角来看，两种体系呈现的结果几乎是完全相同的。这一比较虽然令人吃惊，但也是很有益处的。它提醒我们，第谷的模型在他的时代可以很好地解释行星的运动，以及它为何在很长一段时间内还是哥白尼学说的合理替代。

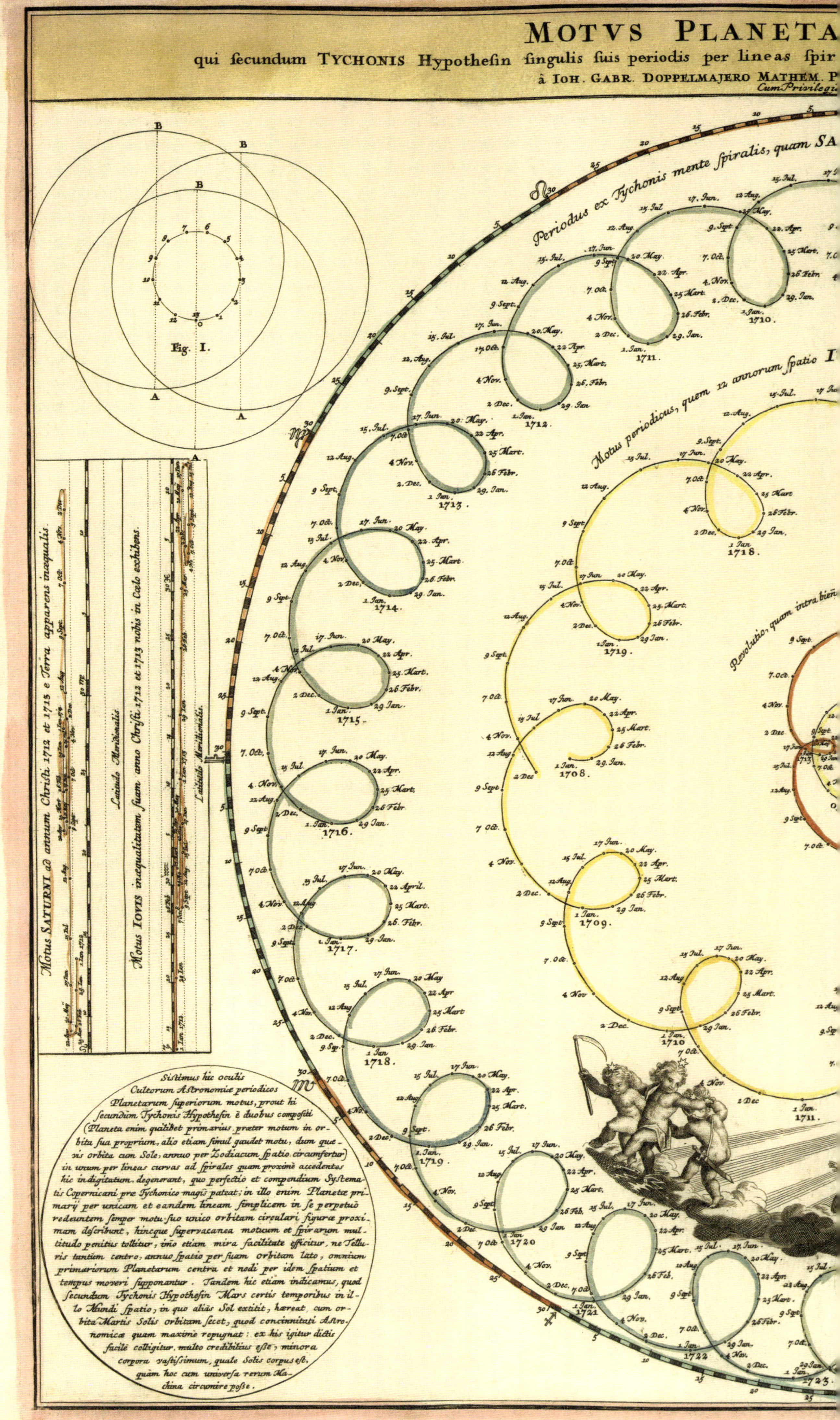

多佩尔迈尔
《天图》
图页10

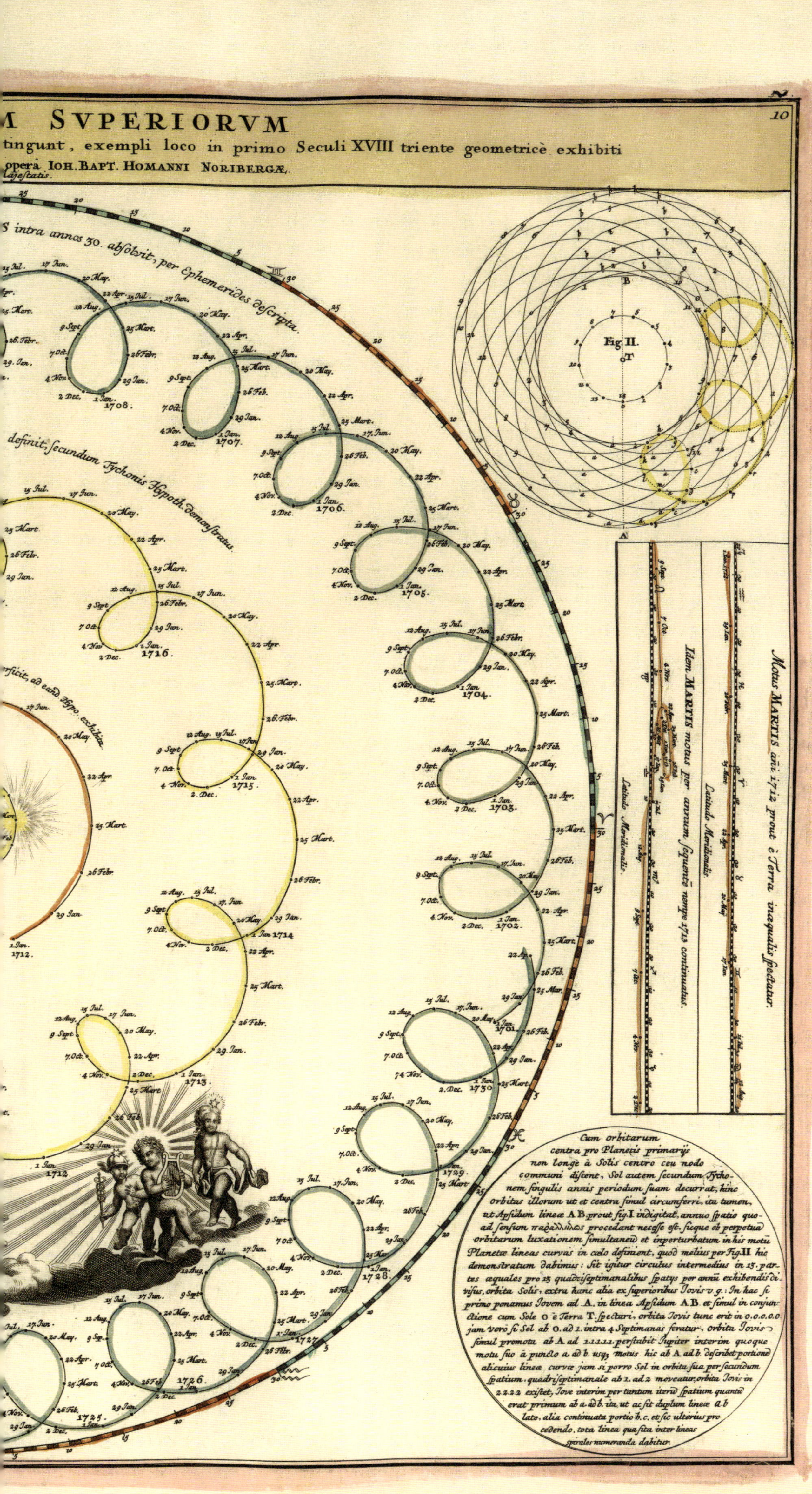
M SVPERIORVM
10
tingunt, exempli loco in primo Seculi XVIII triente geometricè exhibiti
operâ IOH. BAPT. HOMANNI NORIBERGÆ.
S intra annos 30. absolvit, per Ephemerides descripta.
definit, secundum Tychonis Hypoth. demonstratus.
Fig. II.
Motus MARTIS anni 1712 prout è Terra inaequalis spectatur.
Idem MARTIS motus per annum sequentem nempe 1713 continuatus.
Latitudo Meridionalis.
Cum orbitarum
centra pro Planetis primarijs
non longe à Solis centro ceu nodo
communi distent, Sol autem secundum Tycho-
nem singulis annis periodum suam decurrat, hinc
orbitas illorum ut et centra simul circumferri, ita tamen,
ut Apsidum lineæ AB, prout fig. I indigitat, annuo spatio quo-
ad sensum παράλληλως procedant necesse est, sicque ob perpetuã
orbitarum luxationem simultaneũ et imperturbatum in his motũ
Planetæ lineas curvas in cœlo definient, quod melius per Fig. II hic
demonstratum dabimus: Sit igitur circulus intermedius in 13. par-
tes æquales pro 13 quadriseptimanalibus spatys per annũ exhibendis di-
visus, orbita Solis, extra hanc alia ex superioribus Iovis v. g.: In hac si
primo ponamus Iovem ad A. in linea Apsidum AB. et simul in conjun-
ctione cum Sole O e Terra T. spectari, orbita Iovis tunc erit in 0.0.0.0.0.
jam verò si Sol ab O. ad 1. intra 4 Septimanas feratur, orbita Iovis
simul promota ab A ad 1.1.1.1.1. perstabit Iupiter interim quoque
motu suo à puncto a. ad b. usq; motus hic ab A ad b. describet portionẽ
alicuius lineæ curvæ. jam si porro Sol in orbita sua per secundum
spatium, quadriseptimanale ab 1. ad 2 moveatur, orbita Iovis in
2.2.2.2 existet, Iove interim per tantum iterũ spatium quantũ
erat primum ab a. ad b. ita, ut ac sit duplum lineæ ab
lato, alia continuata portio b. c. et sic ulterius pro
cedendo, tota linea quæsita inter lineas
spirales numeranda dabitur.

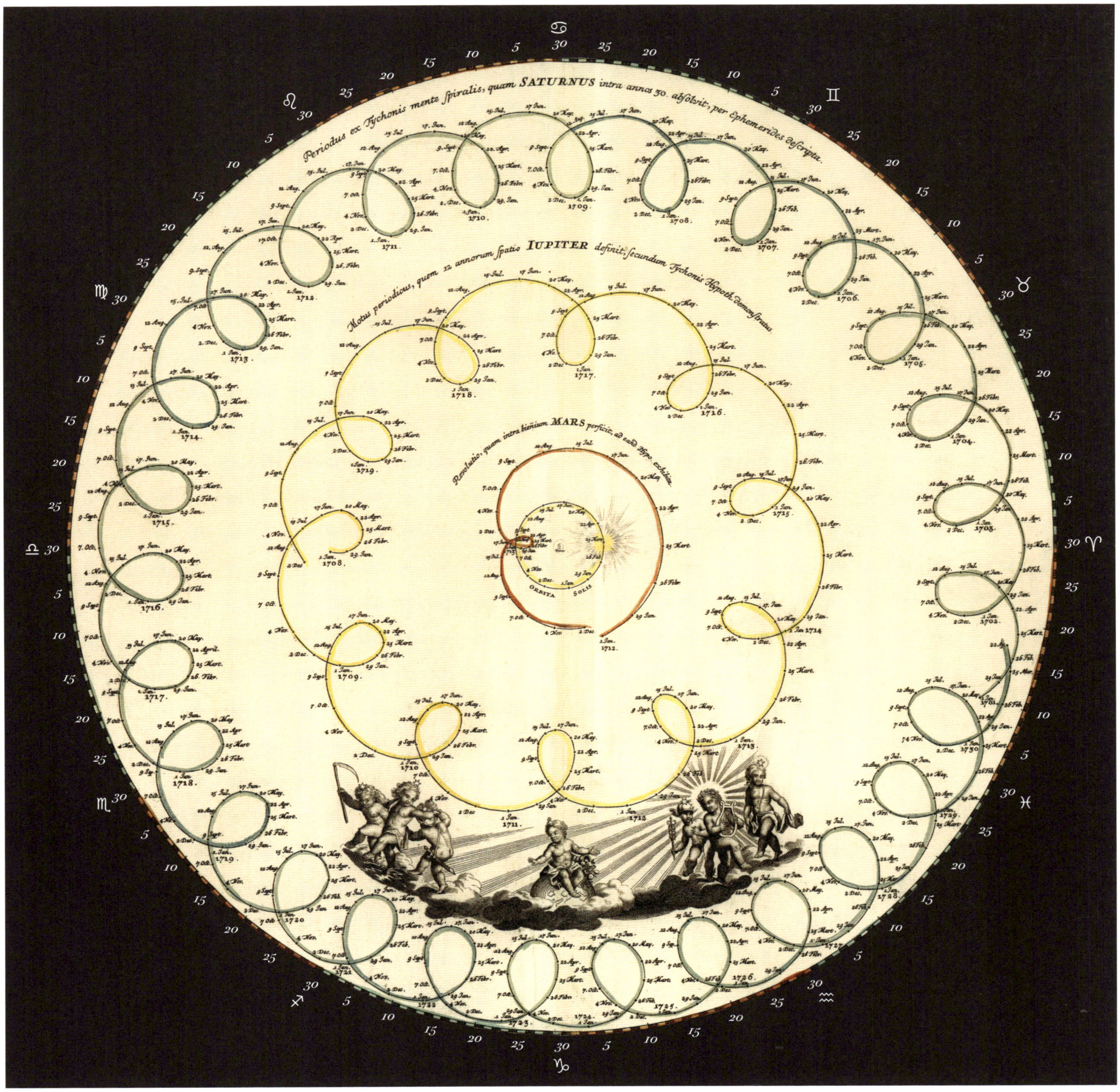

第谷体系中的外侧行星螺旋运动

图页10的中心大图展示了火星、木星、土星这几颗外侧行星在地球的天空中的一整圈轨迹。土星的29.5年周期轨迹开始于1701年1月。木星12年一周的轨迹始于1708年。火星则只用了不到两年就走完了一周。正如前文已经介绍过的，第谷体系中地球与行星间的距离变化在解释行星亮度变化时与使用纯粹哥白尼体系时得到的结果一样好。

土星和木星的运动

多佩尔迈尔记录了1712年到1713年土星（在狮子座和室女座）和木星（在摩羯座、宝瓶座和双鱼座）相对于黄道的位置。可以看到，每张图表中都包括了两次连续的冲之间的两个逆行周期。由于外侧行星的运动格外缓慢，地球的运动在相对运动中占据了主导地位，而两次冲之间的时间只有一年多一些。

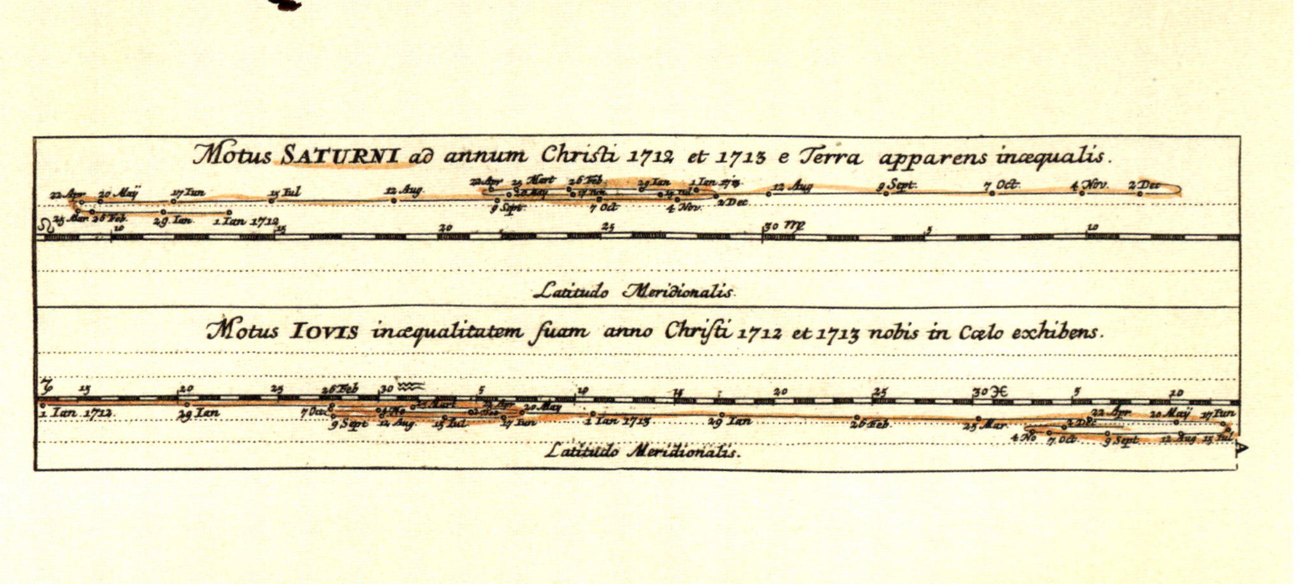

位置不断变化的轨道

这张图展示了在第谷体系中，随着太阳绕着静止的地球不断运动，行星轨道的中心的位置也在不断变化。这也就是天空中螺旋形运动轨迹背后的原理。根据太阳在中心圆上的位置，图中示意性地画出了3条行星轨道，对应圆上“3”“9”“13”3个点。

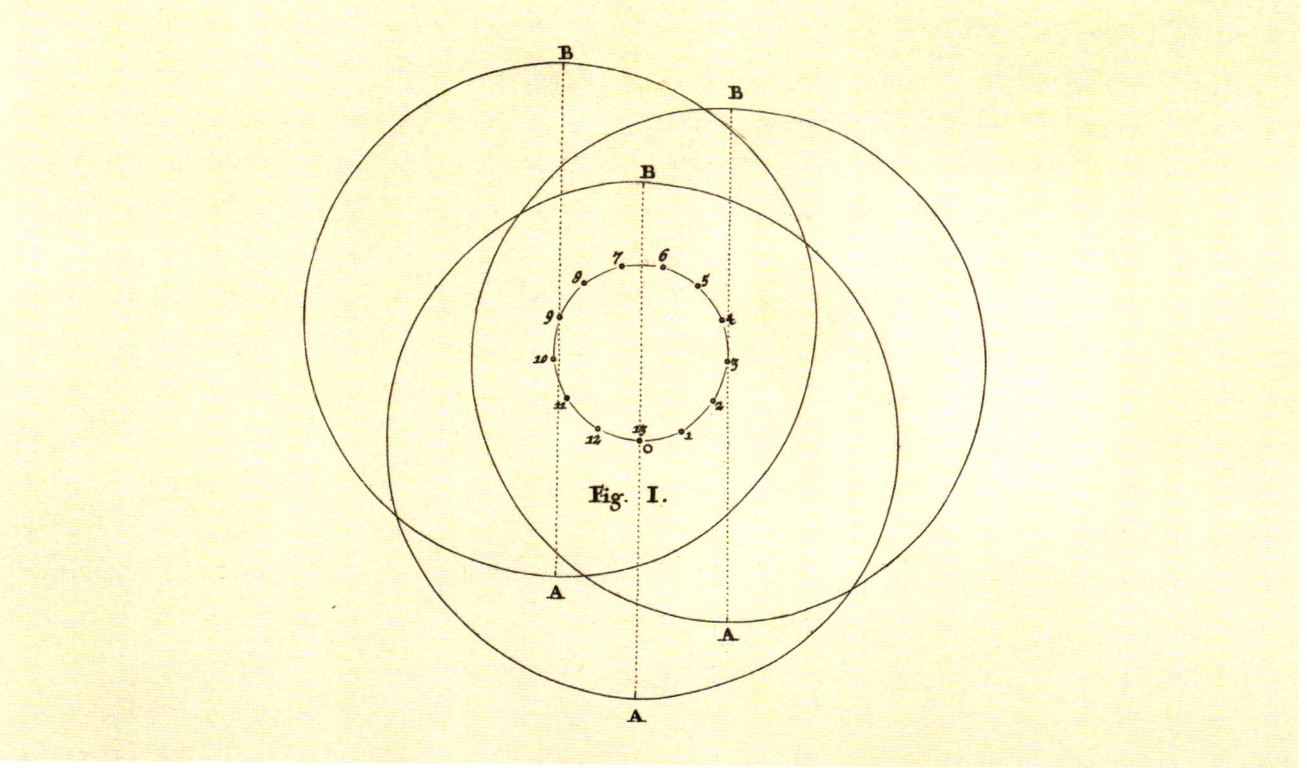

建构螺旋形

多佩尔迈尔在此处以月为间隔，绘制了以绕地球运动的太阳为中心的圆轨道的位置，从而解释了行星螺旋形的运动轨迹。他还展示了行星的轨道运动与轨道本身的“运动”的相互作用。圆轨道上标着的数字将其与特定的中心点相联系，而最终产生的旋轮线轨迹以小圆圈和在本图底部从b开始的字母顺序标记。静止的地球（Terra）位于一切的中心，以字母T代表。

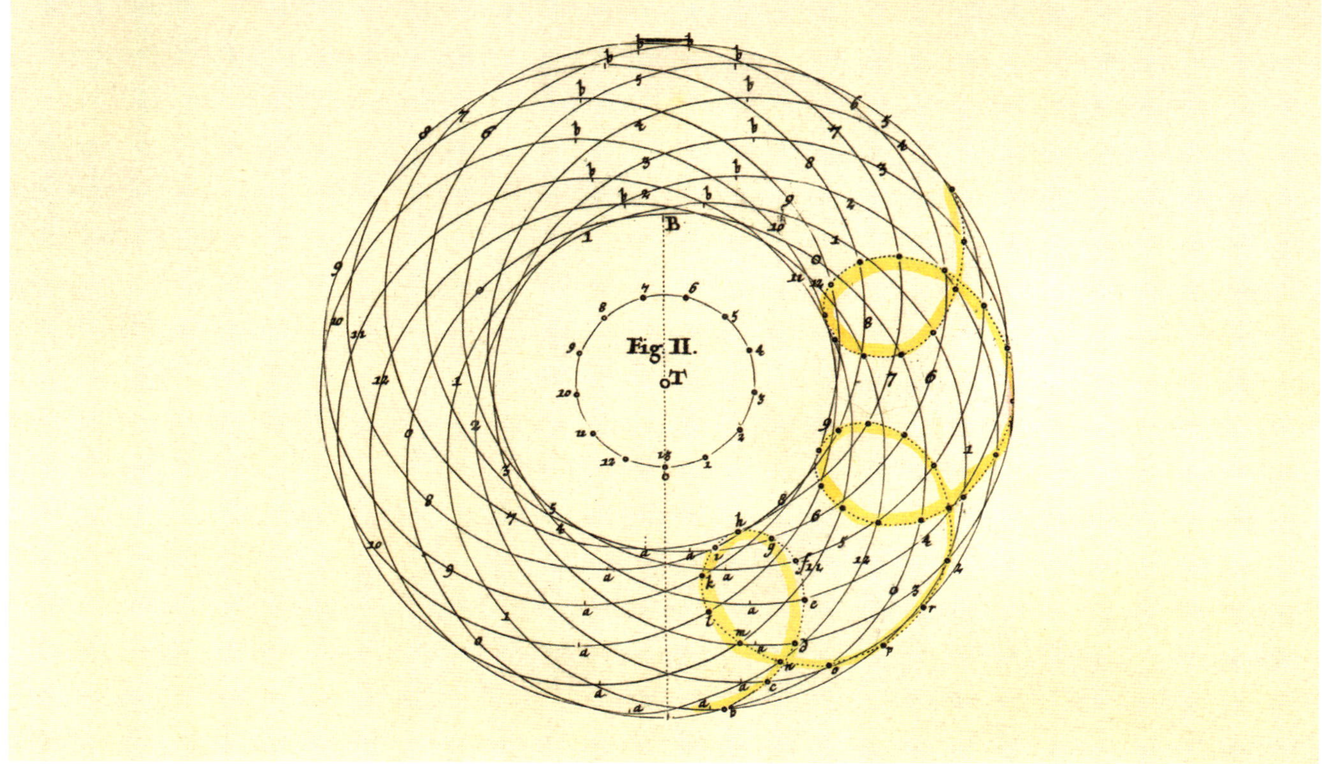

火星的运动

这两张图表显示了火星在1712年至1713年沿着黄道的运动轨迹，其起点为摩羯座。与那些运动缓慢的外侧行星相比，火星的轨道周期为687天，相对较短。火星与地球二者运动之和导致火星的冲与逆行周期为780天。由于火星轨道是个椭圆，情况变得更加复杂。

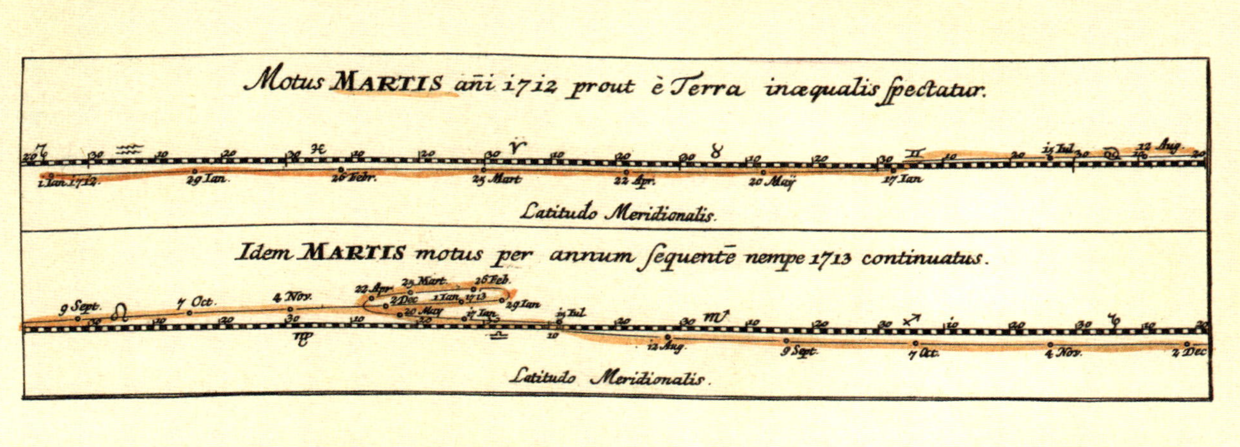

《天球与行星的描述》
（*Sphaerae Coelestis Et Planetarum Descriptio*，约1470）

这几张精彩的插图来自一本以《论球》（*De Sphaera*）一名为人所知的论著。通常认为其作者是伦巴第的聋哑人细密画家克里斯托福罗·德·普雷迪斯（Cristoforo de Predis）。这本薄薄的教科书是受刚成为米兰统治者的斯福尔扎（Sforza）家族宫廷委托创作的。其中描述了各天体和星座的占星学意义，也介绍了当时天文学对于如何最佳预测它们的运动的知识状况。除了介绍性的示意图和被认为是人文主义诗人弗朗切斯科·菲莱尔福（Francesco Filelfo）创

作的注释性韵诗，插图的主要部分描绘了与太阳、月亮和行星相联系的寓言性形象，以及这些形象“统治”的黄道各宫和相关的活动场景。在主形象的下方和对面的书页上都画入了这些黄道星座和场景。此处摘取的5张微型画描绘了水星统治双子座和室女座，金星统治天秤座和金牛座，火星统治天蝎座和白羊座，木星统治双鱼座和人马座，以及土星统治宝瓶座和摩羯座的场景。与此同时，太阳统治的是狮子座，而月亮统治巨蟹座。

月面图

(TABULA SELENOGRAPHICA)

多佩尔迈尔在他那个时代的命名框架内描绘了月球表面的主要特征。

地球上的人都十分熟悉月球的正面。月面在天空中的直径约为半度，大小已经足以让人在不使用望远镜的情况下看到其表面的明暗特征。许多文化中都讲述着这些图案的故事，并为它们想象出了画面。故事中最广为流传的当数“月中人”（月面上的面孔或整个人形）以及东方的“月兔”。

尽管对月面的图案有着不同的诠释，不论是古代希腊、印度、中国，还是其他民族的观星者都早已发现，月相的变化是由太阳照亮月球正面的大小决定的。但是，关于月球表面的特征和标记的本质却众说纷纭。早在公元前5世纪，希腊哲学家德谟克里特（约公元前460—约前370）就将这些纹样归因于月球表面的群山和谷地。然而，在后来的几个世纪里，由于亚里士多德式的宇宙模型的普及，这种早期的洞见基本上被遗忘了。按照亚里士多德的观点，月球占据了天球层的最内一层，因此比起其他天体有着更多的变化。但不管怎么说，他还是将月球看作一个永恒不变且完美的球，位于“月下界域”的最上层“火层”之上，由属于天界的以太组成。

知道了月相的变化和太阳、地球、月球三者的关系，就可以非常巧妙地估计它们的距离和尺度。在上弦月（prima quadratura）或下弦月（ultima quadratura）（正好半个月面被照亮）时，月球一定是在地、月、日三者连成的直角三角形的直角上，而此时所见的日月之间的角距离指示的就是它们的相对距离和整个系统的大小。如果太阳位于无穷远点，则太阳和月亮的角间距应为整90度。但是，在公元前3世纪中期，希腊天文学家萨摩斯的阿利斯塔克估测，这个角度只有大约87度。根据这一数据计算，月球与地球的距离是大约20倍的地球半径。而由于太阳和月亮在地球天空中的大小相仿，太阳与地球的距离是地月距离的20倍。已

图14—1

图14—2

图14—1. 第一幅包括成体系的特征命名的月球地图是荷兰制图师米夏尔·凡兰赫伦（Michael van Langren，1598—1675）在1645年出版的。凡兰赫伦引入的大约300个名称中，流传至今的寥寥无几，而即使是残存的名称，现在也多被指派给了不同的地形特征。

图14—2. 阿塔纳修斯·基歇尔（Athanasius Kircher，1601—1680）在其《月球地貌类型》（*Typus Corpus Lunaris*，1669）中结合了自己和克里斯托夫·沙伊纳的观测结果。

经知道了地球的大小，根据上面的计算，很容易证明，月球本身也是尺度可观的天体，而太阳更是比地球要大。

阿利斯塔克的推论并不完全正确。毕竟，他的工作是在望远镜发明之前很久完成的。他对月球正好一半被照亮的时刻的估计，以及对此时日月夹角的测量，都相当不准确。现在我们知道，地月距离更接近于60倍的地球半径，而日地距离大约是地月距离的400倍。不过，不管这些数值具体是多少，太阳很明显比地球大得多。这让试图建立地心体系的古典时代和中世纪思想家疑窦丛生。对于阿利斯塔克，仅仅这一事实本身就足以让他相信太阳才是万物的中心，并且着手建立一套日心宇宙论。

至于月球的物理性质，由于整个亚里士多德物理学范式的权威性，完美球体理论颇具市场。不过，它花了一些时间才打败竞争对手。到公元2世纪时，希腊哲学家普鲁塔克还撰写过一篇雄文，论称月球是与地球相似的世界，月球表面的图案是由其地貌特征造成的。

亚里士多德的物理学和宇宙论后来成为天主教教会学术传统不可分割的一部分，而随着基督教的传播，在超过1000年的时间里，亚里士多德的“完美球形”月亮成了欧洲学者公认的观点。直到17世纪初，技术的进步才提供了令人震惊的证据，表明亚里士多德是错误的。

自1609年起，伽利略·伽利雷和英国天文观测家托马斯·哈里奥特（Thomas Harriot，约1560—1621）都进行了对月球的研究，并利用新发明的望远镜记录下了月球的外观。哈里奥特的图画未曾得以发表，而伽利略则将自己的月面图与其他划时代的发现一起写在了《星际信使》（*Starry Messenger*，1610）中。伽利略不仅记下了月球表面的细节，还展示了当月相变化时，这些地形的外观是如何随着日光照到它们的角度和它们投下的阴影长度的变化而改变的。不同阴影的存在只能以地平高度的不同来解释：月球表面上一定有山地、谷地和环形的坑洞。伽利略猜测，那些比较暗且相当光滑的区域可能是海洋，而分隔它们的较为明亮的区域则是陆地。月球类似于地球的起伏特征，以及太阳（另一个据称是永恒不变的天体）表面移动的黑子，这两个发现几乎像尼古拉·哥白尼和约翰内斯·开普勒的理论一样有力，动摇了人们对古老的亚里士多德学说的信念。

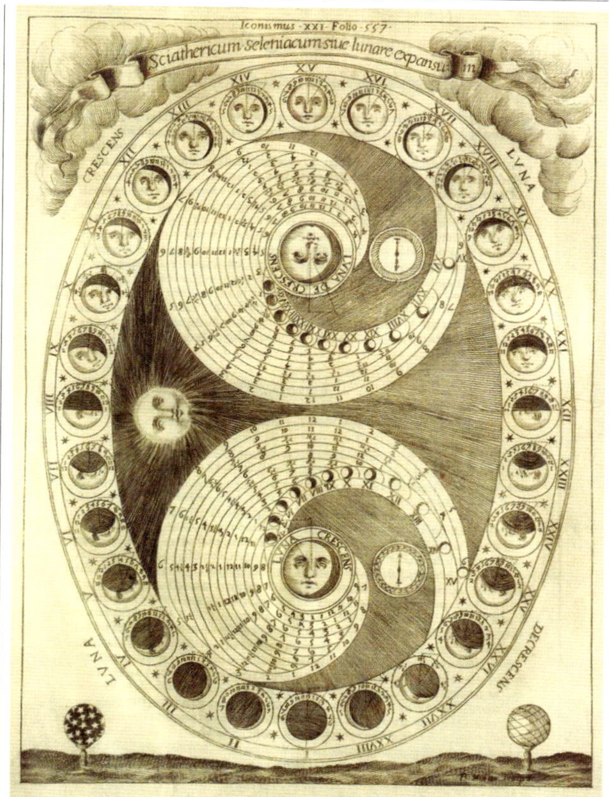

图14—3

图14—3. 基歇尔的《伟大的光影艺术》（*Great Art of Light and Shadow*，1646）中的这张图页描绘了朔望月的28个不同月相。它们从新月开始，之后经蛾眉月、上弦月、盈凸月，直至变成满月。之后，月亮渐亏，逐渐变成亏凸月、下弦月、亏月，直至下一次新月。

随着时间的推移，望远镜也愈发先进，观星者各显其能，开始绘制月球地图。最早的是米夏尔·凡兰赫伦在1645年发表的月面图。不过，多佩尔迈尔在《天图》中重复的是较晚些的两张地图，原因在于这两张图在之后超过一个世纪的时间里都是权威之作。第一张出自波兰天文学家约翰内斯·赫维留。录入这张图画的《月面学》（*Selenographia*，1647）是第一部专注于月球理论的著作。第二张图摘自耶稣会神父乔瓦尼·巴蒂斯塔·里乔利和弗朗切斯科·玛丽亚·格里马尔迪（Francesco Maria Grimaldi，1618—1663）在1651年出版的《新天文学大成》。比较这两张图，一望即知，二者所用的命名方式相当不同。不过，我们当代使用的月球表面特征名称（特别是月球表面的各种“海”或mare）很多是来自里乔利的月面图。

Nullum inter corpora cælestia, ex quo tempore Veteres sacræ Uraniæ addicti omnē
moverunt lapidem, ut Siderum naturæ & affectiones quam maxime forent in aprico po-
sitæ, cunctorum vicit magis admirationem, & multiformi ambage (si cum Plinio loqui
liceat) torsit contemplantium ingenia, proximum quippe ignorari sidus indignantiū,
quam ipsa Luna, varietate macularum imprimis miranda; sed nec mirari nos su-
beat, cum medijs tunc destituti, quibus nunc Lunam accuratius inspicere & contem-
plari nobis hodie datum, oculis scilicet armatis; hinc etiam deficiente hoc Tuborum
opticorum apparatu diversas de Lunæ substantia è maculis nudo oculo visis fovere
opiniones non potuere non Antiqui illi rei sidereæ Cultores; alij enim cum Clearcho
& Argesinace maculas Lunares nostri Oceani imaginem in Luna tanquam in spe-
culo conspicuam esse, alii hasce è certis corporibus, quæ Solem inter & Lunam jaceant
originem ducere existimarunt; alii Lunam vitream, non quidem exacte pellucidā,
sed ex parte opacam; alii partim igneam, partim opacam putarunt; & quæ sunt
multæ aliæ de corporis Lunaris substantia sententiæ.

At multo feliciori successu omnium primus celeberrimus ille Florentinorum
Mathematicus Galilæus de Galilæis anno superioris seculi decimo, quo utilissimū
Tuborum opticorum inventum luci publicæ traditum, id negotium tentavit, quod
dein Scheinerus & alii satis superq; dedere probatum, imò plures hodie Tubis præ-
dictis ad majorem perfectionem nunc perductis, rem acu, quod ajunt, multo felicius
tangere videntur, si pro indubio asserunt, quod Luna innumeris scateat montibus,
qui nostros altitudine, habito respectu globi Lunaris ad nostrum, sexagies ferè mino-
ris, superent; porro quod eædem profunditates, quæ prægrandibus sempe
ambitu suo exteriori, plerumque circulari, mænium instar, cinguntur em
tijs, innumeras ferè et multò plures, sed non tantas et tam profundas, quam no
hibeat Terra, si huius cavitates suis destituerentur maribus; denique quod partes
in Luna obscuræ, quæ sub primo conspectu non apparent profundæ, ideoq; pro m
liquida, maribus scilicet multorum forsan judicio censendæ, adhibita accuratior
ctione, teste Viro celeberrimo D.no de la Hire, nihilominus profundæ nec tamen
deprehendantur; ut hinc haud pauci cum acutissimo Galilæo Lunam pro corp
teriam à Terra diversam habente existimare possent, in qua etiam fortasse su
tiæ & res creatæ existant, quæ operationes edant ab imaginatione nostra s
motas, ita & prorsus alienas; quippe quæ nullam cum nostris similitudinem h
& proin omnino sint à nostra cogitatione discrepantes.

Quamvis autem Luna profunditatibus et eminentiis quamplurimis sit refe
pissime tamen contingit, superficiem Lunæ in certis à Sole distantiis adeo
tatam videri, ut magnus ille montium & profunditatum numerus, qui nupe
dum distinctissime observari poterat, non amplius tunc sub conspectum cadat;
huius mutationis ex ipsa figura superiori A intermedia facile patescit, quod
profunditates inter novilunia et quadraturas, Luna crescente à dextris ma
crescente autem hac à sinistris potissimum altissimorum circumjacentium mon
obtegantur umbris; et quidem quod insuper tales pro vario Solis ad Lunam
perpetuò immutentur (quæ proinde etiam novæ maculæ denominari solen

多佩尔迈尔
《天图》
图页11

æ autem, cum Sol illas à latere illuminat, quam maximè conspicuæ red-
ur; cum è contrario à quadraturis ad oppositionem superficies Lunæ, dum
isce inæqualitatibus magis magisque verticaliter imminere pergit, et omne,
uid umbrosum ante fuit, pedetentim illuminat, aliam semper exhibeat fa-
, ut tandem luminosa et albicans appareat.
hoc fundamento bina nostra Schemata in delineatione macularum no-
m etiam differentiam involvunt, eò quod primum, HEVELIANUM puta, Lu-
oppositione cum Sole existente, hoc est, in plenilunio designatum, alterum
RICCIOLINUM scilicet, è pluribus Lunæ phasibus in unum corpus fuerit
tum. In denominationibus macularum, utpote signis et significationibus arbi-
is, dictos Auctores inter se differre hic in aperto videmus, cum Hevelius no-
marium, regionum, fluminum et montium nostrorum imitatus, Ricciolus au-
illustrium & de re siderea optimè meritorum Astronomorum, complurium
rtim suæ Societatis Mathematicorum nomina pro usu Astronomico sibi e-
it.
ni circa Lunam limbi se invicem secantes nihil aliud quam motus alicuius in
librarorii terminos, intra quos perpetua deprehenditur librationis variatio,
dicant; qui hodie demum per Tubos è diversa macularum nonnullarum mu-
ne observatus, nec Veteribus olim notus fuit: eandem quippe nobis faciem
antissime semper Lunam obvertere existimantibus: peragit autem hæc mo-
sium libratorium per quatuordecim circiter dies trigesima sexta tantum

diametri suæ parte in plagam superiorem ab Austro Corum versus, dum Luna versatur in descendentibus signis, in ascendentibus autem per idem tempus et spatium secundum Hevelii et aliorum observationes retrorsum iterum, et sic porro vacillare videtur.

Eodem temporis, menstruo nempe spatio Lunam quoque orbitam suam, dum porro et retro librationem absolvit, peragrare, et pro vario situ diversas phases, hoc est, luminis figurationes varias, prout figura media inferior B. subindicat, simul exhibere deprehendimus, cum pars Lunæ illuminata mox crescere, mox decrescere pro maiori vel minori Lunæ à Sole distantia debeat, quæ sanè luminis non proprii sed à Sole mutuati signa sunt indubia; interim non obstante, quod lumen quoddam debile haud multò ante et post novilunia Lunæ quasi innatum, de quo olim multa inter Astronomos movebantur lites, maculas Lunares nonnihil reddat conspicuas, cum extra omne dubium sit positum, hoc suam originem à Terræ nostræ superficie duodecies, et quod excedit, maiori quam illâ Lunæ, radios Solis tunc temporis omnium copiosissimos in illam reflectente, habere, eò quod hac reflexione cessante, ipsum etiam putativum lumen nonnunquam planè cum ipsa Luna in Eclipsibus disparuerit.

Ultimo denique loco duplices pro Luna Mensuræ longitudinariæ notandæ quoque veniunt, quarum unam pro distantiis et magnitudine macularum ut et diametro Lunari, quæ secundum Hevelium 494 mensuratur milliaribus, per Germanica milliaria definiendis, alteram pro quantitate Eclipsium Lunarium tam secundum digitos Eclipticos quam eorum partes exactè describenda, huic tabulæ apposuimus.

赫维留绘制的月面地图

图页11的左侧复现了赫维留1647年发表的《月面学》中3幅大尺寸月面图中的一幅。该书是有史以来第一部完全关注于月球天文学的著作。书中介绍了一种用地球上的经典特征和地理区域为月球的特征地形命名的方法。

里乔利绘制的月面地图

图页11的另一侧被一张来自里乔利在1651年出版的《新天文学大成》中的地图所占据。这张地图的编纂者实际上是另一位名叫弗朗切斯科·玛丽亚·格里马尔迪的耶稣会天文学家。与赫维留的一手工作不同，本图借鉴了数个不同的信息源。正如大多数人所见，由此产生的地图与月球的相似度要高得多。这无疑帮助里乔利命名系统广泛地为人所接受。按里乔利命名法，月海以抽象概念命名，而其他月面特征的名称则来自古今科学家和哲学家的名字。

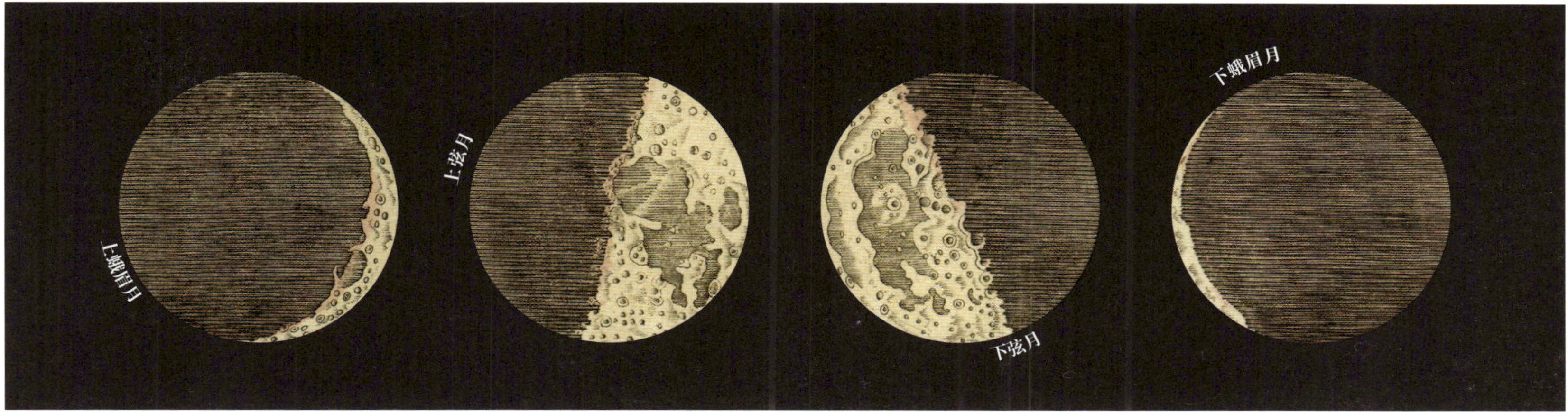

月相

图页11的四角都饰有微型地图，分别代表月亮的4个相位：上蛾眉月（crescentis）、上弦月、下弦月和下蛾眉月（多佩尔迈尔称为“luna senex”，意为旧月）。

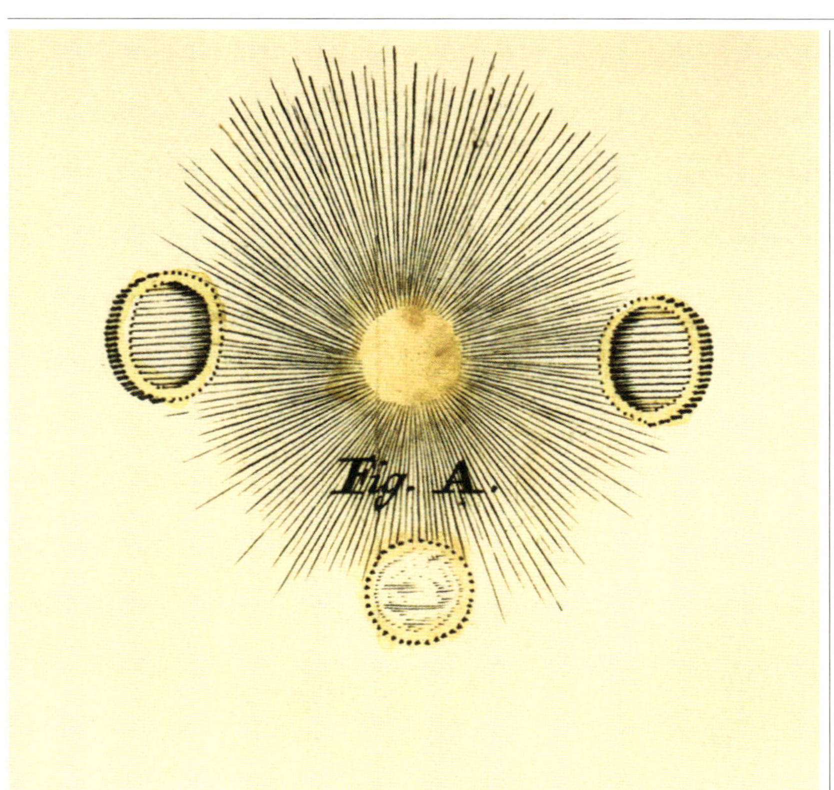

月球表面的阴影

这张小图说明，随着太阳的方向不同，月球表面的环形山投下的阴影方向也不同。

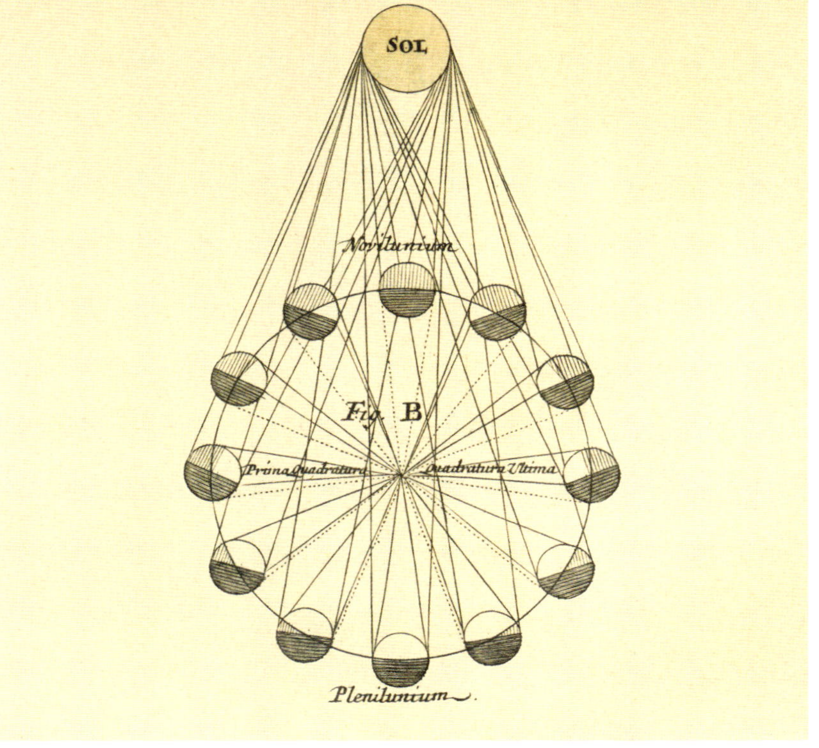

月球天平动

这张图解释了天平动的原理。由于月球与地球较近，且在地球观察月球的视角会发生变化，月面边缘的不同区域会在月球绕地球转动时进入观察者的视野。

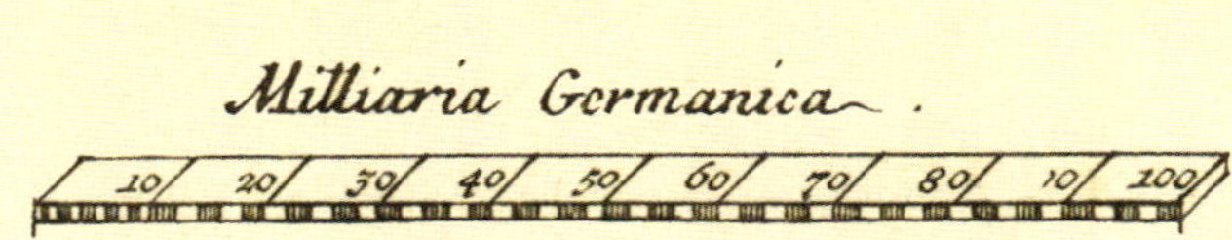

比例尺，德国里

地图比例尺显示了以德国里（Landmeile，1德国里约等于7.5千米）为单位的距离。

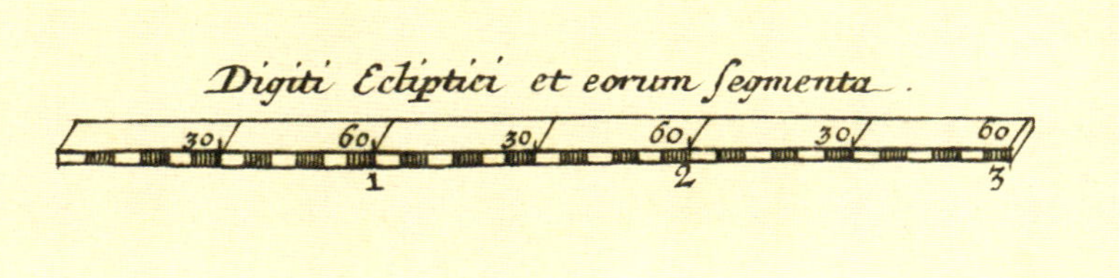

天文进制

在这一现已废弃的测量系统中，月球（或太阳）的表面被分为了12“位”（digit），而每一“位”又被分为60分。

月球的寓言

图页左上角有一群小天使，他们玩耍着笨重的望远镜，以窥探月球的面貌。

月球坑坑洼洼的表面

一个小天使照亮了月亮女神满是麻点的脸。她身侧的文字评论的是：“斑点不掩狄安娜之美。”

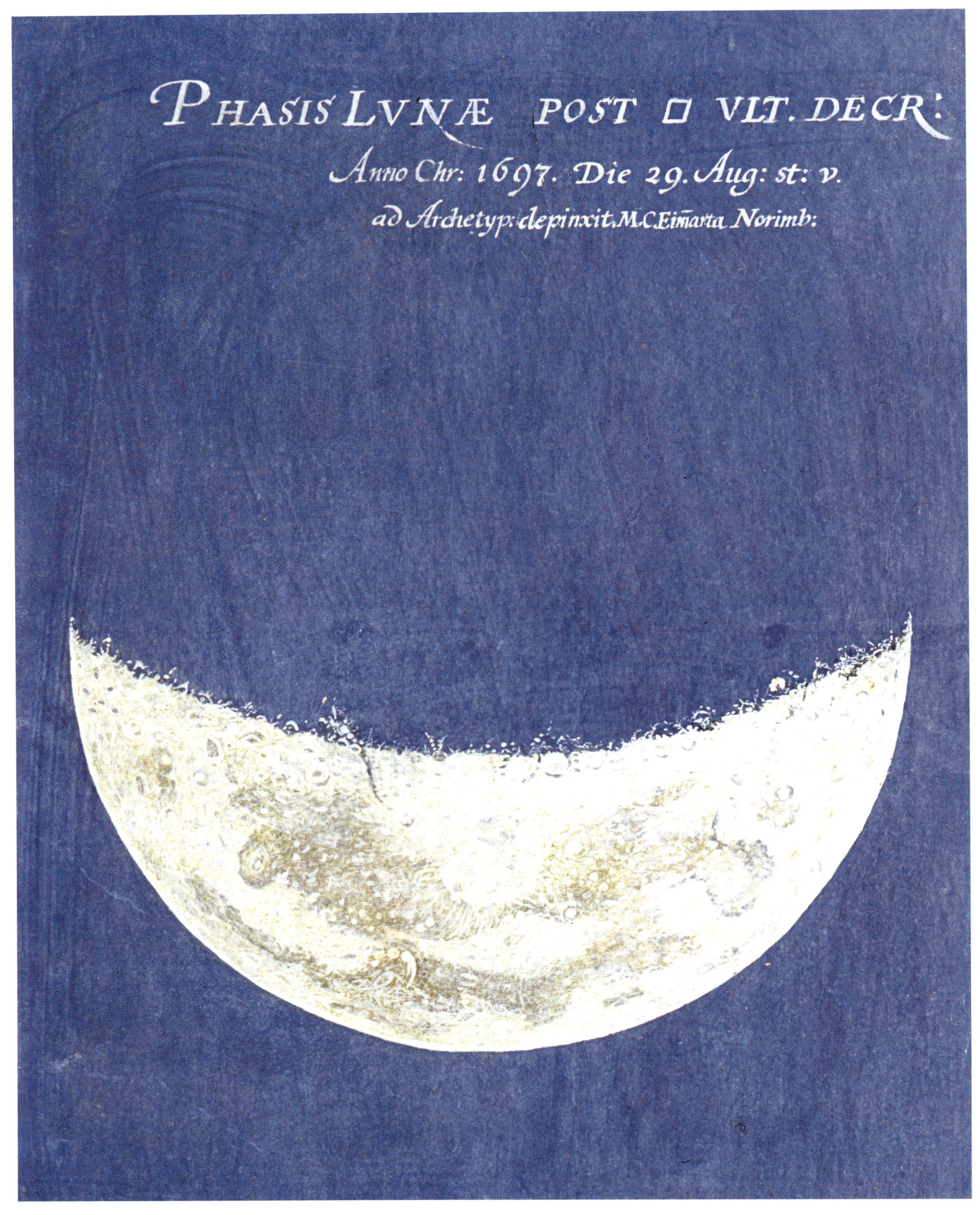

PHASIS LUNÆ POST □ VLT. DECR:
Anno Chr: 1697. Die 29. Aug: st: v.
ad Archetyp: depinxit. M.C.Eimarta Norimb:

《超过300个月相的缩微天文图像》

（*Micrographia Stellarum Phases Lunæ Ultra 300*，1693—1698）

玛丽亚·克拉拉·艾姆马尔特是纽伦堡天文台的创始人格奥尔格·克里斯托夫·艾姆马尔特之女。她比多佩尔迈尔只大一岁。她可能是在纽伦堡工作的所有观测天文学家中最细致的一位。17世纪末，她用了6年多的时间绘制了一系列极为优质的关于月相的插图。这些图画通常是用粉彩画在深蓝色卡片上的。艾姆马尔特的插图捕捉到了月球朝向地球的一侧受到不同程度和不同角度的光

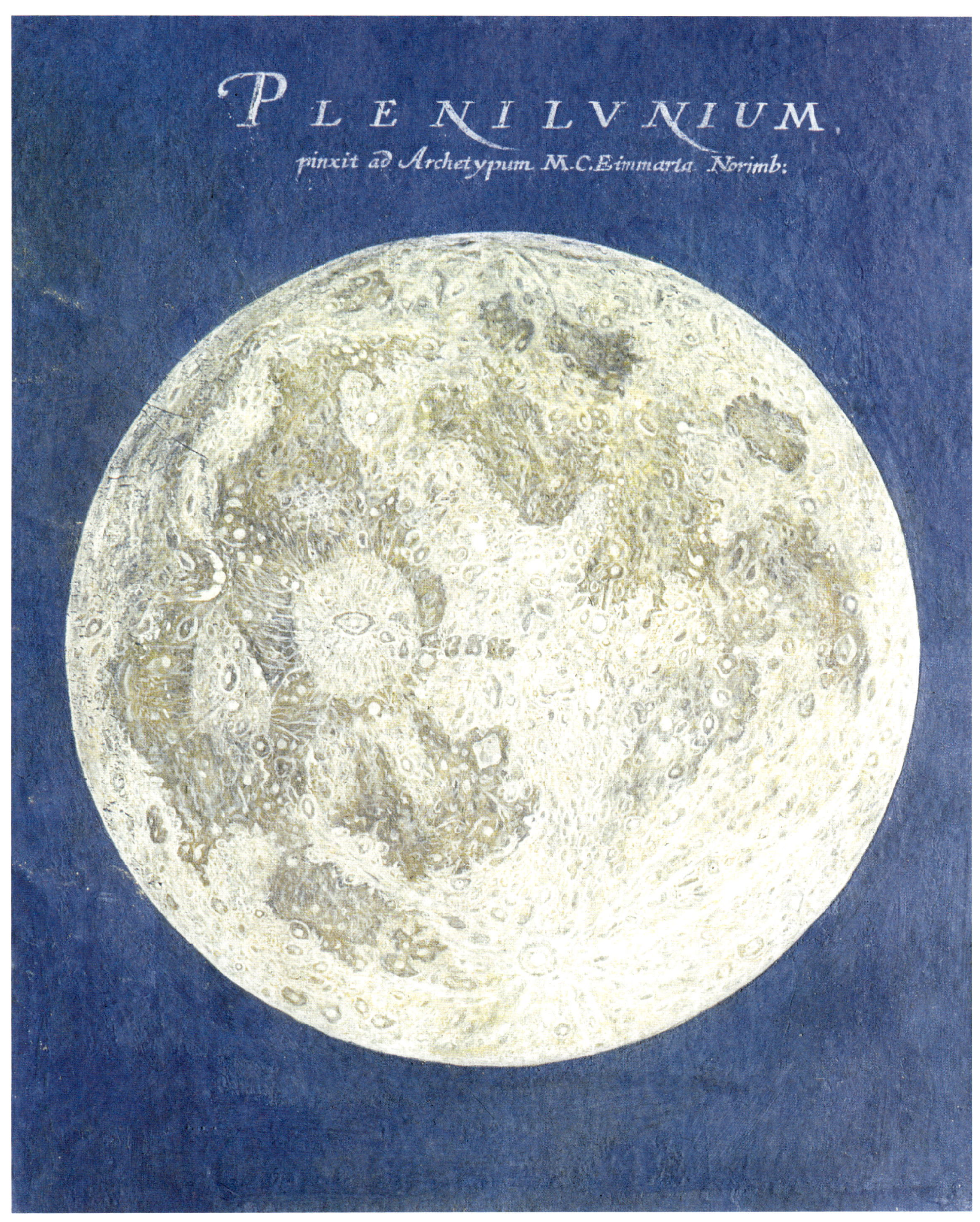

照时，投下的光线和阴影的变化。艾姆马尔特也为不少其他天文现象绘制了图解。这些现象中包括1706年在纽伦堡可见的日食。同年，她与约翰·海因里希·缪勒（Johann Heinrich Müller）成婚。缪勒是埃吉丁中学的物理学教授，同时也作为她父亲的继任者，担任了纽伦堡天文台台长。

关于月球的理论

（THEORIA LUNÆ）

多佩尔迈尔介绍了关于月球轨道异常的解释、各种月球现象的成因，以及月球表面的性质。

多佩尔迈尔的第二张以月球为主题的图页是《天图》中最晚完成的部分之一，大概编纂于1735年之后的某个时间。这一图页介绍了有关月球的各种信息，重点主要有两个：月球表面的各种现象，以及一些解释月球运动不同特征的理论。本页上描绘月球表面的图画相当吸引眼球，不过，更有意义的应当是系列图解部分。因为，这些图突出显示了启蒙时代天文学的一项极为关键的辩论。

通常，人们称月球的月相周期按29.53天循环，但这个时间不过是一个平均值。古时的天文学家已经注意到了，月相周期在不同月可以有微小的变化。同时，月球相对于背景恒星的速度也依其位置的不同而不同。在新月和满月前后，地球、月球、太阳三者在空间中连成一线（称为朔望），月球移动的速度也是最快的；而在上弦月和下弦月的日子，月球和太阳角距为90度（称为方照），月球移动得最慢。

图15—1. 伽利略在1609年的11月和12月绘制了这一系列的月球水彩画。他后来的《星际信使》中，又以雕版画的形式复现了这些简图。图中明显的阴影和浮雕似的特征瞬间证明亚里士多德关于月球是个完美球体的理想是错误的。

图15—1

启蒙时代早期的天文学家从月球的逾矩行为中辨认出了一些反复出现的模式，并且将它们分成了不同周期的“差”（inequality）。然而，他们无法在匀速圆周运动的框架下理解这些模式。即便是了不起的观测者第谷·布拉赫，也只能对地心理论稍作改进，并添加更多的“差”。在他去世后，1602年出版的月球运动理论中，这类修补已经为数不少。

然而，大约30年后，年轻的英国天文学家杰里迈亚·霍罗克斯以其洞察力带来了关键性的进展。17世纪30年代末，他在与友人的通信中阐释了自己的月球运动论，并首次得出月球的轨道应该是一个椭圆而不是正圆的结论。他的理论直到1673年才得以发表（而他本人早已于22岁时去世）。约翰内斯·开普勒在尝试解决月球问题时，也曾有过和霍罗克斯类似的想法，不过，最终还是放弃了这个念头。而霍罗克斯将这个想法又捡了起来。他提出，月球运动中最主要的摄动是其轨道拱线（连接其近地点和远地点的线段）为期20年的周期性摆动，同时，月球轨道偏心率也以同样的周期发生微小的变化。

霍罗克斯尝试着将自己对月球运动的解释放在开普勒行星运动定律（物体绕另一物体公转的速度由二者的距离决定）的框架之内。然而，由于缺少关于月球运动中各种不规律性的完整物理图像，他的尝试并不太成功。但到了17世纪末，艾萨克·牛顿受到了霍罗克斯思想的启发，建立了自己的月球运动论。牛顿将主要的几种月行差归因于地球和月球处于不同轨道位置时，太阳对二者运动的加速度的不同，

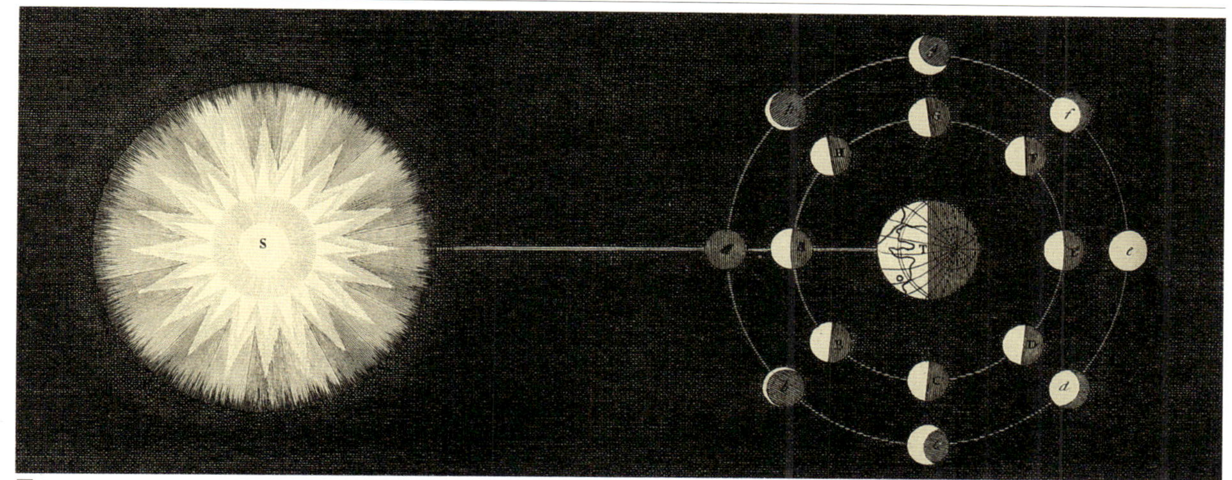
图15—2

图15—2. 本图来自约翰·威尔克斯（John Wilkes）的《伦敦百科全书》（*Encyclopaedia Londinensis*，1810）。它解释了月相的成因，即当月球绕地球转动时，月面被照亮的区域在地球可见的部分是不同的。

并且改进了自己的理论。具有讽刺意味的是，他为月球运动做了密密麻麻的数学推演，却跳过了这一加速度的真实原因，即太阳、月球和地球之间引力平衡的变化。随着牛顿运动定律和万有引力理论的解释威力日益显明，多佩尔迈尔时代以及之后的物理学家和数学家付出了大量的时间和精力，力图展示月行差确实可以由引力效应来解释。

多佩尔迈尔在图页12的其他位置介绍了一些相对来说不那么艰涩的主题。其中一些图表展示了月球天平动（使月球背面的边缘变得可见的“晃动”）的成因。月球以每个月一周的速度均匀地自转，但由于公转轨道是个椭圆，它在不同位置的公转速度不同，两者交错，就产生了经度方向上的天平动。而纬度天平动的成因是月球的自转轴的倾斜，大致与季节变化的成因相当。该图页的其他图表中，还有相对的两张画的是所谓“摆线”（cycloid），表现的是月球在一个月的时间里相对于地球的运动轨迹。另外还有一张图解释了“地照”（earthshine），即月球的黑暗区域被地球反射的太阳光照亮的现象。

图页右下的两张小图介绍了月球经过更遥远的天体前方的月掩星现象。这样的图像在文献中并不多见。其中一幅展示的是典型的掩星，被掩食的是天空中最亮的恒星之一，金牛座的毕宿五（多佩尔迈尔使用的是它现已废止的古称Palilicium，现代星名为Aldebaran）。另一幅图中的是1720年的月掩金星。出现这次事件时，有数位观测者声称看到了月球大气导致的光线折射。

最后，我们来到了本图页最吸引人的部分：两幅探究月球地质学的早期绘图。本页上方的是一幅著名图画的摹本，原作是英国科学家罗伯特·胡克在1664年10月利用一台9米长的望远镜绘制的。画面聚焦于一座叫作依巴谷的环形山及其周围的小区域。这是最早的详细描绘单一月面特征的图画，与胡克其他更著名的显微镜研究成果一起发表于《显微图谱》（*Micrographia*，1665）一书。这幅图对月球地形的写实性描绘，展示了胡克非凡的绘图技巧。他深入地思考了在月球表面观测到的碗形凹痕的性质，甚至做了一些实验，证明了这些地貌既有可能是太空撞击，也可能是火山喷发导致。最终，他选择了火山一边，并接受了月球本身是有生命且在演化中的观点——胡克的同代人最后也接受了这一观点。

页面下方的素描图是意大利哲学家弗朗切斯科·比安基尼在1725年绘制的。图画关注的区域在柏拉图、亚里士多德和欧多克索斯环形山之间。在这一区域，比安基尼发现了一道横切月球阿尔卑斯山脉（Lunar Alps）的巨大山谷。图画一角的小图突出显示了柏拉图环形山令人难忘的丰姿，还画上了比安基尼声称在其底部看到的泛红的光芒。今天，人们通常认为，这种暂现的光与月球表面之下含尘气体的逸出有关。

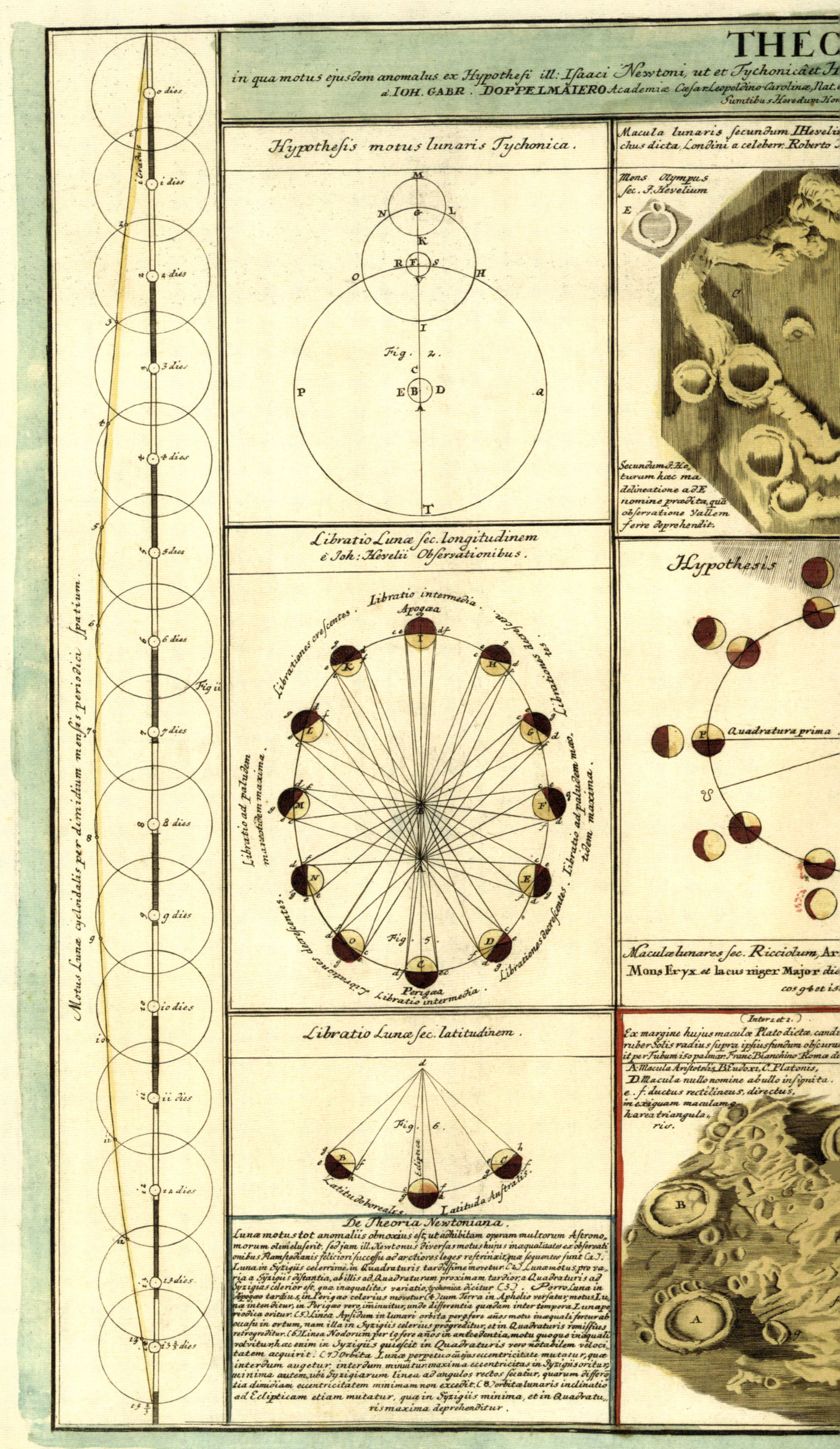

多佩尔迈尔
《天图》
图页12

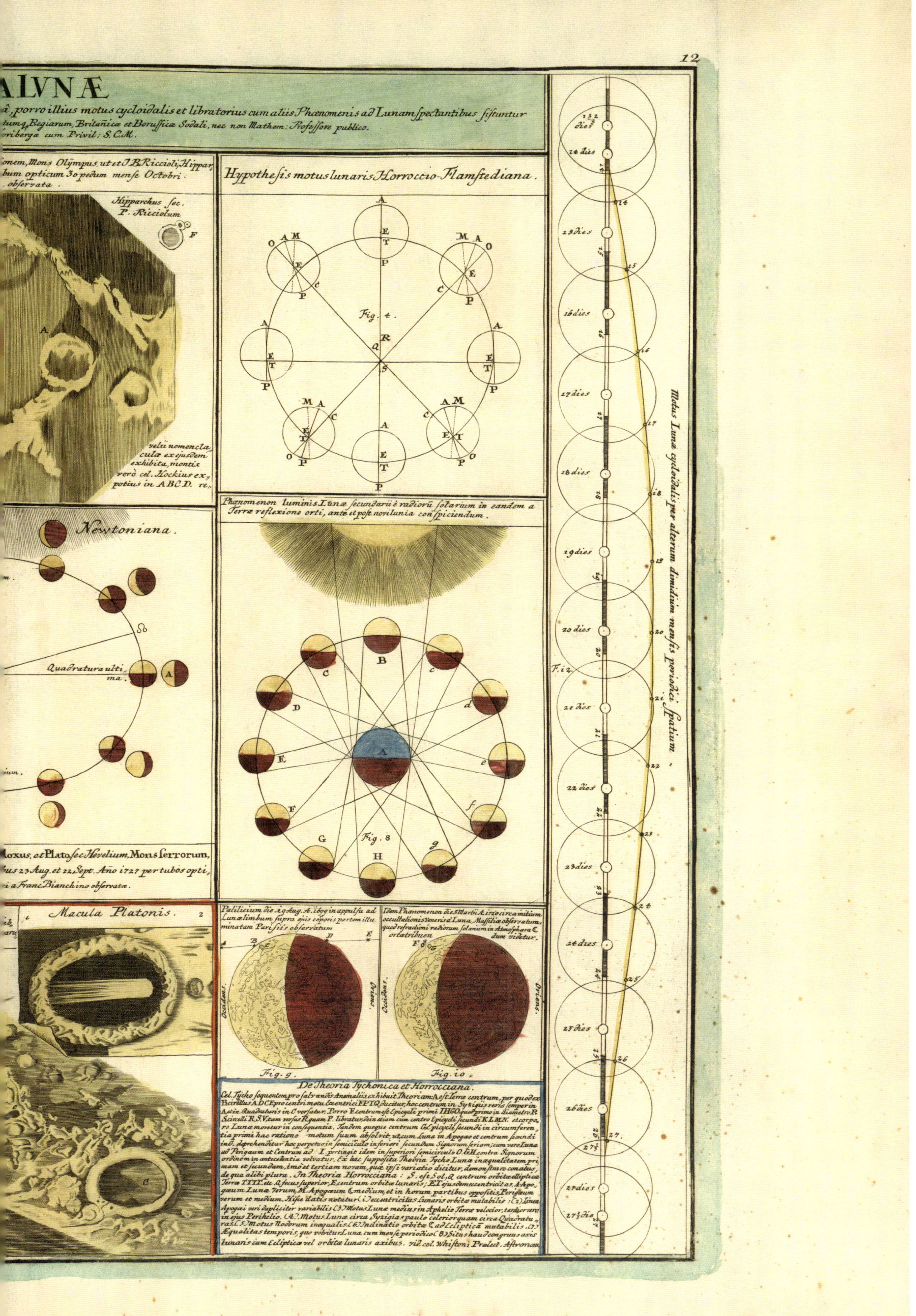
12
ALVNÆ
Hypothesis motus lunaris Horroccio-Flamstediana.
Fig. 4.
Newtoniana.
Quadratura ultima.
Phænomenon luminis Lunæ secundarii è radiorū solarium in eandem a Terræ reflexione orti, ante et post novilunia conspiciendum.
Fig. 8
Macula Platonis.
Fig. 9.
Fig. 10.
De Theoria Tychonica et Horrocciana.
Motus Lunæ cycloidalis per alterum dimidium mensis periodici spatium.
F. 12.

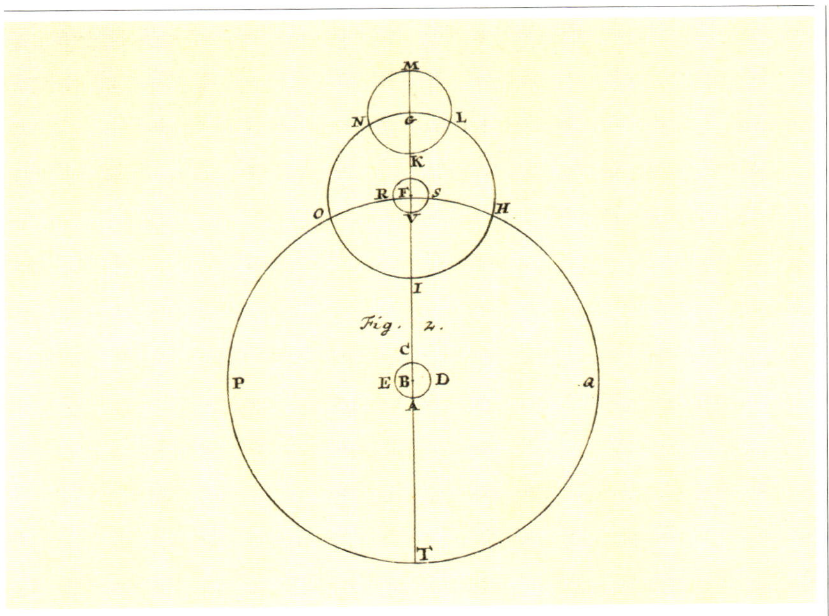

第谷的月球运动论

第谷的理论要求月球不仅有一个主轨道，还有两个本轮，并且每个的运动中心都是上一个轨道。

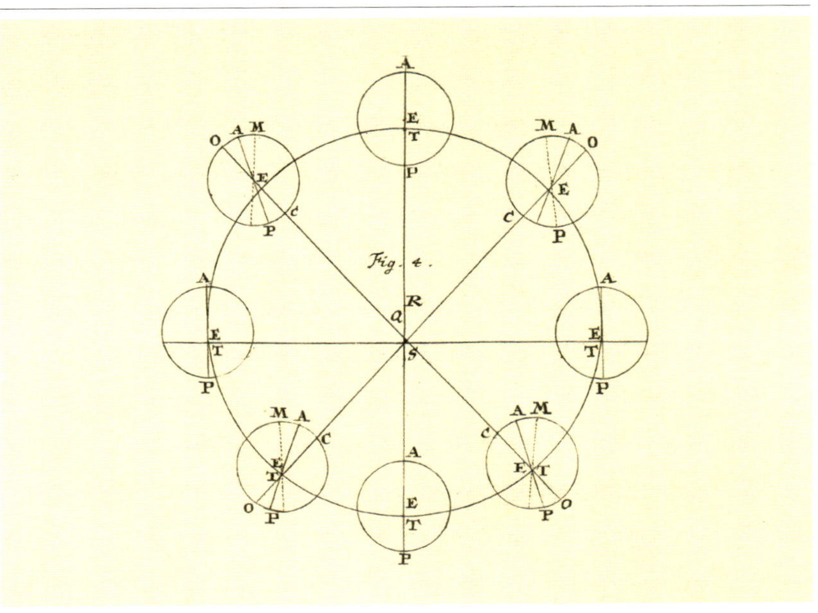

弗拉姆斯蒂德/霍罗克斯的理论

多佩尔迈尔作图解释了霍罗克斯关于月球椭圆轨道的偏心率及其近地点方向具有一年两次的振荡的假设。

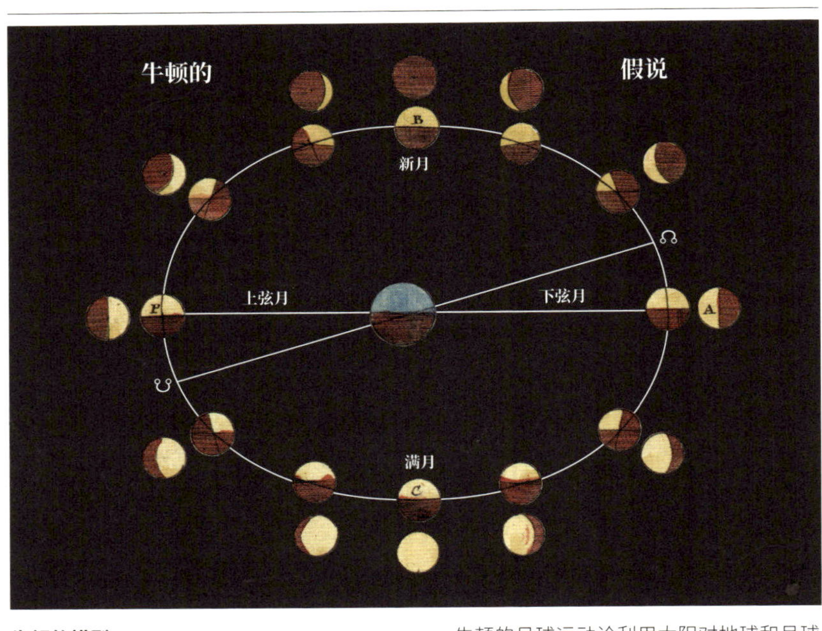

牛顿的模型

牛顿的月球运动论利用太阳对地球和月球在其轨道上的不同点时的引力不同，解释了为什么月球在每个月和每年的某些时刻加速，而在其他时刻减速。

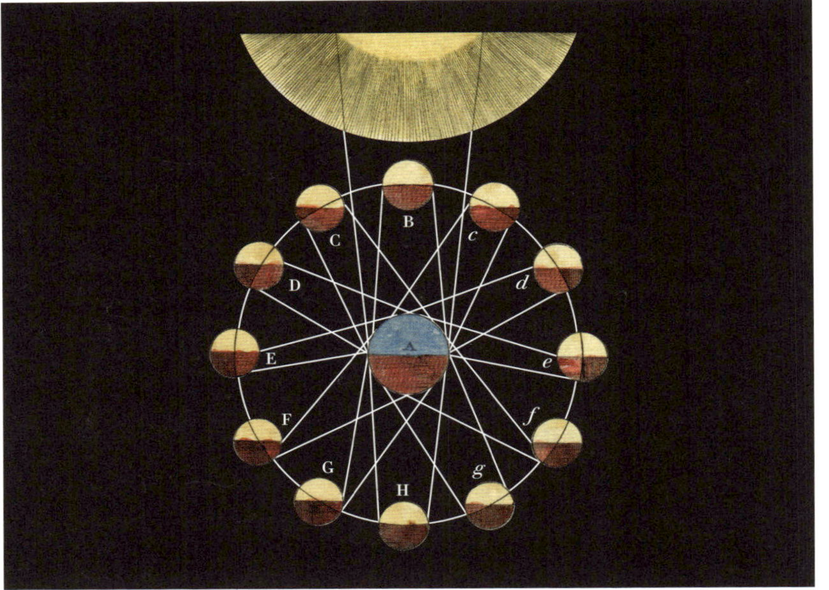

地照

多佩尔迈尔展示了地球反射的太阳光可以照亮月球的黑夜侧的部分或全部。这种效应称为地照。

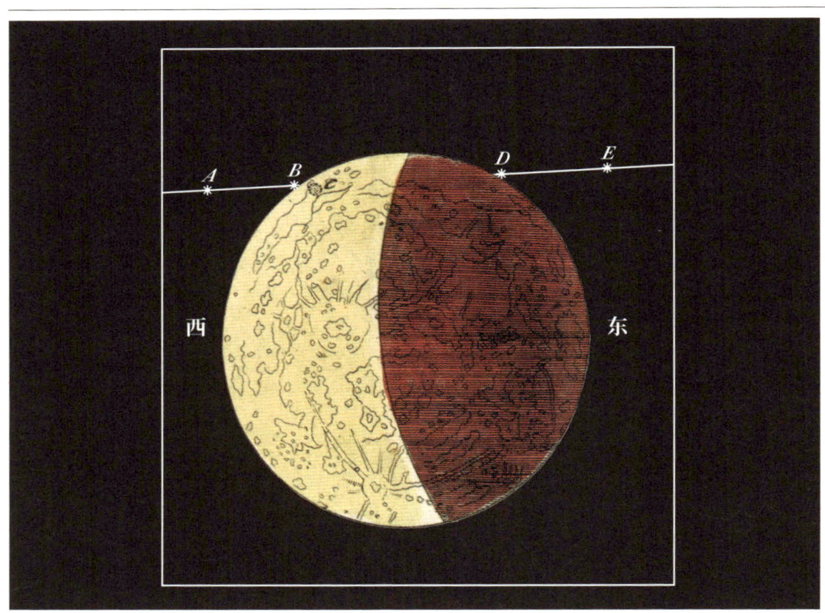

月掩毕宿五

本图显示的是月球掩食毕宿五的路径。计算此类事件的发生时间、路径和持续时间可以确认有关月球和被掩食天体的详细信息。

月掩金星

该图显示了1720年月掩金星时的接触点。行星在此类事件中被完全遮掩的时间提供了关于它们真实角直径的初步信息。

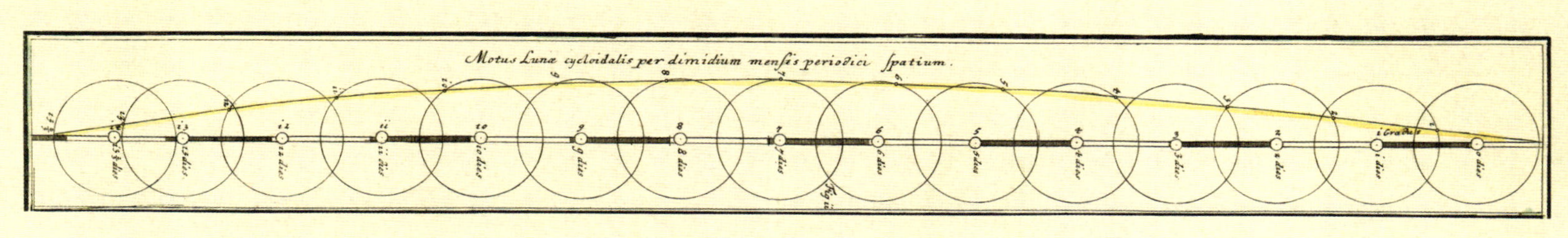

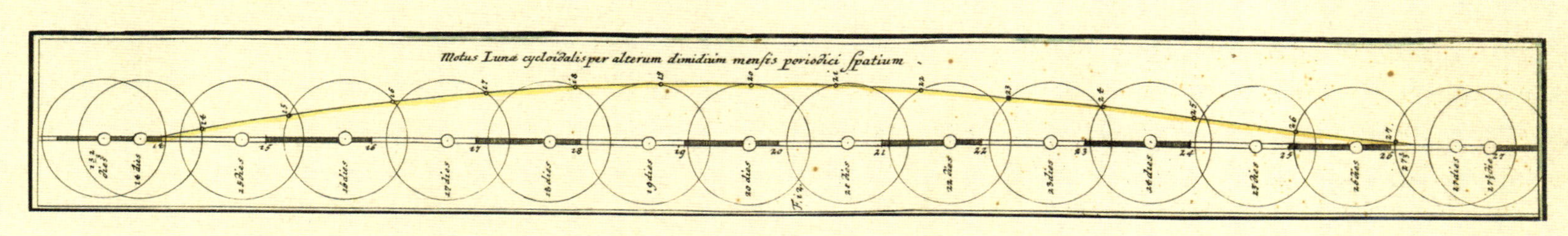

月球的摆线运动

两张图表将月球相对于地球轨道的位置构建为一条摆线，即沿着直线滚动的圆上的一个固定点所描述的路径。月球绕其轨道走过完整一周需要27.32天，但是（由于太阳的运动较慢）需要29.53天才能回到地球天空中相对于太阳的相同位置。

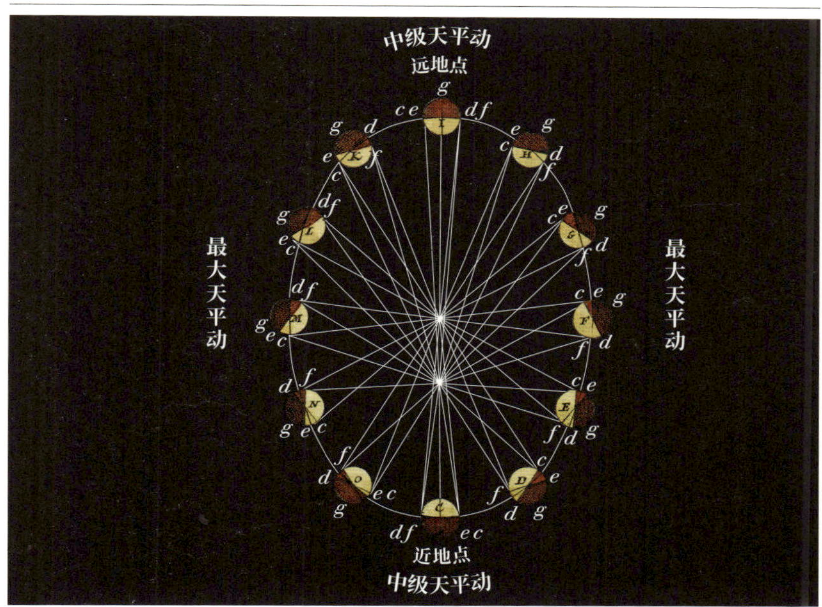

经度天平动

月球在远地点和近地点之间的速度差异与其稳定的自转相结合，使月球背面的东西两侧末端变为可见。

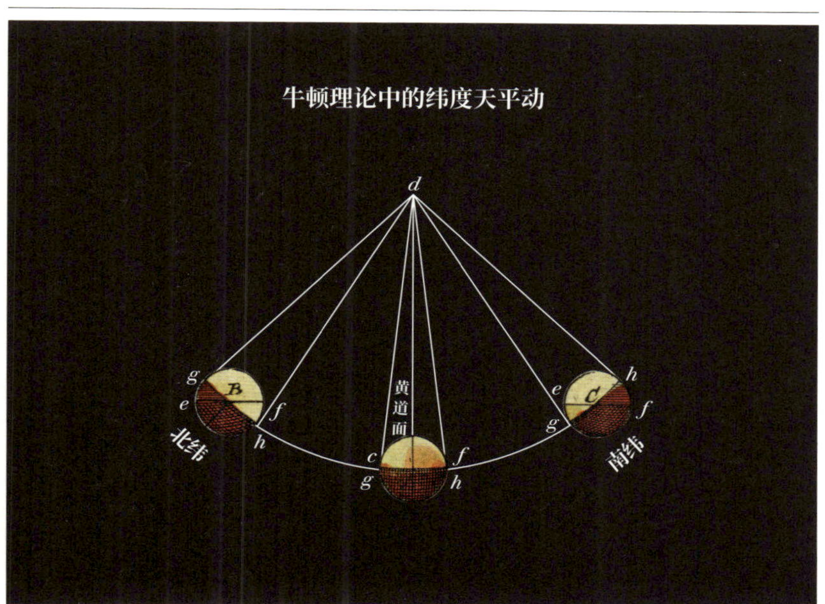

纬度天平动

多佩尔迈尔展示了月球轨道相对于黄道的轻微倾斜如何使其背面的北极和南极区域变为可见。

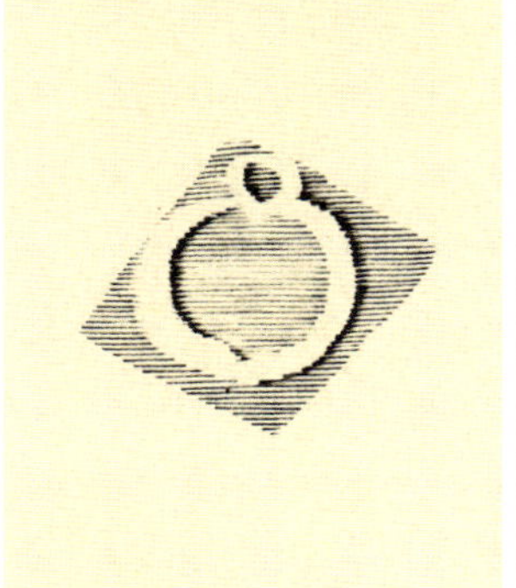

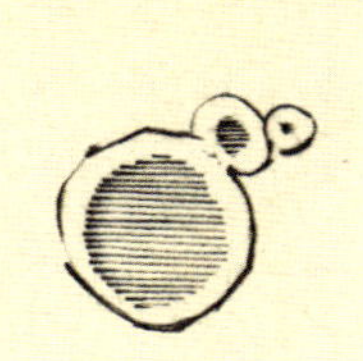

胡克的观点（本行最左图）

多佩尔迈尔复制了胡克在其《显微图谱》中所画的依巴谷环形山。该书展示了最早的一批月球表面起伏地形的细节图。

简单的解释（本行右两图）

这些对同一区域的记录分别来自赫维留和里乔利。赫维留认为这是一片山区，并称之为奥林匹斯山（Mons Olympus）。里乔利则认为这是一个山谷或环形山，并第一个将其命名为依巴谷。

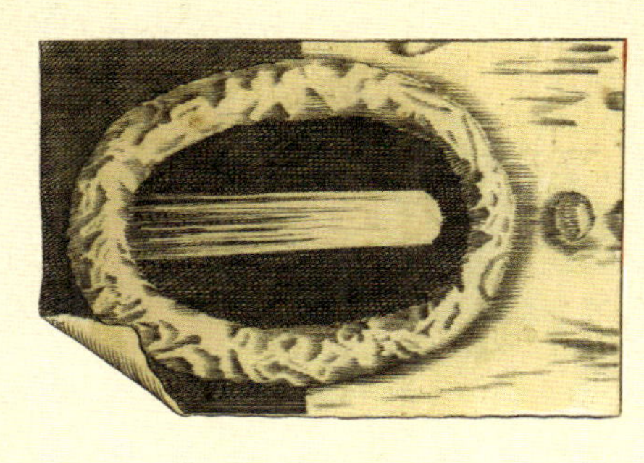

月球上的阿尔卑斯（本行左图）

这张插图复制自比安基尼的一幅印刷品。图中展示了现在称为月球阿尔卑斯山脉的高地山脉的山脊，其周围环绕着亚里士多德（A）、欧多克索斯（B）、柏拉图（C）等环形山，并被一道名叫阿尔卑斯山谷的笔直的长缝切开。

难得一见的景象（本行右图）

多佩尔迈尔复现了比安基尼所见的柏拉图环形山的底部，展示了它的黑色表面和他于1725年在那里见到的红色条纹（本图为黑白展示）——这是神秘的“月球暂现现象”的早期记录。

Phasium Lunæ Icones, quos Anno Salutis 1634 et 1635 pingebat, ac Sculp. Aquis Sextijs
Claud. Mellan Gall. præsentibus ac Flagitantib. Illustrib. Viris Gassendo et Peyreschio

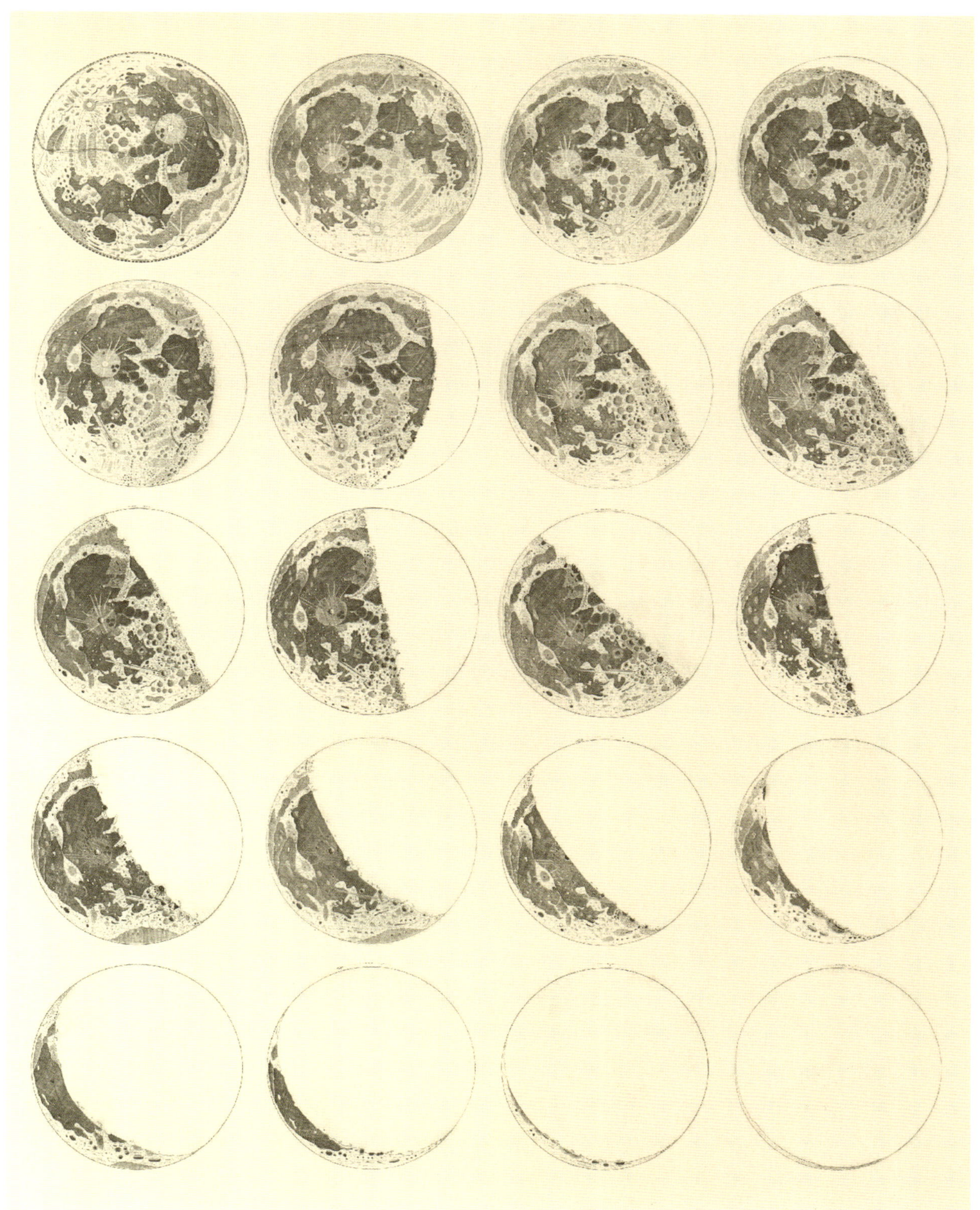

月貌三种（1635）

对页上的3幅作品描绘了满月（顶部）、下弦月（底部左侧）和上弦月（底部右侧）状态的月亮，由克洛德·梅朗（Claude Mellan，1598—1688）所雕刻。图片取材自梅朗于1635年在普罗旺斯地区艾克斯（Aix-en-Provence）所进行的望远镜观测。梅朗训练有素的眼睛使他为自己的赞助人——人文主义学者尼古拉-克洛德·法布里·德佩雷斯克（Nicolas-Claude Fabri de Peiresc）和天主教神父、天文学家皮埃尔·伽桑狄（Pierre Gassendi）——捕捉到了月球前所未有的自然主义细节。

《月面学，或称对月球的描述》（1647）

上方的系列插图来自赫维留的划时代巨著《月面学，或称对月球的描述》（*Selenographia, sive Lunae descriptio*）。图中描绘了月相在略少于15天（平均）的时间里从满月归于新月时，月球表面可见特征的消失。赫维留虽然沿袭了将月球表面的较暗区域称为“海洋”或其他水域的古老传统，但通常还是借用地球上地理特征的名称命名。他本以为这种做法会带来方便，但最终却促成了竞争对手里乔利的命名系统的成功。

交食理论

(THEORIA ECLIPSIUM)

多佩尔迈尔深入探讨了日食和月食。

现在通常认为，图页13是多佩尔迈尔《天图》中最晚完成的部分，而且很可能是特地为《天图》一书编写的。页面中心大图改编自多佩尔迈尔在1707年绘制的同主题作品，内容为1706年5月12日扫过欧洲的日全食的路径。中心图四周有许多小示意图，它们解释了日月食的成因，也是对诸如月掩亮星、水星凌日甚至太阳黑子的移动等重要天象的图像记载。

千百年来，天文学家早已能以差强人意的准确度预测日食和月食了。据古希腊历史学家希罗多德（Herodotus，约公元前484—约前425）的记载，最早的预测据说来自哲学家米利都的泰勒斯（Thales of Miletus，约公元前624—约前574）。希罗多德称，泰勒斯预测到了公元前585年的一次日食。日食的突然发生使得正在交战的米底人和吕底亚人（泰勒斯的故乡，这两个国家现在都属于土耳其）握手言和。有许多历史学家对于以当时的科学水平是否能够做出这样的预测持怀疑态度。但是，巴比伦的天文学家（以及诸如古代中国或中美洲等其他独立文明的天文学家）肯定已经对日月食的周期有所认识了。

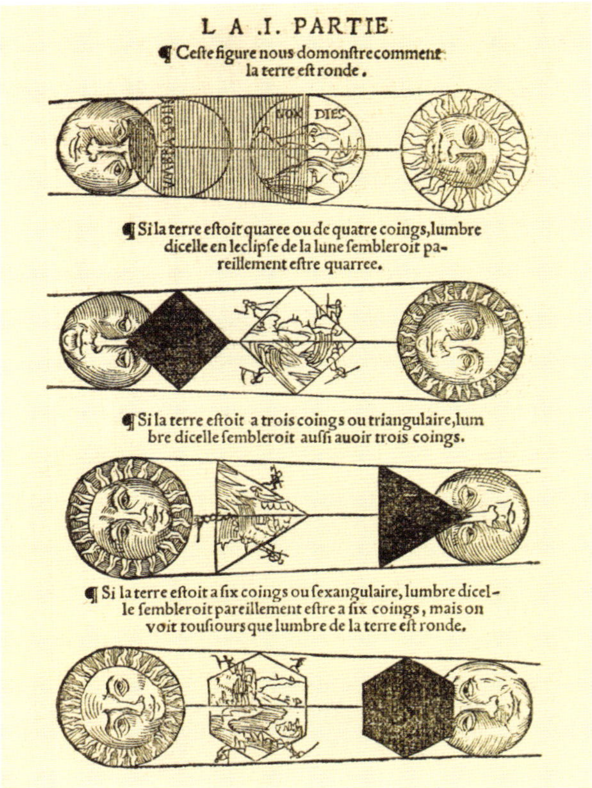

图16—1. 这幅独具一格的插图来自彼得·阿皮安（Peter Apian）的《宇宙志》（*Cosmographia*，首次出版于1524年）。图中阐释的概念可以追溯至亚里士多德：月食时地球投在月球上的影子的形状，可以证明地球是球形的。

图16—1

不管是日食还是月食，都只会发生在太阳、月球、地球这3个天体连成一条直线的时候。自然，这只能是在满月（此时月球和太阳分别位于地球两侧）和新月（此时月球和太阳在同一方向）的日子里。由于月球的轨道（又称白道）和黄道（太阳在一年中的视运动轨迹）有大约5.1度的夹角，多数时候3个天体不会对得非常准。在月球轨道上，月球穿过黄道的节点称为“月轨交点”（lunar node）。只有当满月或新月发生在月轨交点的时候，日食和月食才有出现的可能。

正如地球每年绕日公转时，其自转轴在太空中的指向保持不变（由此产生了四季，见图页6），月球绕地球公转时，月球轨道在空间中的朝向也是不变的。这就意味着，太阳与地球的连线每年经过月轨交点两次。太阳位于这一点附近的时间，就称为“食季”（eclipse season）。在长度约为一个朔望月的食季期间，日、地、月三者是有可能连成一条直线的。如果满月在地球背面经过月轨交点，那么它很有可能穿过地球在空间中投下的巨大阴影锥，从而发生月食。如果新月与太阳在同一侧经过月轨交点，月球的阴影就有可能扫过地球。但是，由于月球的体积要小得多，月球阴影带比地球的窄很多，因此，月球和太阳要对得更准才能发生日食。

太阳的引力让“食”这件事变得更复杂

了：在月球绕地球公转时，太阳对月球的“拉动”使整个月球轨道发生旋转，交点沿着月球轨道西向而行。这种现象称为“交点进动”（nodal precession）。由于这一效应，食季会一年年地缓慢变更，而“食”也会发生在不同的时间和地点。不过，每过18年多一点（一个“沙罗周期”），地球、太阳和月球会回到同样的相对位置，这时再发生的“食”就和上个周期里的几乎完全一样了。

最后一道波折是地球的自转——沙罗周期是6585天又8个小时，也就是说，要经过3个沙罗周期，“食”才会在一天中的同一时间再次发生。

想要准确预测一次“食”，除了沙罗周期，还需要考虑其他几种周期。同时，沙罗周期的起算点可以是任意的，因此在任意时刻，都会有许多相互交叠的不同沙罗周期。不过，尽管直到哥白尼天文学（以及牛顿引力理论）确立后，人们对这一周期的成因才有了可以联系实际操作的认识，但古典时代晚期的观星者们早已用起了它。在公元前2世纪，以估测月球和太阳的尺寸和距离闻名的尼西亚的喜帕恰斯奠定了这一实践的基础。1901年，在爱琴海沉船里发现了一架复杂的天文计算器——安提基特拉机（Antikythera mechanism）。或许，这个了不起的机器就是施行喜帕恰斯思想的实践工具。

尽管预测“食”有可能发生的时间已经是小菜一碟了，但准确地模拟太阳、月球、地球的相对位置，从而确定相对狭窄的日全食带依旧是一件难事。地球上能看到月面圆盘部分遮掩日面、发生日偏食的区域的宽度可以达到6400千米，而月球正好遮住太阳区域的宽度只有160千米到不到80千米。同时，这种“全食区域”在地球表面的移动速度可达每小时数千千米。这部分是因为月球步履不停地从太阳前方移过，但主要是来自地球本身在相对固定不动的月球阴影下持续不断的自转。因此，在太阳或月球位置时的微小误差就会导致预测中的全食带偏北或偏南很远。

关于1706年5月的日食，产生了第一张日食预测地图，这次日食也因此格外重要。1705年时，阿姆斯特丹的数学家西蒙·凡德穆伦（Symon van de Moolen，1658—1741）和鹿特丹的安德烈亚斯·凡吕赫滕贝尔赫（Andreas van Lugtenberg，生卒年不详）分别发表了关于即将发生的日食的论述，指出全食带会从西南向东北斜穿欧洲。日食如期发生，此时法国的“太阳王”路易十四（1638—1715）恰在巴塞罗那败北于西班牙王位继承战争，这一巧合激发出了许多占星学评论。

德国的纽伦堡位居全食带的中心线附近，安享长达4分钟的食甚。次年，为了纪念这一事件，多佩尔迈尔和约翰·巴普蒂斯特·霍曼绘制了一张带有日食带投影的详尽的欧洲地图。地图用到了来自欧洲各地的观测数据。它不仅画出了发生全食的界限，也标记了不同程度的偏食对应的其他区域。在图页13上，多佩尔迈尔从另一个视角重新探讨了这一主题，展示了从北极上空看到的日食轨迹，以便追踪它穿越整个半球的路径。

图16—2

图16—2. 1715年5月，埃德蒙·哈雷关于1682年出现的彗星将在1758年回归的预言还要很久才能应验，但此时他已经预测出了那时横跨英格兰和威尔士的日全食的路径，成功展示了牛顿物理学的威力。他的预测与日食实际发生的时间只差不到4分钟。哈雷与制图师约翰·塞内克斯（John Senex）合作，提前发布了日食事件的宽幅印刷广告，并在其后继续跟进，在修订后的第二版中添加了1724年即将发生的日食的路径。

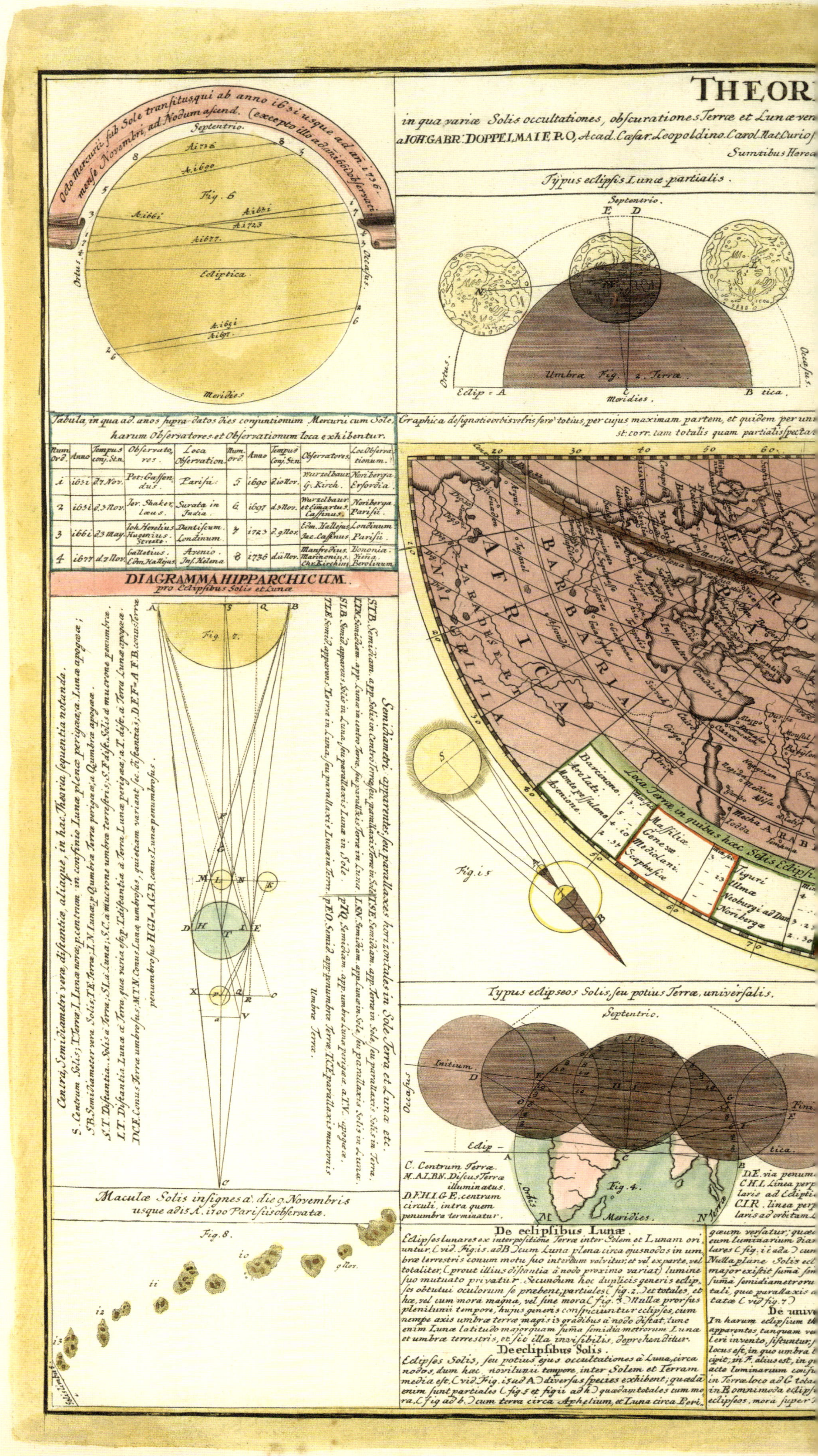

Octo mercurii sub Sole transitus, qui ab anno 1631 usque ad an. 1736 mense Novembri, ad Nodum ascend. (excepto illo a. 1661 observati)

THEORI

in qua variæ Solis occultationes, obscurationes Terræ et Lunæ ver

a IOH. GABR. DOPPELMAIERO, Acad. Cæsar. Leopoldino. Carol. Nat. Curios

Sumtibus Hered

Typus eclipsis Lunæ partialis.

Tabula, in qua ad. años supra datos dies conjuntionum Mercurii cum Sole, harum Observatores et Observationum loca exhibentur.

Num. Ord.	Anno	Tempus conj. St. n.	Observatores.	Loca Observation.	Num. Ord.	Anno	Tempus Conj. St. n.	Observatores.	Loc. Observationum.
1	1631	d. 7 Nov.	Pet. Gassendus.	Parisii.	5	1690	d. 10 Nov.	Wurzelbaur. G. Kirch.	Noriberga. Erfordia.
2	1651	d. 3 Nov.	Jer. Shakerlæus.	Surata in India.	6	1697	d. 3 Nov.	Wurzelbaur. et Cimartus. Cassinus.	Noriberga. Parisii.
3	1661	d. 3 May.	Ioh. Hevelius. Hugenius. Streete.	Dantiscum. Londinum.	7	1723	d. 9 Nov.	Edm. Hallejus. Jac. Cassinus.	Londinum. Parisii.
4	1677	d. 7 Nov.	Galletius. Edm. Hallejus.	Avenio. Ins. Helena.	8	1736	d. 11 Nov.	Manfredius. Marinonius. Chr. Kirchius.	Bononia. Viena. Berolinum.

Graphica designatio orbis velris fere totius, per cujus maximam partem, et quidem per uni st. corr. tam totalis quam partialis spectat

DIAGRAMMA HIPPARCHICUM.

pro Eclipsibus Solis et Lunæ

Maculæ Solis insignes a die 9 Novembris usque ad 15 K. 1700 Parisiis observatæ.

Typus eclipseos Solis, seu potius Terræ, universalis.

C. Centrum Terræ.
M. A. I. B. N. Discus Terræ illuminatus.
D. F. H. I. G. E. centrum circuli, intra quem penumbra terminatur.

De eclipsibus Lunæ.

Eclipses lunares ex interpositione Terræ inter Solem et Lunam oriuntur, (vid. Fig. 15. ad B) cum Luna plena circa ejus nodos in umbræ terrestris conum motu suo interdum volvitur; et vel ex parte, vel totaliter, (prout illius distantia à nodo proximo variat) lumine suo mutuato privatur. Secundum hoc duplicis generis eclipses obtutui oculorum se præbent, partiales (fig. 2.) et totales, et hæ, vel cum mora magna, vel sine mora (fig. 3.) Nullæ prorsus plenilunii tempore, hujus generis conspiciuntur eclipses, cum nempe axis umbræ terræ magis 13 gradibus à nodo distat, tunc enim Lunæ latitudo major quam suma semidiametrorum Lunæ et umbræ terrestris, et sic illa invisibilis deprehenditur.

De eclipsibus Solis.

Eclipses Solis, seu potius ejus occultationes à Luna, circa nodos, dum hæc novilunii tempore inter Solem et Terram media est, (vid. Fig. 13 ad A) diversas species exhibent; quædam enim sunt partiales (fig 5 et fig 11 ad h) quædam totales cum mora, (fig ad b.) cum terra circa Aphelium, et Luna circa Peri-

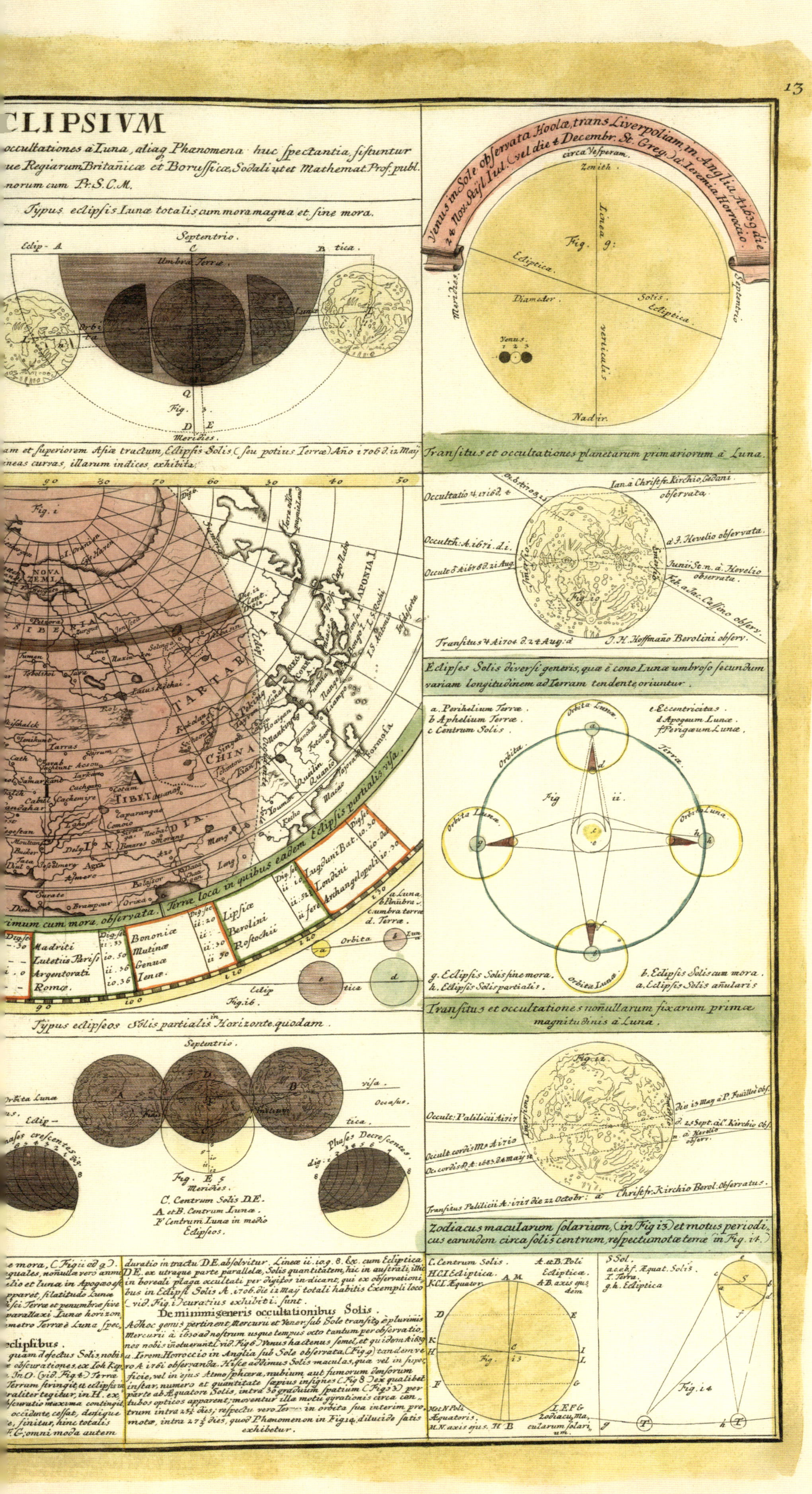
13
CLIPSIVM
occultationes à Luna, aliaq Phænomena huc spectantia, sistuntur
ue Regiarum Britañicæ et Borussicæ Sodali et Mathemat. Prof. publ.
norum cum Pr. S. C. M.
Typus eclipsis Lunæ totalis cum mora magna et sine mora.
Septentrio.
Umbra Terræ
Meridies.
Venus in Sole observata Hoolæ, trans Liverpoliam, in Anglia Ab. 1639 die 24 Nov. Styl. Iul. (vel die 4 Decembr. St. Greg.) à Ieremia Horroccio.
circa Vesperam.
Zenith.
Linea verticalis
Fig. 9.
Ecliptica.
Diameter Solis.
Ecliptica.
Venus.
Meridies.
Septentrio.
Nadir.
Transitus et occultationes planetarum primariorum à Luna.
Ian. à Christfr. Kirchio, Gedani observata.
à J. Hevelio observata.
Junii St. n. à Hevelio observata.
Transitus ♀ A. 1706 d. 24 Aug.
J. H. Hoffmaño Berolini observ.
Eclipses Solis diversi generis, quæ è cono Lunæ umbroso secundum variam longitudinem ad Terram tendente oriuntur.
a. Perihelium Terræ.
b. Aphelium Terræ.
c. Centrum Solis.
e. Eccentricitas.
d. Apogæum Lunæ.
f. Perigæum Lunæ.
Orbita Lunæ
Orbita Terræ
Fig. 11.
g. Eclipsis Solis sine mora.
h. Eclipsis Solis partialis.
b. Eclipsis Solis cum mora.
a. Eclipsis Solis añularis.
Transitus et occultationes noñullarum fixarum primæ magnitudinis à Luna.
Fig. 12.
Transitus Palilicii A. 1717 die 22 Octobr.
Christfr. Kirchio Berol. observatus.
Zodiacus macularum solarium (in Fig. 13) et motus periodi-cus earundem circa solis centrum, respectu motæ terræ in Fig. 14.
NOVA ZEMLA
SIBERIA
TARTARIA
CHINA
TIBET
INDIA
Terra loca in quibus eadem Eclipsis partialis visa.
Madriti
Lutetiæ Parisi
Argentorati
Romæ
Bononiæ
Mutinæ
Genuæ
Ienæ
Lipsiæ
Berolini
Rostochii
Lugduni Bat.
Londini
Archangelopoli
Typus eclipseos Solis partialis in Horizonte quodam.
Septentrio.
Orbita Lunæ
Eclip-
Fig. 15
Meridies.
C. Centrum Solis D E.
A et B. Centrum Lunæ.
F Centrum Lunæ in medio Eclipseos.
De minimi generis occultationibus Solis.
C. Centrum Solis
H C I Ecliptica.
K C L Æquator.
Fig. 13
Fig. 14
S Sol.
g. h. Ecliptica

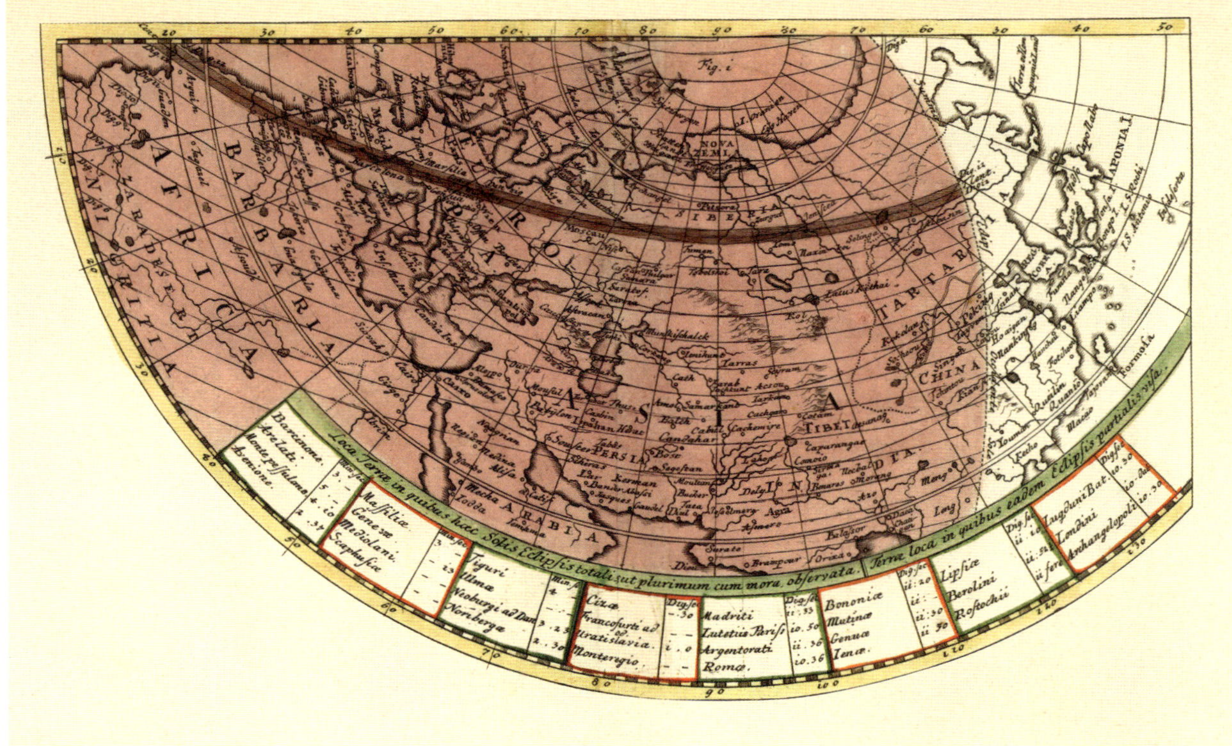

1706年日食的路径

多佩尔迈尔并没有再次展示他之前关于1706年5月日食的畅销图表，而是将日食路径绘制在了地球的极投影上。深色的中心线条代表的是穿过非洲西北部和欧洲并进入亚洲的全食带，而两侧与之平行的线划出了日偏食的范围。在图表底部列出了从各个站点观测到的全食长度，以及某些观测点所见的食分（以“位”表示）。值得注意的是，多佩尔迈尔借此机会更正了其先前的地图（见本书第19页），特别是原日食路径的西南和东北端。

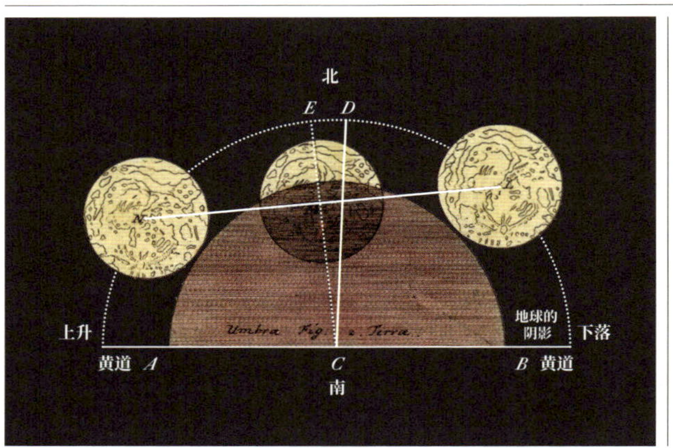

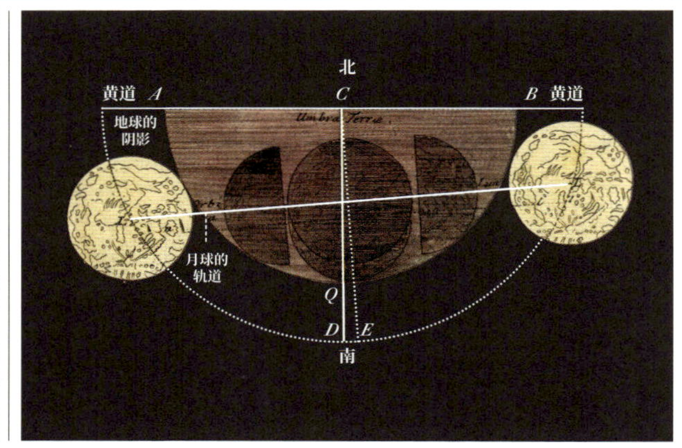

月全食和月偏食

本行两图展示了月偏食（左图）和月全食（右图）时，月球穿过地球阴影的关键位置。

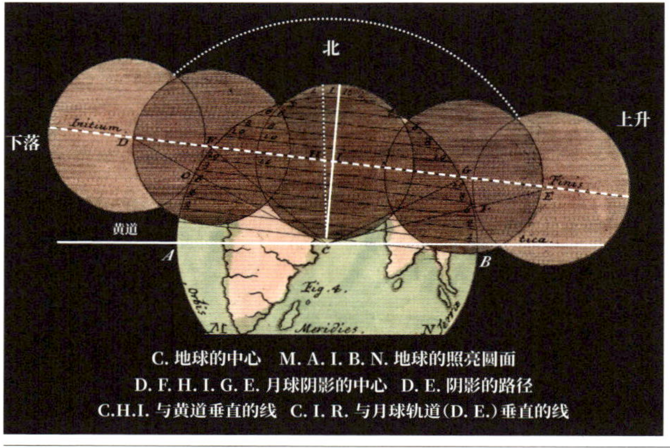

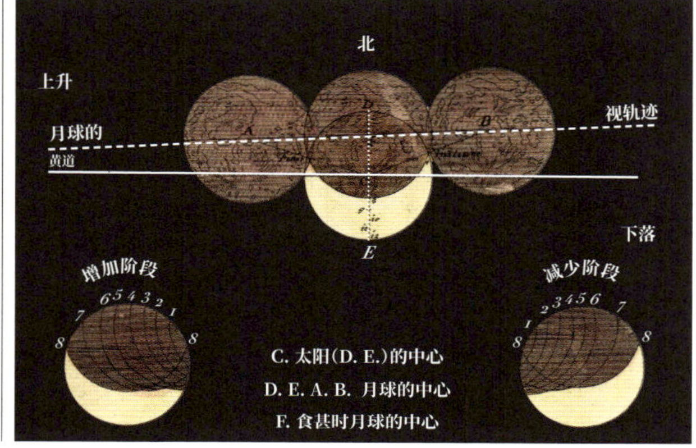

日全食和日偏食

本行两图展示了日食期间月球的阴影扫过地球的路径，以及地球上所见的日偏食的进程。

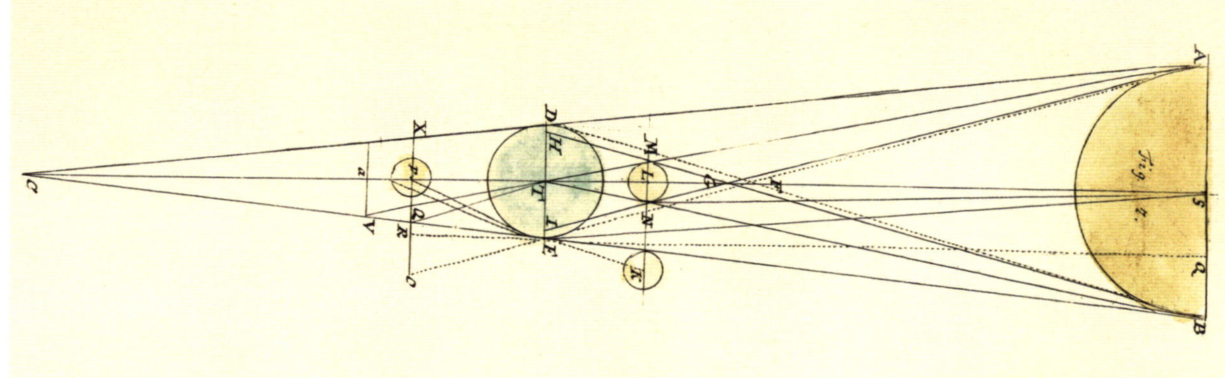

食的几何学

这张复杂的示意图中绘有相当精确的几何位置关系。这些相对位置决定了在某次新月或满月时是否会发生食，以及月球在地球不同点的视方向的差异如何导致不同形式的食。

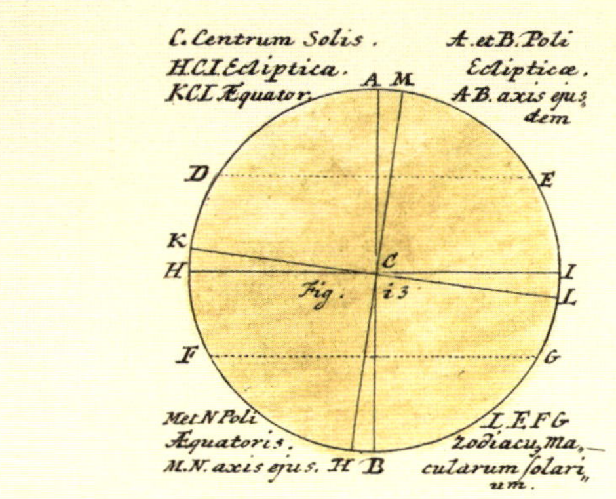

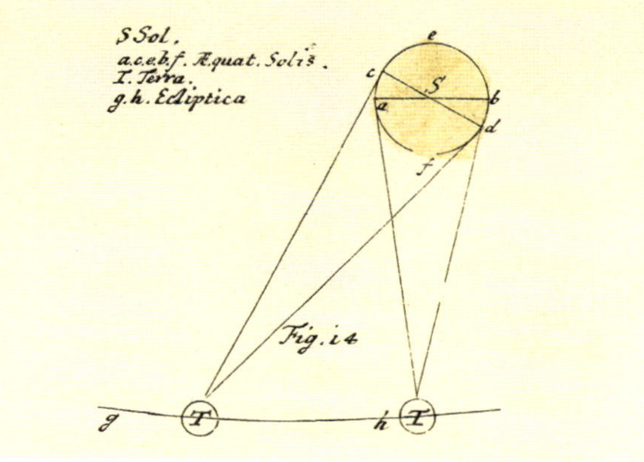

太阳黑子的“宫位”

在本行这两张图中，多佩尔迈尔描绘了太阳黑子在太阳赤道一侧出现的区域。他还指出，当利用这些黑子测量太阳的自转时，也必须考虑地球相对于太阳的运动。

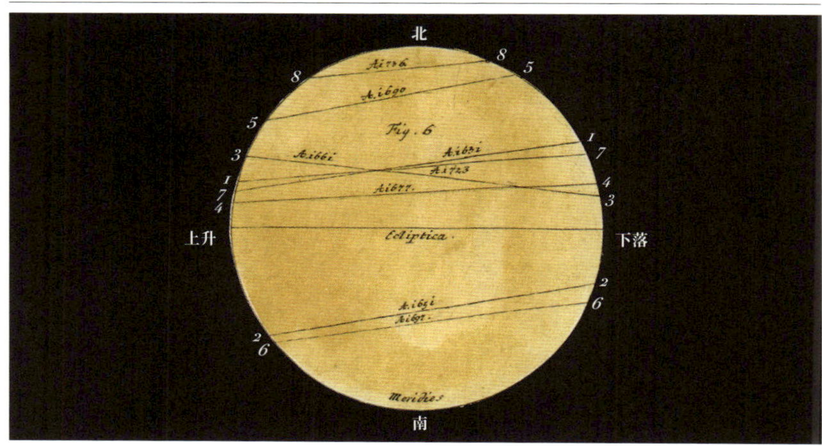

水星凌日

图中记录了水星在1631年至1736年的8次“凌日”事件时经过太阳圆面的轨迹。

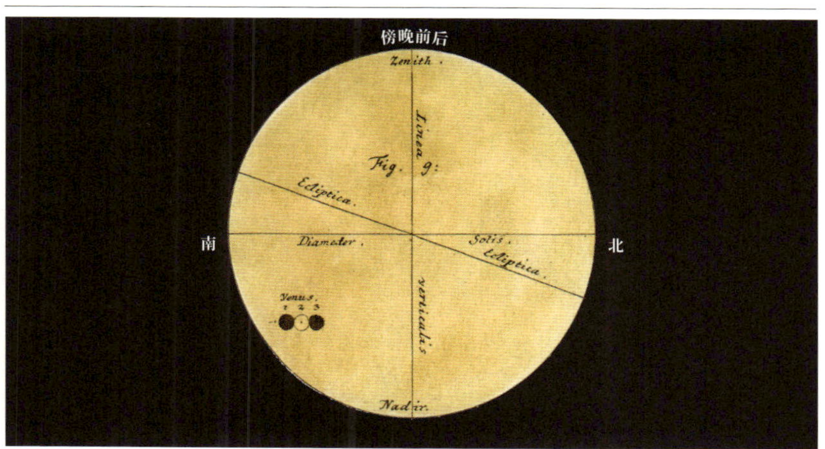

1639年的金星凌日

多佩尔迈尔在此处再现了赫维留在1662年绘制的略有错误的金星凌日图。这次凌日是杰里迈亚·霍罗克斯在20多年前预测并记录的。

太阳黑子

多佩尔迈尔展示了他在1700年11月见到的一大组太阳黑子。他猜测，它们或是太阳表面的斑点，或是太阳大气层中的浓云或烟雾。

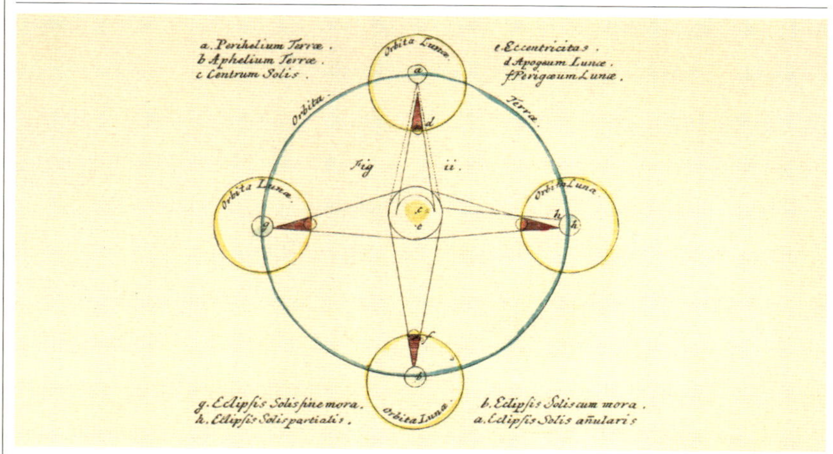

日环食

本图阐释的是，当日食发生在月球接近远地点时，月面可能不会完全遮掩太阳，而是发生日环食（环状的日食）。

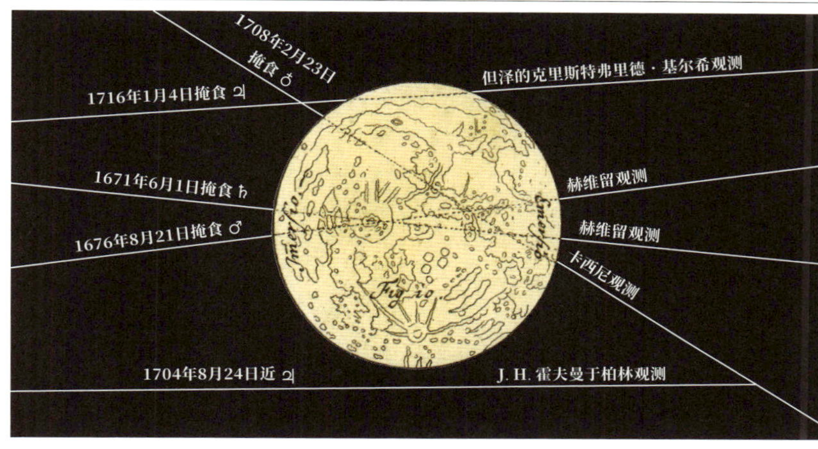

月掩行星

这张图表展示了一些月球从行星前方经过的掩食事件。

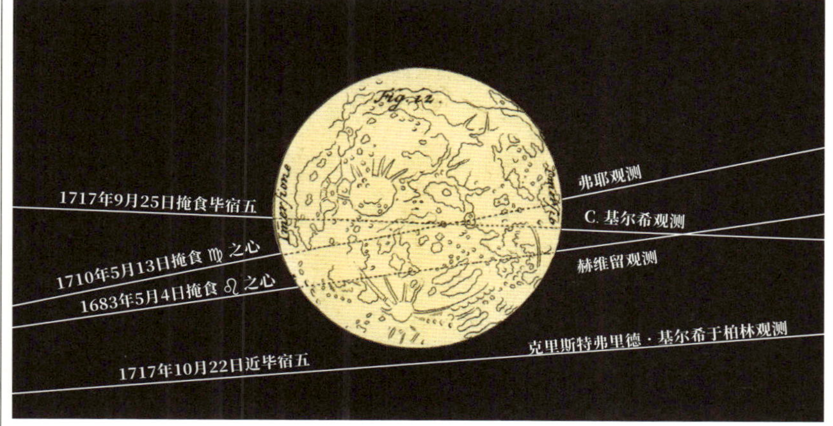

月掩一等星

这张图表记录了月球掩食一些最亮的恒星的信息。对这类事件（以及未掩食但擦肩而过的事件）的精确测量可以改进月球轨道数据。

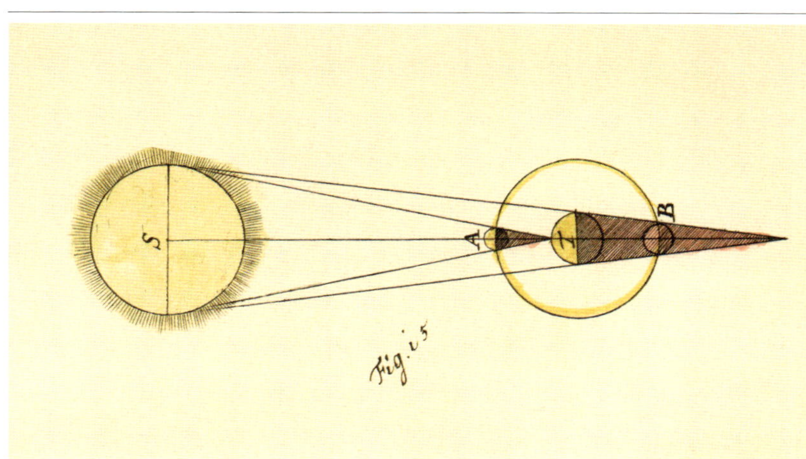

食的几何学

这幅简单的示意图介绍了两种食的基本概念。在本书其他地方还有对它们的更详尽的解释。

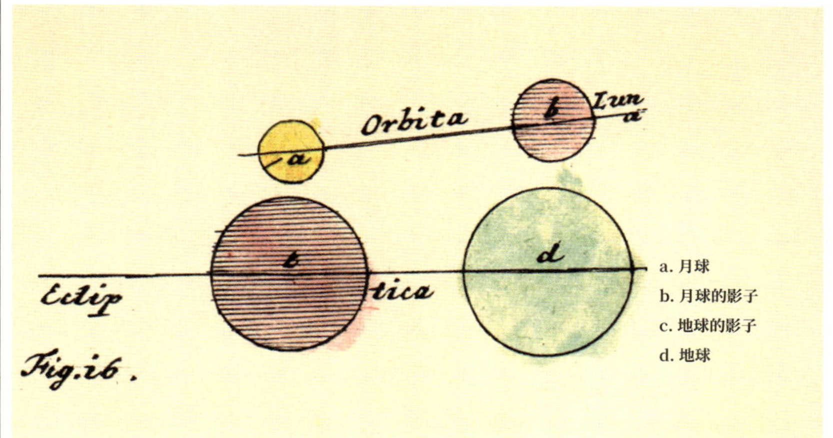

月球轨道与黄道的夹角

多佩尔迈尔展示了月球轨道与黄道5.1度的夹角。这一夹角意味着新月或满月时，月球往往并不是完全和地球与太阳成一条直线的。

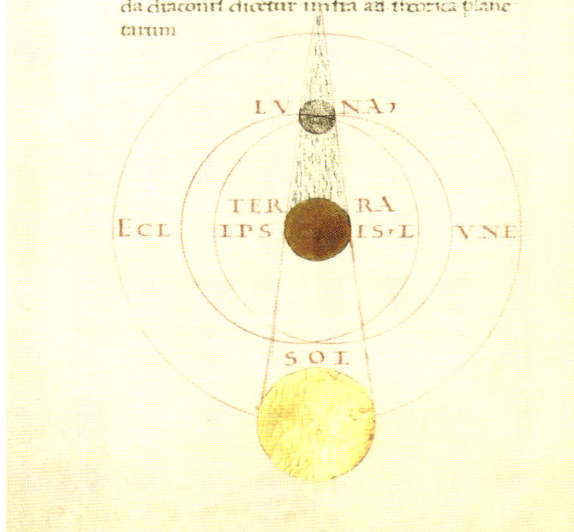
cessitate oportebit corpus lunare priuari
lumine & eclipsim pati. Et si queratur quare
non in omni luna mense eclipsim passa est
cum semper eodem termino soli coniunga-
tur: Dicatur quod luna non semper & in omni
oppositione inuenitur in capite uel cau-
da draconis. Et quando inuenitur prope
caudam uel caput inter metas suas tunc
manifeste apparet quod luna in parte non in
toto eclipsatur. Quid sit caput quidue cau-
da draconis dicetur infra ad theoricam plane-
tarum

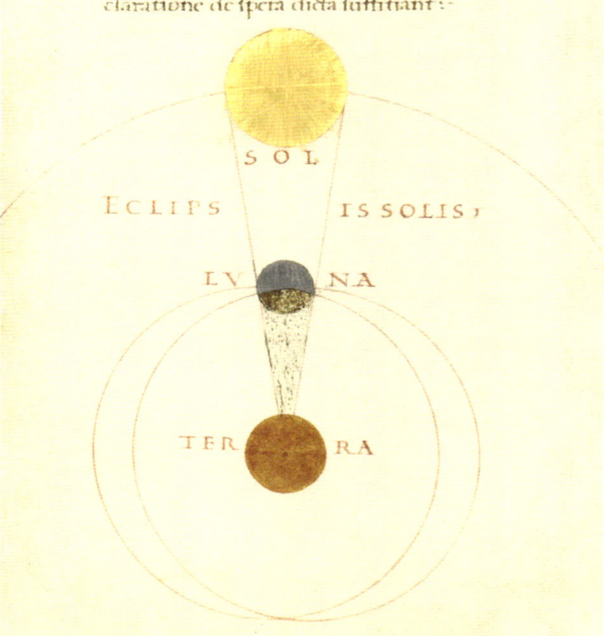
inuenitur in capite uel cauda. Et quando
uenitur inter metas tunc secundum propo-
tionem distantie lune a capite uel a cauda
eadem proportione sol eclipsabitur. Con-
cluditur ergo quod eclipsis solis euenit in co-
iunctione. Lunae uero in oppositione. Et
hec pro succincta ac breui & necessaria de-
claratione de spera dicta sufficiant.

《天文学》

（*Astronomia*，1478）

这本地理学和天文学的论著出版于1478年并再版多次，其作者是托斯卡纳的学者克里斯蒂亚努斯·普罗利亚努斯（Christianus Prolianus）。这本书的原始手稿上有着用金箔装饰的令人惊叹的插图。而此处的这一系列记录日食和其他天文现象的图像也在其众多插图中。本页上方的两幅插图描绘了太阳和其他天体的相对大小。这是根据它们在哥白尼系统中的距离、它们各自的亮度以及日食和

月食的数据计算得出的。这样一来，比地球大得多的太阳、土星和木星却在围绕地球运行。这种情形是对托勒密观点的极大挑战。对页下方的两张图描述了两种类型的日食，以及它们为月球和太阳的相对大小提供的进一步证据。本页展示的是一套引人注目的日历。它们按时间记录了在1478年至1515年之间预计在那不勒斯［普罗利亚努斯为费迪南多二世（Ferdinand II）的宫廷工作的地点］可见的日月食，包括它们的食分、开始时间和持续时间。

关于木星和土星卫星的理论

(THEORIA SATELLITUM IOVIS ET SATURNI)

多佩尔迈尔总结了关于两颗巨行星的卫星的现有知识。

通常认为，伽利略·伽利雷发现木星有4颗卫星的时刻，是天文学历史上的关键一幕。这一发现有史以来第一次证明了宇宙中的运动中心不止一个，从而给了亚里士多德物理学中核心主张致命一击。

木星卫星是伽利略用新望远镜得到的第一批发现之一。这台望远镜的放大倍率达到了前所未有的20倍。1610年1月7日或前面几天，伽利略用这台设备对准了木星。他看到这颗行星的侧方有3颗暗淡的小星——两颗在东侧，一颗在西侧。1月8日，当他再去看的时候，那里依旧是3颗星，但是它们现在都在木星的西侧了。由于无法精确测量天体位置，伽利略自然而然地假定，自己看到的是木星从3颗遥远且固定不动的恒星前方经过的情形。然而，他在随后几夜继续观察时发现，这3颗星的排列每次都不一样。伽利略的兴致来了。到了1月12日，他已相当肯定，这些“恒星”实际上多少与木星本身是有关联的。而在下一个夜晚，他又看到了第四个光点。这个光点之后显示出了与前三者相似的运动。在一周多一点的时间里，伽利略得出了结论：他所看到的是4个围绕木星运行的物体。它们的轨道侧面对着地球，因此看起来在做往复运动。

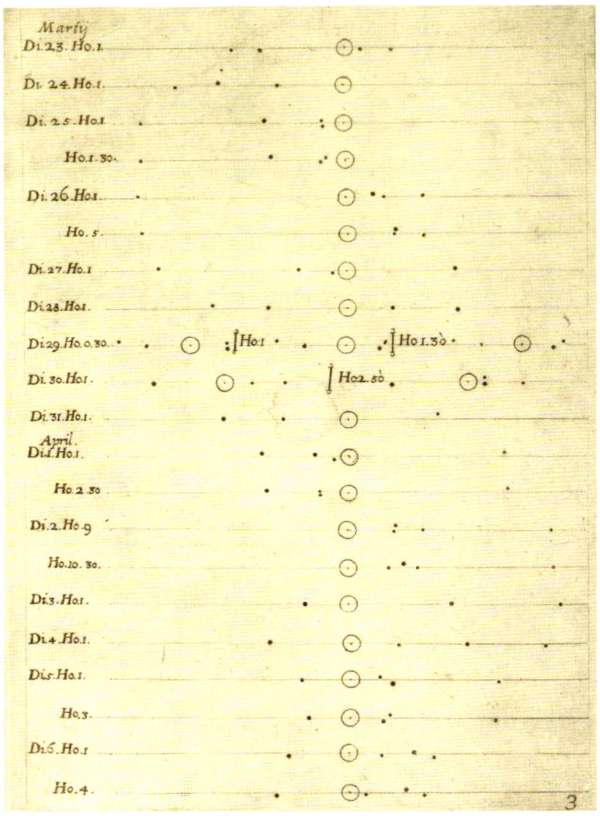

图17—1. 伽利略于1612年3月和4月做出了这些对木星卫星的观测。这张图表（以及一份描述行星轨道周期和预测它们未来运动的星历表）是伽利略与耶稣会神父克里斯托夫·沙伊纳之间火药味越来越浓的公开信的一部分。二人就新发现的太阳黑子展开辩论。沙伊纳坚持认为卫星是不可预测的，因此，类似的不可预测的天体经过太阳前方时，就可能产生太阳表面的明显标记。

图17—1

伽利略以当时势力强大的美第奇家族之名，给自己发现的卫星命名为“美第奇星”。不过，这些卫星如今广为人知的名字是“伽利略卫星”。1614年，德国天文学家西蒙·马里乌斯（Simon Marius，1573—1625）提议将这4颗卫星按离木星从近到远的顺序分别命名为伊俄（Io，木卫一）、欧罗巴（Europa，木卫二）、伽倪墨得斯（Ganymede，木卫三）和卡利斯托（Callisto，木卫四）。但很快，伽利略就陷入了一场与马里乌斯关于剽窃和优先权的激烈争论。伽利略本人拒绝使用马里乌斯起的名字，坚持只用数字代号称呼这几颗卫星。之后很长一段时间，伽利略的称呼方式一直通行。直到后来，在伽利略卫星的轨道以内和以外都发现了无数较小的卫星，再这样称呼变得不切实际，马里乌斯的命名才重新登场。因此，多佩尔迈尔有些笨拙地用木星的第一、第二、第三和第四卫星来指代这些卫星，而没有使用我们今天所熟悉的专名。

木星卫星轨道面正好侧对地球的一个结果是，我们可以看到它们从彼此以及木星的前后方经过。这就产生了一系列掩食现象。随着仪器的发展，人们不仅能够看到木卫在木星背后消失，或是短暂地彼此靠近，仿佛融为一体，甚至还能跟踪它们在飞越木星这颗巨大行星的圆面时投下的阴影。

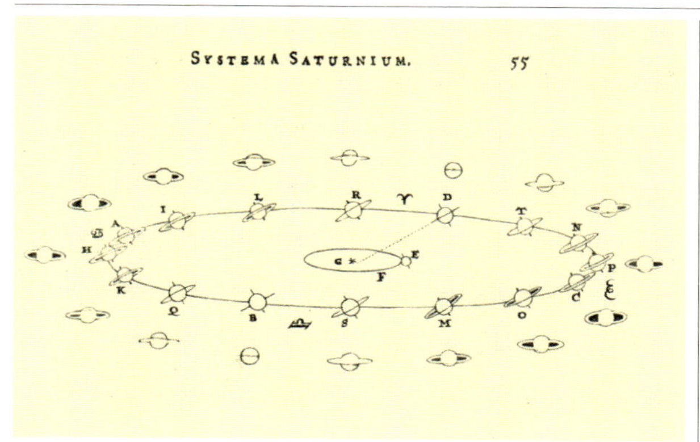

图17—2

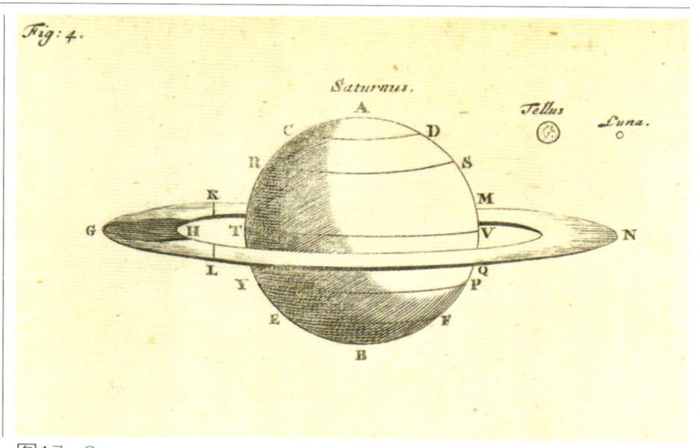

图17—3

图17—2. 惠更斯在1659年的插图中展示了当土星绕太阳运动时，其土星环的可见形态发生变化的方式。

图17—3. 这张细节更丰富的土星图（画入了用于对比大小的地球和月球）来自惠更斯的《宇宙观察者》（1698）。

长于将自己的发现和发明付诸商业应用的伽利略很快意识到，一旦准确掌握了木星卫星的轨道周期，就可以严格地预测它们的食发生的时间。而既然全世界各地都可以观测到木星卫星的食，就可以利用这些事件测定地球表面的经纬度。下一图页会进一步探讨这一话题，而在这之前，首先要确定这些卫星的轨道周期。

17世纪最准确的测量结果是乔瓦尼·多梅尼科·卡西尼（1625—1712）在罗马得到的。他在1668年发表了自己的结果。卡西尼注意到，随着掩食发生时木星和地球的相对位置的变化，测量数据有一些令人不解的不一致性。他半开玩笑似的提出，光的速度可能是有限的。也就是说，当木星处于冲的位置、离地球最近时，相互掩食事件发出的光到达地球的时间会“早”一些；而当木星和地球分别在轨道相对一侧时，光到达得“晚”一些。卡西尼很快就把这个革命性的观点当作不经之谈而抛弃了。但是，几年后，丹麦天文学家奥勒·罗默（Ole Rømer，1644—1710）使用卡西尼发表的数据首次确定了光速。

与此同时，土星的一系列卫星伴侣也开始为人所见。1655年，克里斯蒂安·惠更斯发现了土星最大、最亮的卫星。1671到1684年间，刚刚就任于巴黎天文台的卡西尼又发现了另外4颗土星卫星。惠更斯只是单纯地将他发现的卫星称为“土星的卫星”，而卡西尼则仿效伽利略，不无心机地将自己的发现命名为“路易之星”（Sidera Lodoicea），献给赞助人路易十四。其后，这5颗卫星和木星的距离得到了确定，其中惠更斯发现的卫星是第四远的。因此，多佩尔迈尔时代以及之后的天文学家只是简单地按照一到五号的顺序指称这些卫星。它们的现代名字——卡西尼发现的4颗叫作忒梯斯（Tethys，土卫三）、狄俄涅（Dione，土卫四）、瑞亚（Rhea，土卫五）和伊阿佩托斯（Iapetus，土卫八），惠更斯发现的大家伙叫作提坦（Titan，土卫六）——是天文学家约翰·赫歇尔（John Herschel，1792—1871）在1847年提议的。由于整个土星系统相对于地球而言总是以一定角度倾斜而不是永远以侧面相对，相互掩食和相关的天象要罕见得多。

多佩尔迈尔的图页主要关注于描述卫星围绕其行星运动的轨道，以及它们与在地球上所见的卫星运动间的关系。他列出了卡西尼确定的轨道周期，以及每颗卫星与其母行星之间的最大角间距，并据此进而构建了各卫星系统的比例图。图页上的其他图表中，有的描绘了行星在轨道上运行时，其卫星与地球的相对位置关系，有的介绍了木星及其卫星的食的几何学。

然而，令人遗憾的是，关于这些卫星的物理特性的线索，有一项原本是能够在20世纪前受到注意的，在这里却被忽视了。虽然太阳系外侧的大多数卫星在围绕其行星转动时都显示出均一的亮度和颜色，因而不能透露出什么关于它们的组成物的信息，但土星的第5颗大卫星土卫八是一个明显的例外。卡西尼最初在1671年从土星西侧识别出了这颗卫星，但始终没能观测到它在轨道东侧的样子。当他最终在1705年使用一台更先进的望远镜找回它时，这颗卫星在位于土星东侧时显著地变暗了很多。卡西尼（正确地）假设土卫八与月球类似，一面永远朝向土星，并且意识到，变暗的现象一定是因为土卫八的前半球（朝向轨道运动前方的半球）比后半球暗得多。后来的空间探测器证实了这一差异，并判断这是由于这颗明亮卫星的前半球在绕土星运行时截获了尘埃残留物所导致的。

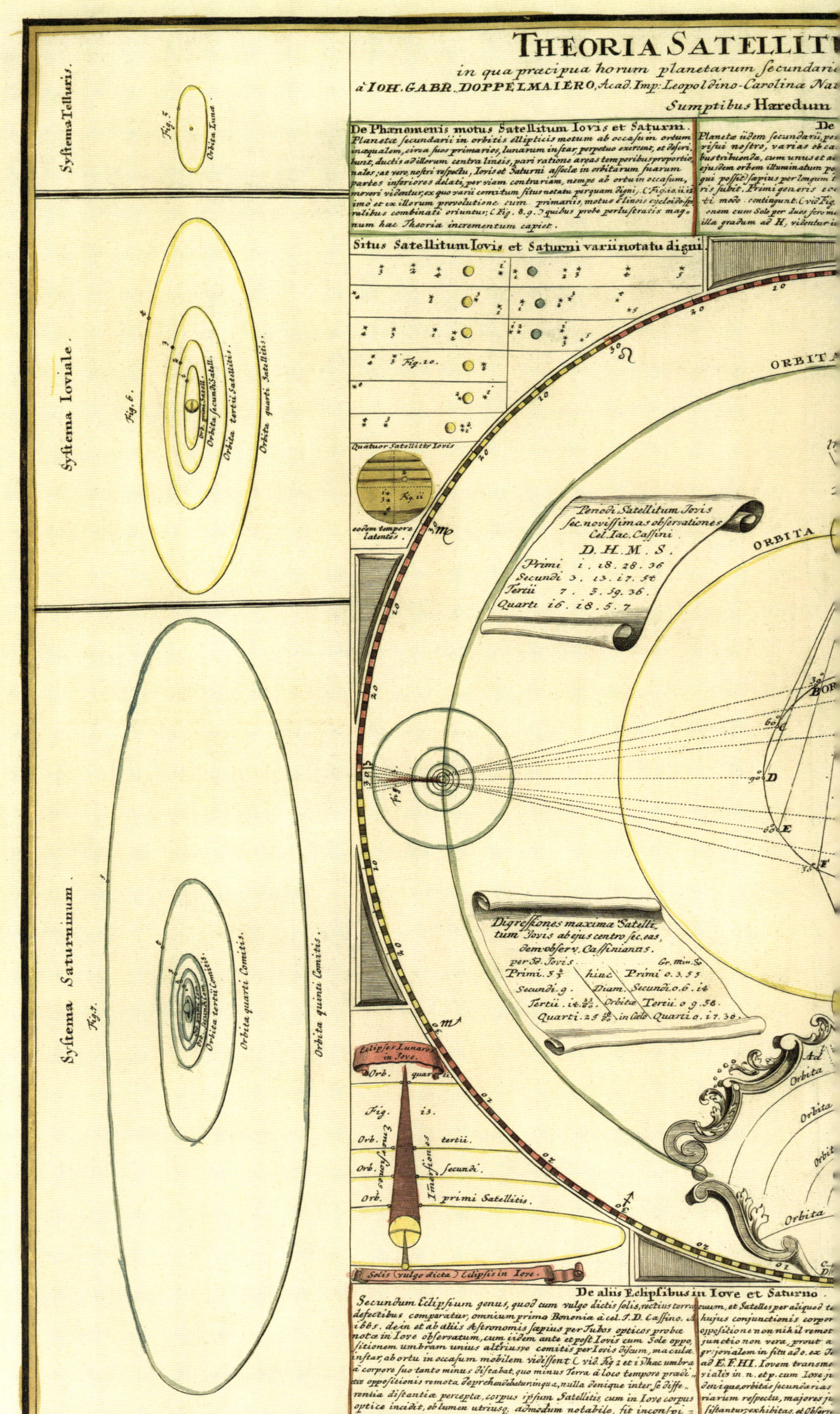

多佩尔迈尔

《天图》

图页14

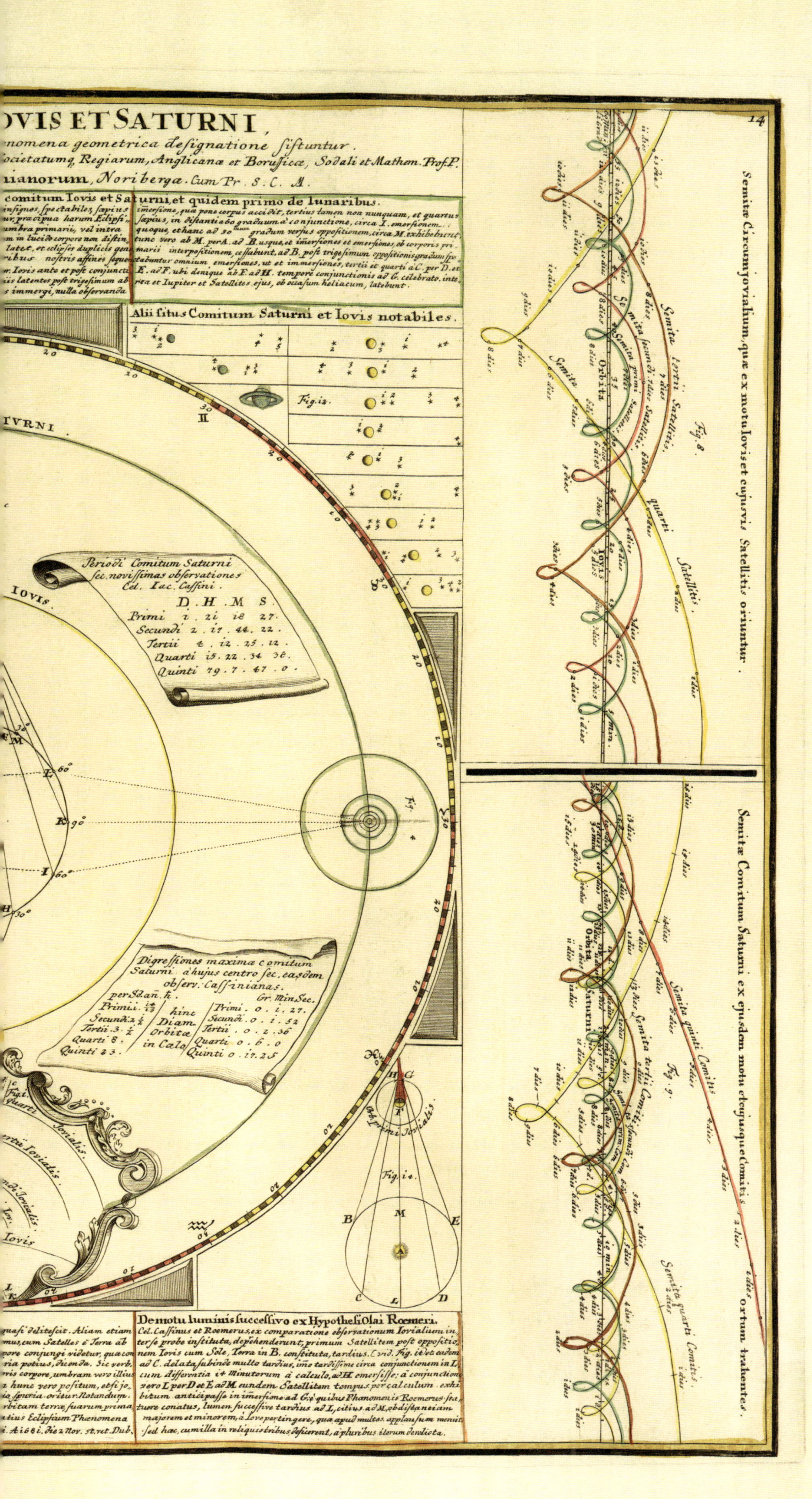

IOVIS ET SATURNI,
Alii situs Comitum Saturni et Iovis notabiles.
Periodi Comitum Saturni sec. novissimas observationes Cel. Iac. Cassini.
D. H. M. S.
Primi 1. 21. 18. 27.
Secundi 2. 17. 44. 22.
Tertii 4. 12. 25. 12.
Quarti 15. 22. 34. 38.
Quinti 79. 7. 47. 0.
Digressiones maximæ comitum Saturni à hujus centro sec. easdem observ. Cassinianas.
De motu luminis successivo ex Hypothesi Olai Roemeri.
Semitæ Circumjovialium, quæ ex motu Iovis et cujusvis Satellitis oriuntur.
Semitæ Comitum Saturni ex ejusdem motu et cujusque Comitis ortum trahentes.

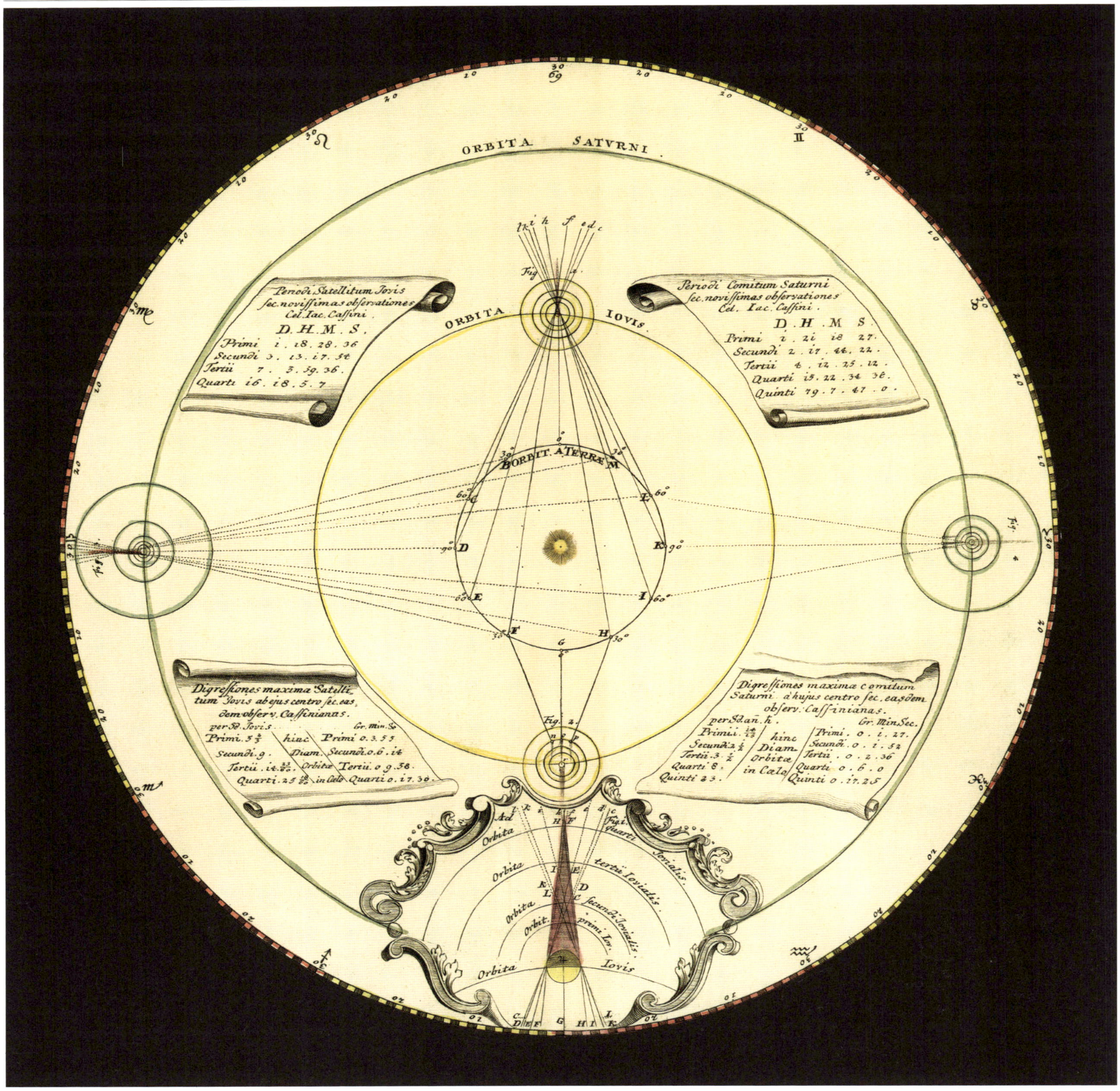

卫星的轨道

图页14的主图解释了当测量木星卫星和土星卫星相对于其行星的位置时，观测者需要考虑地球处于自身绕太阳公转轨道上不同位置所造成的影响。画面底部放大的小插图显示，木星卫星对地球不可见时不一定是在木星的阴影中，反之亦然。画面上部的一对卷轴上写着卡西尼对卫星轨道周期的估计，而下面的两幅卷轴显示的是分别用行星半径和度、分和秒来表示的每颗卫星与其行星之间的最大间距。

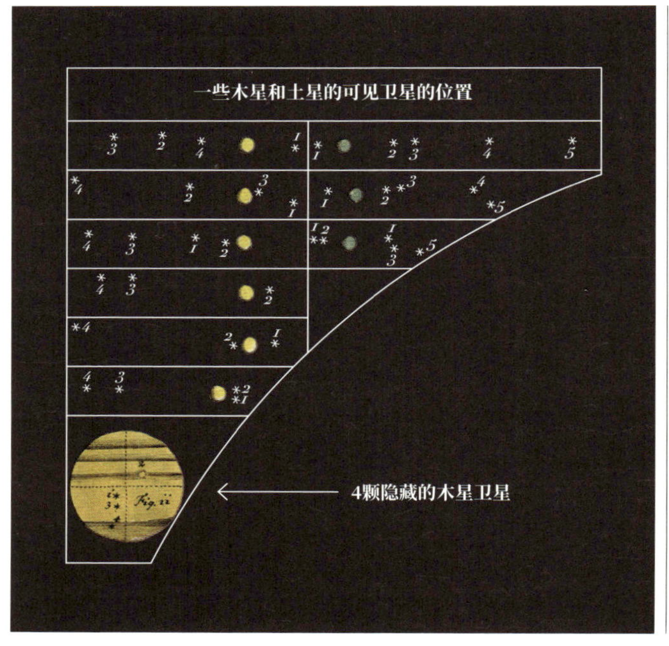

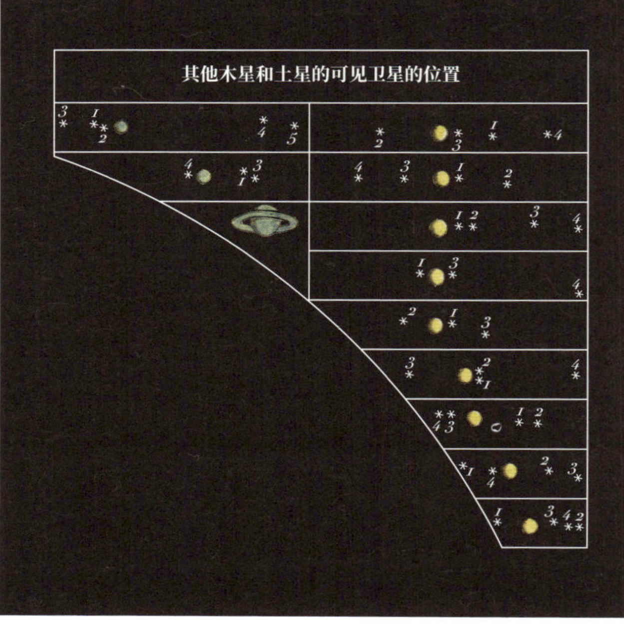

对木星和土星的可见卫星的观测（左侧两图）

多佩尔迈尔用一系列的简图描绘了卫星系统不断变化的外观。卫星下方标注的数字显示了它们被观测到的位置通常和它们与行星的物理距离不一致。

隐藏的卫星（最左图左下角的圆形图）

在极少数情况下，所有木星卫星都会转到木星正后方并短暂地不可见。威廉·莫利纽克斯（William Molyneux，1656—1698）在此处描绘的正是他在1681年于都柏林观察到的这一事件。

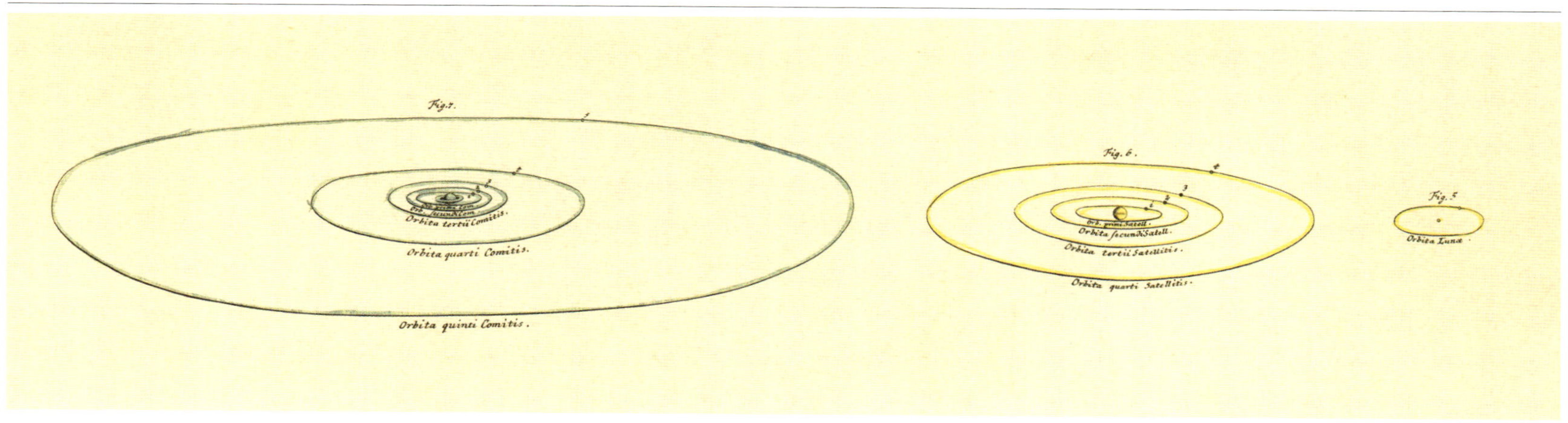

卫星系统间的比较

多佩尔迈尔在此处按比例画出了3个已知的卫星系统。它们的现代测量值是：月球的轨道半径大约为384000千米，木卫一的轨道半径是大约422000千米，而土卫四（多佩尔迈尔称为“土星的第二颗卫星”）的轨道半径为377000千米。

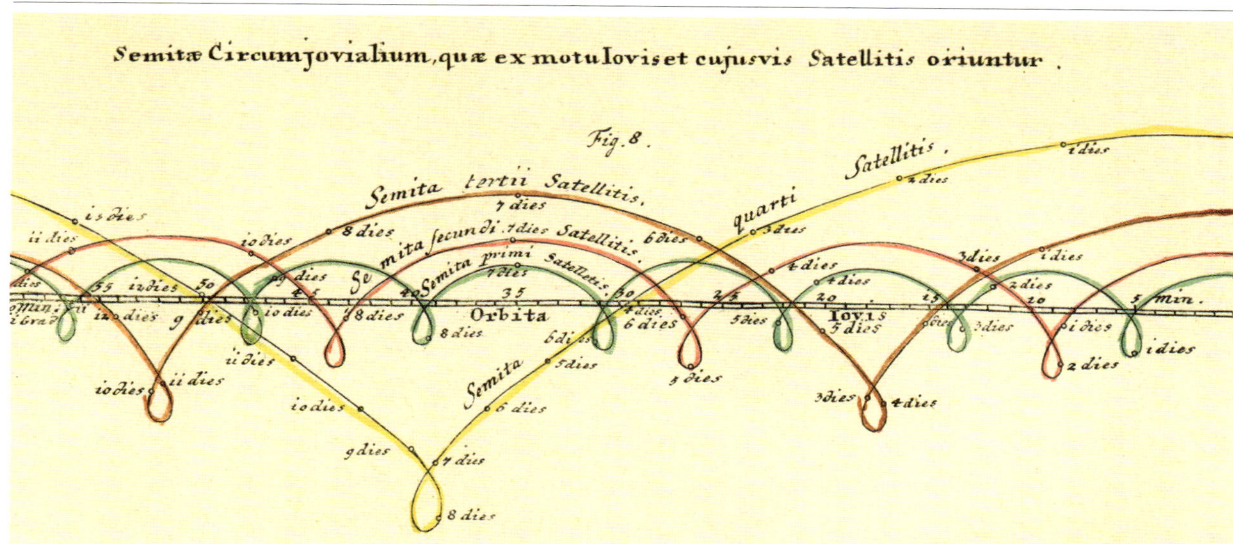

木星卫星的轨迹

在这张图表中，多佩尔迈尔记录了木星卫星进行轨道运动时相对木星的位置变化。以这种方法画出的轨道揭示出了3颗靠内的卫星的周期之间的数学关系，即三者的轨道共振。木卫三绕木星转一周时，木卫二转两周，而木卫一转四周。

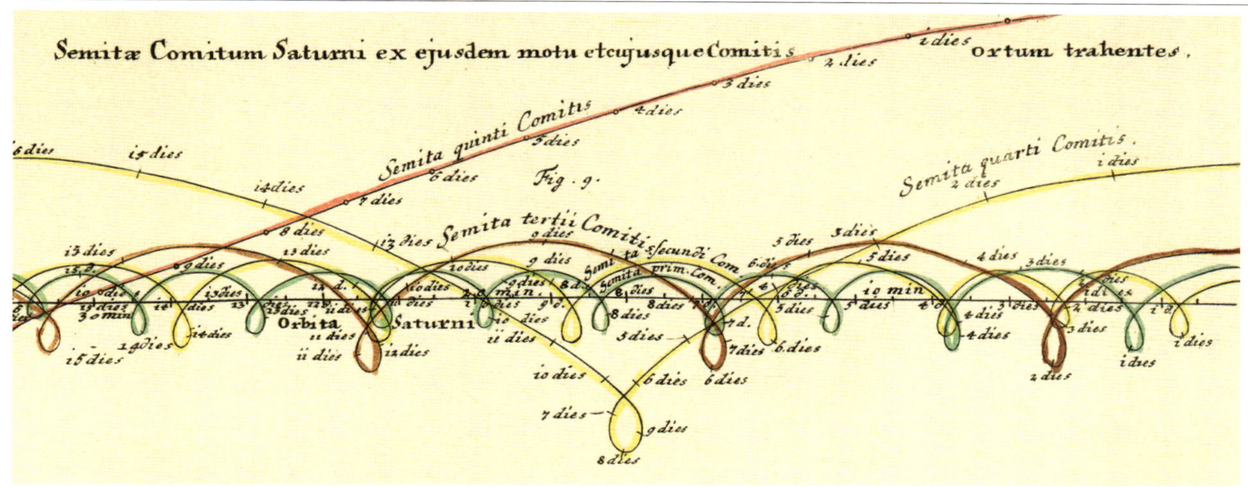

土星卫星的轨迹

此处，土星卫星的位置是相对于土星在其轨道上的运动绘制的，其图案使人想起图页12介绍的月球的摆线运动，以及图页9和10介绍的余摆线运动。多佩尔迈尔所知的土星卫星不具有木星3颗靠内侧卫星之间简洁的轨道关系，但后来发现的土卫中有些具有与木卫相似的轨道共振模式。共振来自一种减小一颗卫星对另一颗卫星的轨道的引力作用的自然机制，但是从长期来看，这种共振是不稳定的。

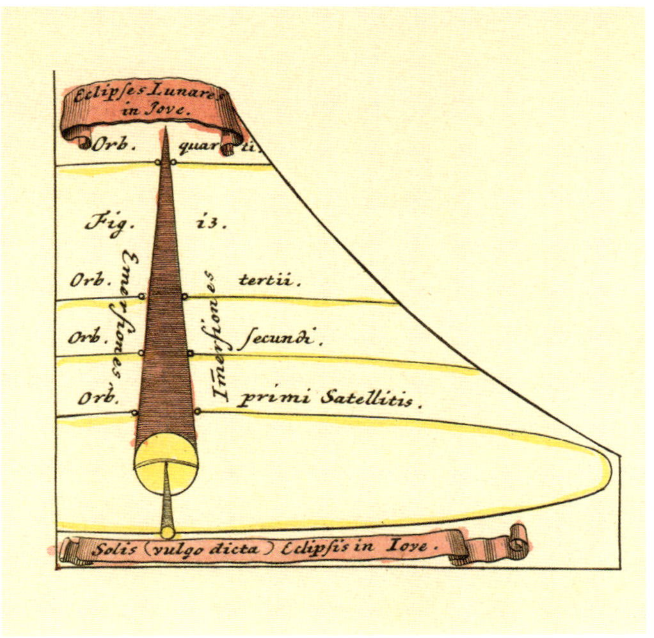

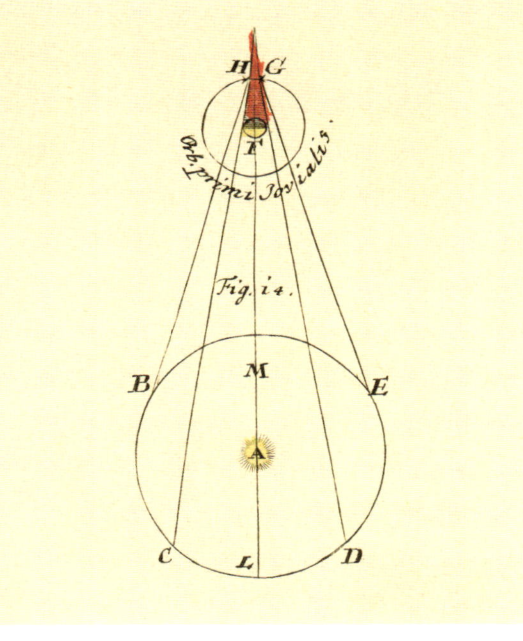

食与凌（本行左图）

这张简单的示意图解释了与木星卫星有关的两种交食现象。木卫从这颗巨行星的阴影中穿过时发生的是食（eclipse），而它们在木星表面投下阴影的现象称为凌（transit）。

罗默的假说（本行右图）

多佩尔迈尔作图描述了第一个测量光速的尝试。罗默发现，由于地球和木星系统之间的距离在变化，在地球所见的木星掩食卫星的时间长短也有所不同。

现代地理学的天文学基础

(BASIS GEOGRAPHIÆ RECENTIORIS ASTRONOMICA)

多佩尔迈尔根据最新的天文观测结果描绘了这个世界。

看到多佩尔迈尔在《天图》中用以展示地球本身地理的左右两个半球时，读者会大吃一惊地发现，直到相当晚近的年代，人类对于一些地理区域的知识依然十分模糊。从15世纪开始的欧洲大航海时代，发展为19世纪的环球贸易时代，还有很长的一段路要走。

在多佩尔迈尔的时代，地球上的一些地区仍然未被清楚地认识和描述。尽管本图页的地图上不再有标为"未知领域"（Terra incognita）的地区，南极洲却还未见踪影；澳大拉西亚（Australasia）和北美洲西部沦为了几条猜测性的轮廓线；而东亚地区虽然还算可以辨识，却少了一大块。至于那些地理信息最详尽的区域，人们之所以能了解得如此准确，很大程度上依赖于多佩尔迈尔在本图页介绍的3种天文学方法：木星卫星的掩食时间测定，以及应用更广泛的日食测量和月食测量。

18世纪和之前的航海者与地图制造者面对的主要问题就是确定经度——他们需要知道，不同的地点在东西方向上的距离。相比之下，赤道以北或以南的纬度很容易测量，因为我们所见到的天球会随着我们所处的纬度而变化（见图页1）。只要测量太阳或任何已知恒星上中天时的高度角，就可以相当便捷且准确地算出当地的地理纬度。然而，由于一天之中，同一条纬度线上的所有点能看到的升起和落下的天区是相同的，将这些点彼此分辨开就没那么容易了。

当然，这些点之间最关键的区别就是时间。位置更靠东的观测者比西侧的观测者更早地看到天体的升起、上中天和落下。时间上相差1个小时，对应15度的经度差异（因为地球上的所有位置一起在24小时里转过了360度）。然而，太阳的升降也有同样的时间差，而不管在什么地点，确定时间都要用到太阳。在没有可靠、便携的机械表，也没有快速通信的年代，如何对基线位置上的时间进行测量经度所必要的比较呢？

许多个世纪以来，航海中使用一种叫作"航位推测法"（dead reckoning）的粗略方法解决导航问题：让一条绳子在船后逐渐拉出，以便定期估算船的速度，并通过航速和在海上经过的时间计算航行过的距离。然而，不管对于勘探、贸易，还是基本的海上安全，更精确的导航方法的优势都是非常明显的。正因如此，人们甚至高额悬赏，征求"经度问题"的可行的解决方案。

自古以来，最广泛使用的是一种利用了月食时间测定的方法。月食是相当容易预测的，并且在地球上的很大范围内可见。因此，这个方法的诀窍就是，让两个不同地点的观测者尽量准确地测量在各自的地方时（真太阳时）中月食开始的时间。对于两地的观测者而言，月食几乎是完全同时发生的，这也就意味着，比较月食发生时两地的地方时的不同，就可以得知它们的经度之差。

图18—1

图18—1. 彼得·阿皮安的《地理导论》（*Introductio Geographica*，1533）扉页上的这幅版画展示了天文学家测量月球与群星的相对位置以确定它们的经度的场景。图中的天文学家和测量员都使用了直角照准仪——一种用于测量角度的简单仪器。

由于月食基本上都是在夜里发生，使用这种方法还需要一台设定为地方时的钟表。到17世纪末，克里斯蒂安·惠更斯发明的摆钟让这类时计变得可靠多了——至少，如果在陆地上安装和校准后它们是可靠的。然而，这一方法的一个关键的限制是，月食多少有些不够前后分明。地球阴影使月面变暗的效应是渐变的。即便有经验的观测者可以将月食开始的时间定在前后不差10分钟，这依旧相当于经度上超过两度的不确定性。

对于授时来说，日食更为精准，因为日食中出现初亏的时间更不可能出现混淆。然而，日食比月食更加少见，而其测量也更具技巧性。日食所需要的精准连线意味着在不同的地点它们看起来会大不相同，在一些地区是各种食分的日偏食，而在特定的小区域则是日全食。精确判定太阳在给定地点被掩食的量至关重要，并促成了用12“位”（digit）来表示日食食分的系统。结合了更加准确的预测模型，日食观测成为地理学家有时可以用上的又一道利器。

德国数学家约翰·维尔纳（Johann Werner，1468—1522）在1514年提出了另一个独具匠心的想法。不幸的是，这个想法有些超前于时代了。维尔纳的“月距法”通过月球每小时相对于恒星背景的位置变化测量时间。然而，精确的观测本已不易，月球复杂的空间运动（见图页12）更是难题。很长时间里，他的方法都未能付诸实践。

多佩尔迈尔在图页15的顶部和底部附上了两条包括了许多地点的经纬度的地名索引。他也仔细标注了相应观测者的名字。月牙形或传统太阳符号（☉）代表的是确定该地位置时所用的食的种类。代表木星的天文学符号（♃）也频频出现，标记着以木星卫星的掩食现象作为全球性授时基础确定的经度。自17世纪70年代起，法国制图师让·皮卡尔（Jean Picard，1620—1682）充分利用了这种方法，以乔瓦尼·多梅尼科·卡西尼准确的日月食预测表为基础，绘制了一张大大优于前人的法国地图，并于1693年发表。多佩尔迈尔也因此可以画出精确度相当不错的西欧地图，只是有时候有些偏僻地区的绘制准确度还有些不足。

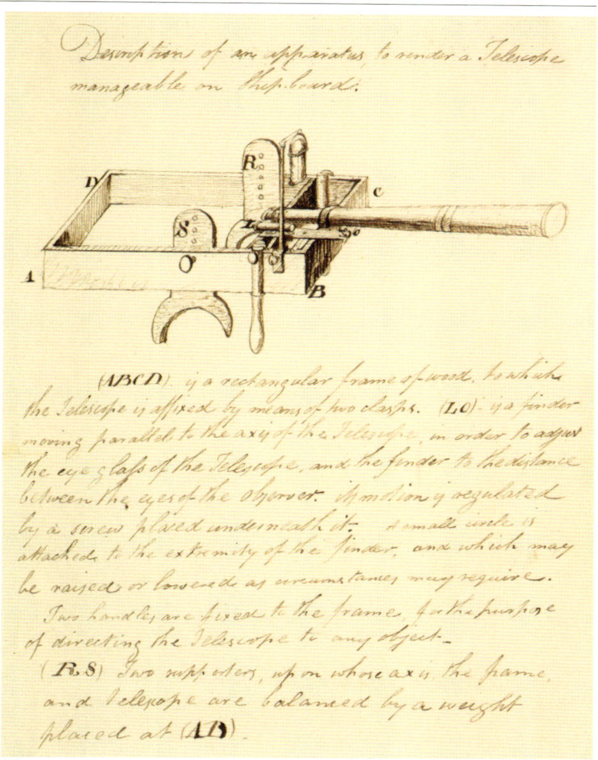

图18—2

图18—2. 这种巧妙的设计来自19世纪初，描绘了一种伽利略的塞拉通的改进变体——一种用于稳定船载望远镜以观察木星卫星的装置。

不过，海上的导航还是个问题。人们常说，在上下颠簸的甲板上很难进行准确的观测，因此导航困难重重。早在1616年，伽利略·伽利雷就发明了塞拉通（Celatone），意图解决这个问题。这个巧妙的装置是一架固定在头盔上的望远镜。戴上它，观测者就可以在水面上保持稳定的视野。后来的某个更复杂的版本甚至为领航员配置了自动找平的座椅。然而，在海上使用上述任何一种利用日月食的方法最终都面临着一大问题，即这些天文事件太稀少，无法有效地追踪运动中的船只。

当然了，最终解决经度问题的是技术而非天文学的进步，而答案就是航海天文钟（marine chronometer）。这种精准的时计可以在港口调好，并在漫长的海上航行中可靠地走时。只要将钟表读数与地方太阳时（local solar time）直接比较就可以确定经度，这比任何日月食方法都简单得多。只是，早期的计时器的价格高不可攀。而有些讽刺的是，在欧洲的海事管理机构接受航海天文钟的同时，月球运动模型也最终得以完善，从而使（便宜得多的）“月距法”成为一种可行的替代方法。因此，一直到19世纪后期，经度问题的两种解决方案——机械的和天文学的——都在并行使用中。

BASIS GEOGRAPHIÆ RE[...]

in qua situs locorum insigniorum geographici ea exactitudine, qua celeberrimi Astronomi [...]
pro certiori Geographiæ [...]

A. IOHANNE GABRIELE DOPPELMAIER [...]

Cum Privilegio [...]

Nomina Locorum	Observatores Viri celeberrimi D.D.	Longitudo observ.	ex Eclips.	Latitudo observ.
	HISPANIÆ			
Madritum	P.P. Cassani e Petrei	18°. 24′. 15″	☉ ☽	40°. 26′. 0″.
Hispalis	----------	14. 0. 0	☽	37. 36. 0.
Corduba	Pet. Ant. de Blancas	16. 45. 45.	☽	37. 56. 0.
Valentia	----------	19. 24. 45.	☽	39. 30. 0.
Majorca	----------	22. 20. 15	☽	39. 35. 0.
Cadix	----------	14. 3. 0.		36. 33. 36.
	PORTUGALLIÆ.			
Ulyssipo, Lisbona.	Couplet	11. 25. 0	♃ ☽	38. 45. 25.

Nomina Locorum	Observatores Viri celeberrimi D.D.	Longitudo observ.	ex Eclips.	Latitudo observata
	GALLIÆ.			
Lutetiæ Parisiorum.	Picard. Cassini. de la Hire	22°. 30′. 0″.	☽ ☉ ♃	48°. 50′. 10″.
Lugdunum, Lyon.	P.P. Bonet e Hoste.	24. 54. 45.	☉ ☽	45. 45. 20.
Massilia, Marseille.	P. Laval e Chazelles.	25. 37. 0.	♃ ☽ ☉	43. 19. 33.
Rupella, Rochelle.	Des Hayes.	19. 6. 45.	☉ ☽	46. 10. 15.
Arelatum, Arles.	Davizard.	24. 51. 0.	☉	43. 34. 12.
Aquæ Sextiæ Aix.	Gaultier.	25. 42. 0.	♃ ☉	43. 31. 20.
Mons Pessul. Montpellier	Plantade e Clapiers.	24. 2. 30.	☉ ♃ ☽	43. 36. 50
Telo Martius, Toulon.	De la Hire.	26. 5. 30.	♃	43. 6. 40
Turones, Tours.	Nonnet.	20. 52. 0.	☉ ☽	47. 23. 40.
Antipolis, Antibe.	De la Hire.	27. 17. 45.	♃	43. 34. 12.
Brestia, Brest.	Picard e De la Hire.	15. 36. 0.	♃	48. 23. 0.
Avenio, Avignon.	P. Bonfa. P. Feuillée.	25. 2. 0	☉ ☽	43. 57. 0.
Caletum, Calais.	De la Hire. Picard.	21. 57. 30	♃	50. 56. 50.

Nomina Locorum.	Observ[atores] Viri celeb[errimi]
Ambianum, Amiens	----------
Perpinianum, Perpignã	Cassinus [...]
Aurelia, Orleans.	----------
Bajonna, Bayonne.	Picard e[...]
Narbo, Narbonne.	----------
Palum, Pau.	P.P. Richa[...]
Biturix, Bourges.	----------
Diepa, Dieppe	Varin et [...]
Divio, Dyon.	----------
Flexia, La Fleche.	Picard [...]
Lingones, Langres.	Tancar[...]
Rothomagus Roüen.	Des Ha[...]
Nanncte, Nantes	Picard e[...]

Polus Arcticus

Circulus Arcticus

Tropicus Cancri

Ecliptica

Linea Æquinoctialis sive Æquator

Tropicus Capricorni

Circulus Antarcticus

Cum observationes Cælestes in Insula Fer nostris temporibus institutæ distantiam Meridiani parisiensis a Meridiano hujus Insulæ 19°. 51′. 30″. exhibeant, facile jam differentia inter hanc et illam distantiam, quam cel. I.D. Cassinus olim 22½ gradibus respondentem supposuit, innotescit 2°. 38′. 30″. æqualis; si hæc a singulis locorum longitudinibus in Tabula nostra datis subtrahitur, residuum quæsitum longitudinem ab Insula Fer suppeditabit.

Polus Antarcticus

Nomina Locorum	Observatores Viri celeberrimi D.D.	Longitudo observ.	ex Eclip.	Latitudo observa.
	GERMANIÆ.			
Gripswaldia	Pylius	35°. 40′. 35″.	☉	54°. 14′. 0″.
Mons Regius	Linemannus	42. 47. 30.	☽	54. 43. 0.
Erfordia	Kirchius	31. 17. 15.	☿ in ☉	51. 6. 0.
Lincium	Kepplerus	35. 20. 0.	☽	48. 16. 0.
Tubinga	Mæstlinus et Schikardus	29. 25. 0.	☽	48. 34. 0.
Witteberga	----------	33. 10. 0.	☽	51. 48. 30.
Rostochium	Bruceus	32. 54. 30.	☽	54. 10. 0
	BELGII			
Amstelodamum	Hortensius	25. 9. 0.	☽	52. 23. 0.
Roterodamum	Cassinus junior	25. 0. 0.	☽ ☿ in ☉	51. 55. 45.
Lugdunum Batavorum	D. zum Bach	24. 47. 15.	♃	52. 12. 0.
Antverpia	Vendelinus	24. 40. 0.	☽.	51. 14. 0.
Dunkerca.	de la Hire. Chazelles.	24. 52. 0.	♃ ☽	51. 2. 30.
Bruxellæ	Langrenus	24. 35. 0.	☽	50. 51. 0.
Leodium	----------	25. 45. 0		50. 36. 0
	GERMANIÆ.			
Lindavia	Gauppius	29. 54. 0.	☉	47. 28. 0.
Francofurt ad Moen.	----------	28. 45. 15	☉	50. 4. 0

Nomina Locorum	Observatores Viri celeberrimi D.D.	Longitudo obser.	ex Eclip.	Latitudo observa.
	ANGLIÆ.			
Londinum	Wright Flamsteed	20°. 4′. 45″.	☽ ♃ ☉	51°. 32′. 0″.
Grenovicum	Flamsteed	20. 12. 30.	☉ ☽ ♃	51. 28. 30.
Oxonium	Halley	18. 35. 0.	☽ ♃	51. 44. 30.
	SCOTIÆ.			
Edenburgum	----------	17. 4. 45.	----	55. 58. 0.
	HIBERNIÆ.			
Dublinum	Molineux	13. 9. 45.	☽	52. 12. 0.
	DANIÆ.			
Hafnia	Picardus, Roemer	32. 55. 15.	☽ ♃	55. 40. 45
Uraniburgum	Tycho. Picardus	33. 2. 30.	☽ ♃	55. 54. 15
Lundia	----------	33. 32. 15.	----	55. 42. 10
	POLONIÆ.			
Warsovia	Nucerius	41. 45. 0.	☽ ♃	52. 14. 0.
Dantiscum	Hevelius	38. 41. 15.	----	54. 22. 52
	MOSCOVIÆ.			
Moscua	Timmermannus	60. 30. 0.	☽	55. 36. 10.
Petropolis	de l'Isle	50. 30. 0.		60. 6. 0.

Nomina Locorum	Obser[vatores] Viri celeb[errimi]
	ITALIÆ.
Roma.	Bianchi[...]
Mutina, Modena.	P.P. Ricc[...]
Florentia.	----------
Bononia Bologna	Manfredi e[...]
Ferrara.	----------
Genua.	Marq. de S[...]
Malta Ins.	Chazelles.
	TURCIÆ.
Constantinopolis.	Chazelles[...]
Smirna.	P. Feuille[...]
Aleppo.	----------
Thessalonica.	P. Feuille[...]
Trapezus.	P. Beza.
Erzerum.	Idem.
Mylo Ins.	P. Feuille[...]
Canea in Candia	Idem.
Candia.	Idem.
	TARTARIÆ MAG[...]
Seringua	P. Gou[...]
Kokotam	Idem.

多佩尔迈尔
《天图》
图页15

15

…TIORIS ASTRONOMICA

…observationes è plurimis luminarium et circumjovialium Eclipsibus nobis hactenus suppeditarunt
…nto positi designantur
…P. operâ IOH. BAPT. HOMANNI S.C.M. GEOGR.
…e.) Sac. Cæs. Majestatis.

…do observ.	ex Eclips.	Latitudo observ.
28. 0.	......	49. 54. 46.
3 20	♃ ☽	42. 41. 0.
3. 20.	......	47. 53. 56.
41. 15.	♃	43. 29. 45.
11. 0.	......	43. 11. 30.
1. 0.	☽ ♃ ☉	43. 25. 0.
54. 0.	......	47. 4. 38.
9. 0.	♃	49. 56. 40.
0. 0.	....	50. 20. 0.
2. 0.	♃	47. 41. 45.
11. 15.	☉	47. 50. 50.
5. 0	♃	49. 27. 30.
1 15	♃	47. 13. 19.

Nomina Locorum	Observatores viri celeberrimi D.D.	Longitudo observ.	ex Eclips.	Latitudo observ.
GALLIÆ.				
Fanum S.Macl. S.Malo	Picard et De la Hire.	18. 0. 0.	♃	48. 38. 30.
Royan	Idem.	19. 1. 15.	♃	45. 36. 55.
HELVETIÆ.				
Geneva.	Violier et Gautier.	26. 30. 30.	☉. ☾.	46. 12. 0.
Tigurum.	Scheuchzer.	28. 42. 20.	☉. ☾.	47. 22. 0.
SABAUDIÆ.				
Augusta Taurinorū	....	23. 50. 0.	☽..	44. 50. 0.
SUECIÆ.				
Upsalia	Vallerius	40. 3. 30.	☽ ☉	59. 54. 0.
Torno in Bothn.	Maupertius	43. 15. 0.	♃	65. 50. 50.

Nomina Locorum	Observatores viri celeberrimi D.D.	Longitudo observ.	ex Eclips.	Latitudo observ.
GERMANIÆ.				
Vienna Vindobona.	Regiomontanus.	37. 2. 30.	☽	48. 14. 0.
Praga	Tycho	34. 55. 0.	☽	50. 4. 30.
Noriberga	Wurzelbau Eimmart	31. 14. 0.	☽ ☉ ♃	49. 28. 7.
Argentoratum	Eisenschmid	28. 6. 0.	☽ ☉ ♃	48. 35. 31.
Berolinum	Kirch & Hoffmann	33. 37. 15	☽ ☉	52. 33. 0.
Hamburgum	....	30. 14. 0.	☉	53. 42. 0.
Kilonium Kiel	Reyherus.	31. 23. 0.	☽ ☉	54. 25. 0
Uratislavia	P. Heinrich	37. 18. 0.	☉	51. 17. 0.
Lipsia	Rivinus Junius	33. 30. 0	☉ ☽	51. 20. 0.
Citium Zeitz	Teuberus	32. 22. 30.	☉	51. 7. 0.
Neoburgum ad Dan.	P.P. Jesuitæ	31. 10. 45	☉	48. 39. 0.
Cassellæ	S. Hassiæ Landgr.	29. 30. 0.	☽	51. 19. 20.
Iena.	Hambergerus	31. 34. 0.	☉	51. 2. 0.

Polus Arcticus

Circulus Arcticus

Tropicus Cancri

Æquator

Tropicus Capricorni

Benevole Spectator

…do obser.	ex Eclip.	Latitudo obser.
0. 0.	♃ ☉ ☽	41. 54. 0.
2 30	☉	44. 34. 0
9. 30.	......	43. 46. 30
7. 30.	☉ ♃ ☽	44. 30. 15
6. 0.		44. 54. 15
5. 45.	☉ ☽	44. 27. 0
0. 0	♃	35. 54. 26
3. 30.	♃	41. 6. 0
9. 15.	♃	38. 28. 0
		35. 45. 37
8. 0.	♃	40. 41. 10
7. 45.	♃	41. 3. 54
2. 45.	♃	39. 56. 35
0. 0.	♃	36. 41. 0
2. 30.	♃	35. 28. 45
8. 0.	♃	35. 18. 45
7. 0.	♃	52. 49. 0.
2. 0.	♃	43. 41. 0

Nomina Locorum	Observatores viri celeberrimi D.D.	Longitudo obser.	ex Eclips.	Latitudo obser.
CHINÆ.				
Pekinum	P.P. Jesuitæ Fontanay le Comte	136. 46. 30	♃	39. 54. 10
Canton	Idem	133. 12. 0	♃	23. 7. 46
Macao	Idem	133. 18. 15	♃	22. 12. 0
Nankim	Idem	139. 34. 0	♃	32. 7. 45
Ning po s. Liampo	Idem	141. 45. 0	♃	29. 56. 0
Ki'am cheu	Idem	132. 6. 15	♃	33. 37. 0
Xam hay	Idem	142. 8. 45	♃	31. 14. 0
Sin-ghan-fu	Idem	129. 53. 45	♃	34. 16. 45
Sucheu-fu	Idem	140. 43. 15	♃	31. 17. 50
Hoayngam	P. Noël	138. 3. 45	♃	33. 32. 0.
Ins. Tsummim	Idem	141. 27. 30.	♃	31. 52. 0
INDIÆ.				
Goa	P. Noël	93. 55. 0	♃ ☽	15. 31. 30
Siam	Idem	121. 0. 0	♃ ☽	14. 18. 0
Malaca	Idem	122. 15. 0	☽	2. 12. 0
Agra	....	96. 54. 0		26. 43. 0
Ballasore	Harry	99. 50. 0	☽	21. 22. 0
Louvo	P.P. Jesuitæ.	120. 45. 15	☽	14. 43. 30
Port Trinquimale	P. Noël	103. 30. 15	☽	8. 50. 0 inc
Batavia	....	120. 54. 26		6. 15. 0 Mer
Pondicheri	....	100. 33. 0		11. 54. 0
C. Comorin	....	98. 25. 0		8. 0. 0

Nomina Locorum	Observatores viri celeberrimi D.D.	Longitudo obser.	ex Eclips.	Latitudo observ.
AFRICÆ.				
Tripolis in Barb.	P. Feuillée	33. 41. 0.	♃	32. 53. 40.
Cairus in Ægypt	Chazelles	52. 5. 0.	♃	30. 2. 30.
Alexandria in Ægypt	Idem	50. 26. 30.	♃	31. 11. 0.
Goræa Ins. ad C.Vird	Varin Des Hayes du Glos	3. 5. 0.	♃	14. 39. 51.
Cap Virde Prom. Afr.	Idem	3. 0. 0.	♃	14. 43. 0 Mer
Cap bonæ Spei	P.P. Jesuitæ	40. 14. 30.	♃	34. 15. 0 Mer
S. Helena Ins.	Halley	14. 3. 0.	☿ in ☉	16. 0. 0 Mer
Terra del Gada in Madagasc.	Heathcot	64. 39. 45.	☽	19. 29. 0 Mer
AMERICÆ.				
Mexico	....	276. 30. 0.		20. 0. 0
Carthagena	P. Feuillée	304. 43. 45	☽ ♃	10. 26. 35
Porto Belo	Idem.	300. 20. 0.	♃	9. 33. 5
Kebecum	Des Hayes	310. 17. 0	♃	46. 55. 0
Boston	....	309. 32. 15.		42. 25. 0
Olinda		345. 0. 0.	♃ ☽	8. 12. 30 Mer
Cayenna Ins.	Richer	327. 0. 0.	♃ ☽	4. 56. 18
Martinica Ins.	Varin Des Hayes Du Glos	319. 11. 15.	♃ ☽ ☉	14. 43. 9
Gadalupa Ins.	Idem	317. 57. 45.	♃	14. 0. 0
Port de Paix in I. Hispaniola	Des Hayes P. Boutin	301. 22. 30.	☽	19. 58. 0
Bermudes Insulæ	....	316. 34. 45.		32. 25. 0
La Conception	P. Feuillée	306. 57 30	♃	36. 42. 53 Mer
Lima in Peru	Idem	303. 20 30	♃	12. 1. 15 Mer
Ylo in Peru	Idem	308. 56 30	♃	17. 36. 15 Mer

新大陆

多佩尔迈尔地图中的新大陆半球上，只有为数不多的地点的坐标在当时已通过天文学方法确定。尽管在赤道附近的低纬度地区，可以辨认出北美洲和南美洲的形状，但在其他位置（尤其是北半球高纬度地区）的大陆轮廓则很大程度上是靠推测的。譬如，加利福尼亚在地图上被画成了一个岛。

掩食木卫

木星的卫星以规则的精度进入和离开巨行星投射的阴影。

日食

日食的精确时间和食分取决于观测者在地球表面的位置。

月食

尽管观测者的位置对月食观测的影响更小，月食依旧可以用于约定时间标准。

旧大陆

多佩尔迈尔笔下的欧洲、非洲和亚洲显示了更多已通过天文观测定位的地点。然而，离人们了解透彻的西欧的土地越远，大陆的轮廓就越不准确。在远东地区，阿拉斯加的尖端从另一个半球戳了出来，而日本则出现了两遍；澳大利亚和新几内亚连在了一起，澳大利亚本身甚至是不完整的。

由月食得到的经度

好奇的半天使形象正使用望远镜观测图页15右上角的月食。它们将月食的食分记录在图表上，并用时钟记录下了当地时间。

由日食得到的经度

一组小天使正使用一个投影装置观测日食，并记录下了它的食分和时间。

由木星卫星得到的经度

更多的小天使正在观测和记录木星卫星的食，并且将发生食的地方时与星历表的预测进行比较。

北半天球

(HEMISPHÆRIUM COELI BOREALE)

多佩尔迈尔介绍了北半天球的星座和著名亮星。

在充满美丽细节的图页16中，多佩尔迈尔描绘了北方半面天空中的主要恒星。和今天一样，这些恒星被分归为各个星座，而其中许多形象与我们今天熟悉的类似。然而，现代的星座观念和古时有一点关键的不同：在多佩尔迈尔时代的天文学家眼中，星座指的是组成天空中的某个“图画”的恒星，而现代的天文学家则将其定义为天空中关系紧密的区域。按照现代定义，可以避免在新发现天体时对其星座归属产生分歧。

图19—1

图19—1. 这里的黄道形象来自一本14世纪的波斯诗歌选集。穆罕穆德·本·巴德尔·丁·贾加尔米（Muhammad ibn Badr al-Din Jajarmi）的这本《自由人的诗歌妙趣指南》（*Free Man's Companion to the Subtleties of Poems*）包括的诗歌主题极为丰富，比如月亮经行各星座造成的占星学影响。

自史前时代起，人们就对着星空想象出了图画。最早的星座可能是金牛座（多佩尔迈尔画在了右下角）。法国拉斯科（Lascaux）洞窟中有一些著名的描绘冲锋的公牛的壁画。它们完成于大约17000年前。其中，至少有一头牛上画着许多圆点，组成“V”形的毕星团（Hyades）和鱼钩形的昴星团（Pleiades）的样子。而这两个星团分别对应的是天上的公牛的脸部和拱起的肩部。

然而，总的说来，《天图》中所画的最古老的星座沿袭自古代美索不达米亚。它们诞生于那里，其后通过周围的文化传播到了古典地中海世界。古巴比伦的《犁星》（*MUL.APIN*）是一部关于天文学知识的著作。它成书于公元前1000年左右，但起源自更早的时代。书中列出了一些月球在天空中移动时的背景星座，这些星座大致对应于12个黄道星座形象和它们的一些近邻。其中，如“天上的牛”（金牛座）、“孪生子”（双子座）、“狮子”（狮子座）、“秤”（天秤座）和“山羊鱼”（摩羯座）几乎毫无改变地一直沿用至今。而另外一些，包括“龟”（巨蟹座）、“牧人”（猎户座）和“恩基大神”（宝瓶座）基本也是取了不同名字的现代星座形象。

现代国际通用的88个星座中，有48个是所谓“古典”星座。多亏托勒密将它们一一列入《天文学大成》（150年），这些星座的寿命远远超过了罗马帝国。而到了罗马衰亡后的中世纪，它们成了欧洲和伊斯兰世界的标准星座。不难想到，由于希腊的地理位置偏北，古希腊观星者认识的星座大多位于北半天球。其中一些星座的形象直接继承自美索不达米亚，而另一些的来源就不太清楚了。它们有可能完全是希腊的发明，也有可能是从其他地方借用，并根据希腊神话故事改造的。

《伊利亚特》和《奥德赛》是荷马（Homer，生于约公元前9—前8世纪）据早期口传文学创作的叙事诗，据信成书于公元前8

世纪左右。诗中有着最早的关于星座形象的记录。例如，诗中提到了“大熊”（大熊座）和“牧人”（现在的牧夫座），牧人随着天空的旋转永远地围绕着北天极追逐大熊。然而，现存最早的系统性的希腊星座列表来自大约5个世纪之后。《物象》（*Phaenomena*）是一部论天气和天体的史诗，由诗人索利的阿拉托斯（Aratus of Soli，约公元前315/310—约前240）创作于约公元前275年。作者在书中列举了43个古典星座，这些星座后来为托勒密所采用。

阿拉托斯借鉴了哲学家克尼多斯的欧多克索斯在一个世纪前的著作。不过，这些著作现已佚失。欧多克索斯的作品描述了每个星座的特征，包括它们在何时何地可见，具有何种特别的意义，以及它们在神话中的起源。在《物象》的影响下，出现了许多其他的“星变记”（catasterism，解释英雄和其他传说人物如何变为星座的故事）作品。其中，最值得一提的是埃拉托斯特尼（Eratosthenes，约公元前276—约前194）在公元前3世纪的一部失传作品、埃拉托斯特尼作品的存世概要——《星座论摘要》（*Epitome Catasterismorum*），以及一部年代不详，但最初被归为罗马历史学家盖乌斯·尤利乌斯·希吉努斯（Gaius Julius Hyginus，约公元前64—公元17）作品的《论天文》（*De Astronomica*）。

当然，古典天文学的集大成之作正是今天以《天文学大成》一名流传的著作。托勒密在此书中不仅详细阐述了他的宇宙论，还记载了一份极为详尽的星表，纳入了古代地中海地区可见的恒星和星座。书名“Almagest”（拉丁语原版为Almagestum）实际上产生于12世纪：该书最初的标题是《数学论集》，看起来比较令人望而却步，也没有什么诗意。但到了近千年后，当托勒密的著作从伊斯兰世界重新引进到西欧时，新的译本就依其阿拉伯语书名“al-Majisti”（这一名称又来自古希腊语中“最伟大的”一词）的拉丁化写法，题为Almagestum了。

留存至今的托勒密星座通常如下方详表。不过，并不是所有的托勒密星座都原封不动地沿用至今。例如，今天的小马座和飞马座在《天文学大成》中是一个整体，而南天的巨大星座形象——“阿尔戈号”（南船座）——现今则按其部件分成了3块。后发座（代表古埃及的贝勒奈西王后献祭给神，以祈求丈夫从战争中平安归来的头发）在公元前3世纪时就确立了，也是一个古典星座，但托勒密却把它遗漏了。

多佩尔迈尔记录了所有袭自托勒密的古代形象，以及15世纪以来新添加的星座（其中一些星座已经消失于历史）。我们将在研读聚焦南方天空的图页17时，更详细地介绍这些新近星座形象背后的故事。

仙女座 被锁住的女人	**仙后座** 王后	**波江座** 河	**英仙座** 珀尔修斯
宝瓶座 装水的工具	**半人马座** 人马	**双子座** 孪生子	**双鱼座** 两条鱼
天鹰座 鹰	**仙王座** 国王	**武仙座** 赫拉克勒斯	**南鱼座** 南方的鱼
天坛座 祭坛	**鲸鱼座** 鲸鱼或海怪	**长蛇座** 水蛇	**天箭座** 箭矢
南船座 “阿尔戈号”船	**南冕座** 南方的王冠	**狮子座** 狮子	**人马座** 弓箭手
白羊座 公羊	**北冕座** 北方的王冠	**天兔座** 兔子	**天蝎座** 蝎子
御夫座 战车驾驶者	**乌鸦座** 乌鸦	**天秤座** 天平	**巨蛇座** 蛇
牧夫座 牧人	**巨爵座** 酒杯	**豺狼座** 狼	**金牛座** 公牛
巨蟹座 螃蟹	**天鹅座** 天鹅	**天琴座** 里拉琴	**三角座** 三角形
大犬座 大狗	**海豚座** 海豚	**蛇夫座** 扛着蛇的人	**大熊座** 大熊
小犬座 小狗	**天龙座** 龙	**猎户座** 猎人	**小熊座** 小熊
摩羯座 海中的山羊	**小马座** 马驹	**飞马座** 会飞的马	**室女座** 处女

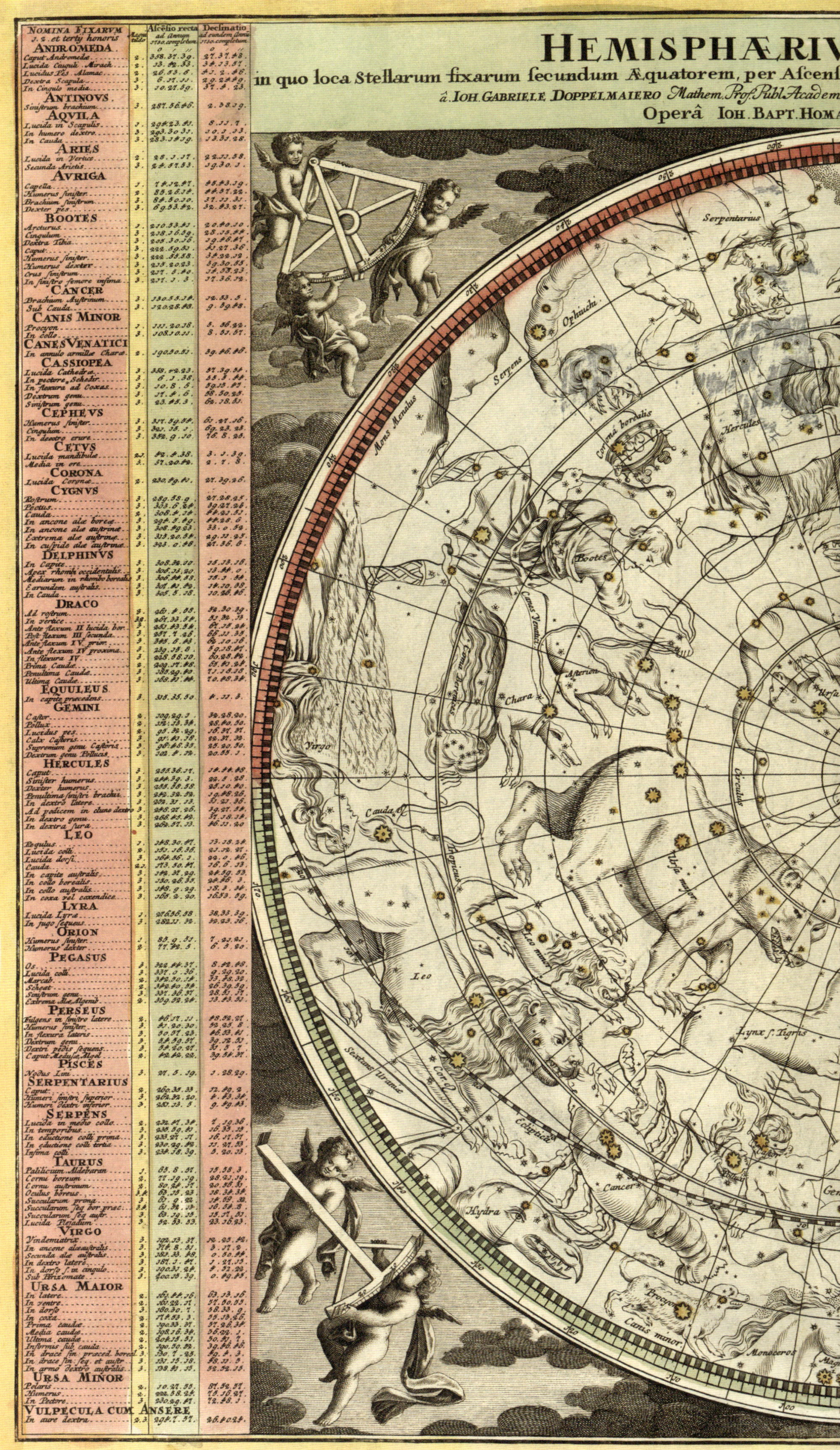

多佩尔迈尔
《天图》
图页16

OELI BOREALE,
npe rectas et Declinationes ad annum Christi 1730 completum sistuntur
dino-Carol. Nat. Curios. et Reg Societatis Boruss. Sodali.
Æ.S.MAJ.GEOGR. Norimbergæ. Cum Privilegio S.C.M.
DIFFERENTIA
Antinous
Aquila
Delphinus
Equuleus
Lyra
Cygnus
Pegasus
Draco
Lacerta
Cepheus
Cassiopea
Andromeda
Camelopardalus
Triangulum majus
Perseus
Medusae
Triang. minus
Musca
Aries
Auriga
Capella
Cancri
Cetus
Pleiades
Taurus
Hyades
Aldebaran
Orion
Pisces
16

北天的地心表示

本图页的中央图展示了地球所见的北半天球。画面以北天极为中心，因此，圆的边缘是天赤道，而黄道位于北天的半段在天图的下侧扫过。本图使用等距方位投影，赤纬线围绕极点形成同心圆，而赤经线以直线形式从极点向外辐射。

象限仪

天图的四角装饰着手持纽伦堡天文台的各种仪器的小天使。此处他们拿的是一个带有瞄准杆的简单象限仪。在实际应用中，这种仪器一般配有一个用于确定天顶垂直方向的铅垂线。

六分仪

天文六分仪是一种替代象限仪的更方便的工具。它一般具有60度的弧度。六分仪通常可以在装载它的框架里改变方向，因此可以用来确定任意平面上的物体之间的角距离。

二分弧

此处的仪器似乎是“二分弧”（arcus bipartitus）。它的一端是瞄准点，另一端是有刻度的弧。弧上的测针可以移动以对准遥远的恒星，并显示它们之间的角距离。

半圆弧

这种仪器虽然不如象限仪和六分仪那样流行，但一个包含了整个半圆且合理划定刻度的弧可以用来测量物体之间0～180度的角距。

北半天球的亮星及其指代物和现代名称

星座	多佩尔迈尔使用的称呼	现代名称
仙女座 被锁住的女人	仙女头 腰带上的亮星，Mirach（奎宿九） 脚上的亮星，Alamac（天大将军一） 右肩 腰带中间	Alpheratz（壁宿二），仙女座α Mirach（奎宿九），仙女座β Almach（天大将军一），仙女座γ 仙女座δ 仙女座μ
安提诺座 哈德良的情人	左前臂	天鹰座δ
天鹰座 鹰	肩上的亮星 右翼的星 尾部的星	Altair（牛郎星），天鹰座α Tarazed（河鼓三），天鹰座γ Okab（吴越），天鹰座ζ
白羊座 公羊	角落的亮星 白羊座第二颗星	Hamal（娄宿三），白羊座α Sheratan（娄宿一），白羊座β
御夫座 战车驾驶者	Capella（五车二） 左上臂 左前臂 右脚	Capella（五车二），御夫座α Menkalinan（五车三），御夫座β Mahasim（五车四），御夫座θ Elnath（五车五），金牛座β
牧夫座 牧人	Arcturus（大角） 腰带 右小腿 头 左上臂 右上臂 右腿 左大腿内侧的星	Arcturus（大角），牧夫座α Izar（梗河一），牧夫座ε Muphrid（右摄提一），牧夫座η Nekkar（七公增五），牧夫座β 牧夫座δ Seginus（招摇），牧夫座γ 牧夫座ζ 牧夫座π
巨蟹座 螃蟹	南侧前臂 尾部下方	Acubens（柳宿增三），巨蟹座α Tarf（柳宿增十），巨蟹座β
小犬座 小狗	Procyon（南河三） 颈部的星	Procyon（南河三），小犬座α Gomeisa（南河二），小犬座β
猎犬座 猎犬	查拉项圈上的星	Cor Caroli（常陈一），猎犬座α
仙后座 王后	宝座上的亮星 胸部的星，Schedir（王良四） 腰部的星 右膝 左膝	Caph（王良一），仙后座β Schedar（王良四），仙后座α 仙后座γ Ruchbah（阁道三），仙后座δ Segin（阁道二），仙后座ε
仙王座 国王	左上臂 腰带 右腿上的星	Alderamin（天钩五），仙王座α Alfirk（上卫增一），仙王座β Errai（少卫增八），仙王座γ
鲸鱼座 海怪	下颌的亮星 嘴中间的星	Menkar（天囷一），鲸鱼座α Kaffaljidhma（天囷八），鲸鱼座γ
冠冕座 北方的王冠	王冠上的亮星	Alphecca（贯索四），北冕座α
天鹅座 天鹅	鸟喙 胸膛 尾巴 北翼前缘 南翼前缘 南翼尖端的星 南翼后侧上的星	Albireo（辇道增七），天鹅座β Sadr（天津一），天鹅座γ Deneb（天津四），天鹅座α Fawaris（天津二），天鹅座δ Aljanah（天津九），天鹅座ε 天鹅座ζ 天鹅座υ
海豚座 海豚	头部的星 菱形的西边角 菱形北边的中央 菱形南边的中央 尾部的星	海豚座γ Rotanev（瓠瓜四），海豚座β Sualocin（瓠瓜一），海豚座α 海豚座δ Aldulfin（败瓜一），海豚座ε
天龙座 龙	嘴上的星 角落的星 第二圈北部的亮星 第三圈后的星 第四圈前，在前侧的星 第四圈前，更近的星 第四圈上的星 尾部第一颗星 尾部倒数第二颗星 尾部最后一颗星	Rastaban（天棓三），天龙座β Eltanin（天棓四），天龙座γ Altais（天厨一），天龙座δ Aldhibah（上弼，紫微右垣四），天龙座ζ Athebyne（少宰，紫微左垣三），天龙座η 天龙座θ Edasich（紫微左垣一，左枢），天龙座ι Thuban（右枢，紫微右垣一），天龙座α 天龙座κ Giausar（上辅，紫微右垣三），天龙座λ
小马座 小马	头部的主导者	Kitalpha（虚宿二），小马座α

星座	多佩尔迈尔使用的称呼	现代名称
双子座 孪生子	Castor（北河二） Pollux（北河三） 脚上的亮星 卡斯托耳的脚踝 卡斯托耳膝上的最亮星 波鲁克斯的右膝	Castor（北河二），双子座α Pollux（北河三），双子座β Alhena（井宿三），双子座γ Tejat（井宿一），双子座μ Mebsuta（井宿五），双子座ε Wasat（天樽二），双子座δ
武仙座 赫拉克勒斯	头 左上臂 右上臂 左臂倒数第二颗星 右侧的星 右臂上的星 右膝上的星 右小腿上的星	Rasalgethi（帝座），武仙座α Kornephoros（河中，天市右垣一），武仙座β Sarin（魏，天市左垣一），武仙座δ 武仙座γ 武仙座ε 武仙座η 武仙座θ 武仙座ι
狮子座 狮子	Regulus（轩辕十四） 颈部的亮星 背部的亮星 尾巴 头部南侧的星 颈部北侧的星 颈部南侧的星 髋骨上的星	Regulus（轩辕十四），狮子座α Algieba（轩辕十二），狮子座γ Zosma（西上相，太微右垣五），狮子座δ Denebola（五帝座一），狮子座β 狮子座ε Adhafera（轩辕十一），狮子座ζ 狮子座η Chertan（西次相，太微右垣四），狮子座θ
天琴座 里拉琴	里拉琴上的亮星 琴板后侧的星	Vega（织女一，织女星），天琴座α Sulafat（渐台三），天琴座γ
猎户座 猎人	左上臂 右上臂	Betelgeuse（参宿四），猎户座α Bellatrix（参宿五），猎户座γ
飞马座 有翅膀的马	嘴 颈部的亮星 Marcab（室宿一） Scheat（室宿二） 左膝 翼尖，Algenib（壁宿一）	Enif（危宿三），飞马座ε Homam（雷电一），飞马座ζ Markab（室宿一），飞马座α Scheat（室宿二），飞马座β Matar（离宫四），飞马座η Algenib（壁宿一），飞马座γ
英仙座 英雄珀尔修斯	左侧明亮的星 左上臂 侧面弯曲处的星 右膝 右脚靠后的星 墨杜萨的头，Algol（大陵五）	Mirfak（天船三），英仙座α 英仙座γ 英仙座δ 英仙座ε Atik（卷舌四），英仙座ζ Algol（大陵五），英仙座β
双鱼座 两条鱼	绳索的结	Alrescha（外屏七），双鱼座α
蛇夫座 扛着蛇的人	头 左上臂上方的星 右上臂下方的星	Rasalhague（候），蛇夫座α Cebalrai（宗正一），蛇夫座β 蛇夫座κ
巨蛇座 蛇	颈部中央的亮星 颞部的星 颈部第一延伸段上的星 颈部第三延伸段上的星 颈部中的星	Unukalhai（天市右垣七，蜀），巨蛇座α 巨蛇座γ 巨蛇座β 巨蛇座δ 巨蛇座ε
金牛座 公牛	Palilicium, Aldebaran（毕宿五） 北侧的角 南侧的角 北侧的眼睛 脸部第一颗星 脸部北向第二颗星，位置在前 脸部南向第二颗星 昴星团最亮星	Aldebaran（毕宿五），金牛座α Elnath（五车五），金牛座β Tianguan（天关），金牛座ζ Ain（毕宿一），金牛座ε Prima Hyadum（毕宿四），金牛座γ Secunda Hyadum（毕宿三），金牛座δ 金牛座θ Alcyone（昴宿六），金牛座η
室女座 处女	Vindemiatrix（东次将，太微左垣四） 南翼肘上的星 南翼第二颗星 右侧的星 后背或腰带上的星 围裙下方的星	Vindemiatrix（东次将，太微左垣四），室女座ε Zavijava（右执法，太微右垣一），室女座β Zaniah（左执法，太微左垣一），室女座η Porrima（东上相，太微左垣二），室女座γ Minelauva（东次相，太微左垣三），室女座δ Heze（角宿二），室女座ζ
大熊座 大熊	侧面的星 肚子上的星 后背的星 臀部的星 背部第一颗星 尾部中央的星 尾部最后一颗星 尾部下方无形态星 左掌上北面前方的星 左掌上南面后方的星 右肩南侧的星	Dubhe（天枢，北斗一），大熊座α Merak（天璇，北斗二），大熊座β Megrez（天权，北斗四），大熊座δ Phecda（天玑，北斗三），大熊座γ Alioth（玉衡，北斗五），大熊座ε Mizar（开阳，北斗六），大熊座ζ Alkaid（摇光，北斗七），大熊座η 错误的重复 Talitha（上台一，三台一），大熊座ι Alkaphrah（上台二，三台二），大熊座κ 大熊座θ
小熊座 小熊	Polaris（勾陈一，北极星） 上臂的星 胸前的星	Polaris（勾陈一，北极星），小熊座α Kochab（帝，北极二），小熊座β Pherkad（太子，北极一），小熊座γ
狐狸与鹅座 小狐狸和鹅	右耳上的星	ANSER（齐增五），狐狸座A

《莱顿的阿拉提亚》

（*Leiden Aratea*，约816）

提到最早和最美丽的星座描绘，一定有这份现藏于荷兰莱顿大学图书馆的9世纪彩绘手抄本。《莱顿的阿拉提亚》的创作基础是一部格马尼库斯·凯撒（*Germanicus Caesar*）的天文学论著。该论著本身约成书于公元1世纪初，而其渊源更是可以追溯至公元前3世纪时阿拉托斯所著的史诗《物象》。《莱顿的阿拉提亚》的插图更关注于描绘各种神话人物、动物和物件本身，而不是将它

们的外形与天上的轮廓相对应，这一点与后世的航海图和天图相当不同。类似地，图中群星（用金箔突出点缀）的排布也与天空中的图案关系不大，只是用于装饰和突出插图对象的形状。这本书的星座多数与托勒密星座相一致，不过也有一些例外。例如，昴星团在此处是一个独立的星座。这部手抄本是在法兰克国王、查理曼大帝之子虔诚者路易（Louis the Pious，778—840）的宫廷中编纂的，但插图的古典风格显示它最初来自古典时代晚期。

南半天球

(HEMISPHÆRIUM COELI AUSTRALE)

多佩尔迈尔介绍了南半天球的星座和著名亮星。

不同于北半天球拥挤的天空，多佩尔迈尔关于南天的介绍性星图显得相当荒芜，一些星座形象之间有着巨大的空白。多佩尔迈尔整理出这份星图的时候（1716—1724年的某段时间），人们对南半球的星空还所知甚少，至少有十几个现代的官方星座那时还没有被划分出来。

星图中心右侧的几个星座位列托勒密48经典星座之中。令人惊奇的是，它们的位置已经非常靠近南天极了。这几个星座分别是南船座（代表英雄伊阿宋寻找金羊毛时乘坐的船）、半人马座（代表弓箭手的人马座以外，天空中的另一头人首马身的怪物）、豺狼座（狼）和天坛座（祭坛）。

而今，上面这些星座里的星在地中海地区是几乎看不到的。人们自然可能会问托勒密是如何知道它们的，答案是，由于"岁差"（axial precession）效应，在那时候这些星座的可见范围要往北得多。尽管地球的自转轴相对于其公转平面的角度始终保持不变，轴尖却会像陀螺尖一样缓慢地打旋，旋转一周用时大约25800年。岁差导致北天极和南天极缓慢地转圈移动。因此，地球上特定位置可见的天区会以很长的周期缓慢变化。

星图左侧靠近南天极的区域是古希腊罗马的天文学家无法见到的，在那里有着最早一批近代的新星座。按照多佩尔迈尔的版本，它们是：

天燕座，极乐鸟
蝘蜓座
剑鱼座，剑鱼
天鹤座，鹤
水蛇座，小水蛇
印第安座，印第安人
苍蝇蜜蜂座（今苍蝇座），苍蝇
孔雀座，孔雀
凤凰座
飞鱼座，会飞的鱼
南三角座，南方的三角
杜鹃座，巨嘴鸟

这些星座的划定基础是荷兰东印度公司的彼得・迪克斯宗・凯泽（Pieter Dirkszoon Keyser，约1540—1596）和弗雷德里克・德豪特曼（Frederick de Houtman，约1571—1627）在东南亚探险期间编制的一份包括了135颗极南方恒星的星表。新星座最早出现在荷兰制图师彼得勒斯・普朗修斯（Petrus Plancius，1552—1622）在1598年绘制的天球仪上。除了它们以外，普朗修斯还增添了一个重要的形象——代表位于南方的十字架的南十字座。古时候人们已经注意到了这组标志性的星群，不过，在那时一般认为它是其北侧半人马座的一部分。

当时有几位观测者和制图师乐于向天上增添星座，普朗修斯也是其中之一。在南十字座和12个凯泽/德豪特曼星座之前，他已经在1592年往天兔座的下面塞了天鸽座（据称是挪亚从方舟里放出去寻找陆地的鸽子）。大约1613年，他又在天上添加了8个新的星座。不过，其中只有鹿豹座（长颈鹿）和麒麟座（独角兽，位置在猎户座附近）这两个星座留存到了今天。

望远镜的发明产生了填充天空中的"空隙"的强烈需求。这个新出现的仪器经常显示，那些区域远非空无一物。而将新编目的恒星归属于特定星座不仅在科学上是必要的，而且在操作层面也非常有用。17世纪80年代时，但泽（今波兰格但斯克）的大观测家约翰内斯・赫维留又新设了10个星座。它们主要

图20—1

图20—2

图20—1. 安德烈亚斯·策拉留斯在1660年绘制的这幅南天星图包括了普朗修斯在16世纪末引入的南半球高纬度星座。

图20—2. 让-尼古拉·福尔坦（Jean-Nicolas Fortin，1750—1831）的《弗拉姆斯蒂德天图》（*Atlas Céleste de Flamstéed*）是第一批介绍拉卡伊新加入的南天内容的书籍之一。

位于北半天球。这些星座中有7个现在还在使用，它们是：

猎犬座，猎犬

蝎虎座，蜥蜴

小狮座，小狮子

天猫座，山猫

盾牌座，他的赞助人扬三世·索别斯基国王的盾牌

六分仪座，六分仪

狐狸与鹅座（今狐狸座），狐狸和鹅

尽管其他天文学家也创造过许多现在已经被遗忘的星座，赫维留新设的星座中被抛弃的3个在这里还是值得一提的。毕竟，多佩尔迈尔大量借鉴了这位波兰天文学家的工作，并且把这3个星座也画进了自己的星图。第一个是地狱犬座（Cerberus）。它的形象是一条被武仙赫拉克勒斯扭倒的蛇。自然，这个星座通常如它的名字所示，被描绘为看守地狱入口的三头犬。第二个是迈纳鲁斯山座（Mons Maenalus），它是牧夫座脚踏的山峰。第三个星座小三角座（Triangulum Minus）只是有名的三角座下方的一个小一些的三角。在小三角的下方，多佩尔迈尔还引入了天上的第二只苍蝇——现已废止的北蝇座（Musca Borealis，普朗修斯的另一个创造）。另外还有一个失落的星座是安提诺座（历史上安提诺是罗马皇帝哈德良的情人，但在此处看起来更像某种小天使），它的来源更古老也更难以确认。安提诺座的位置在图页16顶部，天鹰座附近。

最后一波主要的新增星座浪潮发生在《天图》出版20年后，出自法国天文学家尼古拉-路易·德·拉卡伊（Nicolas-Louis de Lacaille，1713—1762）的手笔。1750年到1754年，拉卡伊在好望角进行了第一次对南天的详细测量，编目了近一万颗星。为了填补现有星座之间的空隙，他又添加了另外14个星座。它们多是些小星座，其中的星也比较暗淡杂乱，而名字通常来自当时的艺术和科学。这些星座是：

唧筒座，气泵

雕具座，凿子

圆规座，圆规

天炉座，熔炉

时钟座，时钟

山案座，平顶山

显微镜座，显微镜

矩尺座，三角板

南极座，八分仪（包括南天极）

绘架座，画家的画架

罗盘座，航海罗盘

网罟座，十字丝

玉夫座，雕刻家的工作室

望远镜座，望远镜

此外，拉卡伊认为南船座过于庞大，不够方便，就将它分成了3个独立的星座——船底座、船尾座和船帆座。这3个星座今天依然存在。包括了这些变更和新增星座的星图最终于1763年出版，而拉卡伊已于前一年去世。尽管直到19世纪后期，仍然偶尔有人提出新的星座划分方式，最后被广泛接受的是拉卡伊的星座。它们最终也进入了国际天文学联合会于1928年采纳的88个正式星座列表。

HEMISPHÆRIVM

in quo loca Stellarum fixarum secundum Æquatorem, per Asce

à IOH. GABRIELE DOPPELMAJERO Prof. Publ. Academ

operâ IOH. BAPT. HOMAN

NOMINA FIXARVM 1.2. et tertij honoris	Magni-tudo.	Ascēsio recta ad annum 1730. completū ° ′ ″	Declinatio ad eūdem annū 1730. completū ° ′ ″
ANTINOVS			
Dextrum brachium Tych. man: dexr.	3	299.22.11.	1.33.26.
In sinistro pede seqvens....	3.	282.59.16.	5.33.47.
AQVARIVS			
Humerus sinister........	3.	327.59.16.	1.34.22.
Humerus dexter........	3.	319.20.56.	6.41.23.
In sinistra Tibia. Scheat...	3.	340.3.21.	17.9.57.
Foma hand............	1.	340.37.28.	30.57.40.
CANIS MAJOR			
Sirius...............	1.	98.22.41.	16.18.1.
Extrema dextri pedis prioris.	2.	92.47.18.	17.47.54.
Ad dextram aurem......	3.	102.57.23.	15.12.38.
In Tergo............	2.	104.26.9.	25.56.0.
Inter Femora..........	2.	102.1.32.	28.33.31.
In Cauda...........	2.	108.22.44.	28.44.10.
Extrema pedis posterioris...	2.	92.34.36.	29.54.36.
CAPRICORNVS			
In cornu boreali media....	3.	300.45.44.	13.17.20.
In cornu austrino.......	3.	301.27.38.	15.33.16.
Caudæ præcedens.......	3.	321.16.11.	17.48.25.
Caudæ sequens.........	3.	323.1.22.	17.40.50.
CETVS			
Præcedens ad genam.....	3.	36.24.22.	0.18.15.
In dorso orientalis.......	3.	17.39.20.	9.52.46.
In dorso occidentalis.....	3.	13.45.15.	11.34.31.
Borealis Caudæ.........	3.	1.29.17.	10.15.34.
Lucida Caudæ australis....	2.	7.30.34.	19.25.14.
In quadro Pectoris seq. borealis.	3.	36.42.30.	12.58.40.
In quadro Pectoris seq. austr:.	3.	37.52.45.	14.58.33.
Borea et suprema Ventris seq:.	3.	24.32.28.	11.37.50.
Ventris tertia, alias media...	3.	22.56.18.	17.18.29.
CORVVS			
Ala præcedens..........	3.	178.53.30.	15.59.41.
Ala sequens............	3.	184.0.24.	14.57.33.
In pectore............	3.	185.4.24.	21.53.15.
ERIDANVS			
Clara in principio........	3.	73.41.50.	5.25.16.
In II. flexu infima.......	3.	56.22.52.	14.34.54.
A II. flexu secunda......	3.	52.38.38.	10.41.49.
tertia.......	3.	50.7.31.	10.22.20.
quarta.......	3.	45.45.30.	9.49.23.
In III flexu............	3.	40.51.38.	9.55.47.
HYDRA			
Cor................	1.	138.35.41.	7.28.53.
LEPVS			
In medio corpore........	3.	80.15.34.	18.0.17.
In Armo dextro.........	3.	79.12.44.	20.56.33.
LIBRA			
Lanx austrina..........	2.	219.1.45.	14.50.56.
Centrum Libræ.........	2.	225.34.56.	8.20.17.
Sub lancibus præcedens....	3.	224.12.16.	18.42.55.
NAVIS			
In clypeo super. præcedens...	3.	114.30.22.	24.10.14.
In supr. puppi clarior et præc.	3.	119.1.8.	25.30.29.
In Aplustri...........	3.	119.24.43.	12.7.34.
ORION			
Rigel..............	1.	75.28.2.	8.30.15.
Pes sinister...........	3.	83.40.51.	9.46.9.
Cinguli prima.........	2.	79.34.31.	0.29.36.
Cinguli secunda vel med..	2.	80.39.7.	1.22.17.
Cinguli ultima.........	2.	81.49.25.	2.4.33.
In manubrio ensis.......	3.	77.45.4.	2.38.11.
Infima in ense.........	3.	80.36.23.	6.6.43.
Media in ense.........	3.	80.31.31.	5.33.34.
SAGITTARIVS			
Dextra manus.........	3.	271.2.15.	29.47.18.
In dextro latere........	3.	281.18.23.	29.59.8.
SCORPIVS			
Cor...............	1.	243.12.33.	25.44.46.
Suprema frontis........	2.	237.26.29.	18.59.40.
Media frontis.........	3.	236.6.25.	21.46.24.
Infima frontis.........	3.	235.39.32.	25.14.55.
In chela austrina.......	3.	222.4.35.	24.19.3.
SERPENTARIVS			
In manu dextra borealis...	3.	240.3.30.	2.55.39.
In dextro genu........	3.	248.36.28.	9.58.41.
In sinistro femore.......	3.	253.43.12.	10.19.28.
SERPENS			
Prima Caudæ..........	3.	266.35.10.	3.36.48.
Penultima Caudæ.......	3.	271.50.4.	2.54.14.
Ultima Caudæ.........	3.	280.43.57.	3.54.20.
VIRGO			
Spica..............	1	197.45.31.	9.43.0.

Denique notetur, quod loca stellarum fixarum, quæ hic secundum Æquatoris ductum per Ascensiones rectas et Declinationes geometrice definitæ, spatiis inter se distent cum observatis prorsus similibus, nulla enim Projectionis, quo illæ, ut inter se revera apparent, hic etiam sistantur, habita fuit ratio.

多佩尔迈尔
《天图》
图页17

Differentia	Ascensionis rectæ Annorū. 10	Ascensionis rectæ Anni. 1.	Declinationis Annorū. 10	Declinationis Anni. 1.
Antinous.				
Tab. spec. VI. Lit. A	7.51.24. A	0.47. 8. A	1.38.48. S	9. 33. S
Lit. C	8. 6. 0. A	0.48.30. A	0.44.42. S	4. 28. S
Aquarius.				
Tab. II Lit. A	7.49.48. A	0.46.59. A	2.52.24. S	17. 14. S
Lit. B	8. 2. 6. A	0.48.13. A	2.33.18. S	15. 20. S
Lit. Y	8. 2.36. A	0.48.16. A	3.15. 6. S	19. 31. S
Lit. q	8.27.30. A	0.50.45. A	3.10.18. S	19. 2. S
Canis Major.				
Tab. III Lit. A	6.50.54. A	0.41. 5. A	0.28.42. A	2. 52. A
Lit. B	6.53.18. A	0.41.20. A	0. 9.24. A	0. 56. A
Lit. C	6.52.48. A	0.41.17. A	0.44.42. A	4. 28. A
Lit. D	6.21. 6. A	0.37. 7. A	0.49.18. A	4. 56. A
Lit. E	5.58.24. A	0.35.50. A	0.41. 0. A	4. 6. A
Lit. F	6. 1.12. A	0.36. 7. A	1. 3.48. A	6. 23. A
Lit. G	5.52.54. A	0.35.17. A	0. 6.24. A	0. 38. A
Capricornus				
Tab. V. Lit. A	8.23.12. A	0.50.19. A	1.44. 0. S	10. 18. S
Lit. B	8.30.18. A	0.51.32. A	1.45.18. S	10. 32. S
Tab. II. Lit. C	8.26.54. A	0.50.41. A	2.37.54. S	15. 47. S
Lit. D	8.25. 0. A	0.50.30. A	2.41.54. S	16. 11. S
Cetus				
Tab. II. Lit. C	7.43.36. A	0.46.21. A	2.43.42. S	16. 22. S
Lit. D	7.35.36. A	0.48.34. A	3.13.24. S	19. 20. S
Lit. E	7.36.36. A	0.40.40. A	3.17.36. S	19. 46. S
Lit. F	8. 9. 6. A	0.48.55. A	3.32.42. S	21. 16. S
Lit. G	7.47.18. A	0.46.44. A	3.25.36. S	20. 11. S
Lit. P	7.18.12. A	0.43.49. A	2.43. 6. S	16. 19. S
Lit. Q	7.13.12. A	0.43.19. A	2.41. 0. S	16. 6. S
Lit. R	7.28.42. A	0.44.52. A	3. 4.42. S	18. 28. S
Lit. S	7.23.18. A	0.44.20. A	3. 8.36. S	18. 52. S
Corvus.				
Tab. IV. Lit. A	7.18.42. A	0.19.52. A	3.23. 0. A	20. 18. A
Lit. B	7.50.12. A	0.47. 1. A	3.21.48. A	20. 11. A
Lit. C	7.54.24. A	0.47.26. A	3.22.12. A	20. 13. A
Eridanus				
Tab. III Lit. A	7.33.54. A	0.45.23. A	1. 1. 6. S	6. 7. S
Lit. L	7. 2.42. A	0.42.16. A	1.55.30. S	11. 33. S
Lit. N	7.15.30. A	0.43.33. A	2. 2.42. S	12. 16. S
Lit. O	7.16.48. A	0.43.41. A	2.11. 6. S	13. 7. S
Lit. P	7.11.18. A	0.43.44. A	2.21.48. S	14. 11. S
Tab. II Lit. R	7.16.52. A	0.43.40. A	2.33.24. S	15. 20. S
Hydra.				
Tab. IV. Lit. A	7.28.54. A	0.44.53. A	2.31.24. A	5. 8. A
Lepus.				
Tab. III Lit. A	6.41.30. A	0.40. 9. A	0.35. 0. S	3. 30. S
Lit. B	6.30.12. A	0.39. 1. A	0.38.42. S	3. 52. S
Libra.				
Tab. IV Lit. A	8.20.18. A	0.50. 2. A	2.38.18. A	15. 50. A
Tab. V Lit. B	8. 7. 0. A	0.48.42. A	2.22.18. A	14. 14. A
Tab. IV Lit. L	8.31.36. A	0.51.10. A	2.13.42. A	13. 22. A
Navis.				
Tab. III Lit. A	6.23.30. A	0.38.21. A	1.23.24. A	8. 20. A
Lit. B	6.29.36. A	0.38.58. A	1.37.54. A	9. 47. A
Lit. C	7. 8.30. A	0.24.51. A	1.39. 6. A	9. 55. A
Orion.				
Tab. III Lit. C	7.29.36. A	0.44.58. A	0.51.54. S	5. 11. S
Lit. D	7.11.42. A	0.43.20. A	0.23. 0. S	2. 18. S
Lit. E	7.44.48. A	0.46.29. A	0.37.36. S	3. 46. S
Lit. F	7.41.42. A	0.46.10. A	0.33.54. S	3. 23. S
Lit. G	7.39. 6. A	0.45.55. A	0.29.36. S	2. 58. S
Lit. H	7.37.18. A	0.45.54. A	0.43.48. S	4. 23. S
Lit. I	7.25. 6. A	0.44.31. A	0.34.18. S	3. 26. S
Lit. K	7.27.12. A	0.44.43. A	0.34.18. S	3. 26. S
Sagittarius				
Tab. V. Lit. E	6.51. 0. A	0.41. 6. A	0. 2. 6. S	0. 13. S
Lit. I	9.41.24. A	0.58. 8. A	0.38.12. S	3. 52. S
Scorpius.				
Tab. V. Lit. A	9.12. 0. A	0.55.12. A	1.32.30. A	9. 15. A
Lit. B	8.44.48. A	0.52.29. A	1.50. 0. A	11. 0. A
Lit. C	8.53.12. A	0.53.19. A	1.53.54. A	11. 23. A
Lit. D	9. 5. 0. A	0.54.30. A	1.55.42. A	11. 34. A
Tab. IV. Lit. G	8.46.30. A	0.52.39. A	2.31. 0. A	15. 6. A
Serpentarius				
Tab. V. Lit. E	7.54.42. A	0.47.28. A	1.42. 0. A	10. 12. A
Lit. G	8.18.42. A	0.49.52. A	1.24.42. A	8. 28. A
Lit. H	8.39.36. A	0.51.53. A	0.59.36. A	5. 57. A
Serpens.				
Tab. V. Lit. O	7.59.18. A	0.47.56. A	0.13. 0. A	1. 18. A
Lit. P	7.53. 0. A	0.47.38. A	0. 5.36. ..	0. 33. S
Lit. Q	7.33. 6. A	0.45.19. A	0.36.36. A	4. 39. A
Virgo.				
Tab. IV. Lit. A	7.56.54. A	0.47.41. A	3.13.36. A	19. 21. A

Pro fixæ Ascensione recta et Declinatione ad tempus, quod annum 1730 completum sequitur, obtinenda, differentiam illarum proportionatam et Ascensioni rectæ et Declinationi hic exhibitis, vel, prout, Signa A. et S. apposita indicant, adde vel subtrahe, sin vero hoc dictum annum præcedit, contrarios adhibe titulos.

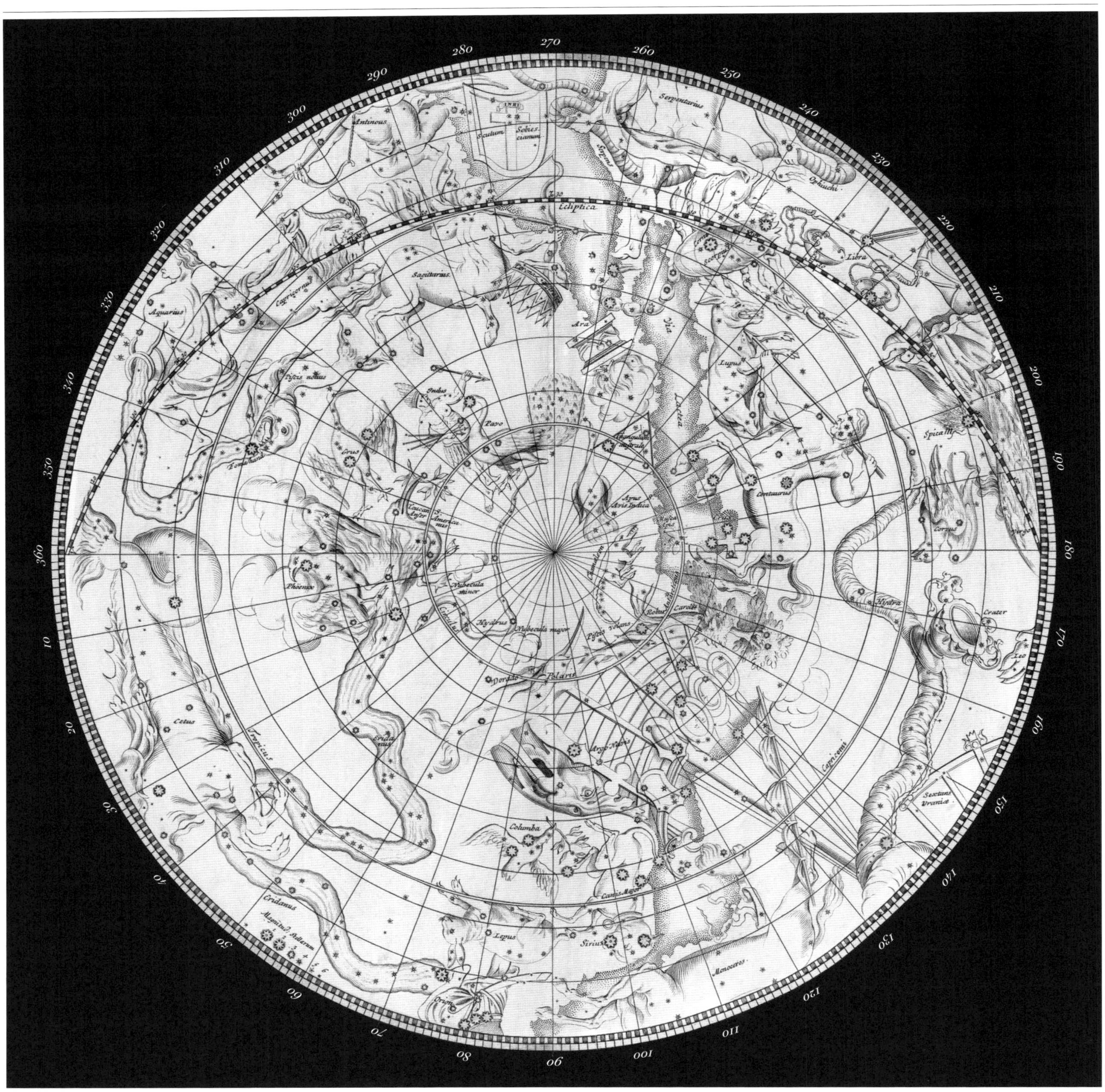

南天的地心表示

本页主图是一张显示南半天球天空的星图，对应于图页16的北天星图。本图使用了以南天极为画面中心的赤道坐标。黄道经过南天的黄道星座，在星图的上侧穿过。但是，尽管有普朗修斯在16世纪初加入的不少新内容，星图的最南面还是一大片空白。值得注意的是，多佩尔迈尔用春分点以东的度数来衡量赤经，而我们现代使用的是时、分、秒。

望远镜（本行左图）

当时最重要的天文仪器在此处以一只简单的管状折射望远镜代表，其形象来自纽伦堡天文台正在使用的望远镜。望远镜不仅可以增亮和放大物体的像，而且可以使角度测量比以前精确得多。

望远六分仪（本行右图）

将一台调试准直的望远镜装到六分仪的照准架（alidade）上，可以使放大的物像准确落入视野的正中。这样一来，天空中的角度和位置的测量准确度就大大提高了。

南半天球的亮星及其指代物和现代名称

星座	多佩尔迈尔使用的称呼	现代名称
安提诺座 哈德良的情人	右小臂(第谷称为右手) 左脚靠后的星	天鹰座θ 天鹰座λ
宝瓶座 装水的工具	左上臂 右上臂 左小腿上的星,Scheat Fomalhaut(北落师门)	Sadalmelik(危宿一),宝瓶座α Sadalsuud(虚宿一),宝瓶座β Skat(羽林军二十六),宝瓶座δ Fomalhaut(北落师门),南鱼座α
大犬座 大狗	Sirius(天狼星) 右前爪尖 右耳上的星 后背上的星 大腿之间的星 尾巴上的星 后足尖	Sirius(天狼星),大犬座α Mirzam(军市一),大犬座β Muliphein(天狼增四),大犬座γ Wezen(弧矢一),大犬座δ Adhara(弧矢七),大犬座ε Aludra(弧矢二),大犬座η Furud(孙增一),大犬座ζ
摩羯座 海中的山羊	北侧的角中央的星 南侧的角上的星 尾部靠前的星 尾部靠后的星	Algedi(牛宿二),摩羯座α Dabih(牛宿一),摩羯座β Nashira(壁垒阵三),摩羯座γ Deneb Algedi(壁垒阵四),摩羯座δ
鲸鱼座 海怪	脸颊上的星 背部东侧的星 背部西侧的星 尾部北侧的星 尾部南侧的亮星 胸前北侧靠后的星 胸前南侧靠后的星 腹部北侧靠前的亮星 腹部中央第三颗星	Menkar(天囷一),鲸鱼座α 鲸鱼座θ 鲸鱼座η 鲸鱼座ι Diphda(土司空),鲸鱼座β 鲸鱼座ε 鲸鱼座π Baten Kaitos(天仓四),鲸鱼座ζ 鲸鱼座τ
乌鸦座 乌鸦	前翼 后翼 胸前的星	Gienah(轸宿一),乌鸦座γ Algorab(轸宿三),乌鸦座δ Kraz(轸宿四),乌鸦座β
波江座 河	源头的亮星 第二弯内的星 第二弯的第二颗星 第三颗星 第四颗星 第三弯上的星	Cursa(玉井三),波江座β Zaurak(天苑一),波江座γ 波江座δ Ran(天苑四),波江座ε Zibal(天苑五),波江座ζ Azha(天苑六),波江座η
长蛇座 水蛇	心脏	Alphard(星宿一),长蛇座A

星座	多佩尔迈尔使用的称呼	现代名称
天兔座 兔子	身体中部的星 右肩上的星	Arneb(厕一),天兔座α Nihal(厕二),天兔座β
天秤座 天平	南侧秤盘 天平的支点 前侧秤盘下方的星	Zubenelgenubi(氐宿一),天秤座α Zubeneschamali(氐宿四),天秤座β 天秤座ι
南船座 "阿尔戈号"船	护盾上的星,前侧向上 船尾之上前侧较亮星 尾柱上的星	Naos(弧矢增二十二),船尾座ζ Canopus(老人星),船底座α Miaplacidus(南船五),船底座β
猎户座 猎人	Rigel(参宿七) 左脚 腰带第一颗星 腰带第二颗星,位于中央 腰带最后一颗星 剑柄 宝剑最内部位 宝剑中央的星	Rigel(参宿七),猎户座β Saiph(参宿六),猎户座κ Mintaka(参宿三),猎户座δ Alnilam(参宿二),猎户座ε Alnitak(参宿一),猎户座ζ 猎户座σ Hatysa(伐三),猎户座ι 猎户座θ
人马座 弓箭手	右手 右侧的星	Kaus Media(箕宿二),人马座δ Ascella(斗宿六),人马座ζ
天蝎座 蝎子	心脏 正面上部 正面中部 正面下部 南侧螯上的星	Antares(心宿二,大火),天蝎座α Acrab(房宿四),天蝎座β Dschubba(房宿三),天蝎座δ Fang(房宿一),天蝎座π Brachium(折威七),天秤座σ
蛇夫座 扛着蛇的人	右手北侧的星 右膝上的星 左大腿上的星	Yed Prior(梁,天市右垣九),蛇夫座δ 蛇夫座ζ Sabik(宋,天市左垣十一),蛇夫座η
巨蛇座 蛇	尾部第一颗星 尾部倒数第二颗星 尾部最后一颗星	巨蛇座ζ 巨蛇座η Alya(徐,天市左垣七),巨蛇座θ
室女座 处女	Spica(角宿一)	Spica(角宿一),室女座α

关于多佩尔迈尔在图页16和图页17列出的表格的注释

多佩尔迈尔在图页16和图页17列出了各个星座三等及以上的恒星，描述了它们的位置或通用名称，并给出了它们在1730年时的赤经和赤纬。多佩尔迈尔的南天亮星列表有些奇怪。忽略最遥远的南方的星座看起来有些道理，毕竟它们发现的时间相对不长，而且位置还很不准确。但遗漏半人马座、豺狼座这样的托勒密星座或十字架座就有些令人迷惑了。不过，应当注意到，图页20～25的更详尽的表格里包括了这些恒星。

关于本书第143页和本页古今星名对照表的注释

本书的两张表格列出了多佩尔迈尔使用的恒星名称或位置描述的翻译，但没有包括原表中1730年的恒星赤经赤纬值。“现代名称”一栏给出了这些恒星在现代由国际天文学联合会（IAU）认可的标准名称，以及按照拜尔命名法（希腊字母）在当今被普遍认可的名称。

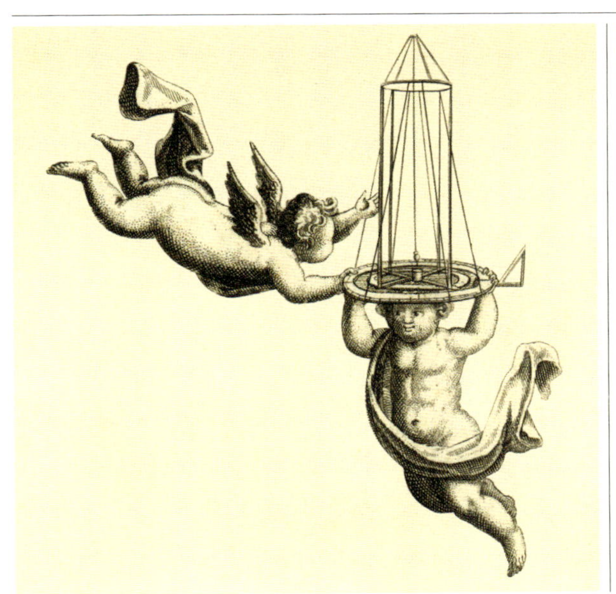

方位环（本行左图）

这一仪器使用以固定半径在圆环上旋转的水平瞄准镜来精确测量天体的方位角（相对于天文学北方“围绕”天空的水平角度）。

摆钟（本行右图）

本图页的四角装饰着启蒙运动天文学的重要仪器，其中的重中之重则是摆钟。确定穿越子午线的精确时间是准确测量天体赤经的关键。

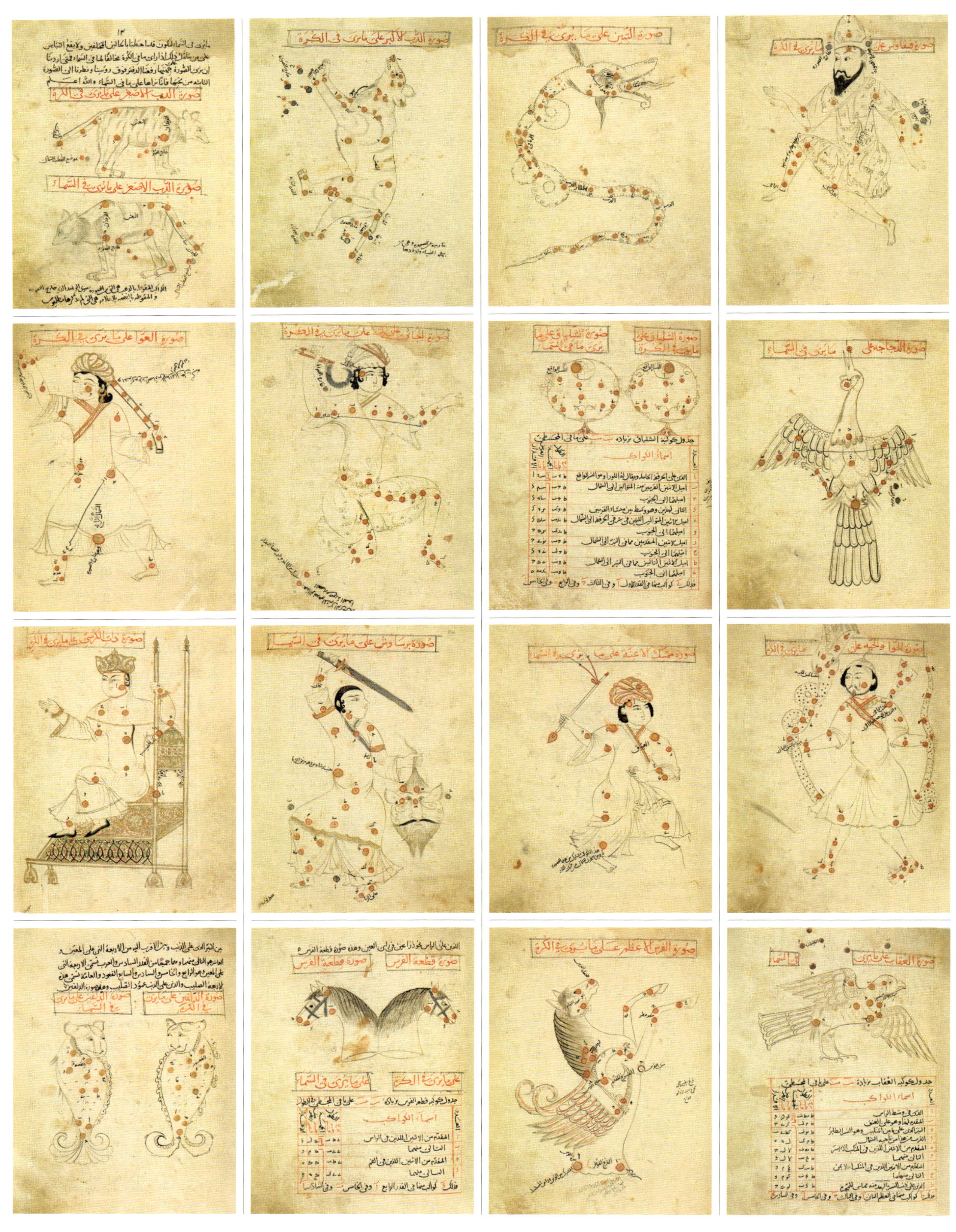

《恒星之书》

（*Book of the Fixed Stars*，约964年）

波斯天文学家阿布德·拉赫曼·苏菲（Abd al-Rahman al-Sufi）的《恒星之书》有多件11世纪抄本存世，但此处引用的来自其15世纪的版本。苏菲的书有一个明显的创新：如托勒密一类的作者常常提及一些未命名的恒星，并用它们在星座形象中的解剖学位置指代这些恒星。但是，已知的对天空的视觉描述［如2世纪罗马雕像法尔内塞的阿特拉斯（Farnese Atlas）上的天球］大多忽略了恒星，

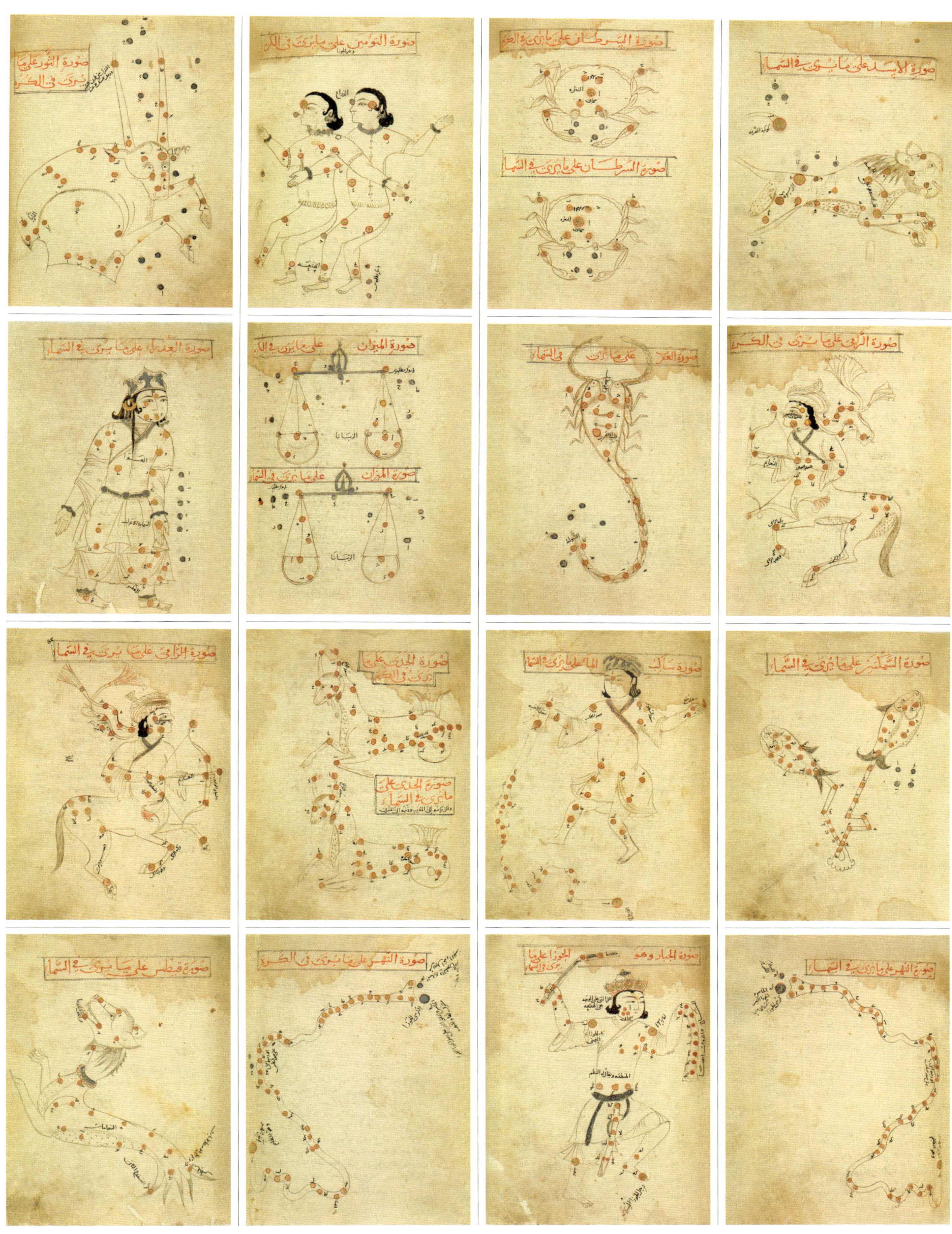

或者（如《莱顿的阿拉提亚》）完全置恒星在天空中排成的图案于不顾。相比之下，苏菲及其抄写者描绘的星座形象上，单个恒星的位置都是相对准确的。该书中的星座与托勒密的星座大体相同（只有少数例外），星座人物的形象自然是以当时的伊斯兰风格绘制的。书中的每个星座都以两种视角呈现：一个是假设在天球的外表面看到的自外而内的视角，另一个是从地心方向观察地球天空的视角。

黄道以北的半个天球

(HEMISPHÆRIUM COELI BOREALE)

多佩尔迈尔基于太阳运动的投影展示了天空。

乍一看，图页18与图页16的北天球投影颇为相似——我们熟悉的星座，比如大熊座、飞马座，都在图中，而且也都是正确的。不过，仔细观察就会发现它们微妙的不同。黄道的12个星座围成了这张星图的边缘；北极星勾陈一不是在圆的正中央，而是在偏上一点的地方。这时，我们会发现一桩不和谐的现实，那就是星座本身和它们彼此的相对位置不是我们常见的样子，而是它们的镜像。

这张星图和随后的图页19是以黄道平分的两半天球的投影。恒星以太阳在天空中的轨道为界，分成南北两部分。以这种方式绘制星图是天文制图史上最古老的传统之一，但多佩尔迈尔这样画，也是为了指出表现天空时可用的另一种方案：太阳与黄道可以取代天极与赤道，成为位置的基准。

多数现代星图都是天空在赤道坐标系中的投影，天空中的目标的位置以其赤纬（相对于天赤道以北或以南的程度）和赤经（类似于地表的经度，以通过天体和南北天极的大圆与天赤道的交点到春分点的角距离度量）表示。通常认为，赤道坐标系是早在公元前数世纪之前的古希腊天文学家发明的，不过，其确切起源还有待考证。然而，这一坐标系成为星图上的主流这件事实际上是相当晚近的现象，而且主要是因为自19世纪以来，“赤道式”望远镜托架开始流行，而与之适配的赤道坐标系更为实用。使用之前的望远镜托架时，如果想让目标始终保持在视场中心，就必须同时在上下和左右方向不断调整望远镜的指向。而赤道式托架可以使望远镜的运动平面倾斜，直接对应赤经和赤纬。这样一来，寻找目标就简化为基于精确的地方时，调整望远镜在这两个平面上的参数。更重要的是，一旦找到了目标，只需调整望远镜在赤经方向的运动就可以跟踪目标了（这个过程甚至可以用发条装置或电动马达自动完成）。

然而，赤道坐标系有一个众所周知的缺点：它总是在变。岁差现象使地球的自转轴缓慢地改变方向，而南北天极、天赤道和天球上的所有赤经和赤纬线也因此变化，发生了相对于恒星的移动。那么，想要准确定位，在进行观测时，必须计算目标在该“时代”的赤道坐标。在实际操作层面，这意味着现代的星图每50年就得重新画一次。

相比而言，黄道坐标系的变数要少得多。以太阳在天空中的视运动平面为基准，可以定义与之成90度的两点为南北黄极。定义了黄道面和黄极后，就可以在天空中想象出虚拟的黄道经纬度线。黄纬就是天体相对于黄道以北或以南的角位置，而黄经是以从春分点这一固定参考点向东的度数来衡量的，与赤经的测量方式类似。春分点的定义是太阳沿黄道从南向北穿过天赤道时的交点。一些观点认为，此时正是北半球春季的第一天。

黄道坐标系并非不受岁差效应的影响，但这种影响已经非常小了。一颗无自行的恒星的黄纬可以说是基本上恒定的，而它的黄经每个世纪增加大约1.4度，使它在整个25800年的岁差周期里转过360度。

由于黄道坐标系实际上是固定在地球绕太阳公转的轨道平面上，对于关心太阳和其他行星的位置的观星者来说，它比其他坐标系更实用。多数行星的运动轨道基本上是沿着黄道的。在黄道坐标中绘制这些行星的轨迹，可以画出具有明显重复振荡的图形。最近发现古巴比伦关于行星合的表格中用到了黄道坐标。另外，它可能是古希腊罗马使用得最广泛的天

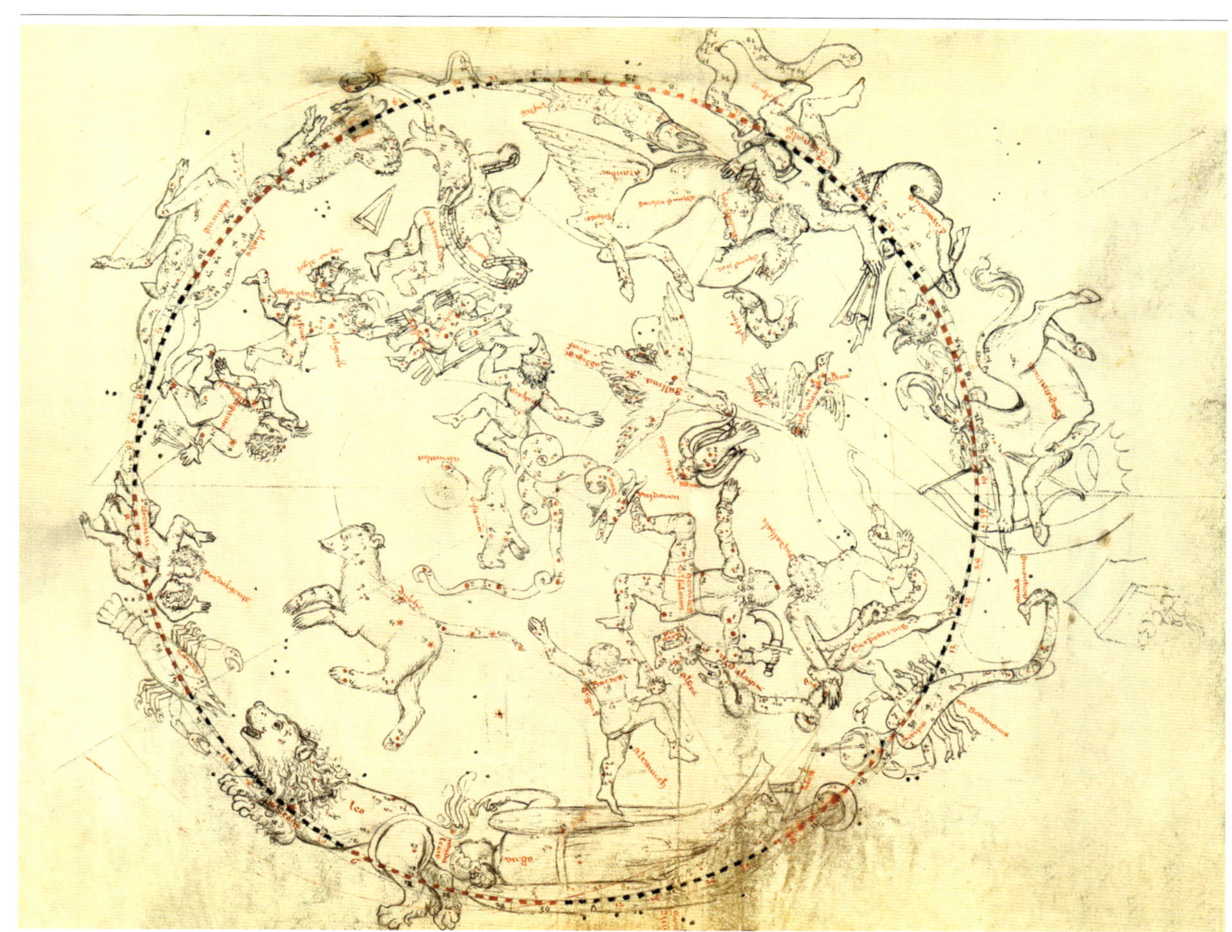

图21—1

图21—1. 维也纳的奥地利国家图书馆收藏着现存最古老的欧洲制造的星图。这几张星图据估计绘制于1440年，作者不详。图中展示了以黄道划分的北半天球和南半天球的星座。黄道星座的形象在北天星图的侧边围成了一个环。星座中恒星的位置和它们在现代的位置大致相同，但整个天空是以外部的视角投影的，仿佛观看者位于这个天球的外侧。

球坐标系。托勒密在《天文学大成》的星表中用的就是黄道坐标。他可能借用了尼西亚的喜帕恰斯几个世纪前的测量结果，并根据自己时代的岁差等加以调整。直到中世纪，托勒密给出的恒星黄道坐标依旧通行于欧洲和伊斯兰世界。

多佩尔迈尔的星图显示的是从北黄极上方向下看这一视角的天球投影。因此，星座的样子是我们从地球表面向上看所见到的形态的镜像。图中绘制了赤道坐标系中的天赤道，以及天球上对应北回归线（Tropic of Cancer）和北极圈（Arctic Circle）的两个赤纬圈。多佩尔迈尔还将整个圆分成了12等份，每扇30度。这种划分大致代表了太阳沿黄道的每月运动，对应于占星学中的黄道十二宫。这十二宫的起点在图中右侧边上天赤道与黄道的交点处，每段30度的弧线上都标有对应的符号。从白羊（♈）起，按照逆时针方向依序是金牛（♉）、双子（♊）、巨蟹（♋）、狮子（♌）、室女（♍）、天秤（♎）、天蝎（♏）、人马（♐）、摩羯（♑）、宝瓶（♒），以及这一圈的最后一个——双鱼（♓）。不过，比较图上的星座形象和符号的位置，就会发现，2000年来的岁差已经使这些星座与黄道有了一些距离。现实中的星座（由于大小不一，永远不可能正好占30度）全都明显地偏移了，而所谓“白羊座第一点”（在英语中春分点又叫First Point of Aries）现在已经落入了隔壁的双鱼座。

多佩尔迈尔
《天图》
图页18

COELI BOREALE
18
IOH. GABRIELE DOPPELMAIERO Mathem. P.P. Acad. Imp. Leop. Car. Nat. Curios. nec non Reg. Scient. Acad. Boruss. Socio
Sac. Cæs. Maj. Geogra. Norimbergæ. Cum Privilegio Sac. Cæs. Majestatis.
OBSERVATORIUM PARISIENSE.
Hæ ædes Uraniæ dicatæ munificentia Pot. Galliarum Regis Ludovici XIV ad añum 1667 excitatæ
STELLÆ HEMISPHÆRII BOREALIS
Asterismi Zodiaci dimidii versus Boream
Dodecatemoria dimidia versus Boream.
OBSERVATORIUM NORIBERGENSE.
Prima hujus jecit fundamenta Georgius Christophorus Eimartus ad añum 1678.
Taurus
Auriga
Musca
Perseus
Triang. Minus
Triangulum Majus
Aries
Pisces Borealis
Linum Bor.
Cassiopeia
Cepheus
Andromeda
Linum Austr.
Pisces
Lacerta
Stellio
CANCRI
Cygnus
Pegasus
Pisces Austr.
Vulpecula
Delphinus
Aquarius
Anser
Sagitta
Aquila
ÆQUATOR
Equuleus
Antinous
Capricornus
Scutum Sobiesci

巨蟹座

狮子座

室女座

天秤座

天蝎座

人马座

各星座的最亮星

多佩尔迈尔统计了完全位于黄道以北的每个星座中各星等的恒星数目，列在了图页18的侧边。在一个单独的列表中，他还给出了黄道星座中完全位于黄道以北的各星等恒星的计数。由于篇幅有限，我们这里只引述了每个图表的总数，并计算了多佩尔迈尔列表中各星等恒星数的总和。

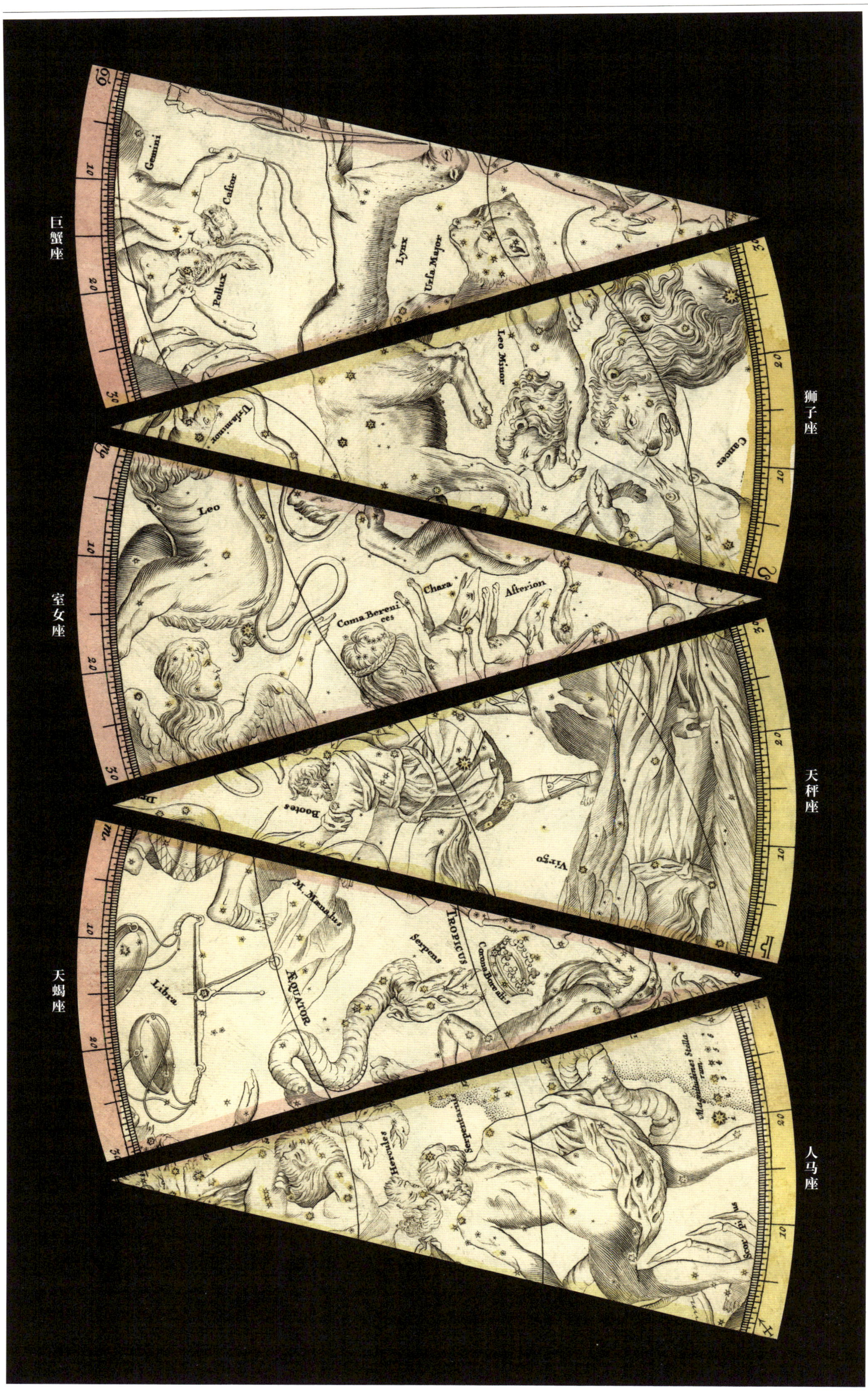

所属天区	总星数
黄道星座以北的星座	854
黄道星座位于黄道以北的部分	242
黄道以北的半个天球	1096
黄道星座以南的星座	574
黄道星座位于黄道以南的部分	200
黄道以南的半个天球	774
整个天球	1870

符号	星等
1	一等星
2	二等星
3	三等星
4	四等星
5	五等星
6	六等星

第谷在文岛的天文台

多佩尔迈尔在前景中画了天堡，并在背景里画了星堡（Stjerneborg）。

巴黎天文台

此处是路易十四于1667年在蒙帕尔纳斯建立的巴黎天文台，台址地面上是一架长管折射望远镜。

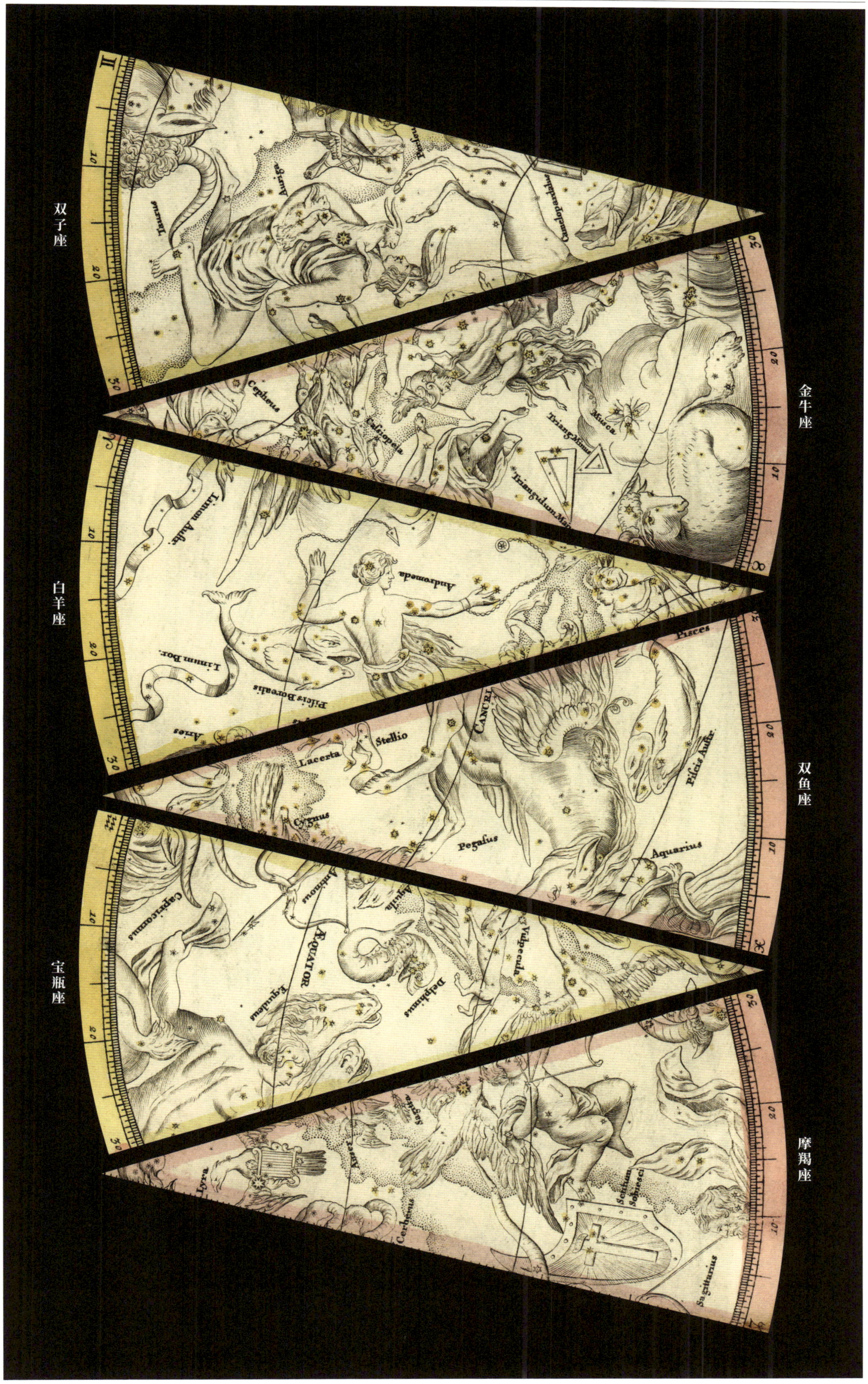

双子座

金牛座

白羊座

双鱼座

宝瓶座

摩羯座

黄道带以北星座的恒星

	恒星总数
小熊座	12
大熊座	73
天龙座	40
仙王座	51
猎犬座	23
牧夫座和迈纳鲁斯山座	52
北冕座	8
武仙座	45
地狱犬座	4
天琴座	17
天鹅座	47
狐狸与鹅座	27
蝎虎座	10
仙后座	38
英仙座	46
御夫座	40
蛇夫座	42
巨蛇座	20
鹿豹座	32
索别斯基之盾座	7
天箭座	5
天鹰座	23
安提诺座	19
海豚座	14
小马座	6
飞马座	37
仙女座	46
大三角座	9
小三角座	3
后发座	21
天猫座/老虎座	19
小狮座	18
合计	854

黄道星座中位于黄道以北的恒星

	恒星总数
白羊座	24
金牛座	17
双子座	22
巨蟹座	13
狮子座	29
室女座	40
天秤座	18
天蝎座	7
人马座	11
摩羯座	13
宝瓶座	16
双鱼座	32
小计	242
黄道以南的黄道恒星数	200
黄道星座总恒星数	442

赫维留在但泽的天文台

这张描绘星堡（Sternenburg）屋顶天文台的插画引自赫维留的著作《天文仪器》（1673）。

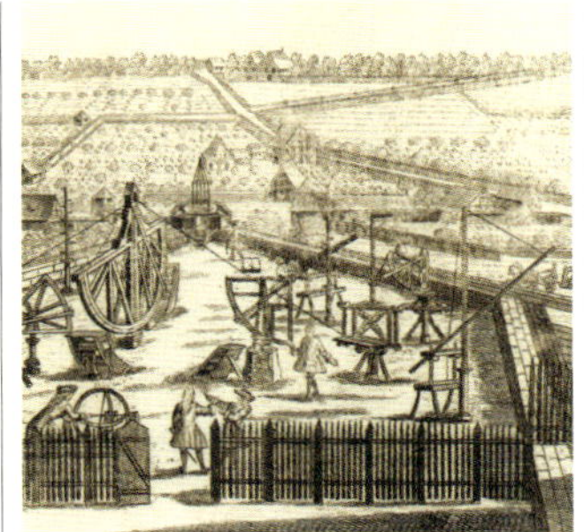

纽伦堡天文台

这座天文台由格奥尔格·克里斯托夫·艾姆马尔特建立。多佩尔迈尔的插图展示了它北面的景色。

黄道以南的半个天球

(HEMISPHÆRIUM COELI AUSTRALE)

多佩尔迈尔以南黄极为中心展示了天空。

《天图》的图页19与图页18相对应，展示了黄道坐标定义的南半天球。关于这一话题，我们没有太多可说的。不过，这对图页上的页角倒是颇为吸引人。在此处，多佩尔迈尔选择了8个在文艺复兴和启蒙运动时期举足轻重的天文台作为页面的装饰。

自史前时代以来，世界各地的人们就已经根据太阳或其他天体的位置和特殊天象建造了许多具有特定方向性的建筑，如神庙、陵墓和纪念物。然而，据我们目前所知，真正的天文台（用于精确观测和测量天空中的目标的建筑物）最早是在9世纪前后出现在中国、印度和一些伊斯兰国家。这些场所最初的用途是测量太阳和月球的运动并为之计时，从而改进以太阳运动为基础的太阳历和以月球运动为基础的太阴历。但很快，以受到托勒密著作影响的伊斯兰天文学家为首，人们又将兴趣扩展到了行星和恒星的运动上。

不过，多佩尔迈尔选中的是一些离自己位置较近的天文台。图页18上的几座天文台分别是：第谷·布拉赫在当时属于丹麦的文岛上建立的先进天文台“天堡”、法国的巴黎天文台、约翰内斯·赫维留在但泽的屋顶平台和1678年建立的德国纽伦堡天文台。图页19上绘制的是格林尼治皇家天文台、哥本哈根星堡（Stellaburgis Hafniens ）以及德国卡塞尔和柏林的天文台。

在上述天文台中，只有天堡（图页18左上角）建造于前望远镜时代。但是，由于它的影响力太大，多佩尔迈尔在将近两个世纪后仍然认为它值得被画在此处。第谷和他的大批助手在这座宫殿般的天文台里完成的工作，不仅奠定了太阳系的第谷模型的基础，也孕育了约翰内斯·开普勒的行星运动定律和其他许多成果。第谷本人是一位富有的贵族，但天堡工程的宏大远超他的财力。据估计，这一工程的费用占了丹麦王室当时1%的财政预算 。多佩尔迈尔将天堡画在了前景中，而建在它旁边的位于地下的星堡天文台，则画在了背景中。在腓特烈二世的资助下，文岛上的建筑工程约于1576年开始。整个建筑群中不仅有天文台，还有一座炼金术实验室，以及为造出巧妙装置的仪器制造者准备的工坊。16世纪90年代，第谷失势，抛弃了这座岛屿和他的祖国。在他死后不久，两座天文台都被摧毁了。过了相当长的一段时间后，这两座天文台才有了后继者，也就是图页19右上角展示的哥本哈根

图22—1

图22—1. 这幅彩色雕版画（1723）展示了克里斯托弗·雷恩（Christopher Wren，1632—1723）爵士设计的格林尼治皇家天文台。该天文台的主楼是1675年到1676年建造的。

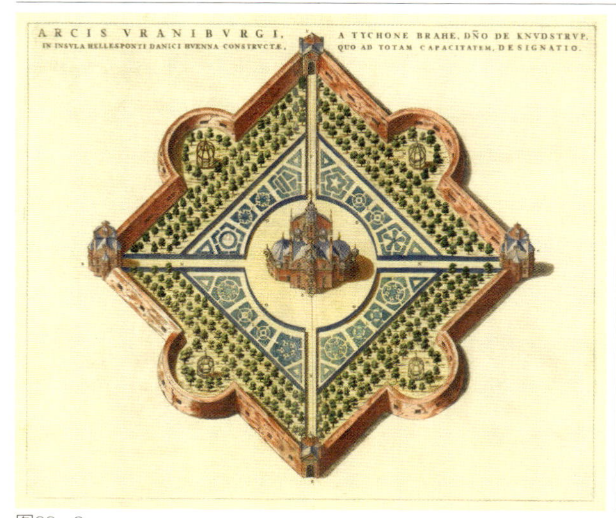

图22—2

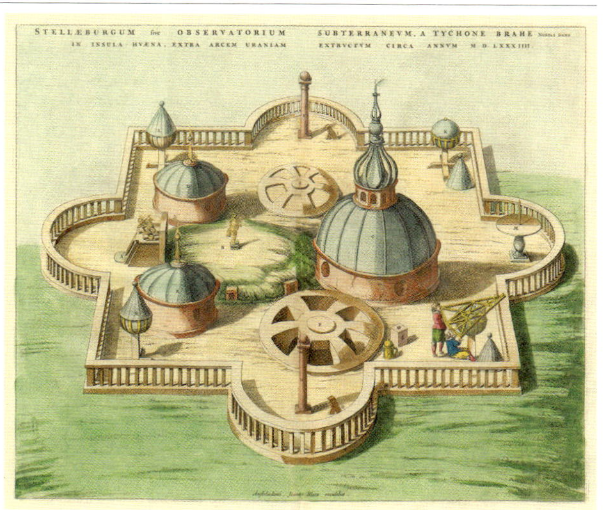

图22—3

图22—2～22—3. 第谷的双子天文台的外观，绘于与之同时代的16世纪晚期。左为宫殿式的天堡，右为主要位于地下的星堡。尽管第谷将许多出色的仪器放在了天堡（1576年动工），但他意识到最准确的测量需要设备牢牢地固定在地面，并且有遮蔽物，以免受到风和震动的干扰。因此他在1583年开始建造地下的星堡。

星堡。这座天文台建成于1642年，其使用者为克里斯蒂安四世（Christian Ⅳ，1577—1648）的宫廷天文学家克里斯滕·隆哥蒙塔努斯（Christen Longomontanus，1562—1647）。他曾经是第谷的门徒，并且为推广第谷体系出了很大的力。这座天文台的建筑一直保存至今，并且最为人所知的特色可能是它的“马术楼梯”。贵族们曾骑马沿着这个楼梯直达建筑的顶部。

图页18的左下角画的是另一个同样属于私人的建筑：赫维留在但泽的天文台。这位富裕的酿造商于1641年开始建造他的屋顶观测平台，并配备了各种仪器，包括用于测量天球上的角度的六分仪和象限仪、一系列口径越来越大的折射望远镜，以及一间用于投影太阳图像的观察小屋。

多佩尔迈尔在图页18的右下角放上了一个格外值得注意的天文台：格奥尔格·克里斯托夫·艾姆马尔特建立的纽伦堡天文台。艾姆马尔特是一位纽伦堡的雕刻家、数学家和仪器制造者。1678年时，他在纽伦堡城堡的北侧建立了一座私人天文台。这座露天天文台是一个教学机构，但也用于严肃的科学研究。在艾姆马尔特去世后，纽伦堡市收购了它。多佩尔迈尔本人是这座天文台的第三任台长（自1710年至1750年）。但遗憾的是，由于他缺乏关于仪器的经验，再加上环境是露天的，天文台最终衰败了。该天文台于1751年遭到废弃。在18世纪60年代后期，才有了一些将其重新启用的尝试。

这两个图页上介绍的其他重要天文台暗示着，从17世纪后期开始，各国对于实用天文学的兴趣日益浓厚（部分因为希望更好的天文学知识能够解决“经度问题”）。路易十四于1667年建立的巴黎天文台（图页18右上角）是这类国立机构中的第一个。正是在这座天文台，乔瓦尼·多梅尼科·卡西尼发现了4颗土星卫星和土星环最主要的环缝（现在仍以他的名字命名）。巴黎天文台测量的木星卫星轨道数据，为《法国天文年历》（*Connaissance des Temps*）所用。这部天文年鉴对于航海和制图都是必需的（关于木卫与航海的关系见图页15）。巴黎天文台还是巴黎子午线的定位标准。

图页19左上角的格林尼治皇家天文台是查理二世于1675年建立的。经过一段时间的发展，它的影响力也不逊于巴黎天文台。在此处工作的第一位观测者是约翰·弗拉姆斯蒂德，他使用的仪器中有两台准确度前所未有的摆钟。利用这里的仪器，他重新绘制了星图，并最终改进了第谷·布拉赫的星表。和巴黎天文台一样，格林尼治皇家天文台的工作主要是解决经度问题和为海上导航改进天文数据表格。

图页19的底部是另外两座德国的天文台。其中一座天文台（左）位于黑森－卡塞尔伯爵卡尔一世（Karl von Hessen-Kassel，1654—1730）的新宫殿里。多佩尔迈尔将它也画在这里，可能是想向过去的黑森－卡塞尔伯爵威廉四世致意。原因在于，早在16世纪60年代，威廉四世就建造了一座重要的前望远镜时代天文台。右下角的柏林天文台则建立于1700年，最初的目的是帮助德国的历法改革。不过，到了18世纪末和19世纪，它会成为另一个主要的科学巨头。

多佩尔迈尔
《天图》
图页19

COELI AUSTRALE
19
IOH. GABRIELE DOPPELMAIERO Math. P.P. Acad. Imp. Leop. Carolinæ Naturæ Curios. nec non Reg. Scient. Acad. Boruſ. Socio
Sac. Cæs. Maj. Geograp. Norimbergæ. Cum Privilegio Sac. Cæſ. Majeſtatis.
OBSERVATORIUM HAFNIENSE.
Turris hæc in Rei Aſtronomicæ uſum Pot: Daniæ Regis cura; Chriſtiani IV. ad añum 1642 ædificata.
STELLÆ HEMISPHERII AUSTRALIS
Doceatemoria dimidia verſus Auſtrum
OBSERVATORIUM BEROLINENSE.
Hoc ad præſentis ſeculi initium ſub Auſpicio Pot: Boruſſiæ Regis Friderici erectum.
Capricornus
Sagittarius
Indus
Pavo
Grus
Piſcis
Auſtrinus
Aquarius
Toucan
Phœnix
Hydrus
CAPRICORNI
Eridanus
Columba
Lepus
Cetus
ÆQUATOR
Aries
Taurus

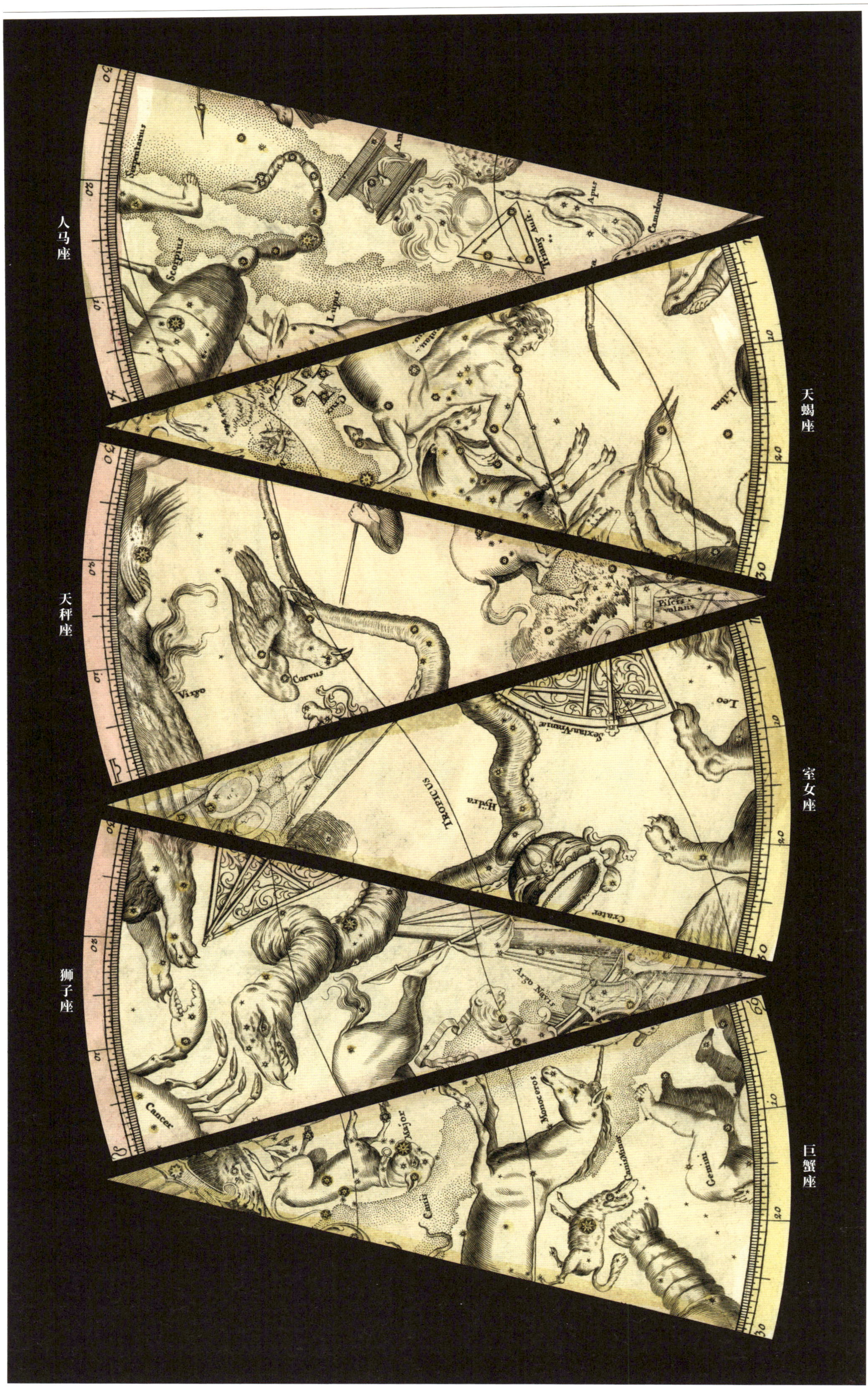

人马座

天蝎座

天秤座

室女座

狮子座

巨蟹座

各星座的最亮星

多佩尔迈尔在黄道以南星图中，统计了完全位于黄道以南的每个星座中各星等恒星的数目，以及黄道星座中位于黄道以南的各星等恒星的计数。这里的简表只摘录了最终的总星数。另外一张单独的表格给出的是黄道各宫对应天区中的恒星计数。这张表显示出天空中不同方位有的稠密，有的相对稀疏。

黄道各宫位于北天和南天的恒星

	北天恒星	南天恒星	恒星总数
白羊	99	38	137
金牛	130	62	192
双子	107	118	225
巨蟹	78	81	159
狮子	80	66	146
室女	98	46	144
天秤	71	50	121
天蝎	91	79	170
人马	76	61	137
摩羯	89	51	140
宝瓶	99	68	167
双鱼	77	54	131

1	一等星
2	二等星
3	三等星
4	四等星
5	五等星
6	六等星

格林尼治皇家天文台

查理二世在1675年建立了这座天文台。图中，有许多仪器放在了楼顶上。实际上，弗拉姆斯蒂德的许多位置测量是在楼外的花园里完成的。

哥本哈根天文台

丹麦国王克里斯蒂安四世于17世纪建立了星堡天文台。当时它是哥本哈根大学的新三一教堂（Trinitatis Church）边上的一座塔。现在该天文台多被称为“圆塔”（Rundetaarn）。

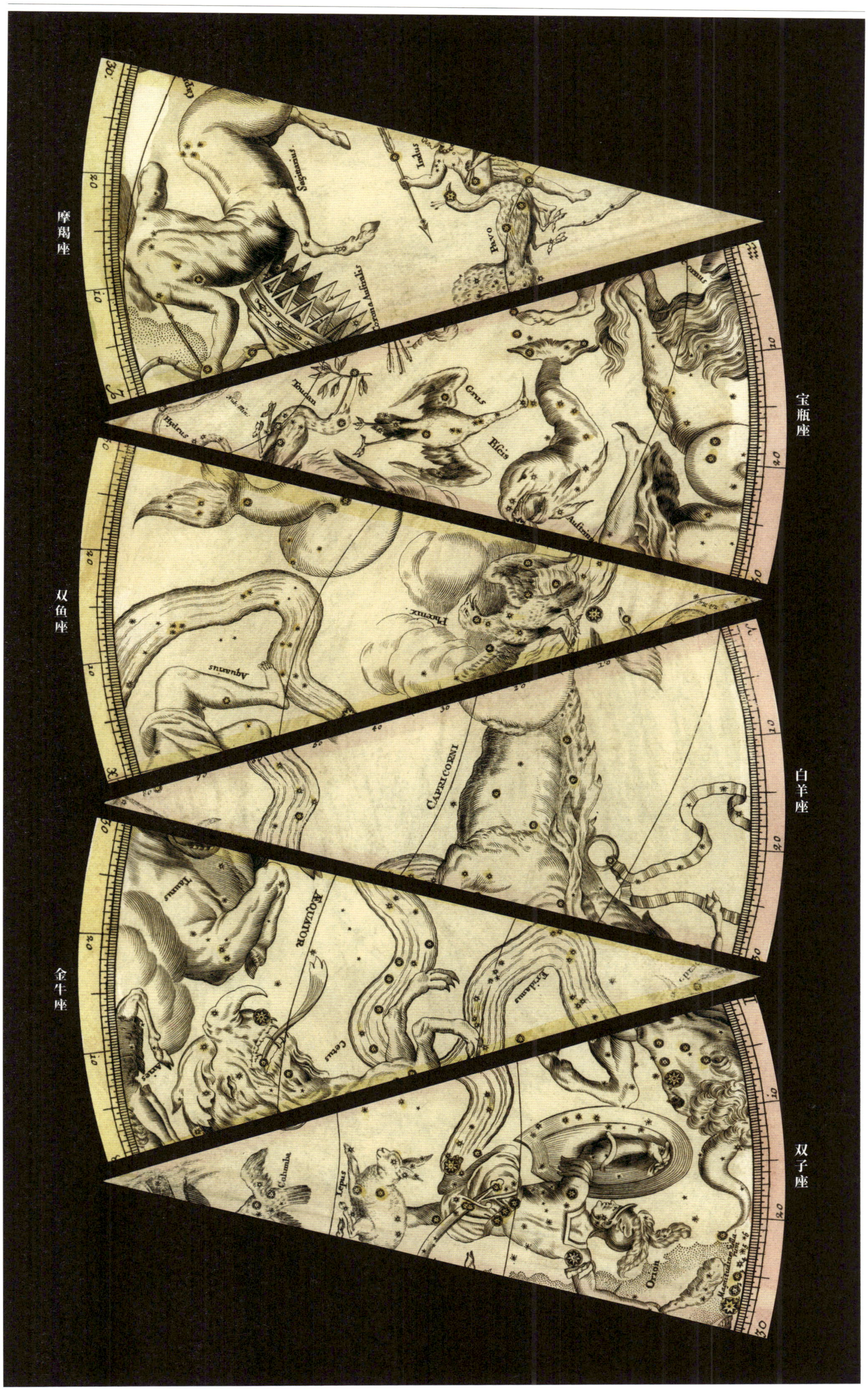

摩羯座

宝瓶座

双鱼座

白羊座

金牛座

双子座

黄道带以南星座的恒星

	恒星总数
鲸鱼座	45
猎户座	62
波江座	48
天兔座	16
大犬座	22
麒麟座	19
小犬座	13
天鸽座	10
南船座	48
查理橡树座	12
长蛇座	35
巨爵座	10
乌鸦座	8
半人马座	35
天文六分仪座	12
豺狼座	23
天坛座	9
南冕座	12
南鱼座	17
天鹤座	13
凤凰座	13
印第安座	12
孔雀座	14
天燕座	11
苍蝇座	4
蝘蜓座	10
南三角座	5
飞鱼座	8
剑鱼座	6
杜鹃座	9
水蛇座	13
合计	574

黄道星座中位于黄道以南的恒星

	恒星总数
白羊座	3
金牛座	34
双子座	16
巨蟹座	16
狮子座	17
室女座	10
天秤座	2
天蝎座	28
人马座	20
摩羯座	16
宝瓶座	31
双鱼座	7
小计	200
黄道以北的黄道恒星数	242
黄道星座总恒星数	442

卡塞尔天文台

多佩尔迈尔描绘了黑森-卡塞尔伯爵卡尔一世在1714年建立的天文台，并在屋顶画上了一些仪器。此处现称为贝尔维尤宫（Bellevue Palace）。

柏林天文台

这座27米高的天文塔于18世纪初成为普鲁士国王腓特烈一世位于菩提树下大街（Unter den Linden）的王室马厩建筑群的一部分。

天球的平面投影，I—VI部分

(GLOBI COELESTIS IN TABULAS PLANAS REDACTI PARS I-VI)

多佩尔迈尔用一系列切投影的天图详细展示了天球。

这6张大幅星图编制于1720年前后。在绘图时，多佩尔迈尔需要面对一道困扰所有制图师的难题：选择哪种地图投影方式。在最广泛的定义中，投影是将一种表面上的点的信息转移到另一种表面上的数学过程。然而，它最常见的应用场景是将曲面（例如地球表面或天球内部）上的测量转移到适合印刷的平面地图上。

用现代的术语来说，任何地图投影都涉及如何将在曲面上测量到的（地表特征或星空中的）经纬度坐标绘制到平面上的决策。也许最简单的解决方案（尽管奇怪的是，它并不是最古老的方法）是将经线和纬线当作画面的纵横坐标轴，将经纬度的值直接绘制在图上。其中，每个方向的1度对应于纵横坐标轴上的某个固定距离。由此得到的方法称为“等距柱状投影”（equirectangular projection）。它易于理解，但在精度方面做了巨大的牺牲。在一个球上，纬线在赤道处最长，越靠近极点越短，在极点是一个点。因此，将其转为平行直线会夸大高纬度地区的距离和面积。等距柱状投影的地图在赤道附近的小条带内还算准确，但在其他地方就会差得离谱。它会拉伸高纬度的物体，使之显得在水平方向拉长。总体来说，这种方法既不能准确地呈现物体的面积，也不能准确地表示位置之间的角度。

所有的地图投影方式都需要在保留角度或面积方面做一些取舍。保持角度不变的地图（例如，准确表示两条相交道路形成的角度）称为“共形的”（conformal），而能够准确表示面积比例的方式称为“等积投影”（equal-area projection）。多佩尔迈尔和许多星图绘制的先驱一样，选择了这些方法中最古老的一种：米利都的泰勒斯的球心投影（gnomonic projection）法。据说，泰勒斯在公元前580年左右用这种方法绘制了星图。

球心投影产生的地图中，中心附近的小区域（投影光线以较小的角度发散）几乎不会失真，但越接近外部边缘，拉伸畸变就越严重。因此，这样的地图能表示的区域始终小于半个球体（因为与切点的夹角大于等于90度的点永远无法投射到地图平面上）。

多佩尔迈尔的灵感来自法国的耶稣会士、物理学家伊尼亚斯－加斯东·帕尔迪（Ignace-Gaston Pardies，1636—1673）。后者首次使用这种特定的投影法将天空化为正方体的6个面。帕尔迪去世后，这组天图在1674年出版。这些图随后在纽伦堡广为人知。这些天球投影有北天极和南天极两个中心区域，另外还有沿着天赤道以赤经0时、6时、12时和18时为中心的展开图。与此同时，星座图案的风格则更多地借鉴了约翰内斯·赫维留的《索别斯基的苍穹，或称星图》（*Firmamentum Sobiescianum, sive Uranographia*，1690）。此外，多佩尔迈尔的星图上还装饰了著名彗星的轨迹（本书将在介绍主要关于彗星的图页27和图页28讨论这些装饰）。

至于如何表示恒星的亮度，多佩尔迈尔遵循的是一种现在称为“视星等”的传统方法。这种表示法由托勒密在《天文学大成》中发扬光大，但可能早在古希腊天文学中就有了。古希腊罗马的观星者将肉眼可见的星分成了几个大类，最亮的称为一等星，次亮的为二等星，以此类推，在晴朗的夜空中可见的最暗淡的星称为六等星。用星图上星点大小来代表不同的亮度是一种很自然的想法。而且，从第谷·布拉赫对测量恒星尺度的尝试（见图页9）来看，亮度和视觉大小之间的联系似乎得到了确

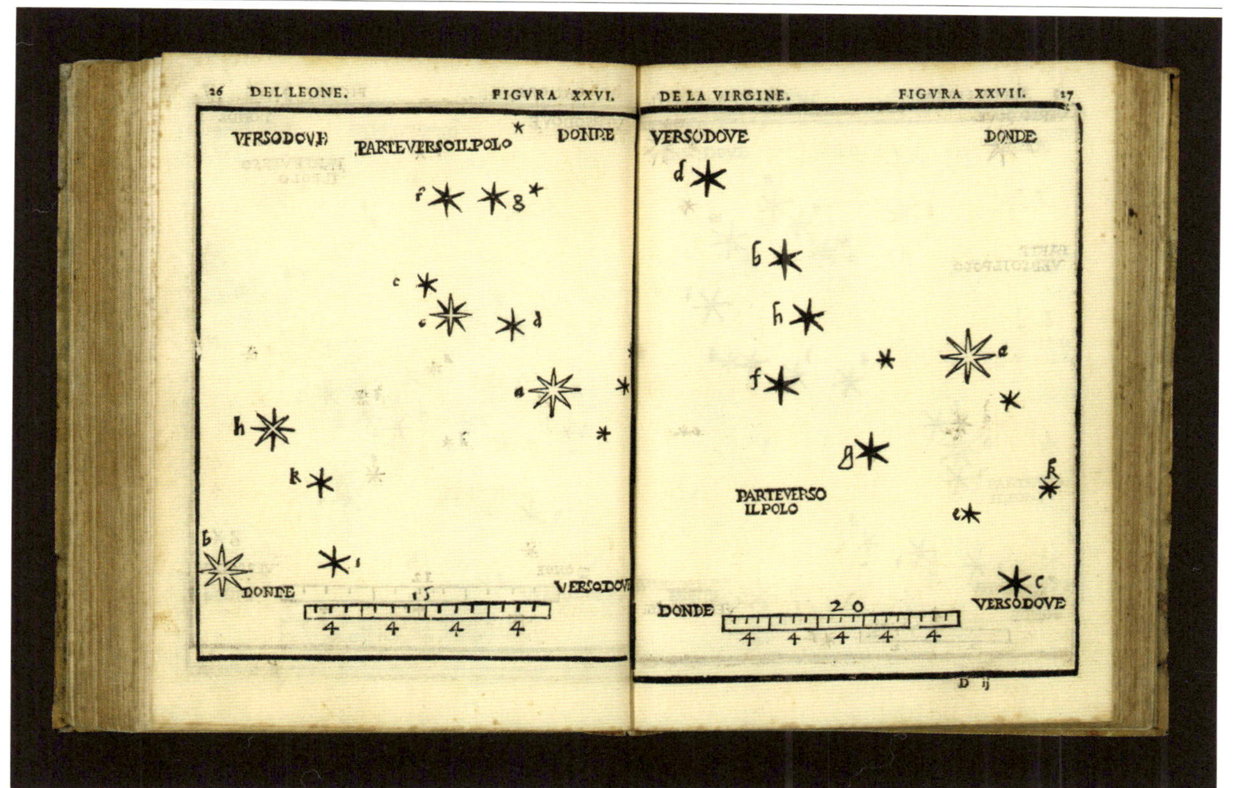

图23—1

图23—1. 亚历山德罗·皮科洛米尼（Alessandro Piccolomini，1508—1578）的《论恒星》（*De le stelle fisse*，1540）中的这些图在早期星图中是不寻常的，因为它们抛弃了星座形象，而只是简洁地将大小对应不同亮度的星点展示出来——如本页的狮子座（左）和室女座（右）所示。此处还突出显示了16世纪天文制图学中的另一项更持久的转变，即在绘制天球时抛弃外部视角，改为使用内部视角。这样一来，星图上的恒星排布就与我们在天上看到的一样了。

证。第谷在1598年完成了一份包括了1004颗恒星的星表，列出了所有这些恒星的位置和星等。这份星表随后被应用于约翰·拜尔的《测天图》（*Uranometria*）。这是文艺复兴时期最具影响力的星座图集，于1603年在奥格斯堡出版。

拜尔的这份天图也开创了天文制图学中的另一条影响深远的标准。不过，经过了一段时间后它才被普遍接受。拜尔不想再啰唆地用位置描述指代恒星。他想到了一个好主意——给恒星分配字母。这样一来，表示每个星座中的恒星就方便多了。他使用的主要是希腊字母。一个星座中的最亮星称为该星座的α星，次亮星为β，以此类推。希腊字母有24个，这对于表示多数星座中的可见恒星都足够了。不过，对于那些最拥挤的星座，拜尔扩展字库，还使用了大多数的小写拉丁字母（只有字母“A”大写以避免与α混淆）。

其他早期的天文观测者则各有其偏好的命名方式。譬如说，在一些星图中，赫维留用数字为星座中的恒星按亮度排序，而没有用字母。实际上，拜尔的系统最后成为星图制作中的标准，是因为约翰·弗拉姆斯蒂德在1725年出版了包括2935颗恒星的《不列颠星表》（*Historia Coelestis Britannica*），而这份使用了拜尔命名法的详尽星表的影响力逐渐增大。

除了推广用希腊字母标记恒星的系统，弗拉姆斯蒂德还奠定了一种现以他的名字命名的辅助命名系统的基础。他在星表中试图按从西到东的顺序（换句话说，按照赤经递增的顺序）列出各星座内的恒星。后来，由约瑟夫－热罗姆·德·拉朗德（Joseph-Jérôme de Lalande，1732—1807）编辑的法文译本在1783年出版。这个版本给弗拉姆斯蒂德星表中没有拜尔星名的恒星也分配了一系列连续的序号。这些弗拉姆斯蒂德星号（Flamsteed number）后来成为现在仍在使用的恒星命名系统的另一个重要支柱。

当然了，这些进展多数出现在多佩尔迈尔的时代之后。《天图》中并没有使用希腊字母，而是用大写拉丁字母表示每个星座中的亮星，小写拉丁字母表示较暗的星。

多佩尔迈尔

《天图》

图页20

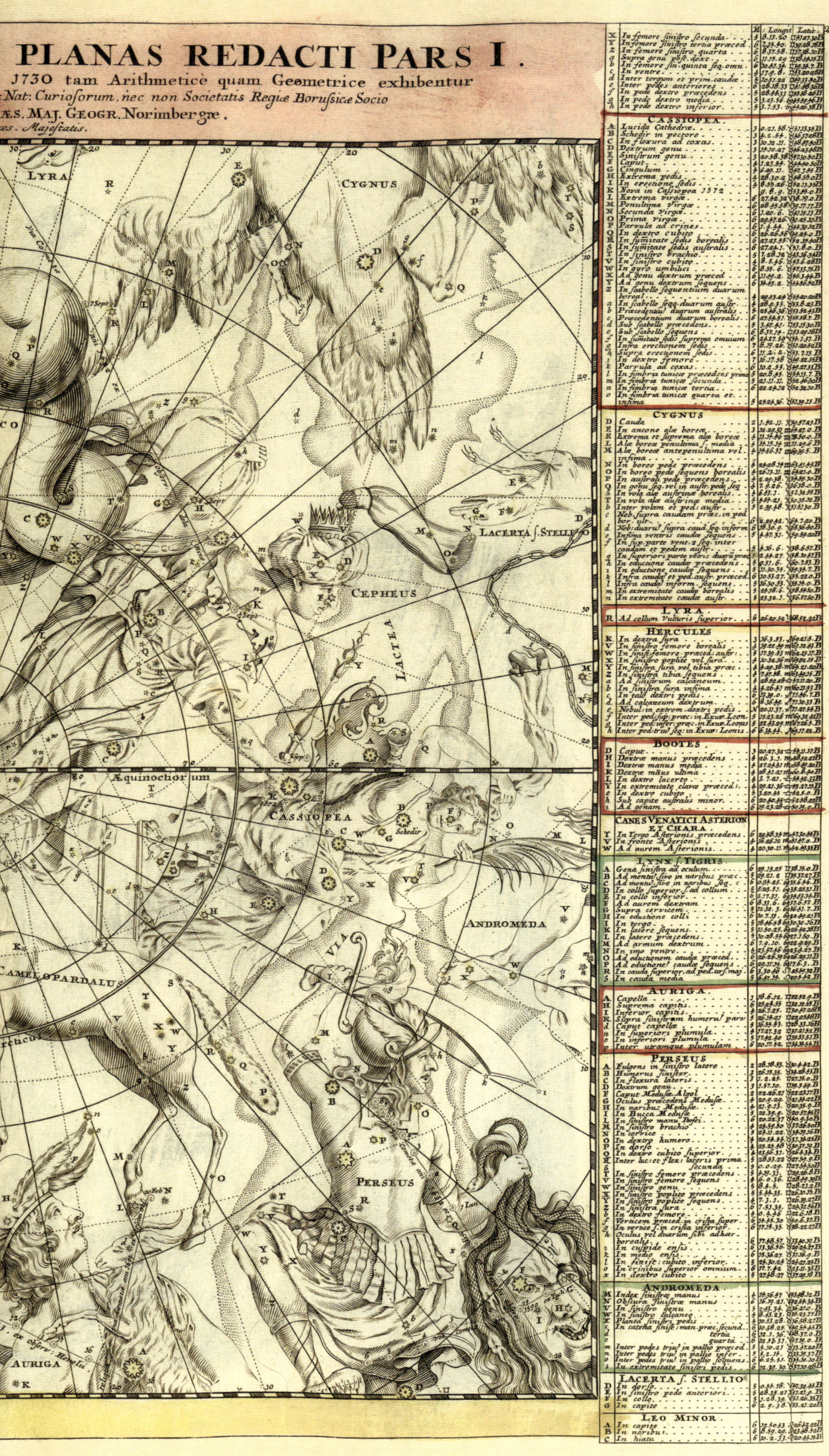
PLANAS REDACTI PARS I.
1730 tam Arithmeticè quam Geometrice exhibentur
:Nat: Curiosorum, nec non Societatis Regiæ Borussicæ Socio
ÆS. MAJ. GEOGR. Norimbergæ.
æs. Majestatis.
LYRA
CYGNUS
CEPHEUS
LACERTA ſ. STELLIO
LACTEA
Æquinoctiorum
CASSIOPEA
ANDROMEDA
CAMELOPARDALUS
VIA
PERSEUS
AURIGA
CASSIOPEA.
CYGNUS
LYRA.
HERCULES
BOOTES
CANES VENATICI ASTERION ET CHARA.
LYNX ſ. TIGRIS
AURIGA.
PERSEUS
ANDROMEDA
LACERTA ſ. STELLIO
LEO MINOR.

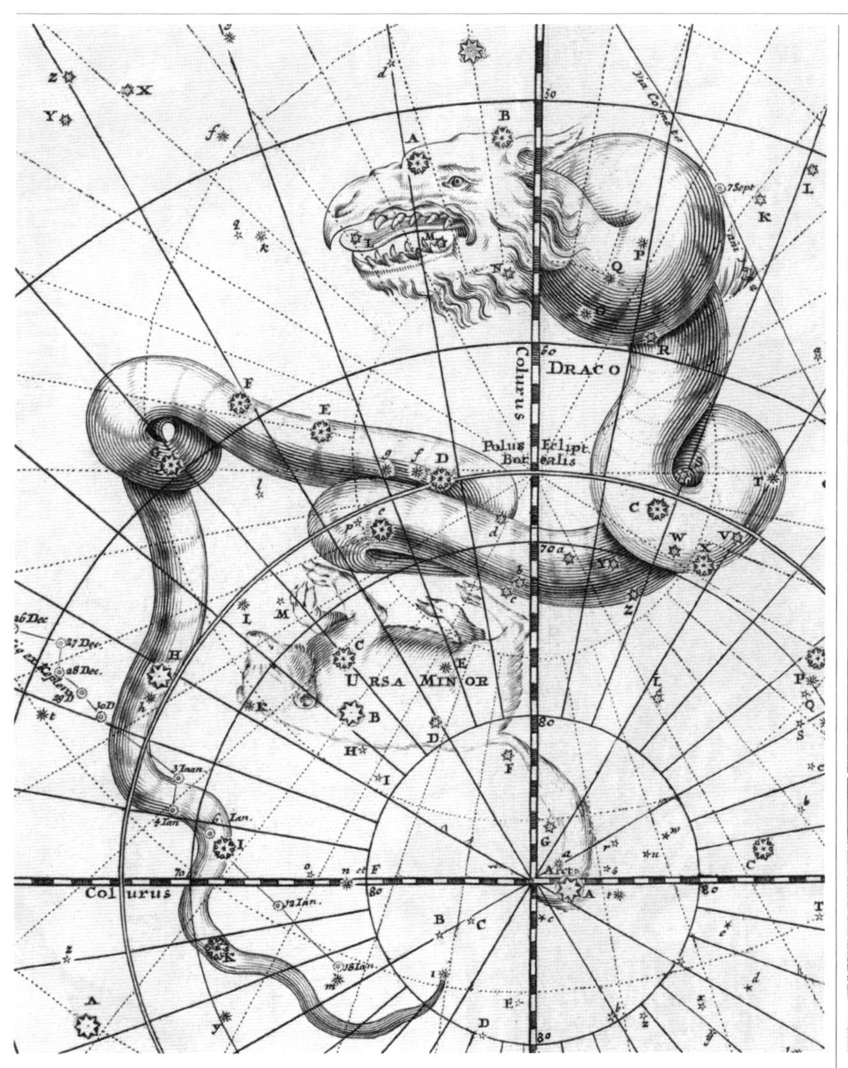

天龙座和小熊座

这个古老的龙之星座环绕着北天极，从三面包围小熊。天龙座的原型是数个神话传说中的龙。其中，最著名的是赫拉克勒斯在金苹果圣园里打败的那一条。

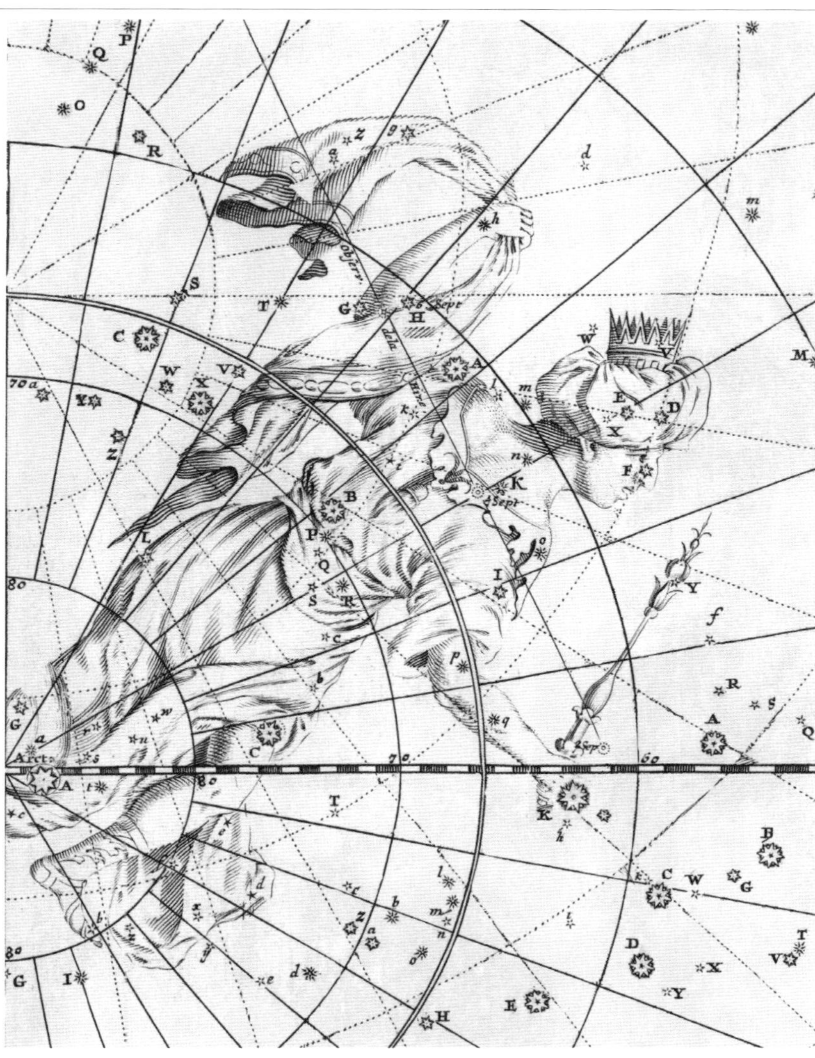

仙王座

仙王座是一个托勒密星座，代表的是古老的英仙座珀尔修斯神话中的古埃塞俄比亚（北非的一块具体位置不详的区域）国王刻甫斯。刻甫斯是仙女座安德洛墨达的父亲、仙后座卡西俄佩亚的丈夫。多佩尔迈尔在这里展示的是他恳求众神拯救女儿的形象。

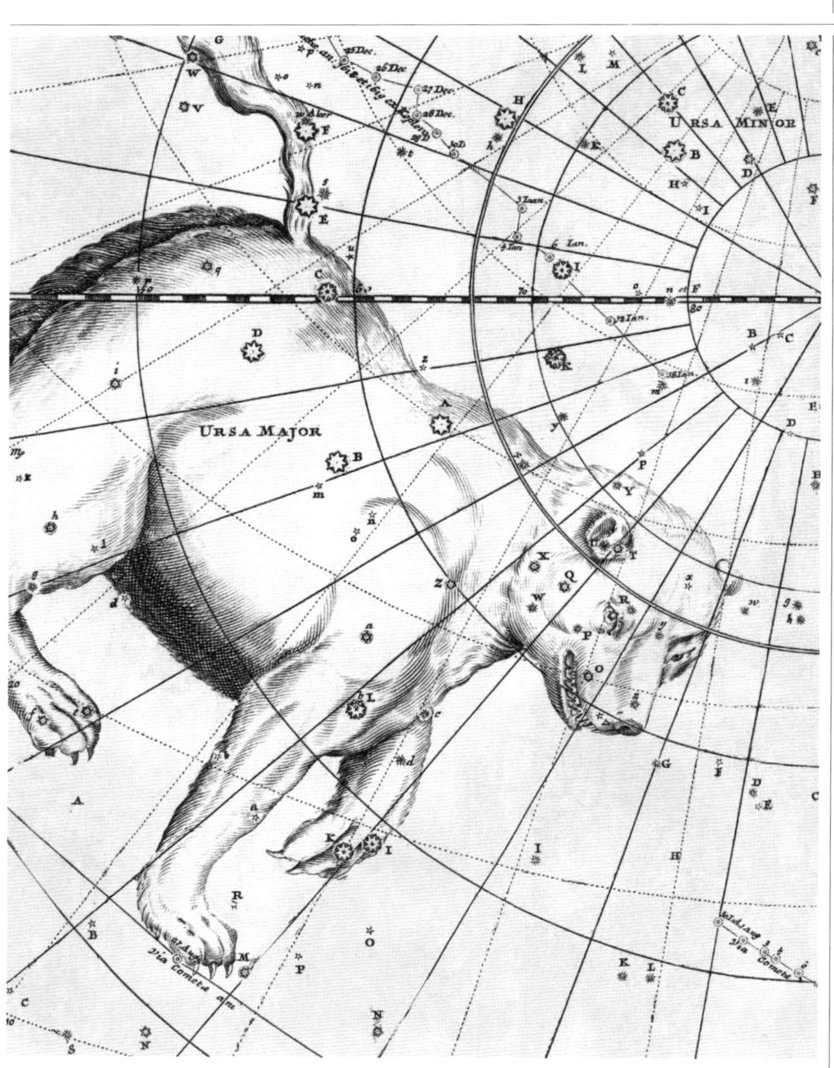

大熊座

7颗被称为“犁”、“斗”或“马车”的星组成了张牙舞爪的大熊星座中最亮的部分。大熊和小熊代表的是卡利斯托和她的儿子阿卡斯。他们被众神变形为熊，并永远被牧夫座追逐着，围绕北天极转动。

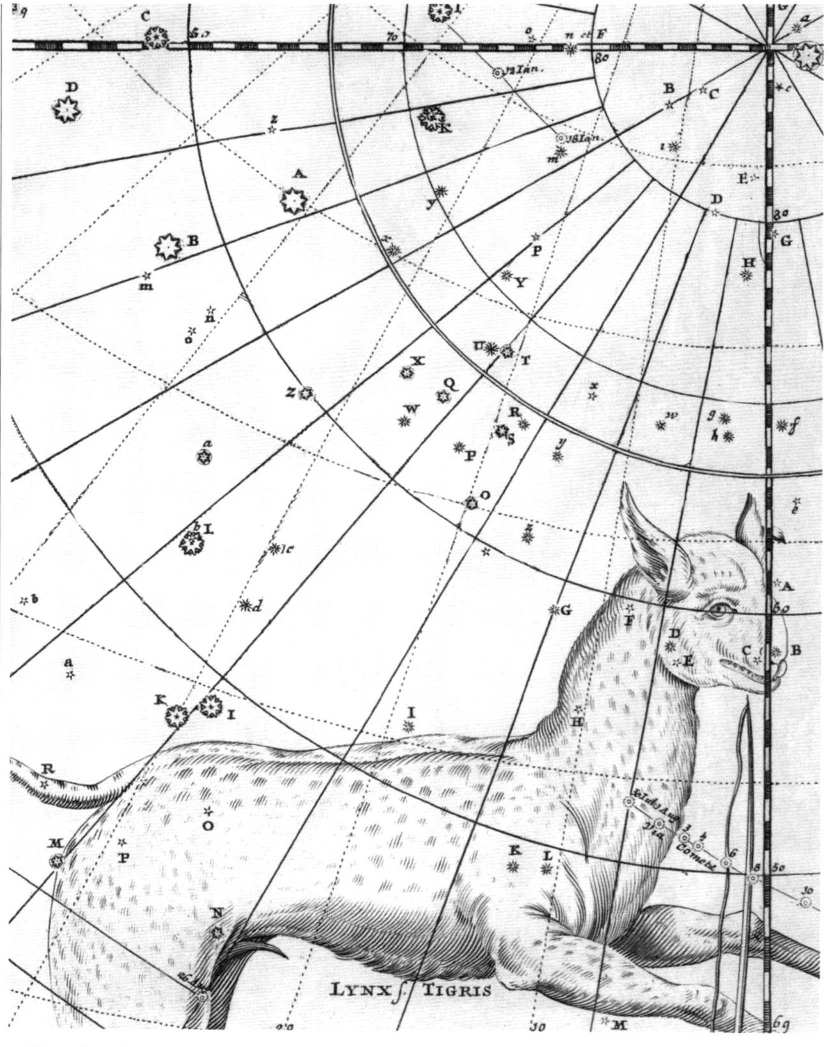

天猫座/老虎座

赫维留将大熊以南和以东的一串暗星命名为这个新的星座。天猫这个名字则部分来自赫维留有些夸张的说法，即只有视力像山猫一样好的人才能看到它。他起的另一个名字“老虎”则从18世纪末起就无人使用了。

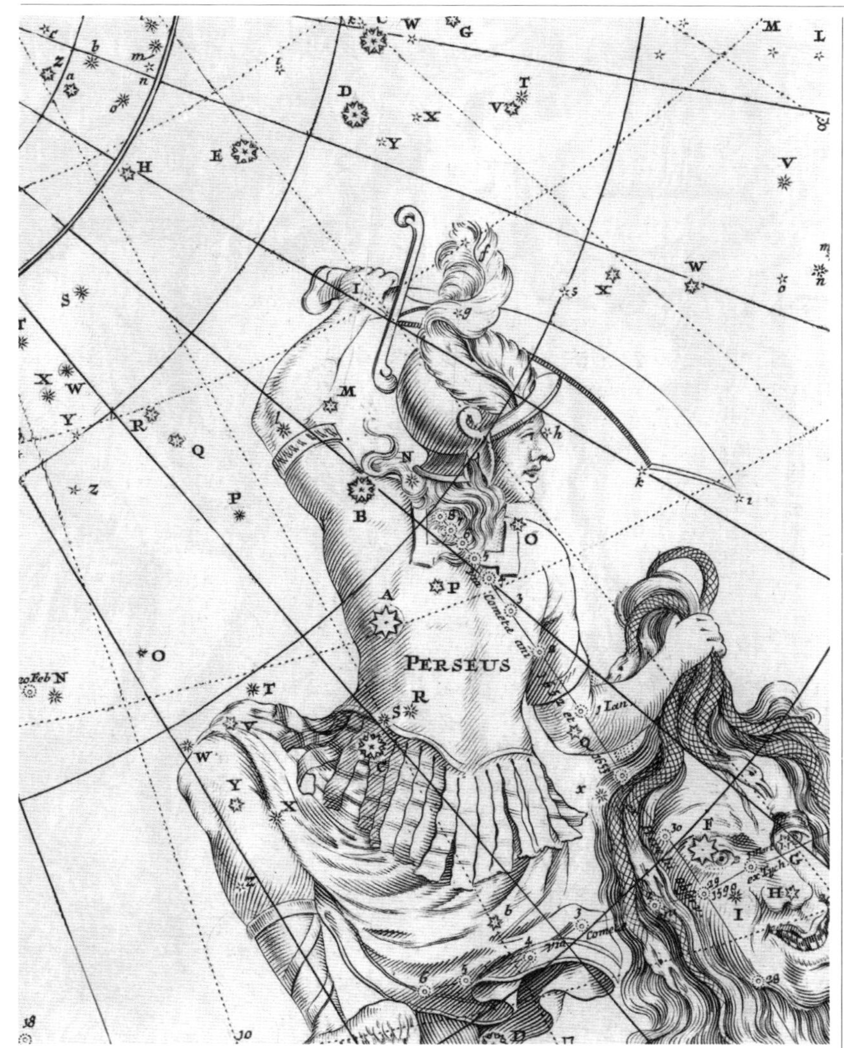

英仙座

英雄珀尔修斯是海怪刻托的斩杀者，也是安德洛墨达公主的拯救者。在这里，他戴着华丽的羽饰头盔，挥舞着一把弯曲的剑，手执美杜莎被砍下的头。头上的一只眼睛就是著名的变星大陵五。

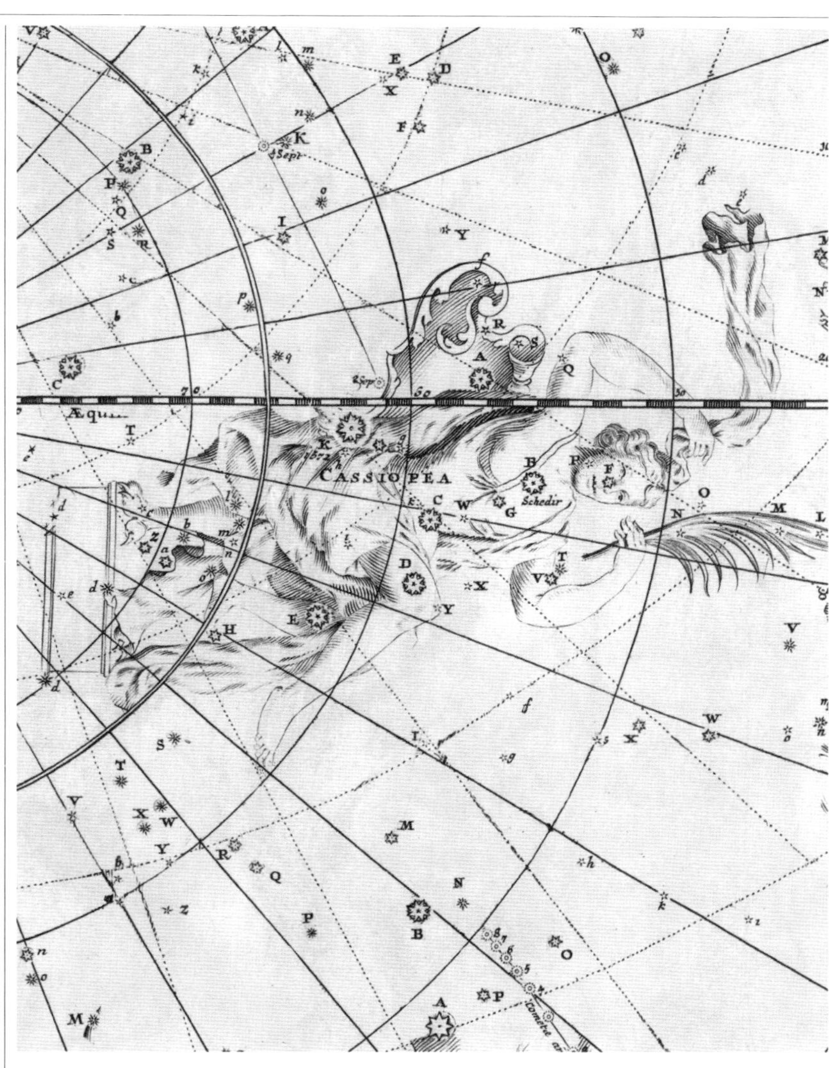

仙后座

仙后座的形象是坐在宝座上的卡西俄佩亚王后。在古老的珀尔修斯传说中提到，她的虚荣心曾激怒了海神波塞冬。在夜空中，这个星座最主要的部分是5颗组成了明显的之字形的亮星。

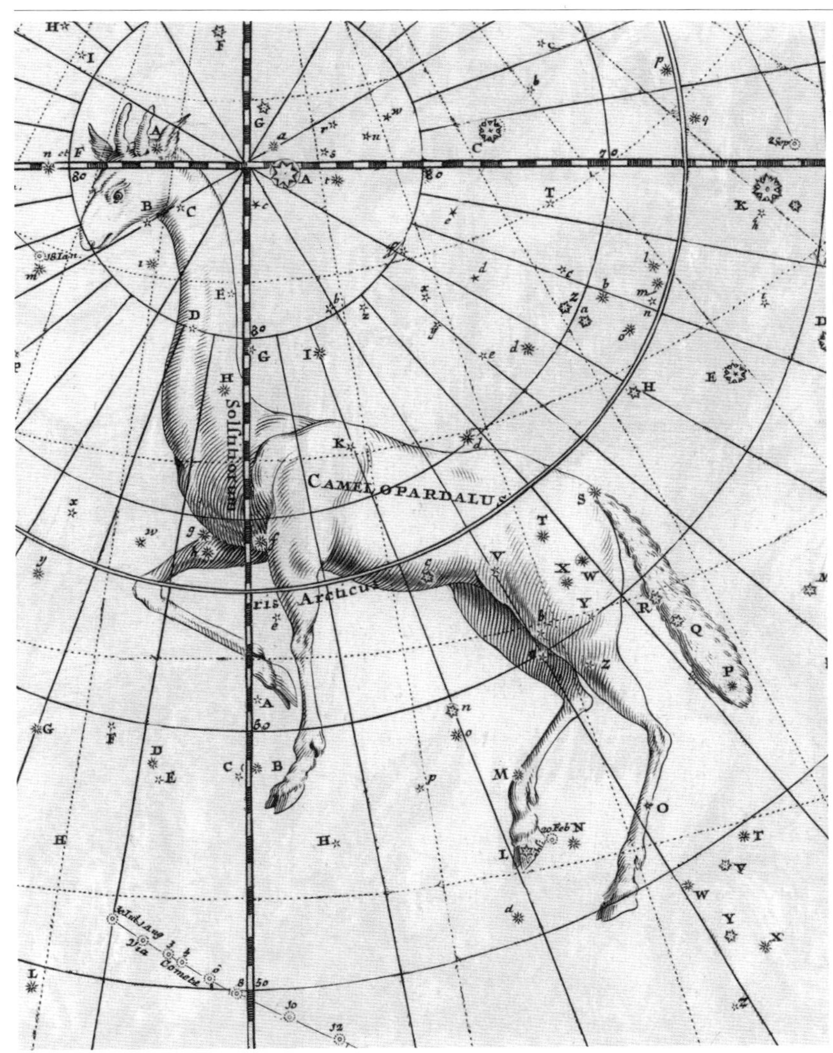

鹿豹座

这个大而暗弱的星座代表长颈鹿，是普朗修斯在1613年或之前一点为填补仙后座和大熊座之间的空白创造的。它的名字来源于希腊语中的“长颈鹿”一词。这个词可以拆分直译为“骆驼豹”，因为长颈鹿体形笨拙且浑身斑点。

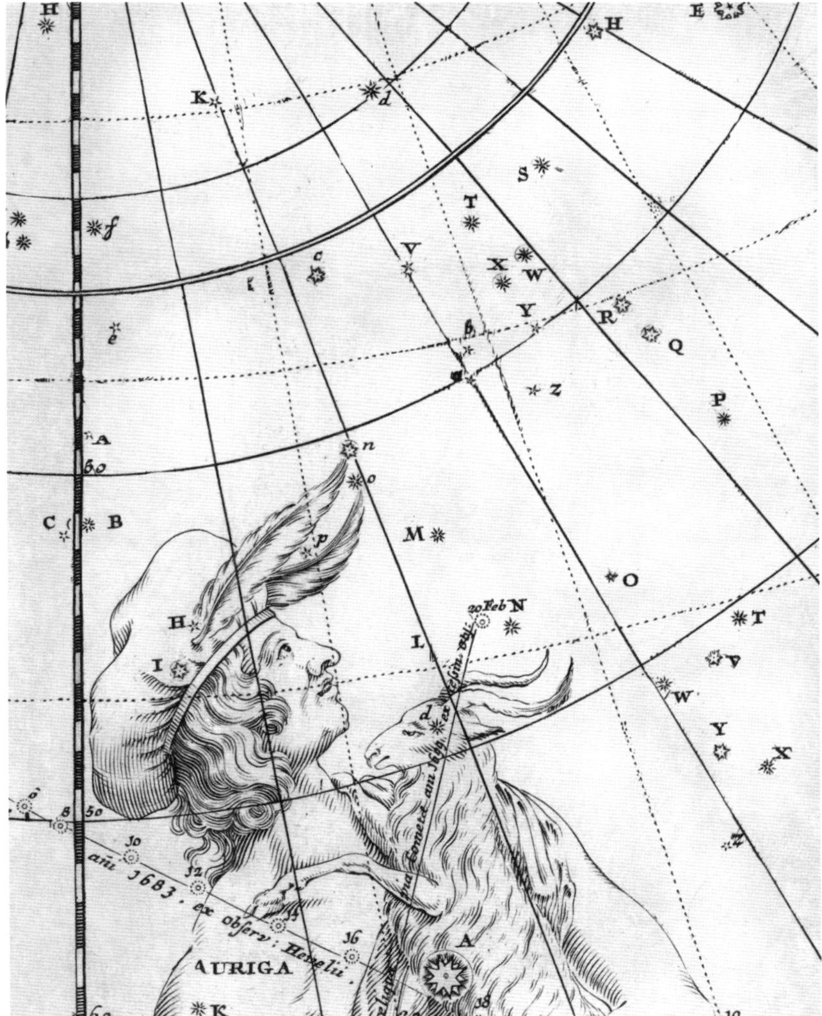

御夫座

御夫座的北侧边缘落在了图页20上，而它的主体部位则在图页22上呈示。这个星座代表的是一位战车驾驶者，通常与厄里克托尼俄斯（Erichthonius）或米耳提洛斯（Myrtilus）等神话人物相联系。不过，没有一个相关的神话传说解释为什么他总是被画为抱着山羊和小孩的形象。

丢勒画的两个半球（1515）

欧洲诞生的第一批印刷星图出自一位德国文艺复兴艺术大师之手。这个木刻版画作品由两个半球的星图组成。阿尔布雷希特·丢勒在此使用了以黄道为基准的投影方式，因此黄道星座在图中围成了北半天球的边界。据信，这一设计是受到了维也纳的1440年星表的启发。在绘制这一作品时，丢勒还与当时两位有名的天文学家合作。维也纳的约翰内斯·斯塔比乌斯（Johannes Stabius，约1460—1522）设计了一个相对简单的坐标系统。这个系统中，圆周分为360度，而天空分成了12个相等的扇形（每一扇对应黄道的一个宫）。纽伦堡的康

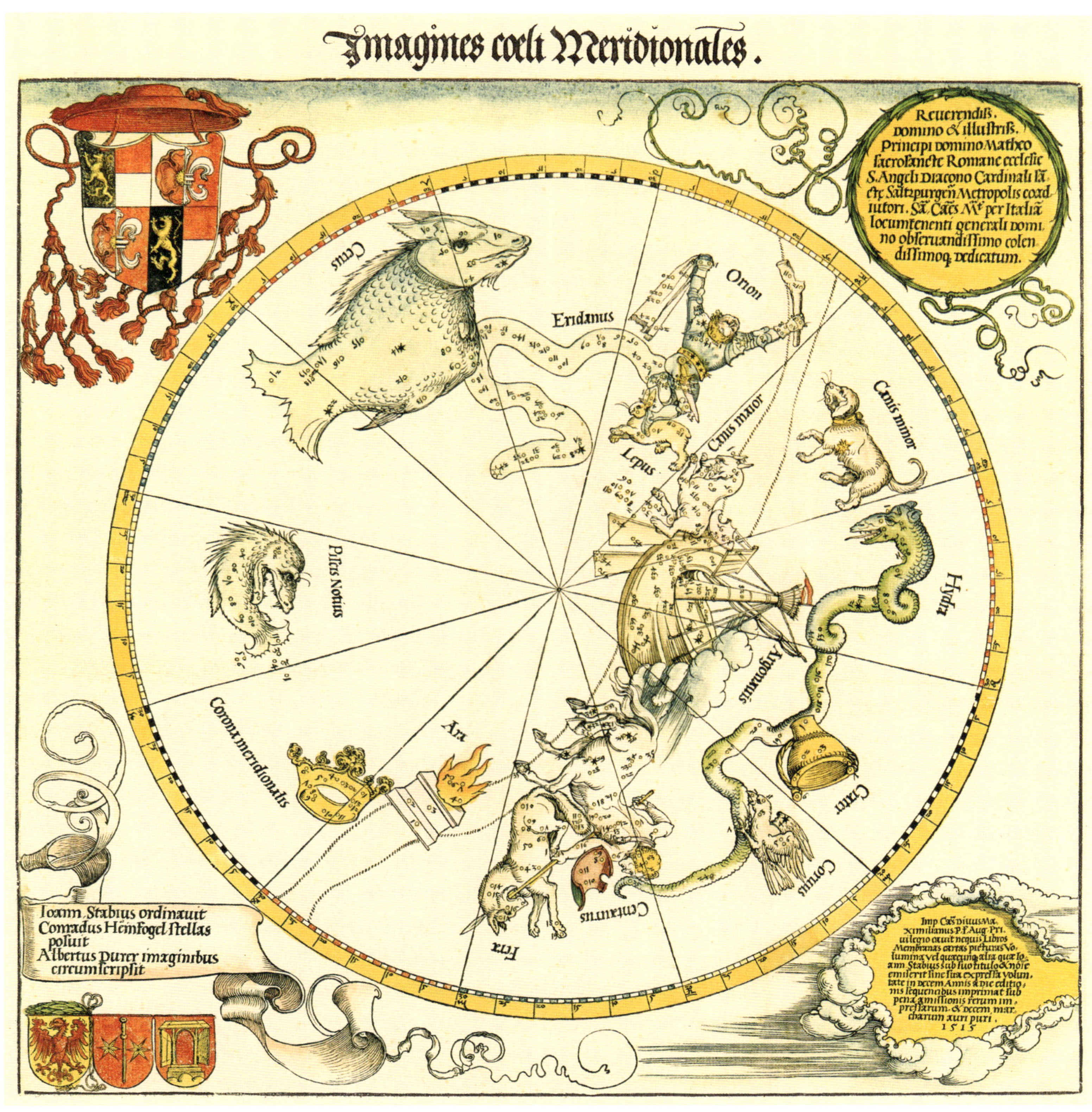

拉德·海因福格尔（Konrad Heinfogel，卒于1517）则根据《天文学大成》，计算出了恒星的当前位置，将这些恒星画到了星图上，并编号以表示它们在托勒密星表中的位置。北天星图的四角展示的是古代的权威人物：上方是阿拉托斯和托勒密，左下是马库斯·马尼利乌斯（Marcus Manilius），而右下是波斯的苏菲。南半天球图的顶部两端画着萨尔茨堡大主教的纹章和一段题献，左下角是本图参与者的姓名和纹章，右下角则是一段给马克西米利安一世（Maximilian I）皇帝的献词。

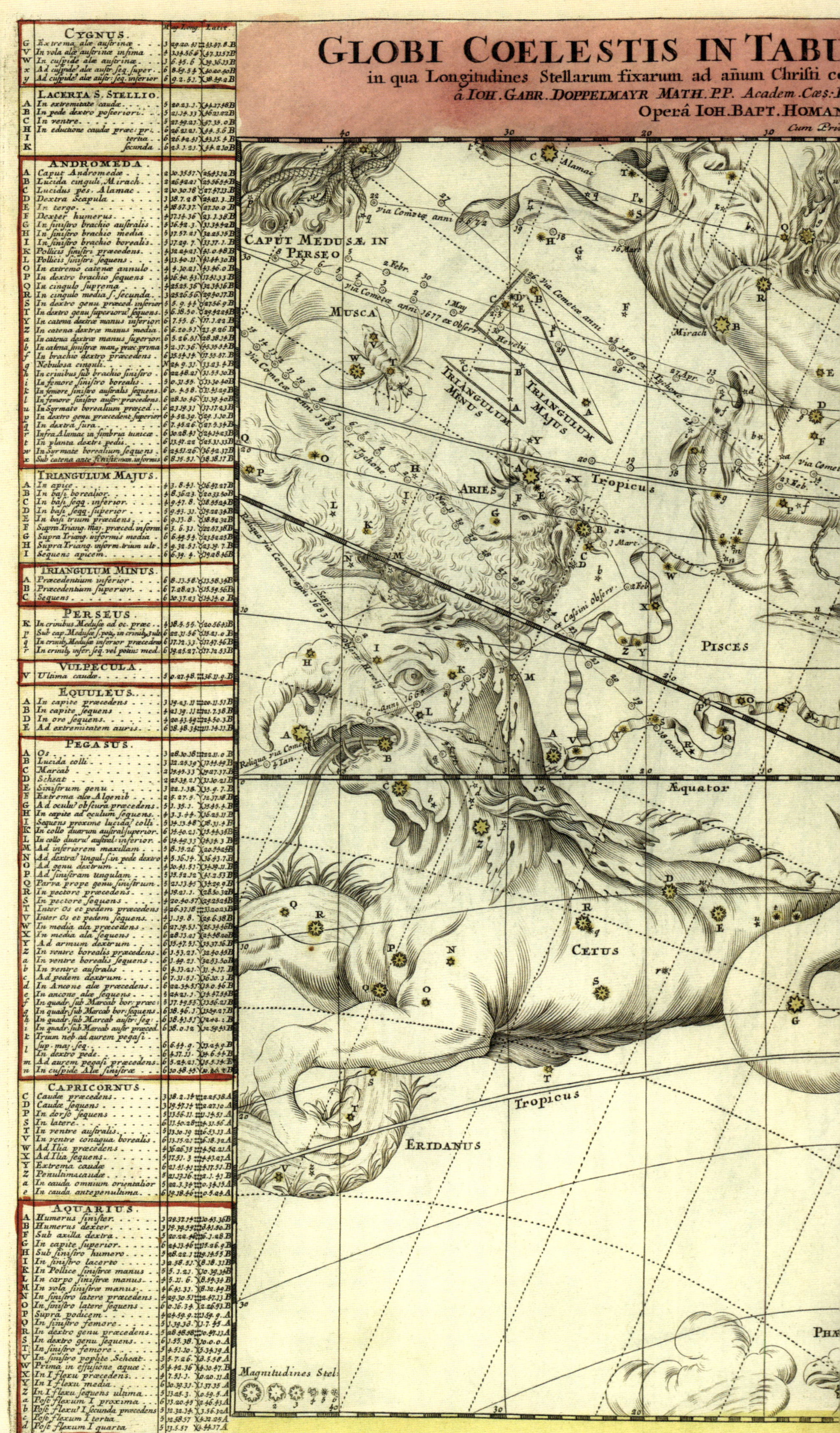

多佩尔迈尔
《天图》
图页21

21
PLANAS REDACTI PARS II.
1730 tam Arithmeticè quam Geometrice exhibentur
Nat: Curiosorum nec non Societatis Regiæ Borussicæ Socio
S. MAJ. GEOGR. Norimbergæ.
350
340
330
320
LACERTA S. STELLIO
CYGNUS
ROMEDA
VULPECULA
Scheat
Cancri
Via Cometæ
Via Cometæ anni 1681 ex observ. Tychonis
Observat. Flamsteedii
6. April.
26. Dec.
Marcab
PEGASUS
EQUULEUS
s. Equi sectio
AQUARIUS
Ecliptica
Capricorni
CAPRICORNUS
Fomahand
PISCIS NOTIUS
Mag. Long. Latit.
PISCES.
ARIES.
PISCIS AUSTRIN. S. NOTIUS.
CETUS.
ERIDANUS.
GRUS.
PHÆNIX

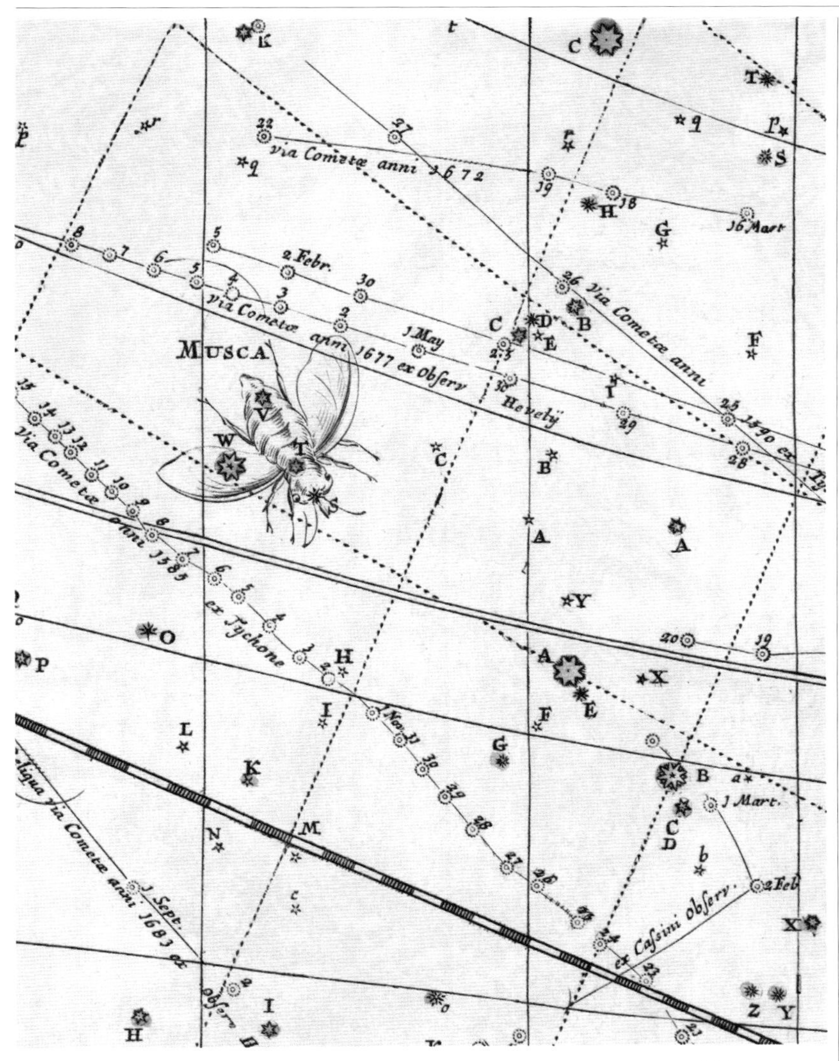

苍蝇座

这个现已废弃的星座是普朗修斯在1612年设立的。普朗修斯给它起的名字是蜜蜂座。赫维留在其1689年的星表中将其改名为苍蝇座。这导致人们有时将其与普朗修斯自己设立的南蝇座（今苍蝇座）相混淆。今天，这个星座里的星是白羊座的一部分。

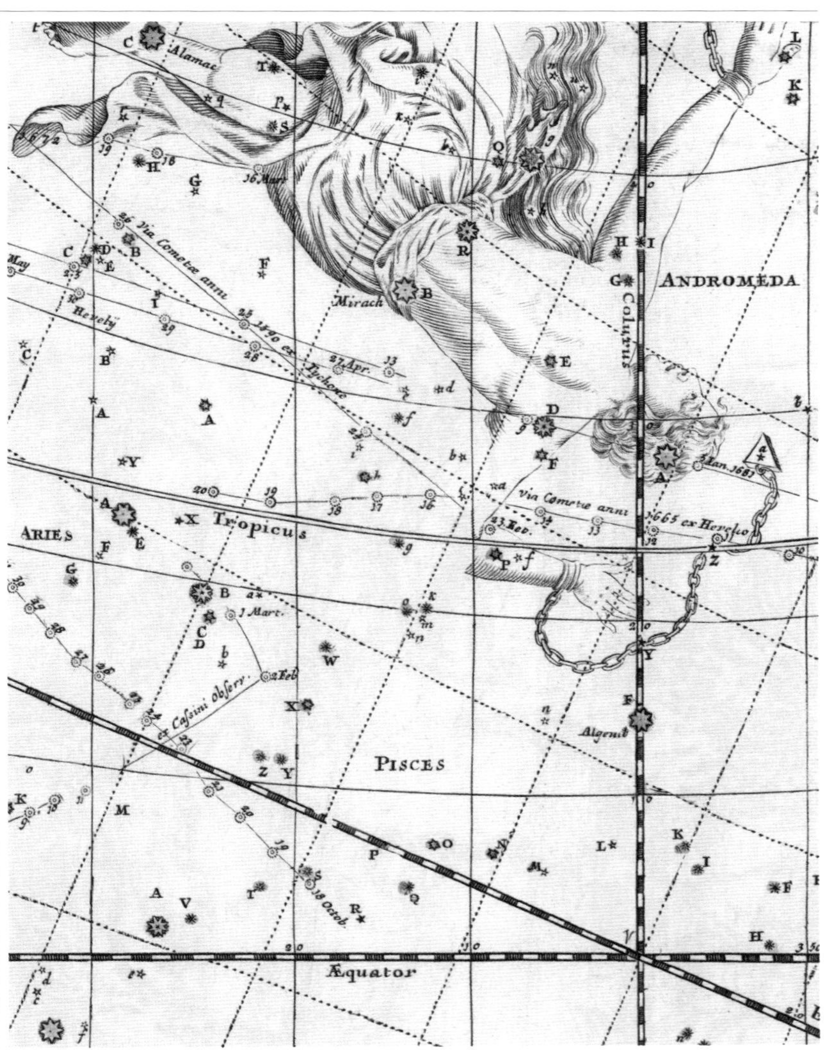

仙女座

仙女座代表珀尔修斯传说中的公主安德洛墨达。她的头枕在飞马四边形的西北角。她被父亲刻甫斯和母亲卡西俄佩亚锁在了岩石上，用以安抚波塞冬派出的海怪刻托。

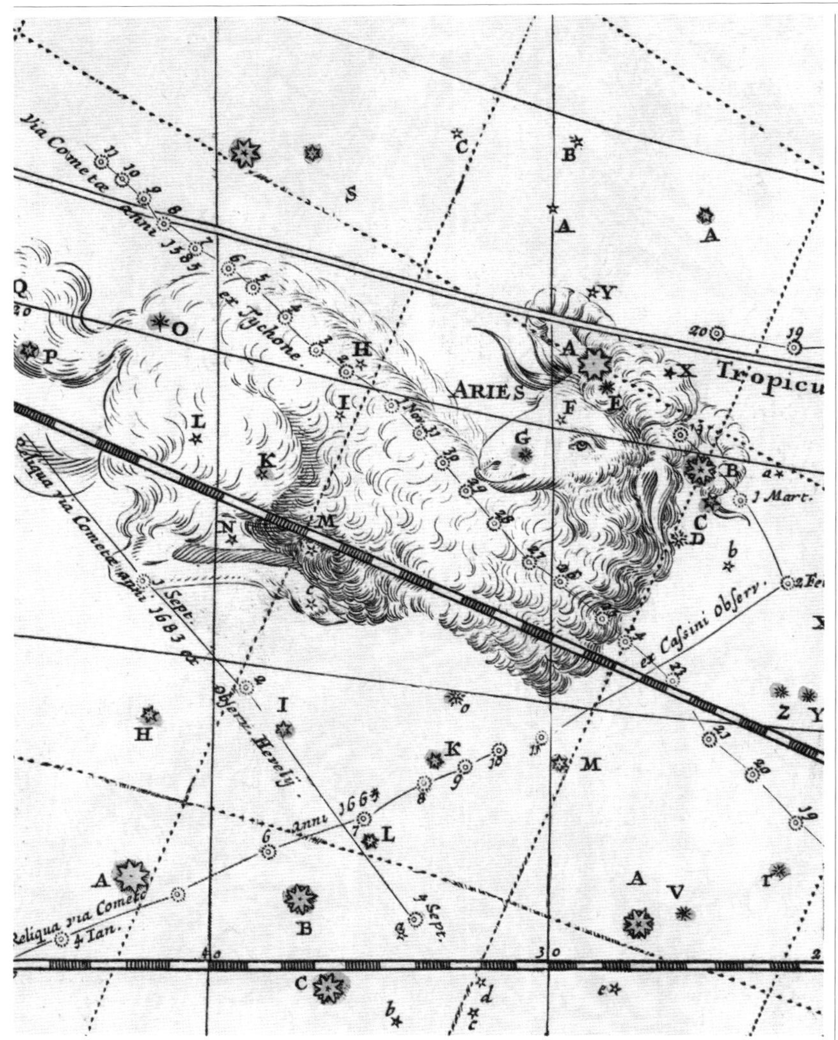

白羊座

白羊座通常被认为是希腊神话中的一头长着金羊毛的羊。不过，它与公羊（象征繁殖力）的联系有着悠久得多的历史。古时候，太阳在春分时位于白羊座。

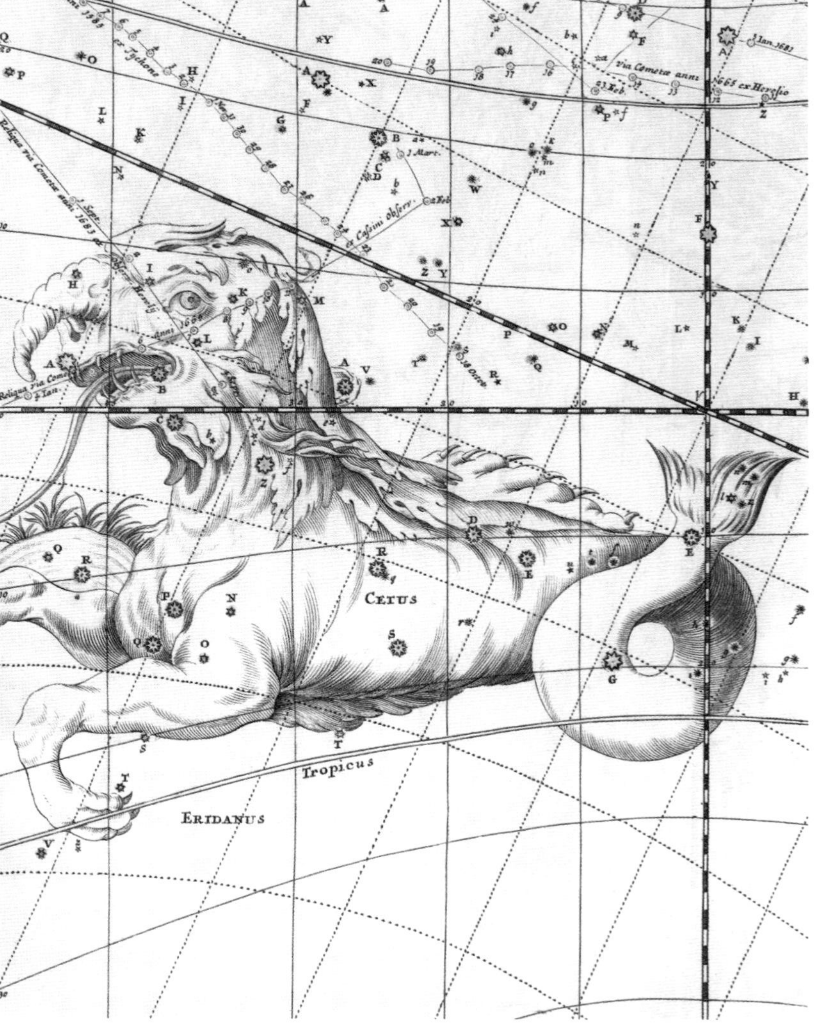

鲸鱼座

鲸鱼座通常与珀尔修斯传说中的海怪相联系，不过，鲸鱼座的名字实际上就是拉丁语中的“鲸鱼”一词。因此，对这个星座的形象有着各种相差甚远的演绎，有的写实，有的则是赫维留和多佩尔迈尔笔下的怪物。

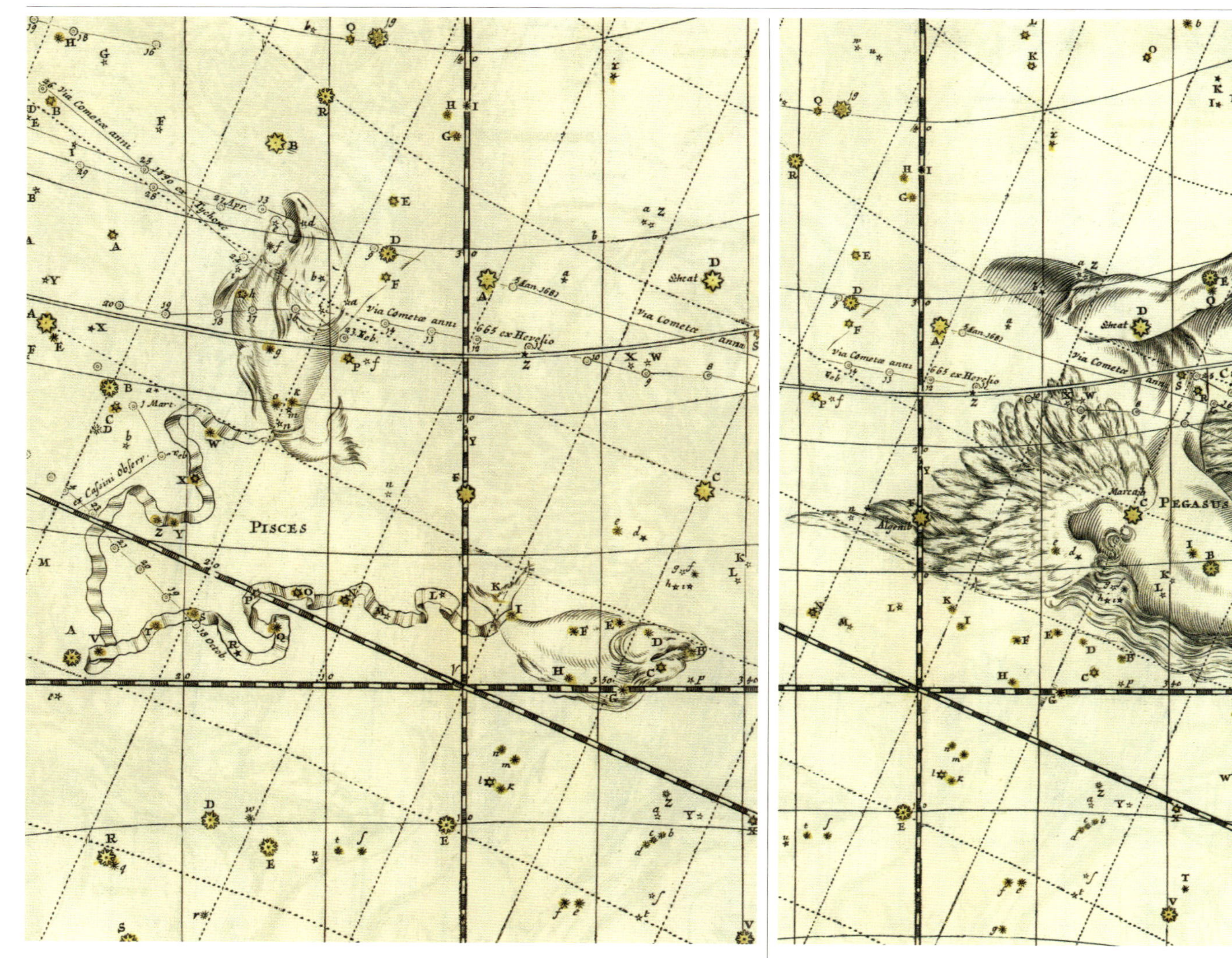

双鱼座

在希腊神话中，这个星座与阿芙洛狄忒和她的儿子厄洛斯为逃脱海怪提丰变成的鱼有关。它们一般被画为一对逃向相反方向的鱼，其尾部由绳索缚在一起。

飞马座

舒展的飞马座以传统的“上下颠倒”形式画在此处。飞马座四边形的亮星组成了马的胸膛和身躯，三串小星勾勒出伸出的头部和前肢。

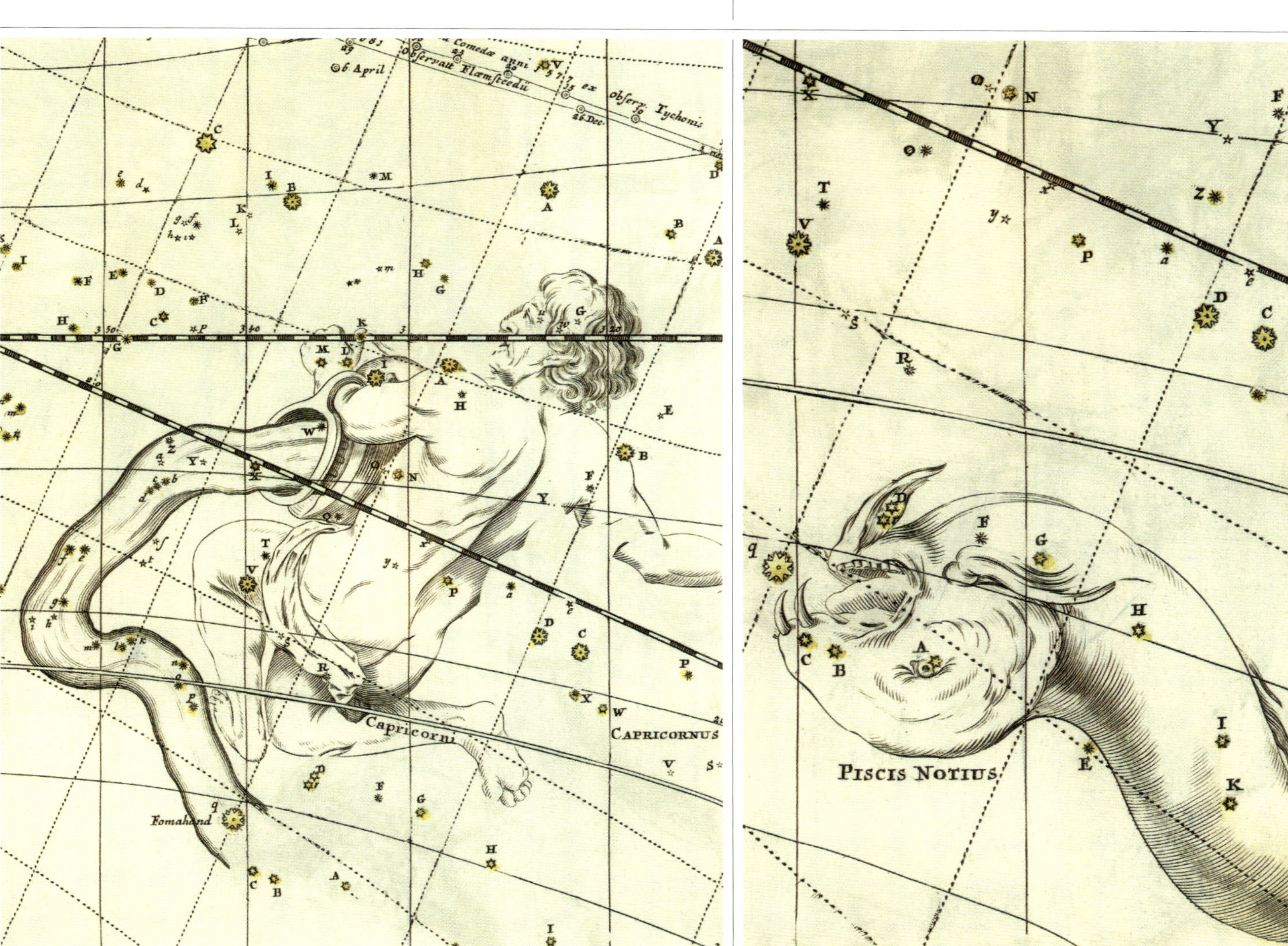

宝瓶座

代表载水者的宝瓶座是最古老的星座之一。在古希腊罗马时代，它被联想为一位叫作伽倪墨得斯的美少年。宙斯将他劫掠到了奥林匹斯山上，让他担任众神的斟酒人。

名鱼座

这个星座代表的是一条南方的鱼（现代名为南鱼座）。它正在宝瓶座倾倒出的水中徜徉。亮星北落师门（曾属于宝瓶座）标记着水进入鱼嘴的点。

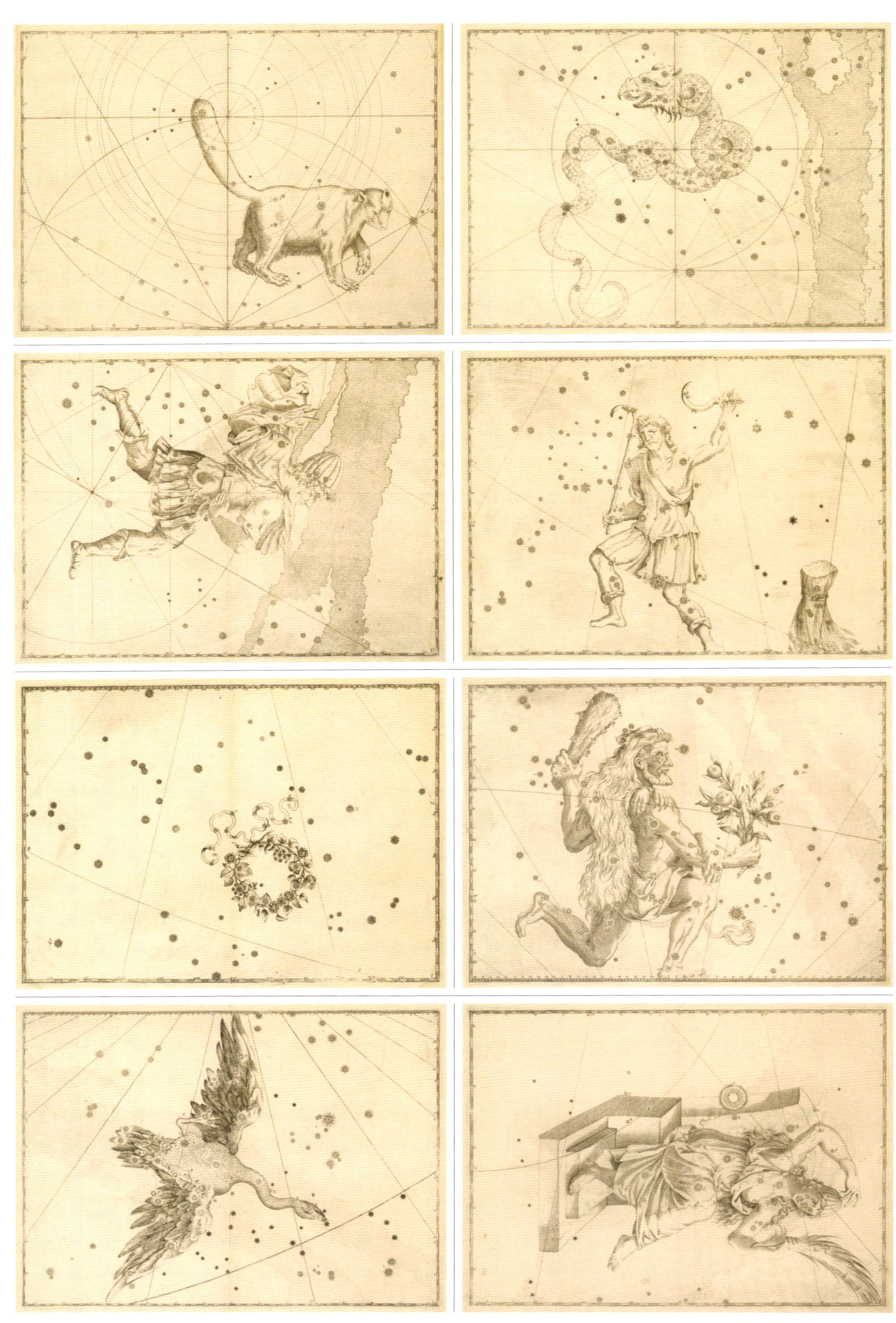

《测天图》（1603）

在巴伐利亚工作的律师约翰·拜尔编写了欧洲第一部涵盖整个天球的星图集，并于1603年出版。拜尔创新性地将精确描绘的恒星位置（基于第谷·布拉赫编写的包括了1005颗恒星的列表）和亚历山大·迈尔（Alexander Mair）的形象图结合在一起。这套星图共有51幅铜版画，除了分别描绘北半天球和南半天球的两幅（按照传统，以南北黄极为中心），48个古老的托勒密星座每一个都有单独的一幅，另外还有一张单独的图页描绘南方高纬度天区新增的12个星座。

星图上的坐标网格方便人们高精度读取恒星的位置。另外，每张星图旁附有一张表格，列出其中的主要恒星。拜尔的另一项关键创新是为每个星座中的恒星按（大致的）亮度等级分配了希腊字母——尽管直到一个多世纪后，这种做法才被接受为标准。然而，《测天图》也有些奇怪的不和谐之处：拜尔在绘制恒星位置时使用的是地心视角，但迈尔在画一些形象图时用的却是外部视角。这导致诸如猎户座和一些其他星座的形象与恒星位置对应不上了。

多佩尔迈尔
《天图》
图页22

PLANAS REDACTI PARS III.
1730 tam Arithmetice quam Geometrice exhibentur
.Nat. Curiosorum, nec non Societatis Regiæ Borussicæ Socio
ÆS. MAJ. GEOGR. Norimbergæ.
Cæs. Majest.
AURIGA
PERSEUS
TAURUS
ARIES
Plejades
Cancri
Ecliptica
ORION
Palilicium Aldebaran
CETUS
ERIDANUS
Capricorni
UMBA
Magnitudines Stellarum
ORION
CANIS MINOR
HYDRA
CETUS
LEPUS
CANIS MAJOR
MONOCEROS
COLUMBA NOACHI
ARGO NAVIS

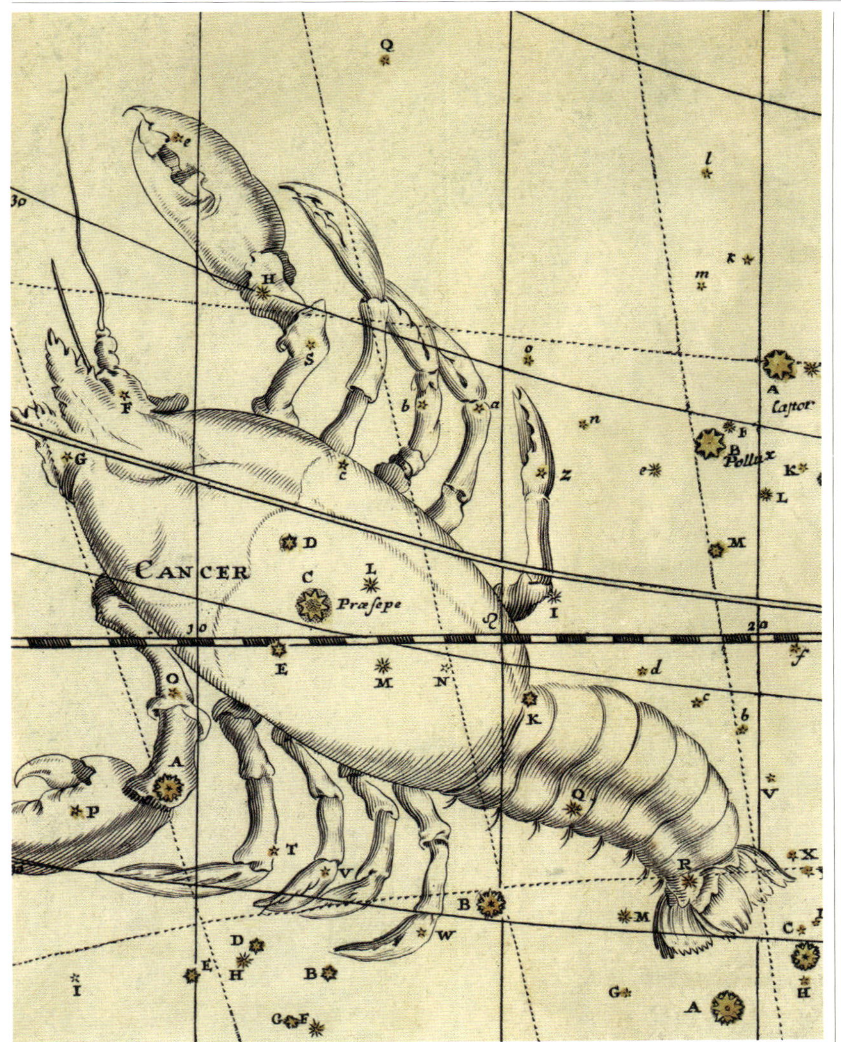

巨蟹座

托勒密的这个关于螃蟹的星座代表的是一只在赫拉克勒斯与勒拿九头蛇（Lernean Hydra）搏斗时捣乱的生物。多佩尔迈尔沿袭了赫维留的绘图风格，将这个最暗淡的黄道星座画成了一个龙虾似的东西。

双子座

双子座最醒目的特征是其中的一对亮星。在上古时代，这个星座就已经与双生神祇的形象联系在一起。古希腊的天文学家按照“阿尔戈号”上参与寻找金羊毛的一对孪生子之名，给这两颗星起名为卡斯托耳和波鲁克斯。

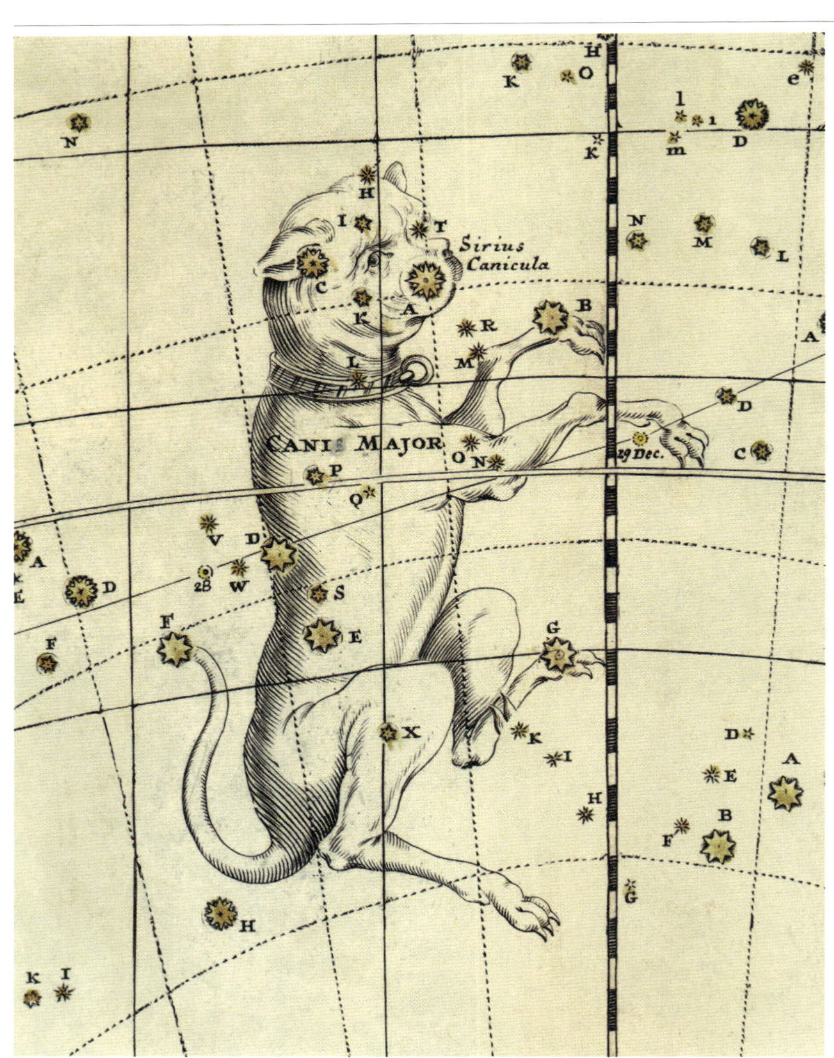

大犬座

大犬座代表的是猎户座俄里翁的两条狗中比较大的那条。夜空中最亮的恒星天狼星就在这个星座。传统上认为，太阳与天狼星会合产生的影响会使三伏天（dog days）变得更加酷热。

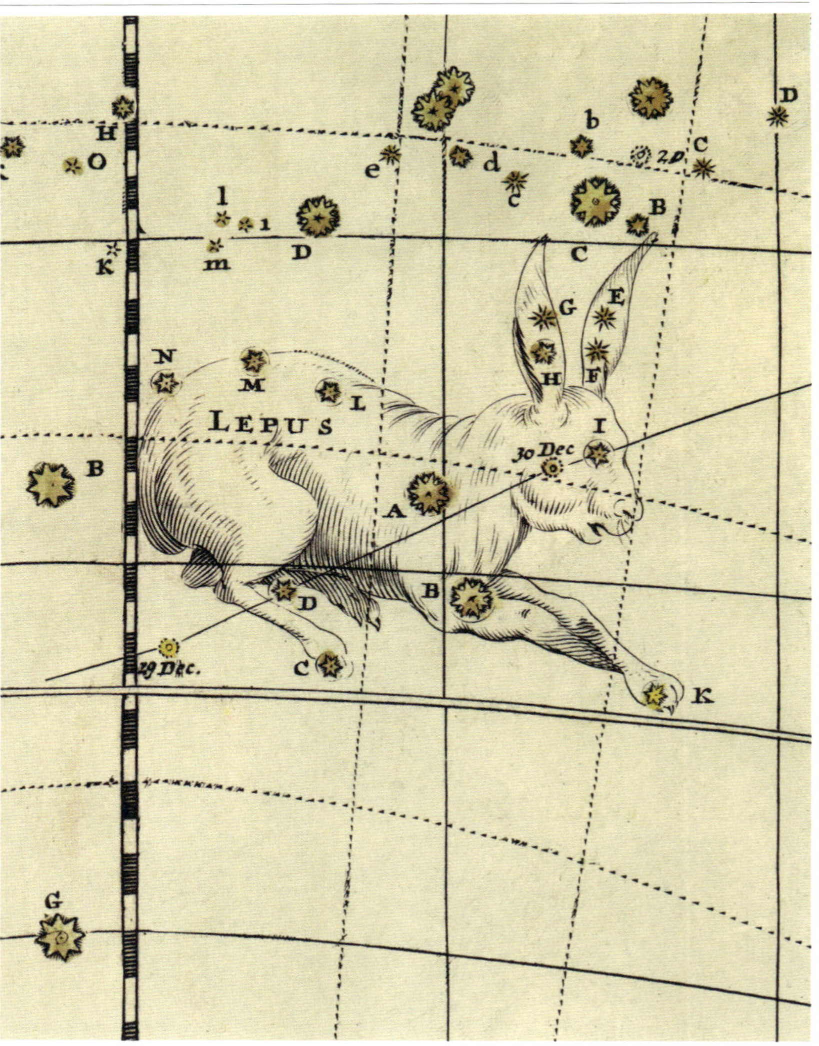

天兔座

这个关于兔子的星座是托勒密48星座中的一个，不过并没有什么特别的故事。通常，人们将其想象为一只在猎户被金牛吸引注意力时，从大犬面前偷偷跑走的兔子。

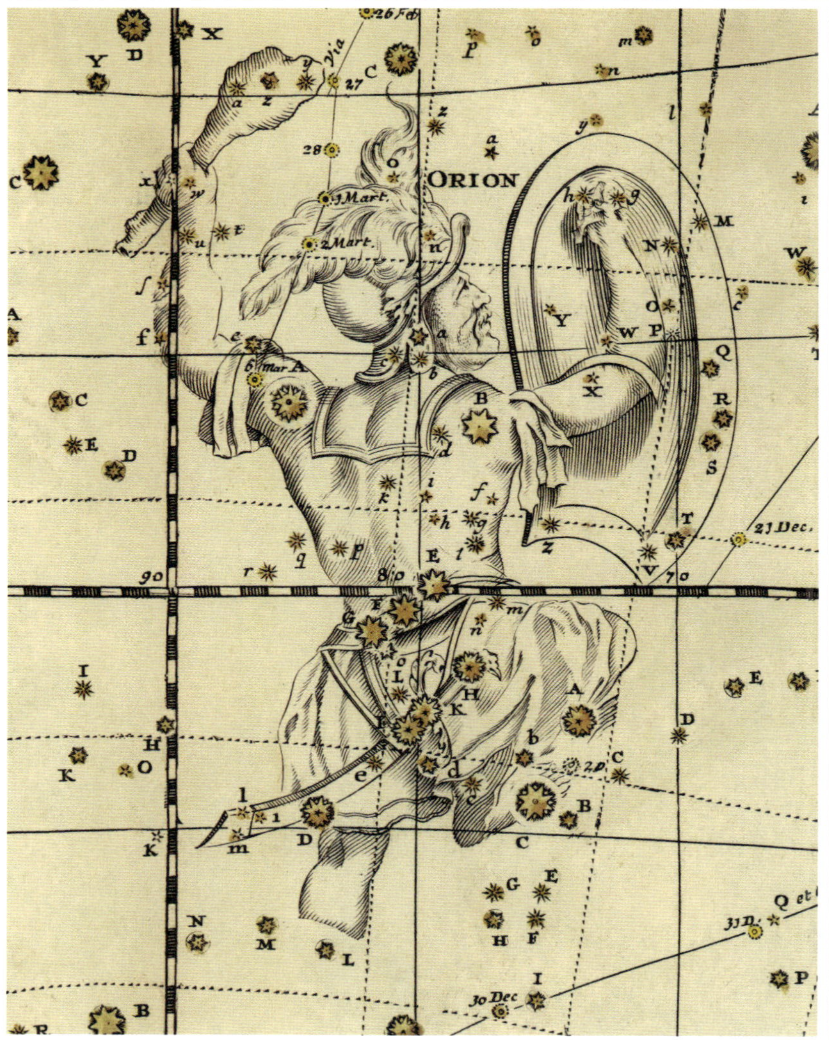

猎户座

明亮的猎户座是神话中猎人的形象。他一手执盾牌抵挡冲锋的金牛，左手高举大棒准备进行击打。不寻常的是，多佩尔迈尔在旁边的表格中还记录了猎户右足亮星的阿拉伯语名称（Rigel）。

金牛座

史前时代就已经有了金牛座的奔牛形象。多佩尔迈尔让昴星团位于它的肩头，毕星团组成它的脸，而耀眼的红色亮星毕宿五（曾被称为Palilicium）则标记着它的眼睛。

麒麟座

麒麟座在猎户的两条狗——大犬座和小犬座——之间，代表的是独角兽。关于这个星座图案的起源还存在争议，但它最初是因为出现在普朗修斯1612年版本的天球仪上而为人所知的。

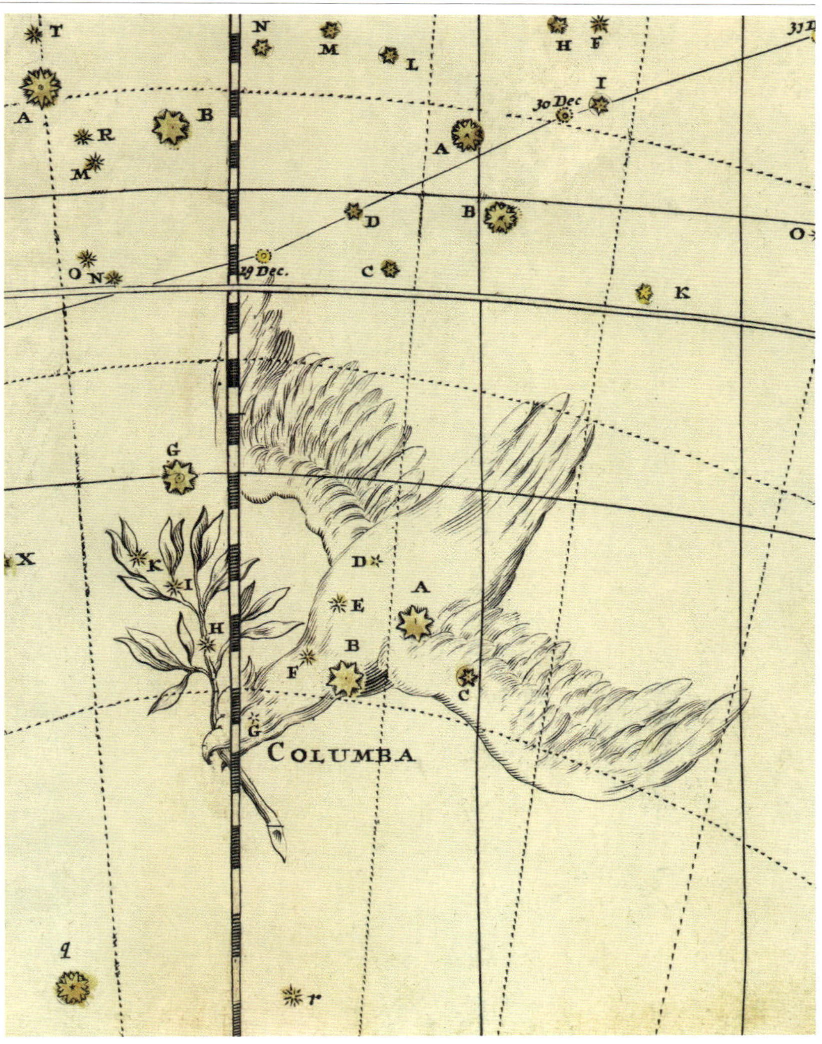

天鸽座

这个星座代表的是衔着橄榄枝返回挪亚方舟、报告大洪水已退去的鸽子。它最早出现在普朗修斯于1592年出版的地图上。

《索别斯基的苍穹，或称星图》（1690）

约翰内斯·赫维留的最后一部作品名为《天文学绪论》（*Prodromus Astronomiae*），是他去世后由他的遗孀伊丽莎白完成的。它包括3个部分：序言、一份主要基于赫维留的观测成果的星表，以及一套与之配套的星图。这套星图一般被称为《赫维留星图》（*Uranographia*）。图集包括54张图页，内容涵盖73个星座（包括赫维留本人设置的新星座，其中有的后来已被废止）。对于南天高纬度恒星的位置，《赫维留星图》使用了埃德蒙·哈雷在1676年

前往圣赫勒拿岛测量的数据。《赫维留星图》以其版画的艺术性闻名。这些画的作者是在波兰宫廷享有盛名的雕刻家夏尔·德拉艾（Charles de la Haye）。然而，赫维留关于这份星图的许多决定降低了它的实用性。例如说，整套星图都是以外部视角绘制的，没有按照夜空中的实际情况呈现各星座。星图上的恒星也没有任何标记。此外，由于赫维留坚持认为裸眼在位置测量方面优于望远镜，他的观测结果也没有他本可以达到的那样精确。

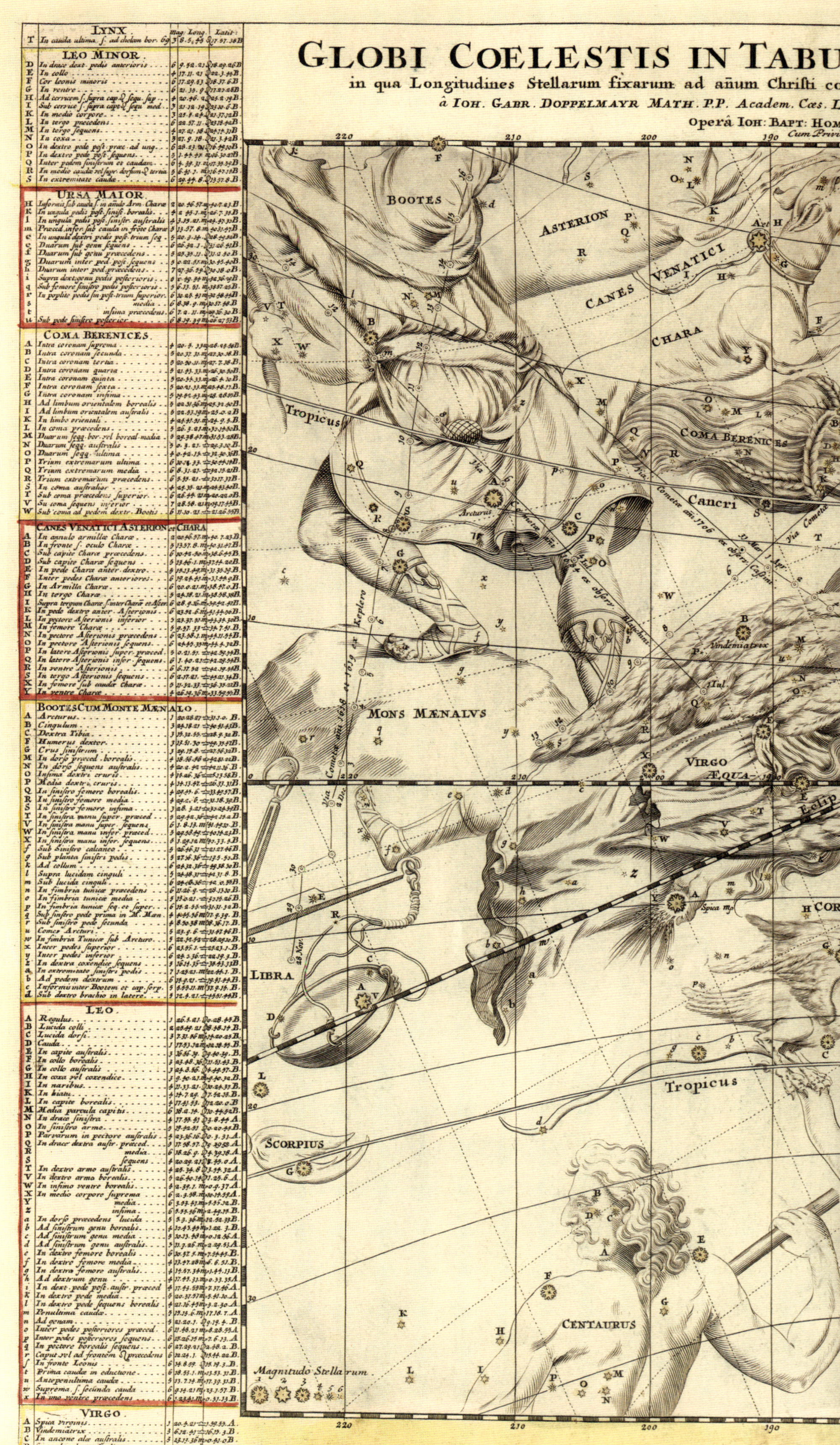

多佩尔迈尔
《天图》
图页23

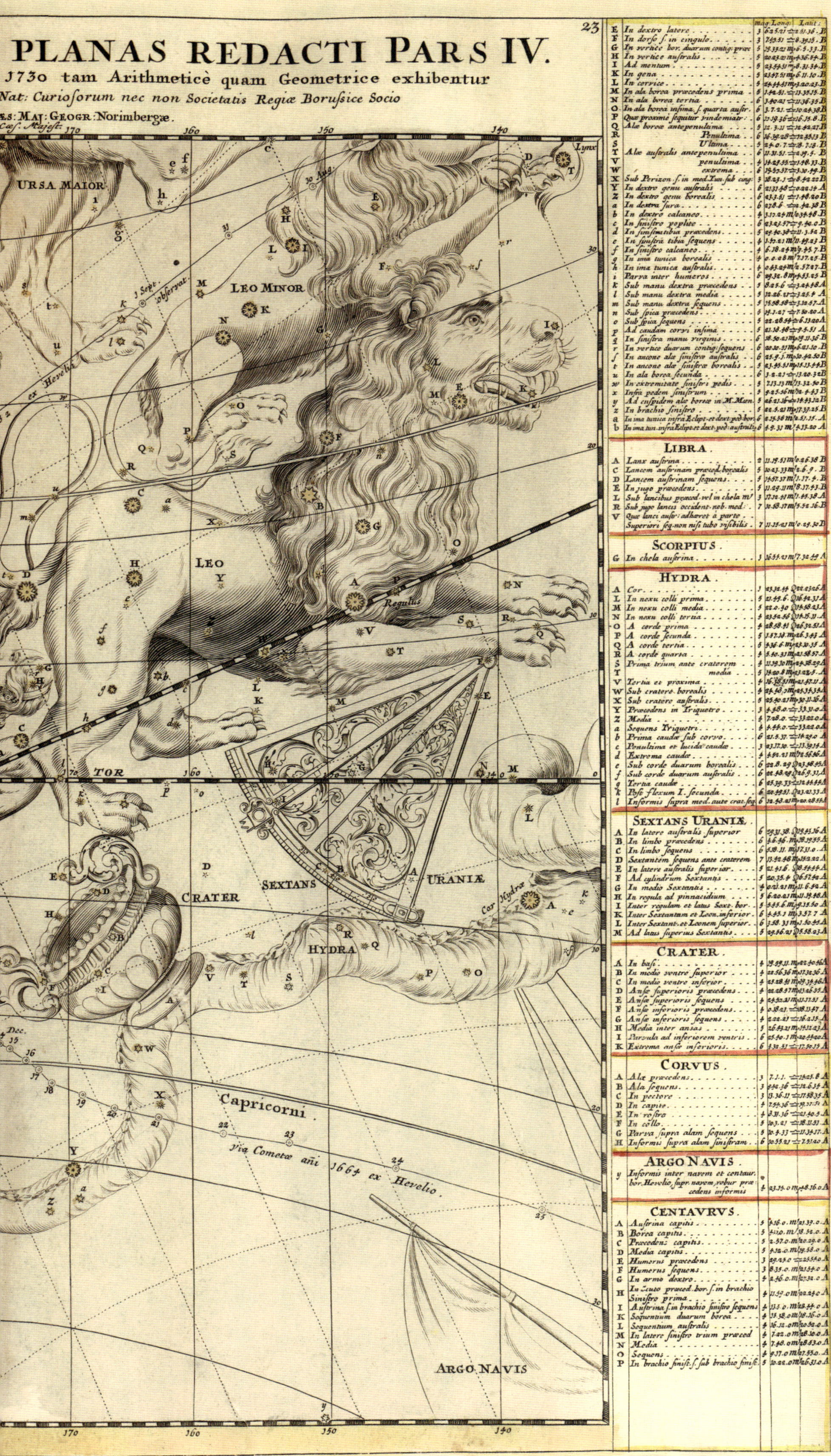

		mag.	Long.	Latit.
E	In dextro latere	3	6.25.21 ♎	2.51.36. B
F	In dorſo ſ. in cingulo	3	7.43.51 ♎	8.39.15. B
G	In vertice bor. duarum contig: præc	5	19.33.21 ♍	6.5.33. B
H	In vertice auſtralis	5	20.23.21 ♍	4.36.54 B
I	Ad mentum	5	23.54.51 ♍	8.31.34. B
K	In gena	5	23.47.51 ♍	6.11.10. B
L	In cervice	5	24.44.41 ♍	3.20.23 B
M	In ala borea præcedens prima	5	1.42.51. ♎	13.39.15 B
N	In ala borea tertia	6	3.40.21 ♎	11.36.35 B
O	In ala borea infima ſ. quarta auſtr.	6	3.7.21. ♎	10.24.38 B
P	Quæ proximè ſequitur vindemiatr:	6	11.19.36 ♎	16.15.8. B
Q	Alæ boreæ antepenultima	5	12.3.11 ♎	12.42.27 B
R	Penultima	6	16.39.28 ♎	12.35.13 B
S	Ultima	5	24.0.7. ♎	13.7.13. B
T	Alæ auſtralis antepenultima	6	11.31.51. ♎	2.19.5. B
V	penultima	4	14.29.55 ♎	1.48.33. B
W	extrema	6	19.57.37 ♎	3.30.49. B
X	Sub Perizon. ſ. in med. Tun. ſub cing:	3	18.23.1 ♎	8.42.22 B
Y	In dextro genu auſtralis	6	21.33.48 ♎	0.22.14 A
Z	In dextro genu borealis	6	23.3.51 ♎	1.48.20 B
a	In dextra ſura	6	27.8.6 ♎	2.42.38 B
b	In dextro calcaneo	4	3.17.24 ♏	0.34.48 B
c	In ſiniſtro poplite	6	23.23.57 ♎	9.40.0 B
d	In ſiniſtra tibia præcedens	5	29.40.38 ♎	11.3.52 B
e	In ſiniſtra tibia ſequens	4	1.42.21 ♏	11.49.23 B
f	In ſiniſtro calcaneo	4	6.18.24 ♏	9.45.7. B
g	In ima tunica borealis	4	0.0.28 ♏	7.17.25. B
h	In ima tunica auſtralis	4	0.43.24 ♏	2.57.27. B
i	Parva inter humeros	6	29.32.8 ♍	4.53.25 B
k	Sub manu dextra præcedens	5	8.25.6 ♎	3.24.48 A
l	Sub manu dextra media	5	12.26.21 ♎	3.25.4 A
m	Sub manu dextra ſequens	5	15.58.58 ♎	3.12.57. A
n	Sub ſpica præcedens	5	19.1.27 ♎	7.50.20 A
o	Sub ſpica ſequens	5	22.28.54 ♎	6.13.20 A
p	Ad caudam corvi infima	5	21.18.48 ♎	9.5.51 A
q	In ſiniſtra manu virginis	6	18.50.21 ♍	19.11.36 B
r	In vertice duarum contig: ſequens	6	20.10.51 ♍	6.21.10. B
ſ	In ancone alæ ſiniſtræ auſtralis	6	25.9.5. ♍	10.42.50 B
t	In ancone alæ ſiniſtræ borealis	5	23.45.51 ♍	15.13.44 B
u	In ala borea ſecunda	6	3.2.21 ♎	13.20.32 B
w	In extremitate ſiniſtri pedis	5	7.13.13 ♏	13.32.50 B
x	Infra pedem ſiniſtrum	5	9.25.56 ♏	12.4.43 B
y	Ad cuſpidem alæ boreæ in M. Mæn.	5	26.21.16 ♎	14.43.12 B
z	In brachio ſiniſtro	5	22.5.21 ♍	17.39.25 B
a	In ima tunica infra Eclipt. et dext. ped. bor.	6	2.15.58 ♏	2.51.15. A
b	In ima tun. infra Eclipt. et dext. ped: auſtralis	6	4.9.31 ♏	4.13.20 A
	LIBRA.			
A	Lanx auſtrina	2	11.19.51 ♏	0.26.38 B
C	Lancem auſtrinam præced. borealis	5	10.23.33 ♏	2.6.9. B
D	Lancem auſtrinam ſequens	5	14.57.37 ♏	1.17.4. B
E	In jugo præcedens	5	11.29.11 ♏	8.17.43. B
L	Sub lancibus præcod. vel in chela ♏	3	17.12.41 ♏	1.44.38 A
R	Sub jugo lancis occident. neb. med:	7	30.58.17 ♏	5.52.16. B
V	Quæ lanci auſtr: adhæret à parte Superiori ſeq. non niſi tubo viſibilis	7	11.35.21 ♏	0.29.30 B
	SCORPIUS.			
G	In chela auſtrina	3	16.55.21 ♏	7.32.49 A
	HYDRA.			
A	Cor	1	23.32.44 ♌	22.23.26 A
L	In nexu colli prima	5	21.49.6. ♌	16.42.31 A
M	In nexu colli media	5	22.0.30 ♌	14.58.23 A
N	In nexu colli tertia	4	23.52.56 ♌	14.15.11. A
O	A corde prima	4	28.58.41 ♌	26.32.51 A
P	A corde ſecunda	5	1.57.18. ♍	26.3.43 A
Q	A corde tertia	5	4.36.6. ♍	23.10.35 A
R	A corde quarta	4	5.40.31 ♍	21.58.57 A
S	Prima trium ante craterem	4	11.39.30 ♍	24.38.29 A
T	media	5	14.20.8 ♍	23.28.5. A
V	Tertia et proxima	4	16.38.51 ♍	21.47.11 A
W	Sub cratere borealis	4	24.48.0 ♍	25.34.34 A
X	Sub cratere auſtralis	5	25.40.21 ♍	30.11.16 A
Y	Præcedens in Triquetro	3	4.48.0. ♎	33.31.0 A
Z	Media	4	7.28.0. ♎	33.22.0 A
a	Sequens Triquetri	4	4.44.0. ♎	33.22.0 A
b	Prima caudæ ſub corvo	6	21.5.37. ♎	14.29.0 A
c	Penultima et lucida caudæ	3	23.17.10. ♎	13.39.14 A
d	Extrema caudæ	4	4.52.21 ♏	12.56.56 A
e	Sub corde duarum borealis	6	22.8.29 ♌	23.58.55 A
f	Sub corde duarum auſtralis	6	22.48.29 ♌	26.9.31 A
g	Tertia caudæ	6	25.39.33 ♎	12.44.44 A
k	Poſt flexum I. ſecunda	6	20.49.51. ♌	23.21.33 A
l	Informis ſupra med. aute crat. ſeq	6	12.48.21 ♍	20.28.54 A
	SEXTANS URANIÆ.			
A	In latere auſtralis ſuperior	6	29.31.38. ♌	19.43.16 A
B	In limbo præcedens	6	4.6.46. ♍	18.19.55 A
C	In limbo ſequens	6	5.18.11. ♍	17.31.0. A
D	Sextantem ſequens ante craterem	7	13.42.48 ♍	15.2.22 A
E	In latere auſtralis ſuperior	5	21.41.6. ♌	8.54.44 A
F	Ad cylindrum Sextantis	5	20.35.4 ♌	6.57.42 A
G	In medio Sextantis	4	0.21.21 ♍	11.6.52 A
H	In regula ad pinnacidium	5	6.20.21 ♍	11.19.48 A
I	Inter regulam et latus Sext. bor.	5	5.45.6 ♍	9.15.50 A
K	Inter Sextantam et Leon. inferior	6	4.45.1 ♍	3.57.7 A
L	Inter Sextant. et Leonem ſuperior	6	3.58.31 ♍	1.50.55 A
M	Ad latus ſuperius Sextantis	5	29.56.21 ♌	5.58.23 A
	CRATER.			
A	In baſi	4	19.59.11. ♍	22.40.46 A
B	In medio ventre ſuperior	4	22.56.36 ♍	17.32.36 A
C	In medio ventre inferior	4	25.28.41 ♍	19.34.46 A
D	Anſæ ſuperioris præcedens	4	22.28.57 ♍	13.26.35 A
E	Anſæ ſuperioris ſequens	4	24.52.21 ♍	11.17.51 A
F	Anſæ inferioris præcedens	4	0.18.21. ♎	18.11.47 A
G	Anſæ inferioris ſequens	4	2.22.21 ♎	16.2.15. A
H	Media inter anſas	5	26.43.21 ♍	14.32.23 A
I	Parvula ad inferiorem ventris	6	25.40.1 ♍	20.44.20 A
K	Extrema anſæ inferioris	6	4.32.51 ♎	17.50.15 A
	CORVUS.			
A	Alæ præcedens	3	7.1.1. ♎	14.25.8 A
B	Ala ſequens	3	9.42.36 ♎	12.6.34 A
C	In pectore	3	13.36.11 ♎	17.58.35 A
D	In capite	4	7.54.36 ♎	19.37.51 A
E	In roſtro	4	8.31.36 ♎	21.40.5 A
F	In collo	5	10.3.21 ♎	18.11.31 A
G	Parva ſupra alam ſequens	5	20.4.33 ♎	11.34.17. A
H	Informis ſupra alam ſiniſtram	6	10.55.21 ♎	7.51.20 A
	ARGO NAVIS.			
y	Informis inter navem et centaur. bor. Hevelio, ſupr. navem, robur præcedens informis	4	23.15.0 ♍	48.16.0 A
	CENTAURUS.			
A	Auſtrina capitis	5	4.16.0. ♏	21.39.0. A
B	Borea capitis	5	4.10.0. ♏	18.52.0. A
C	Præcedens capitis	5	2.57.0. ♏	20.29.0 A
D	Media capitis	5	4.32.0. ♏	19.58.0 A
E	Humerus præcedens	3	29.25.0 ♎	25.54.0 A
F	Humerus ſequens	3	8.35.0. ♏	23.54.0 A
G	In armo dextro	4	2.46.0. ♏	27.32.0 A
H	In Scuto præced. bor. ſ. in brachio Siniſtro prima	4	11.59.0 ♏	22.24.0 A
I	Auſtrina ſ. in brachio ſiniſtro ſequens	4	13.5.0. ♏	23.44.0 A
K	Sequentium duarum borea	4	15.38.0 ♏	18.16.0 A
L	Sequentium auſtralis	4	16.12.0 ♏	20.52.0 A
M	In latere ſiniſtro trium præced	4	7.22.0 ♏	28.10.0 A
N	Media	4	7.48.0 ♏	28.53.0 A
O	Sequens	4	9.37.0 ♏	27.55.0. A
P	In brachio ſiniſt. ſ. ſub brachio ſiniſt.	5	10.22.0 ♏	26.31.0 A

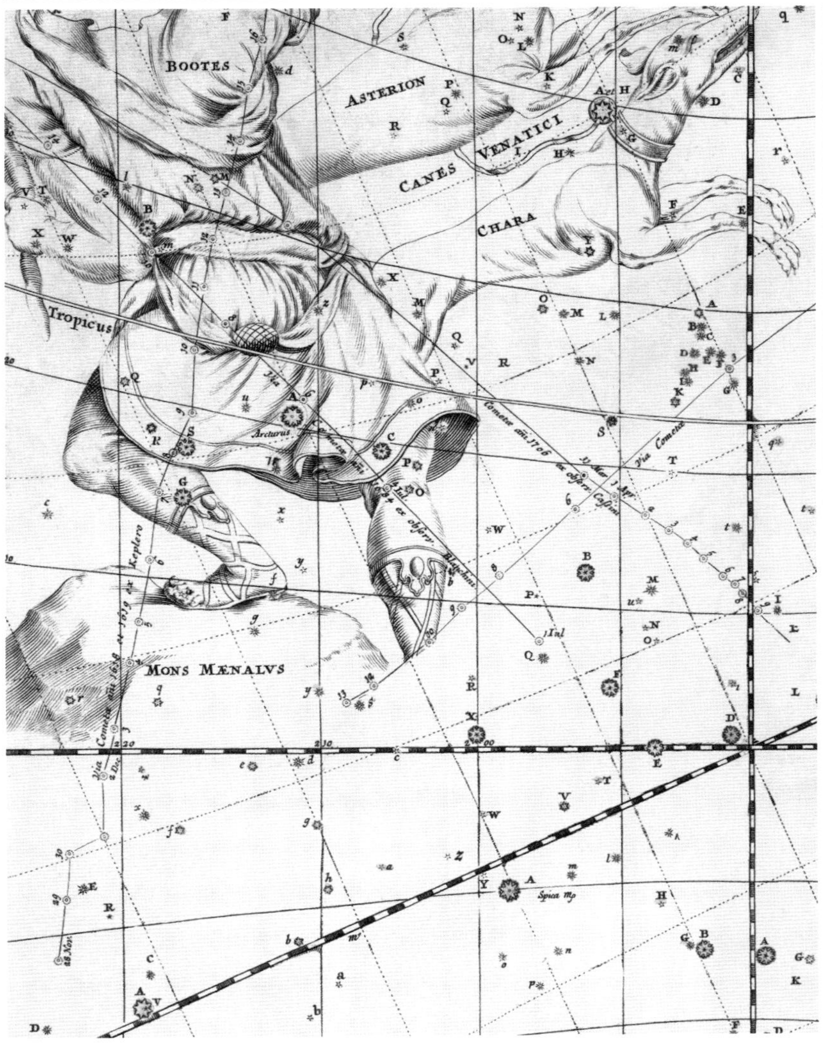

牧夫座和猎犬座

古老的牧夫座被截成两段，分属本页与图页20。在它的西侧卧着两条猎犬。《赫维留星图》称这两条狗为阿斯特里翁（Asterion）和查拉（Chara），并将它们分割了出来，单独成为一个星座。

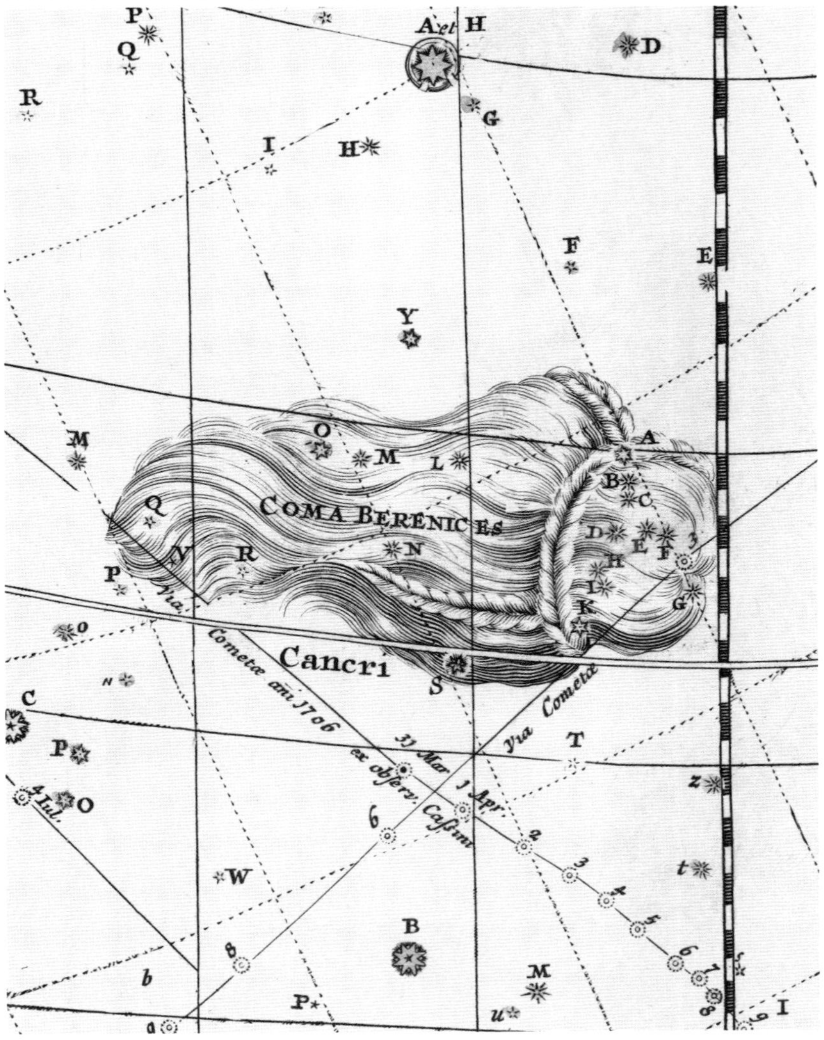

后发座

小星座后发座的形象是古埃及的贝勒奈西王后献祭给神，以祈求丈夫从战争中平安归来的头发。这个天区一直以来被视为狮子座的一部分，直到16世纪才成为独立的星座。

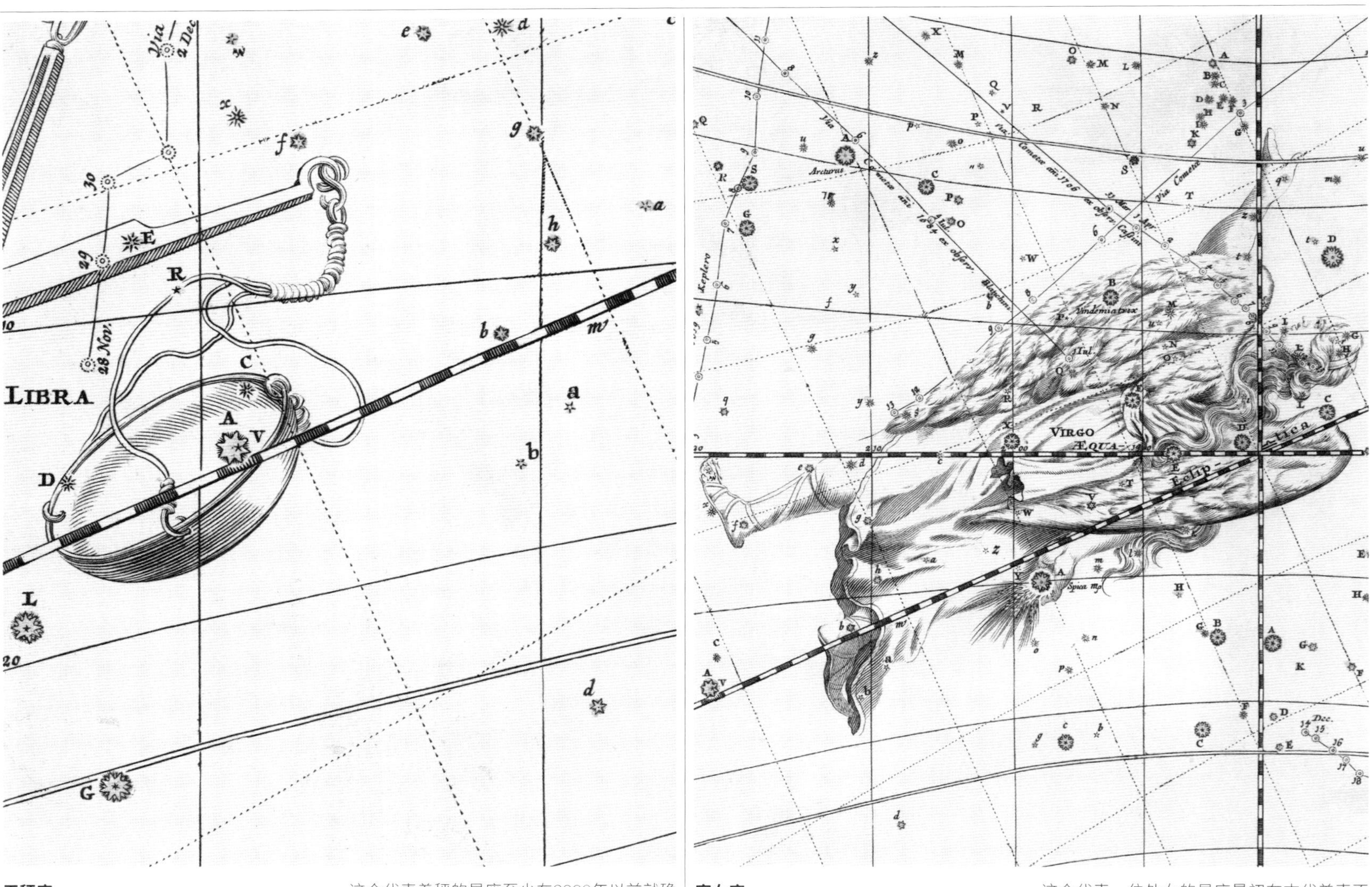

天秤座

这个代表着秤的星座至少在3000年以前就确立了。尽管人们一般只将其视为黄道星座中的一个无生命的物件，不过它还往往担任着扮演天蝎的大钳的“双重责任”。

室女座

这个代表一位处女的星座最初在古代美索不达米亚与丰饶女神相联系。古希腊人认为她是德墨忒耳或佩耳塞福涅，古罗马人把她看作是谷物女神刻瑞斯。亮星角宿一代表的是她手中的一束麦穗。

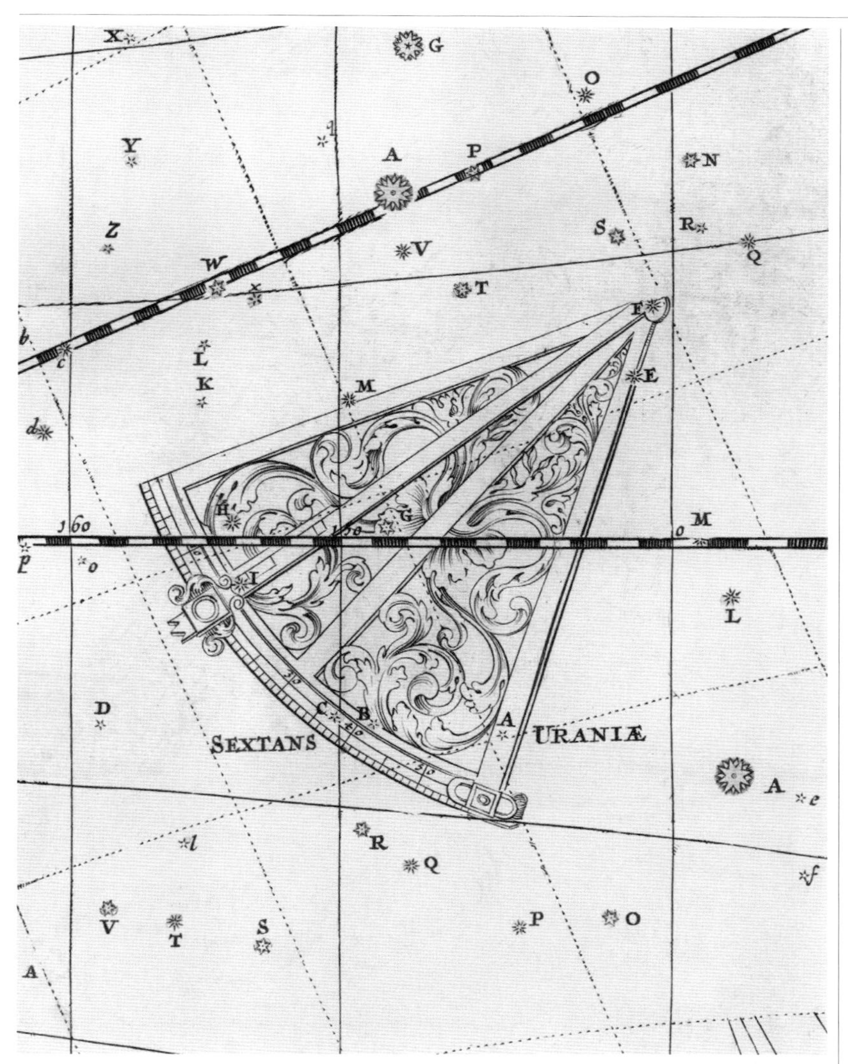

天文六分仪座

小而暗淡的天文六分仪座夹在狮子座和长蛇座之间。赫维留设立这一星座，以纪念他在1679年的一场大火中毁坏的最喜欢的测量设备。弗拉姆斯蒂德第一个将其名称简化为六分仪座。

狮子座

这组星被看作一头狮子的历史至少有4000年了。古希腊作者将其想象为与赫拉克勒斯搏斗的涅墨亚狮子。1687年，赫维留在托勒密的原版狮子座的正北方添加了另一头狮子——小狮座。

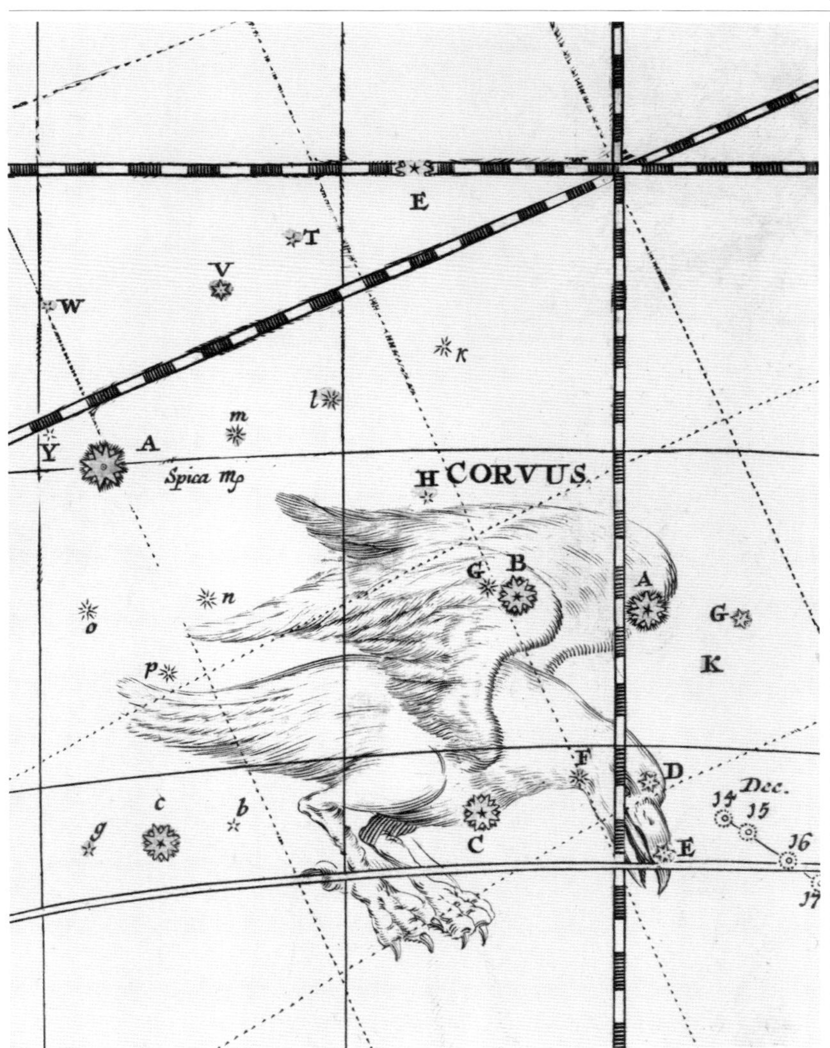

乌鸦座

大约公元前1000年的古巴比伦观星者将这个小星座描绘为弯曲的水蛇（长蛇座）背上的乌鸦。希腊传说中，它是太阳神阿波罗的侍者。

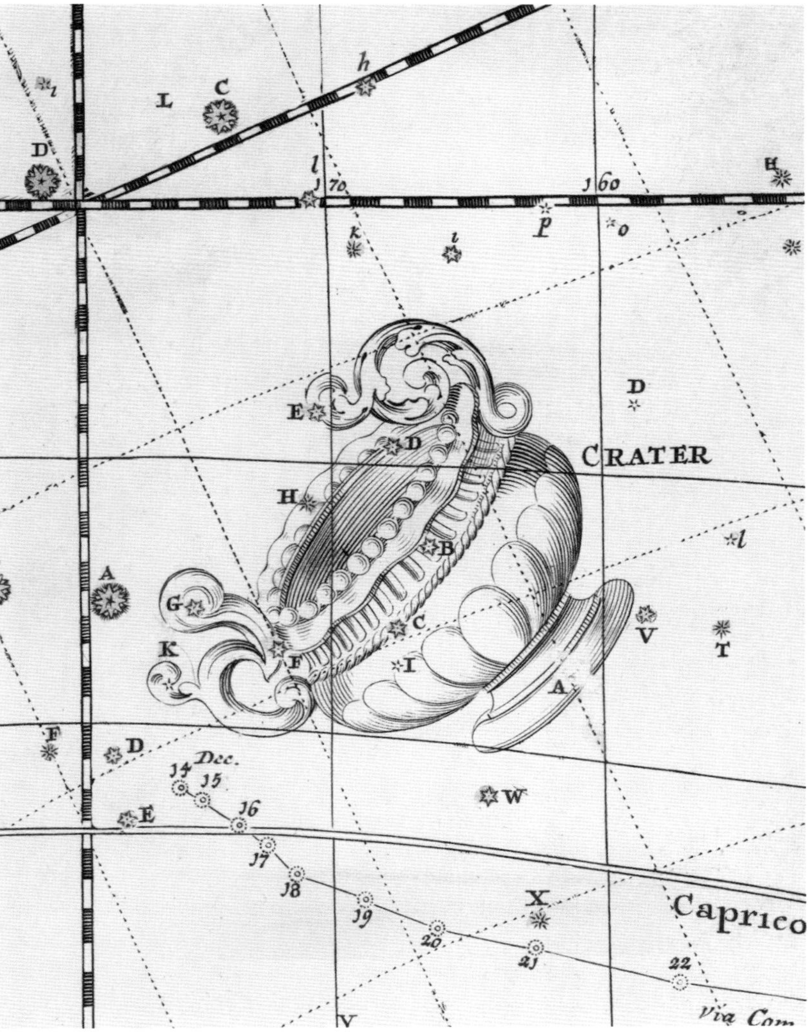

巨爵座

巨爵座是长蛇座背上的另一个小星座，最初是古巴比伦的乌鸦座的一部分。然而，托勒密将其看作一个独立的星座，认为它代表的是与乌鸦座有关的阿波罗神话故事中的一个杯子。

《天图》（1729）

第一部真正从用望远镜观测的准确性中受益的星图是约翰·弗拉姆斯蒂德的《天图》。弗拉姆斯蒂德对精确度的过分追求尽人皆知。他不愿在还未得到令人满意的验证前就将自己的观测结果留给后人，一生都极力保护自己的数据。因此，他的主要工作——《不列颠星表》和与之配套的《天图》——都是在他去世后（分别在1725年和1729年）由他的遗孀玛格丽特出版的。弗拉姆斯蒂德将恒星分别绘于25张雕版星图上，每张以地心视角展示了一到多个星座，配以艺术家詹姆斯·桑希尔（James Thornhill）所画的洛可可风格星座形象。弗

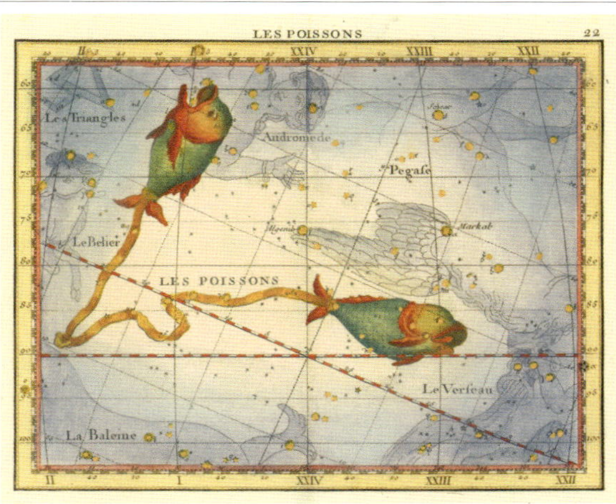

拉姆斯蒂德的助手亚伯拉罕·夏普（Abraham Sharp，1653—1742）还准备了一对天图，展示北半天球和南半天球。《天图》没有像前人的星图一样使用黄道坐标系，而是优先使用了赤道坐标系，但是其图页的巨大尺寸也同时削减了它的实用性。本页实际上展示的是由让-尼古拉·福尔坦（1750—1831）重新雕印的法语版《弗拉姆斯蒂德天图》（1776）。这一流行版本添加了另一张星座图以及其他几张图页，并用法国天文学家夏尔·莫尼耶（Charles Monnier，1715—1799）所画的南北天球图（对页两图）取代了夏普的版本。

多佩尔迈尔
《天图》
图页24

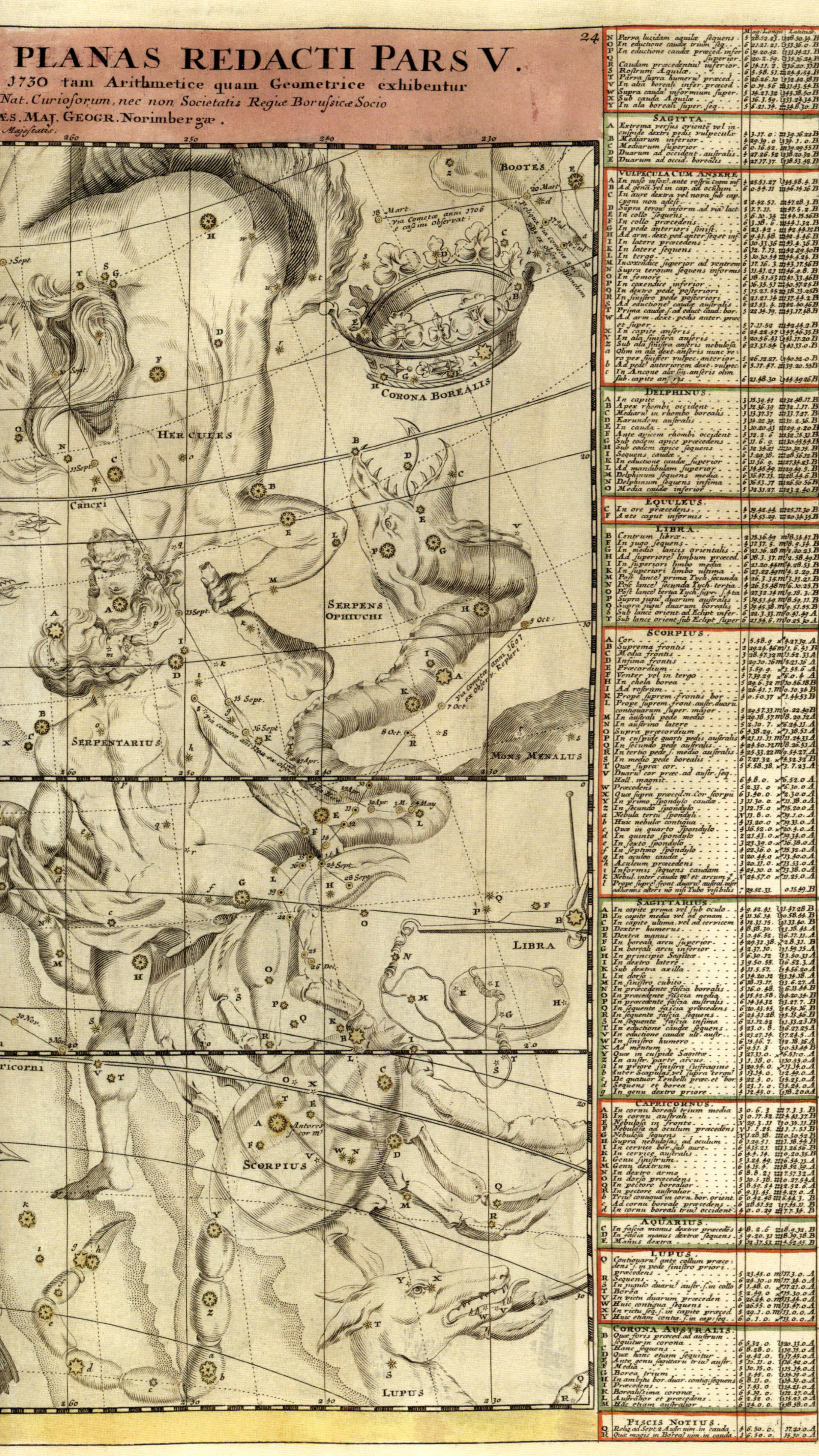
24
PLANAS REDACTI PARS V.
1730 tam Arithmetice quam Geometrice exhibentur
Nat. Curiosorum, nec non Societatis Regiæ Borussicæ Socio
ÆS. MAJ. GEOGR. Norimbergæ.
Majestatis.
BOOTES
CORONA BOREALIS
HERCULES
SERPENS OPHIUCHI
SERPENTARIUS
MONS MENALUS
LIBRA
SCORPIUS
LUPUS
SAGITTA
DELPHINUS
EQUULEUS
LIBRA
SCORPIUS
SAGITTARIUS
CAPRICORNUS
AQUARIUS
LUPUS
CORONA AUSTRALIS
PISCIS NOTIUS

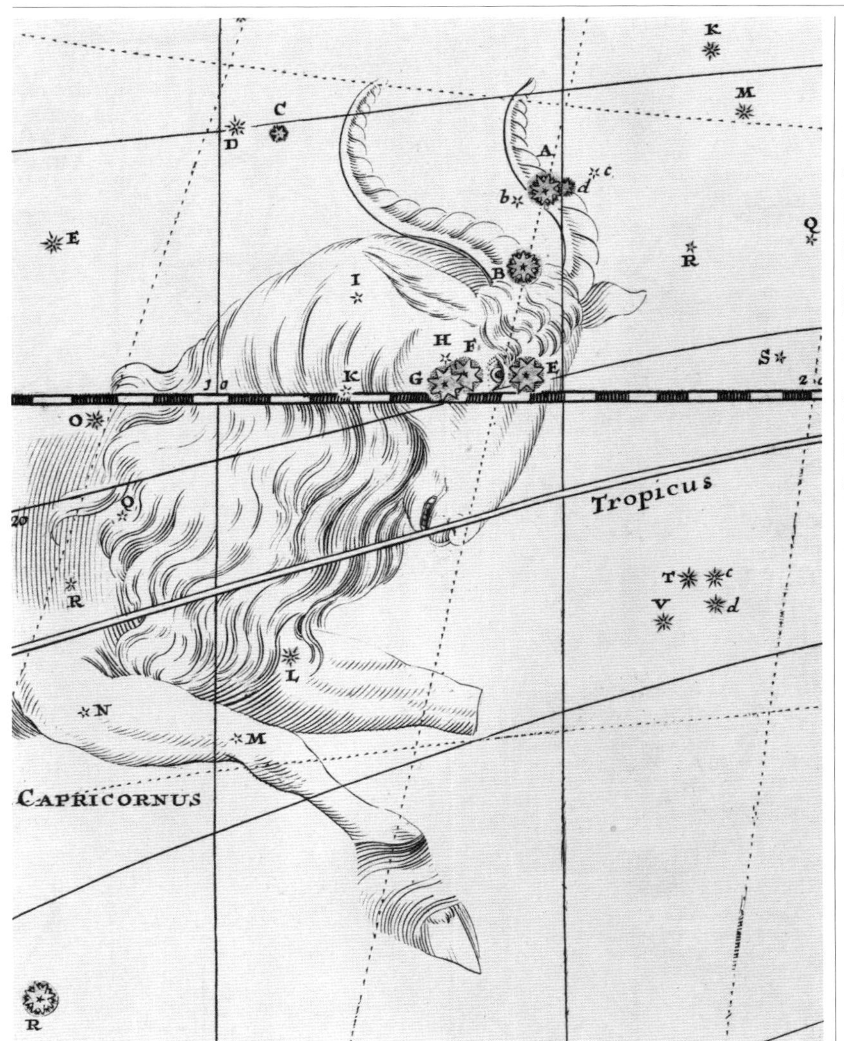

摩羯座

摩羯座是我们所知的最古老的星座之一。它有着山羊身鱼尾的杂糅形象。古希腊罗马的天文学家将这个星座与曾用乳汁喂养宙斯的山羊阿玛尔忒亚或山羊形态的潘神相联系。

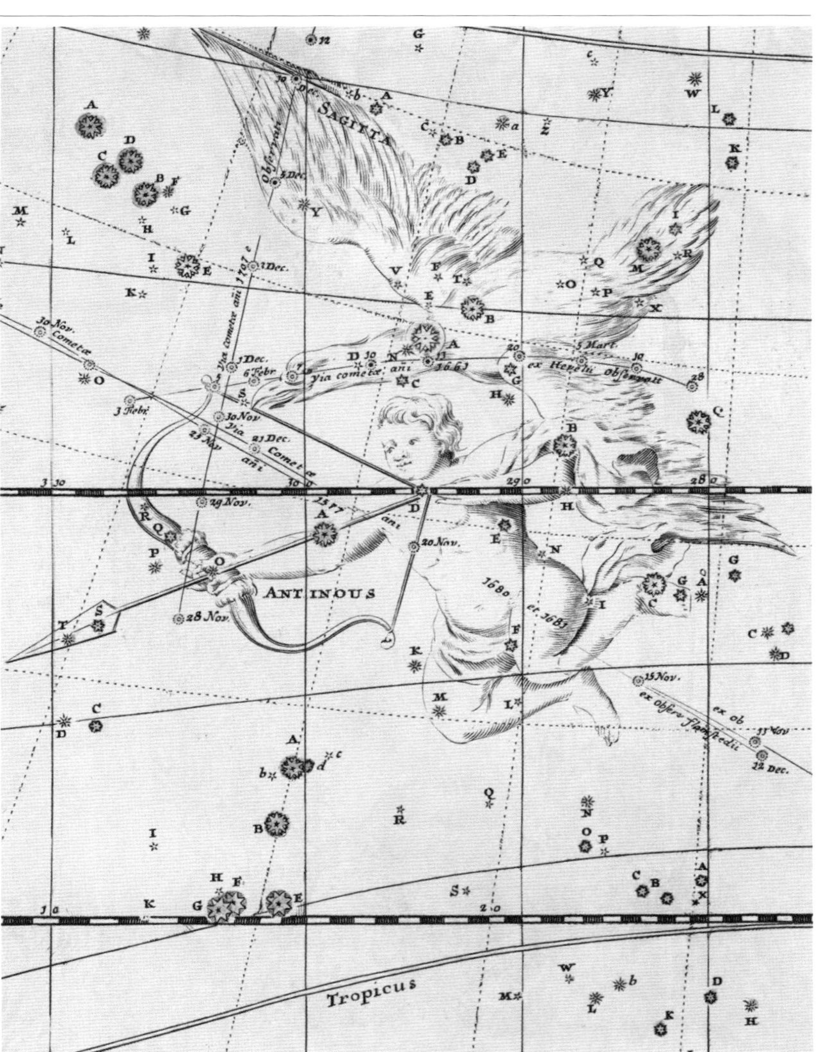

安提诺座和天鹰座

现已废弃的安提诺座是为了纪念罗马皇帝哈德良坠落尼罗河而死的年轻情人而设立的。托勒密认为它是天鹰座的一角，但许多早期星图绘制者都将它画为一个单独的星座。

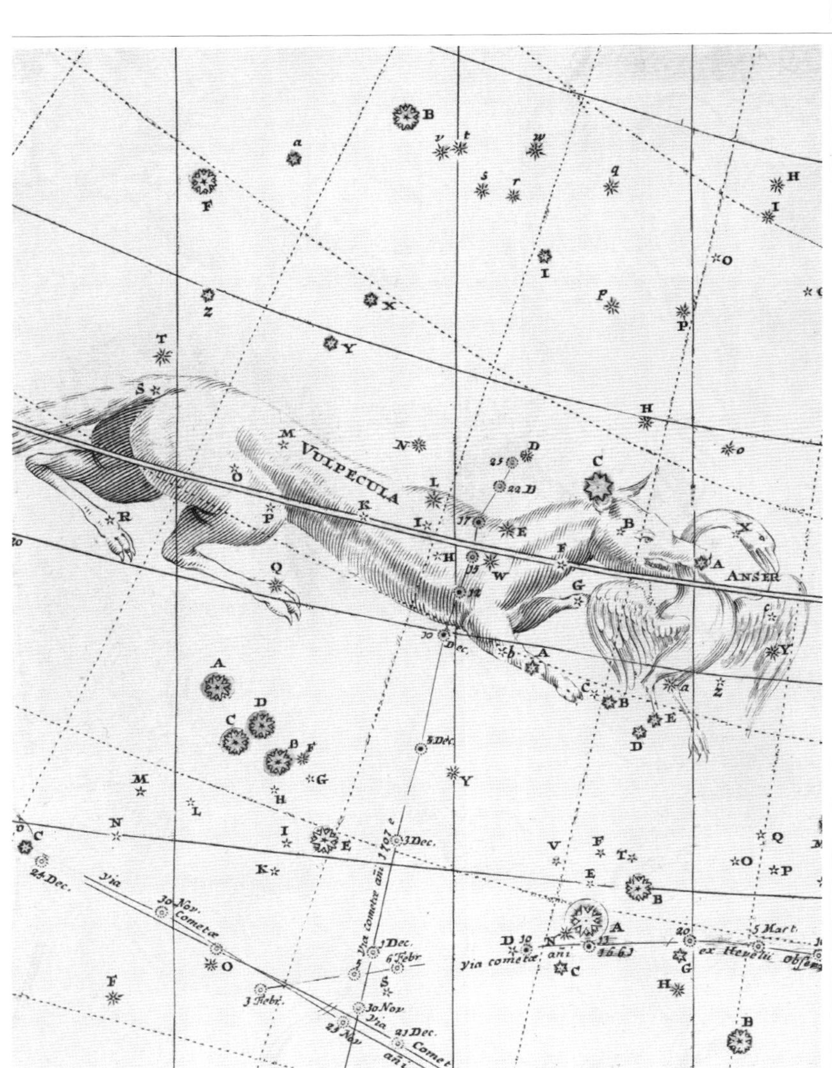

狐狸与鹅座

赫维留在其星图中发明了这个抓着鹅的小狐狸的形象。后世的天文学家一度对它们应该被视为一个还是两个星座产生了分歧。现在，这个星座叫作狐狸座。

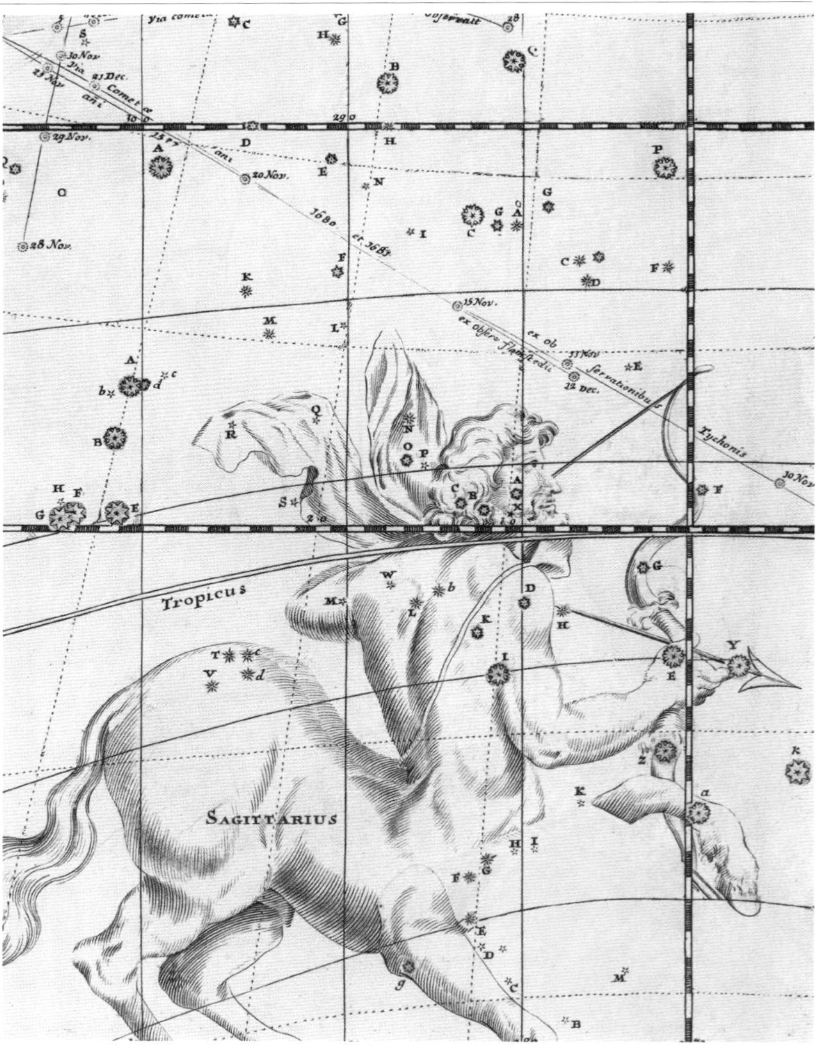

人马座

代表弓箭手的人马座自古巴比伦时代以来就被描绘为具有马身的混合形态的怪物了。此处的竖线标记的是太阳在北半球冬至位于最南点时的赤经。

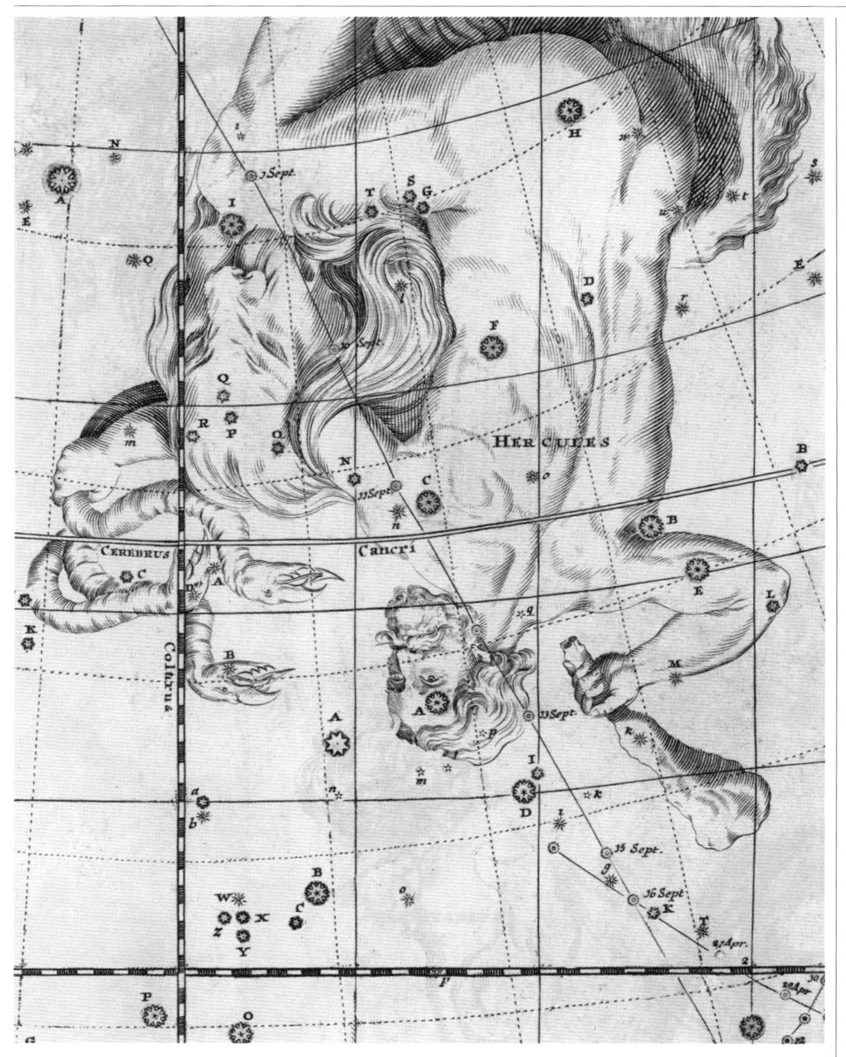

武仙座和地狱犬座

拜尔的《测天图》（1603）将古代英雄赫拉克勒斯身旁的这些星想象为金苹果树的枝丫。而在赫维留看来，它们是三头怪刻耳柏洛斯。然而，他没有将它描绘为一条狗，却画成了一条多头蛇。

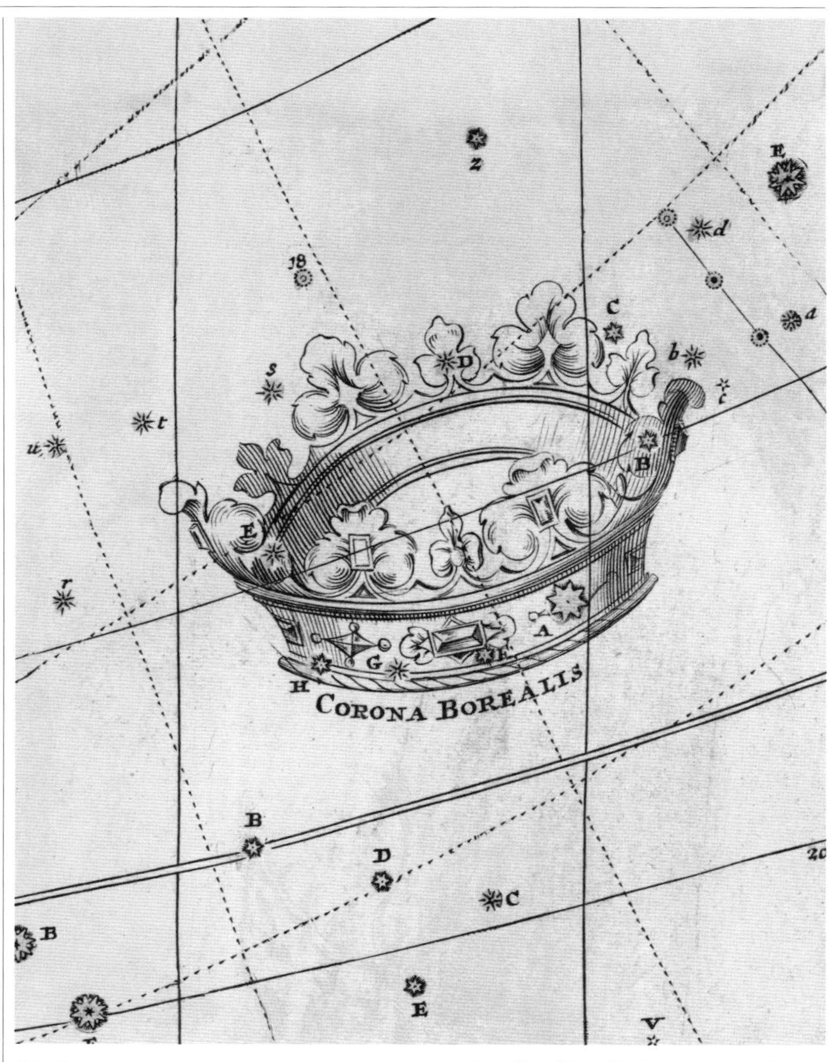

北冕座

一条易于辨识的星弧组成了北冕座。它是48个托勒密古典星座之一。古希腊天文学家认为，在庆祝阿里阿德涅公主与酒神狄俄尼索斯的婚礼时，公主的王冠被抛上了天，成为这个星座。

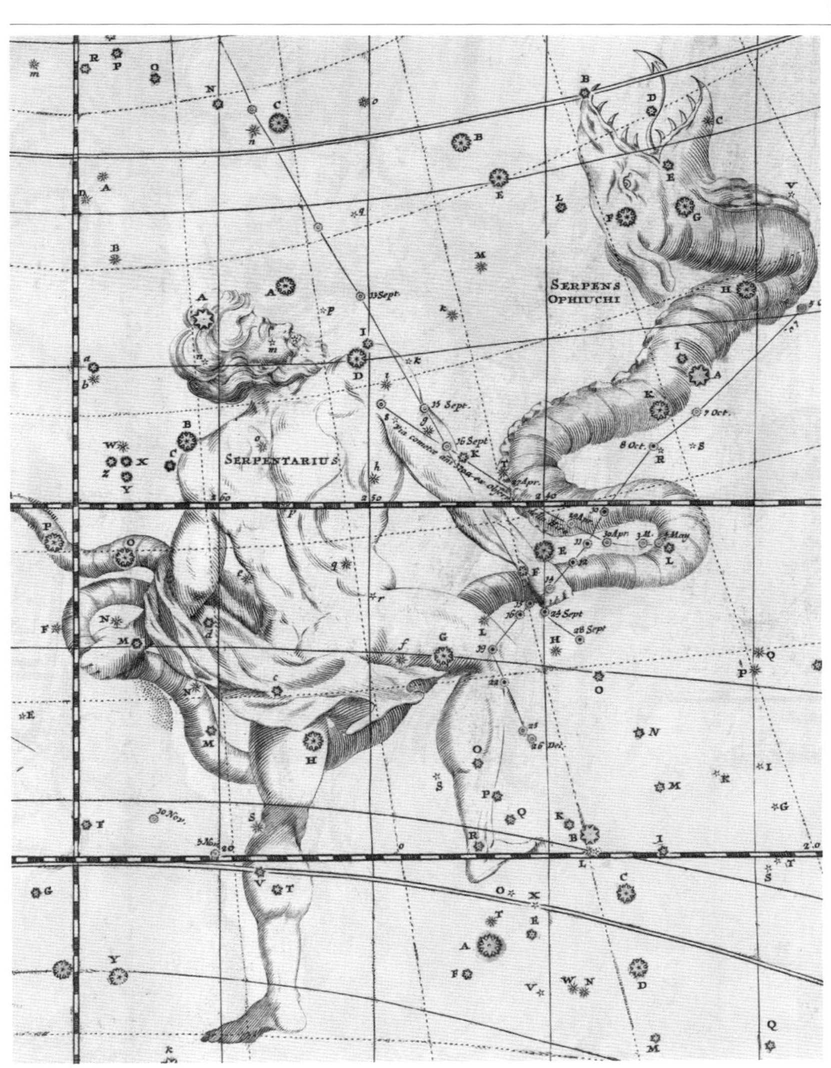

巨蛇座和蛇夫座

这两个相互交缠的巨大星座形成了一幅巨人与蛇相搏的画面。今天，这一天区的几个部分分别被称为蛇夫座（Ophiuchus，来自希腊语，意思是“扛蛇者”），以及巨蛇头和巨蛇尾（二者组成巨蛇座）。

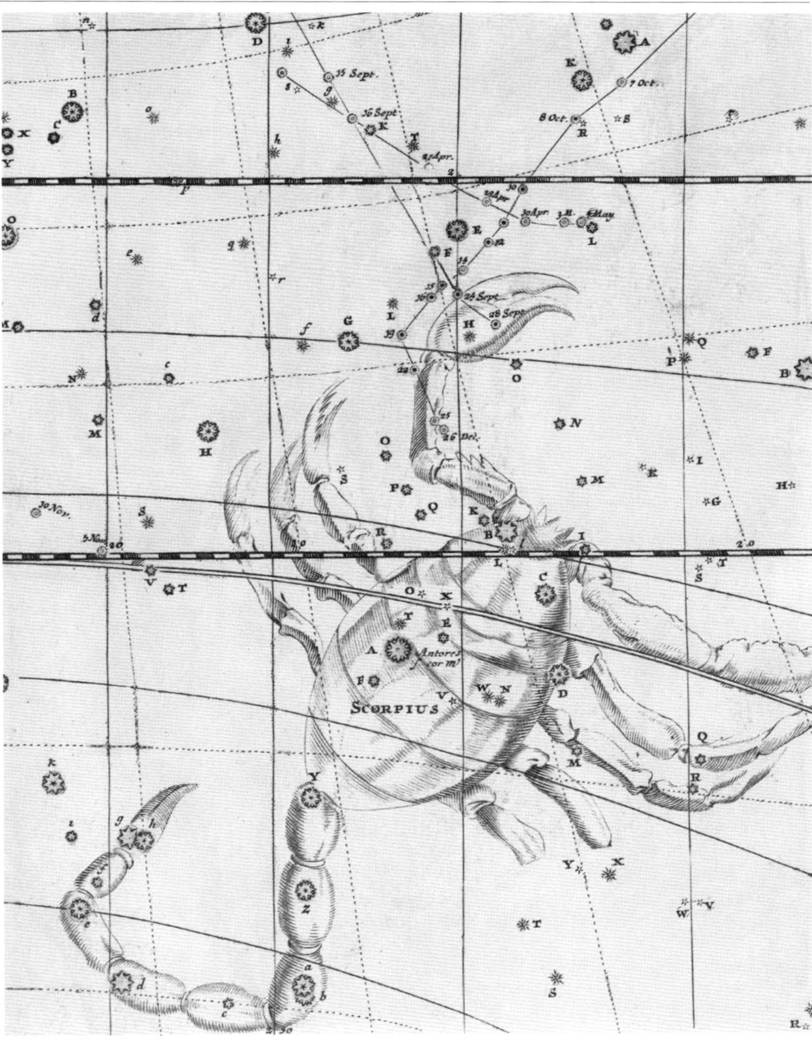

天蝎座

从古代美索不达米亚时代至今，以红色的心宿二为心脏的天蝎座一直保持着原样。古希腊天文学家认为，它是女神阿耳忒弥斯和勒托派去杀死猎户座俄里翁的生物。

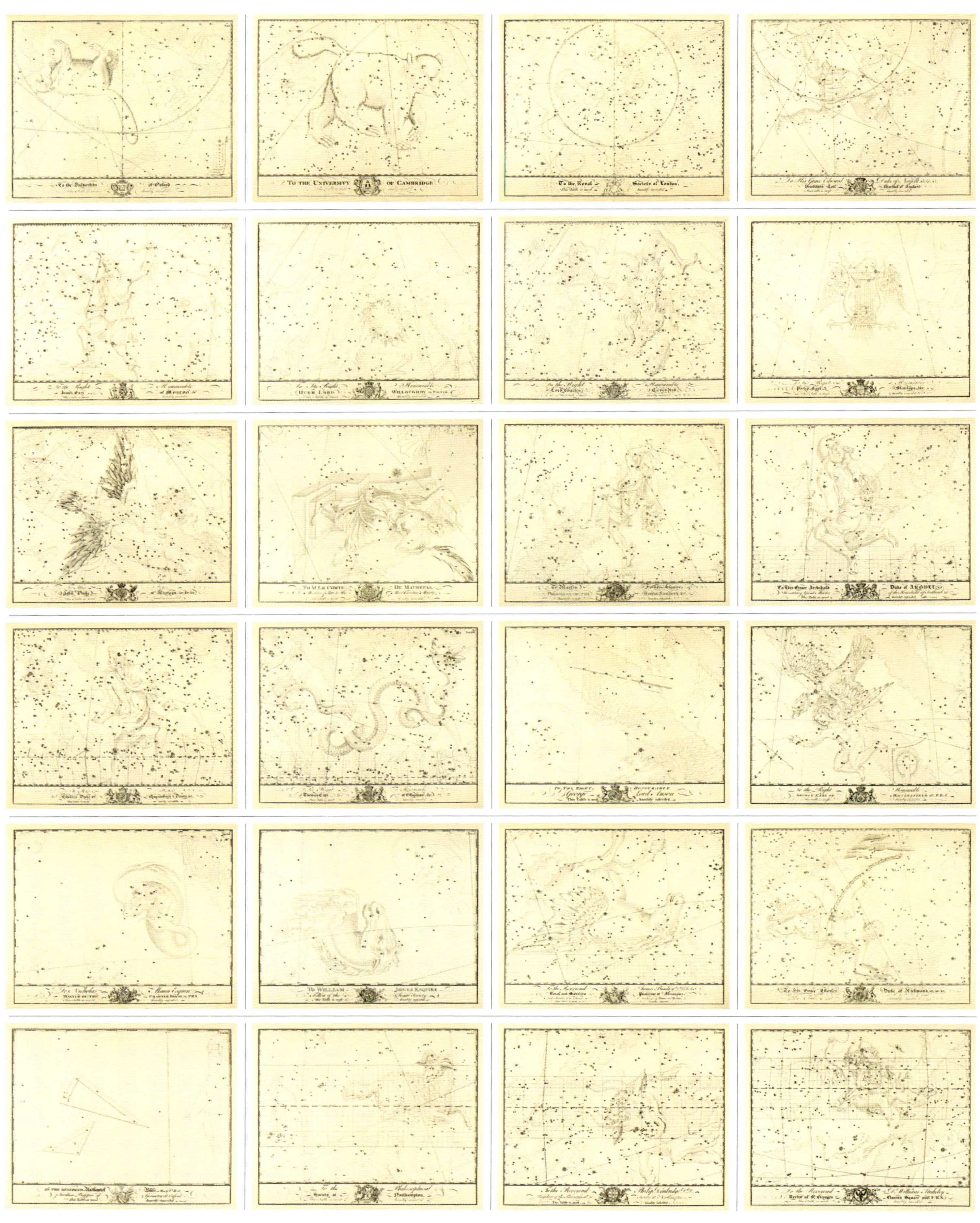

《不列颠星图》

（*Uranographia Britannica*，1750）

这些雕版图页来自一个雄心勃勃却最终功败垂成的项目，也就是英国天文学家约翰·贝维斯（John Bevis，1695—1771）的《不列颠星图》。今天，贝维斯最出名的成就是发现了著名的金牛座蟹状星云。贝维斯计划让《不列颠星图》成为拜尔的《测天图》最新、最准确的版本，向其中添加了拜尔之后的赫维留、弗拉姆斯蒂德、哈雷等人的观测结果，并且根据这150年的岁差更新了恒星的位置。此外，他还（不无道理地）增添了一些当时在天文学界引起关注的

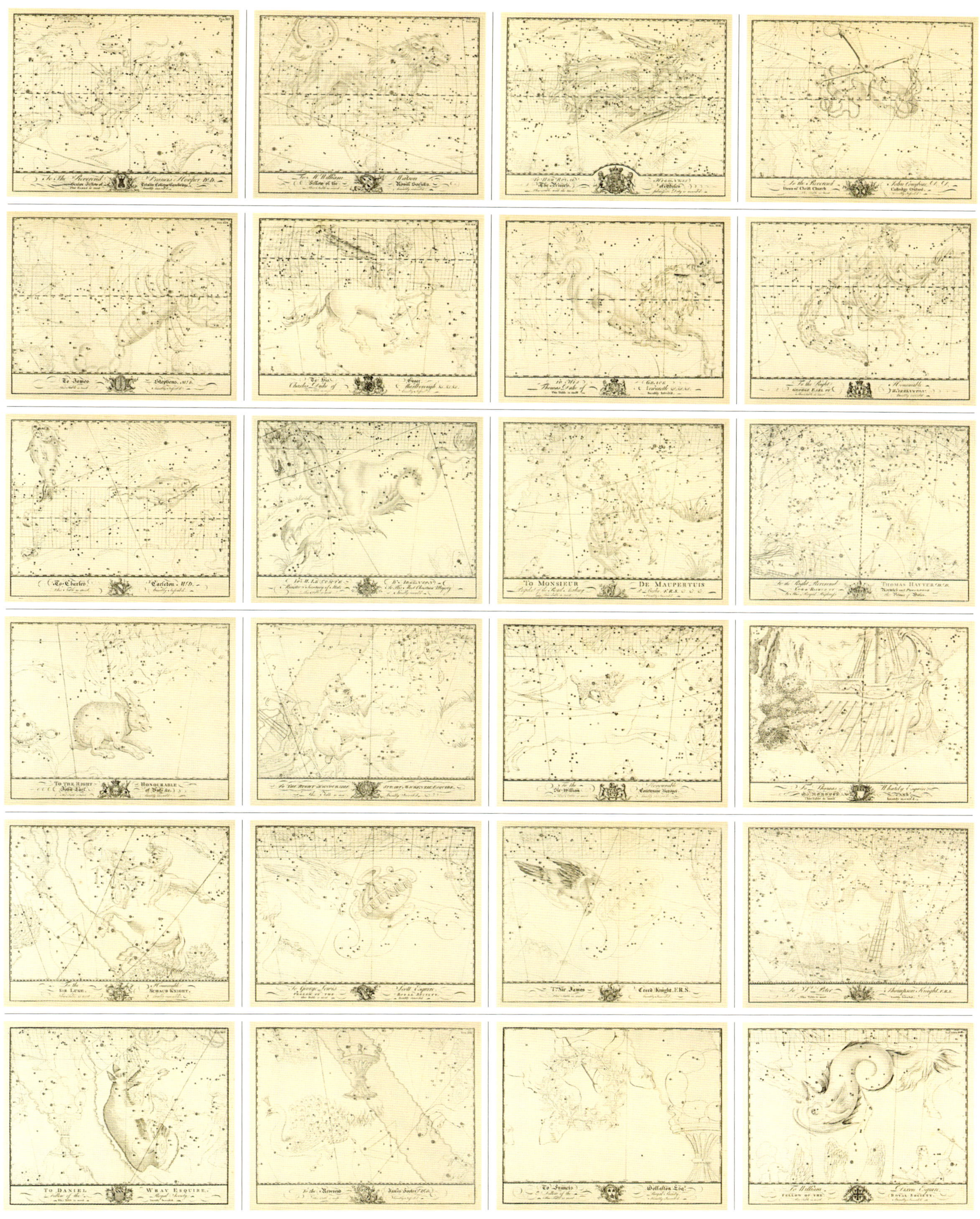

星云、星团和其他模糊的望远镜目标。在其他方面，贝维斯的工作则基本复制了拜尔的星图。它的布局也同样基于黄道坐标（黄道星座位于两个半球的分界线上），而且甚至直接使用了拜尔的星座形象图（有时会导致一些形象冲突，类似于以地球为中心的恒星投影和外部“镜像”视图之间的矛盾）。该项目因贝维斯的赞助人、仪器制造商约翰·尼尔（John Neale）于1750年破产而失败，原始的图版也遭到毁坏。然而，《不列颠星图》的一些印刷本最终在1786年以《天文图集》（*Atlas Celeste*）为名出现在了市场上。

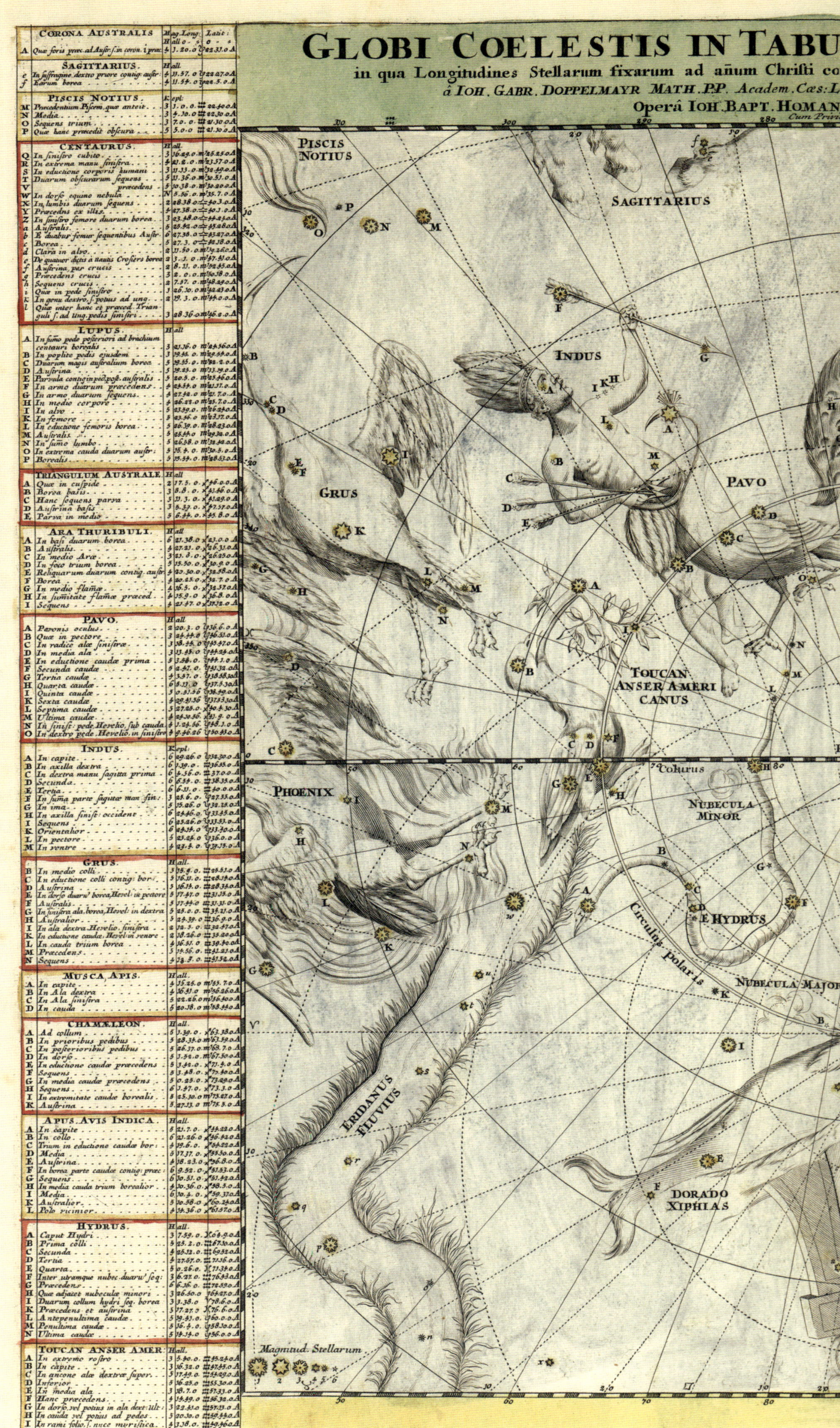
GLOBI COELESTIS IN TABU
in qua Longitudines Stellarum fixarum ad añum Christi co
á IOH. GABR. DOPPELMAYR MATH. P.P. Academ. Cæs: L
Operâ IOH. BAPT. HOMAN
CORONA AUSTRALIS
SAGITTARIUS
PISCIS NOTIUS
CENTAURUS
LUPUS
TRIANGULUM AUSTRALE
ARA THURIBULI
PAVO
INDUS
GRUS
MUSCA APIS
CHAMÆLEON
APUS AVIS INDICA
HYDRUS
TOUCAN ANSER AMER
PISCIS NOTIUS
SAGITTARIUS
INDUS
GRUS
PAVO
TOUCAN ANSER AMERI CANUS
PHOENIX
Colurus
NUBECULA MINOR
HYDRUS
Circulus Polaris
NUBECULA MAJOR
ERIDANUS FLUVIUS
DORADO XIPHIAS
Magnitud. Stellarum

多佩尔迈尔
《天图》
图页25

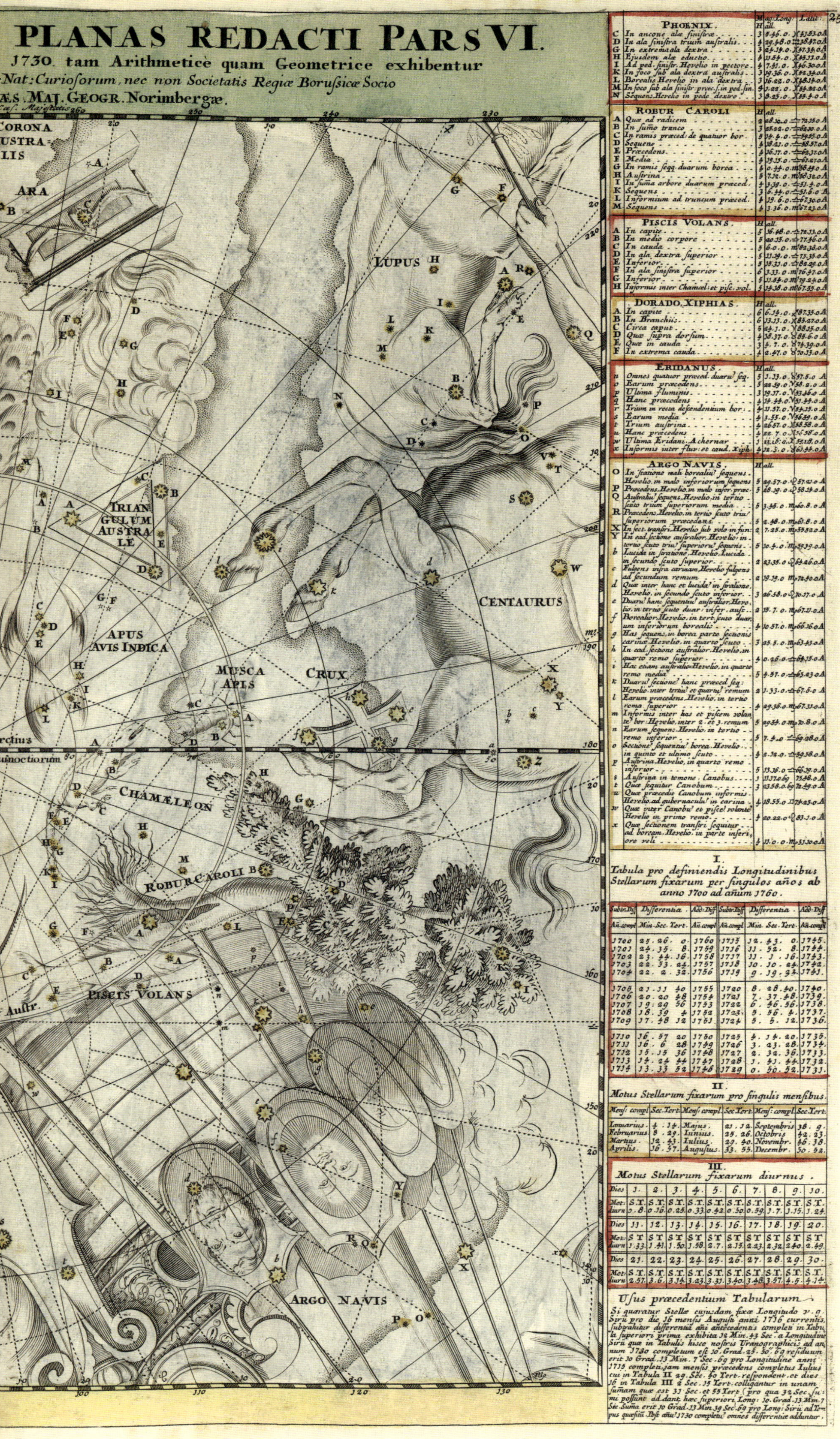
PLANAS REDACTI PARS VI.
1730. tam Arithmeticè quam Geometrice exhibentur
Nat: Curiosorum, nec non Societatis Regiæ Borussicæ Socio
ÆS. MAJ. GEOGR. Norimbergæ.
CORONA AUSTRALIS
ARA
LUPUS
CENTAURUS
TRIANGULUM AUSTRALE
APUS AVIS INDICA
MUSCA APIS
CRUX
CHAMÆLEON
ROBUR CAROLI
PISCIS VOLANS
ARGO NAVIS
PHOENIX
ROBUR CAROLI
PISCIS VOLANS
DORADO, XIPHIAS
ERIDANUS
ARGO NAVIS
I.
Tabula pro definiendis Longitudinibus Stellarum fixarum per singulos años ab anno 1700 ad añum 1760.
II.
Motus Stellarum fixarum pro singulis mensibus.
III.
Motus Stellarum fixarum diurnus.
Usus præcedentium Tabularum.

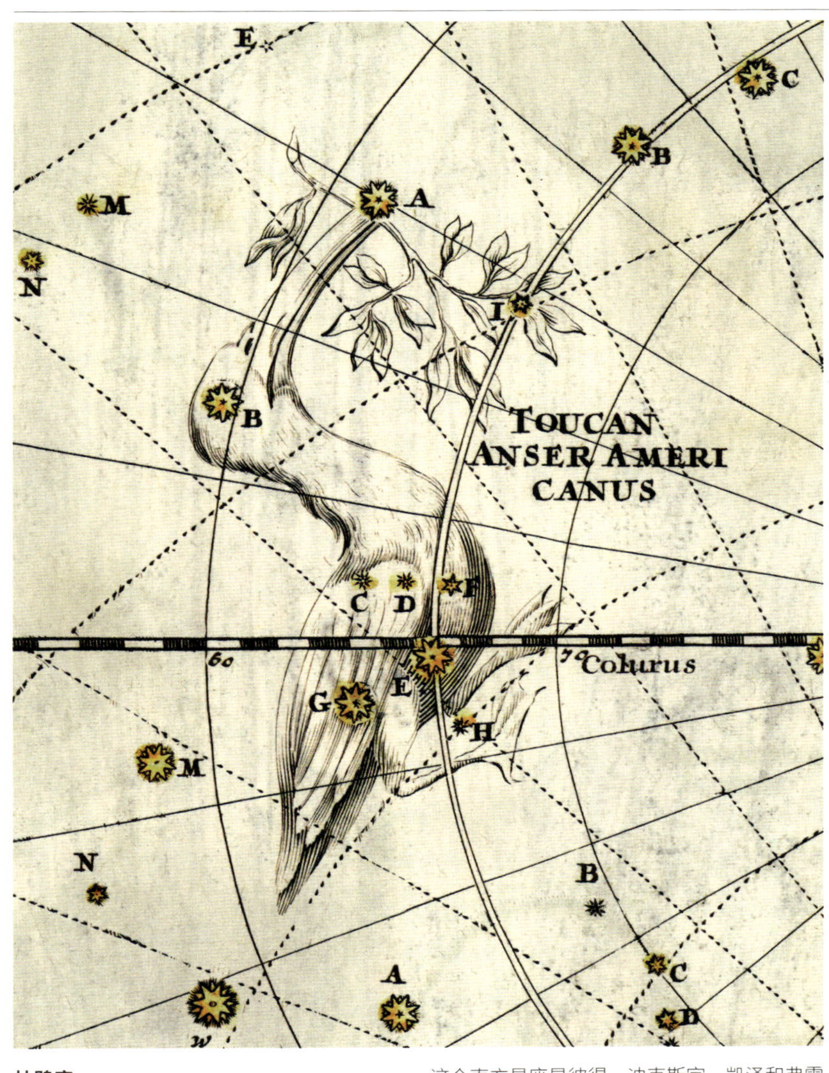

杜鹃座

这个南方星座是彼得·迪克斯宗·凯泽和弗雷德里克·德豪特曼在16世纪90年代荷兰第一次远赴东印度群岛的航行中设立的。多佩尔迈尔也给出了它的另一个名字——美洲鹅座。

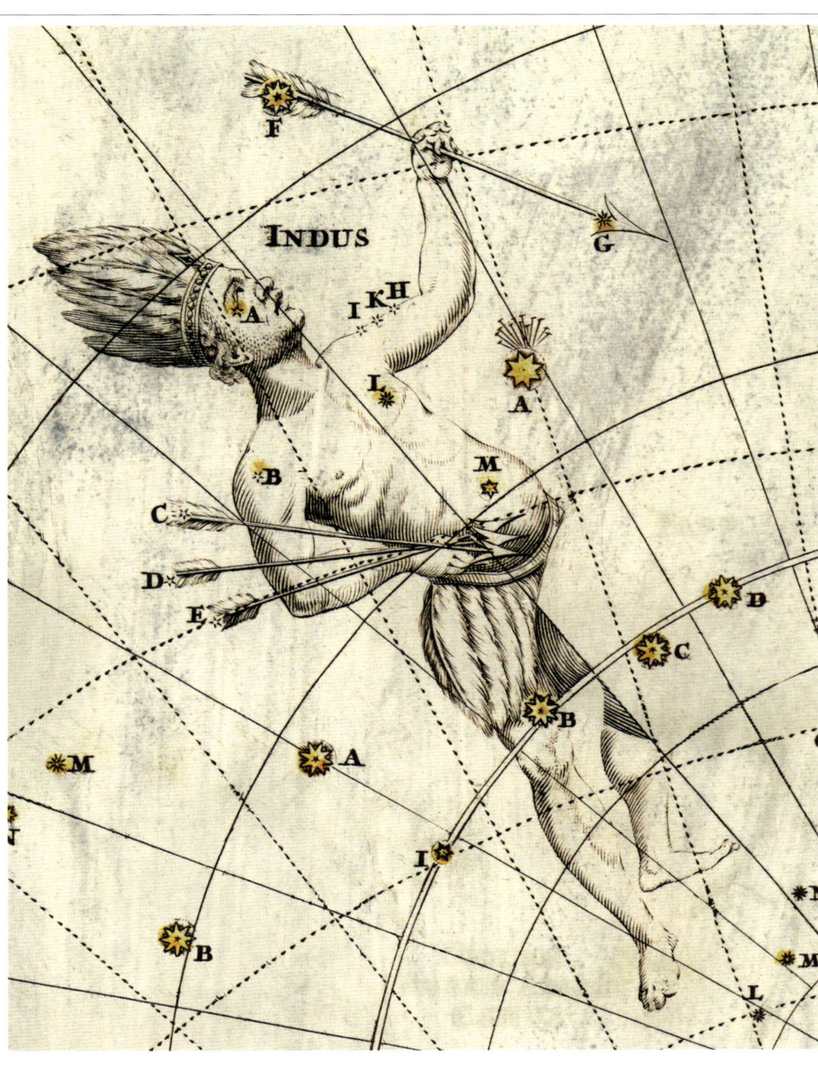

印第安座

印第安座是凯泽和德豪特曼的另一个发明。它首次出现在普朗修斯1598年版本的天球仪上。多数早期星图都给这一形象配上了普通的缠腰布和箭。多佩尔迈尔的羽毛头饰显得与众不同。

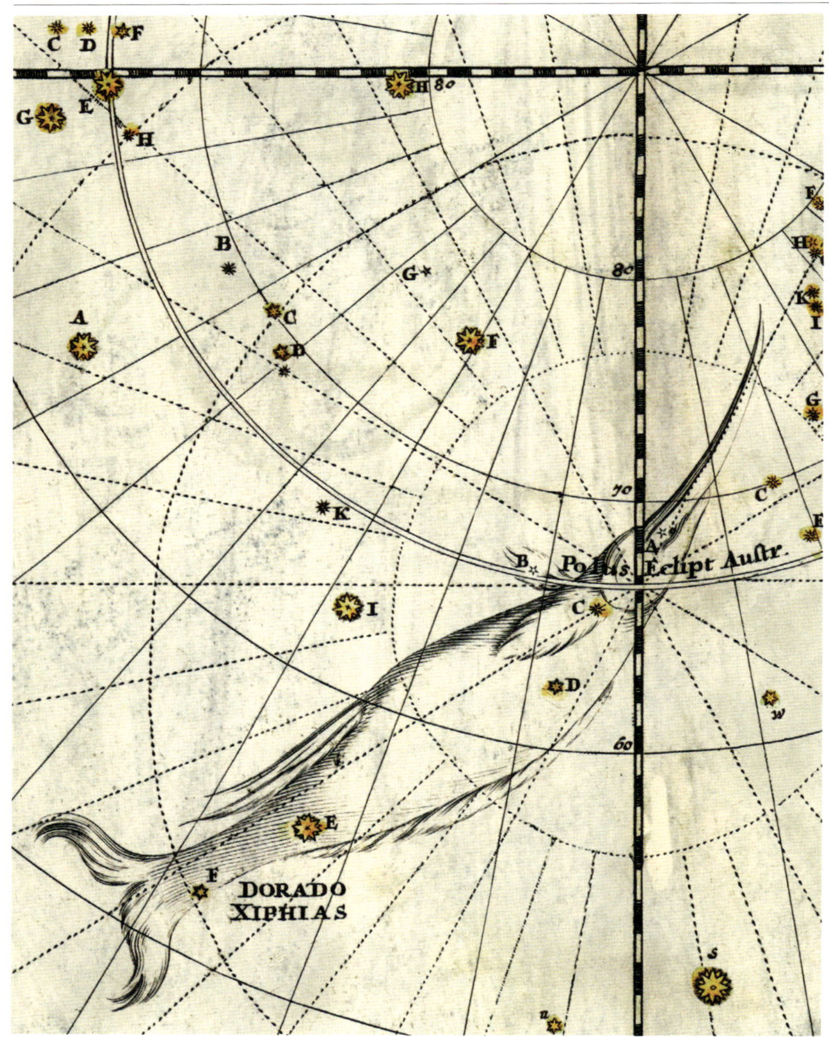

剑鱼座

凯泽和德豪特曼设立这一星座时，希望它代表的是鲯鳅鱼。之后的天文学家则常常将其看作是一条剑鱼，因此也被一些分不清剑鱼和旗鱼的人称作旗鱼座。

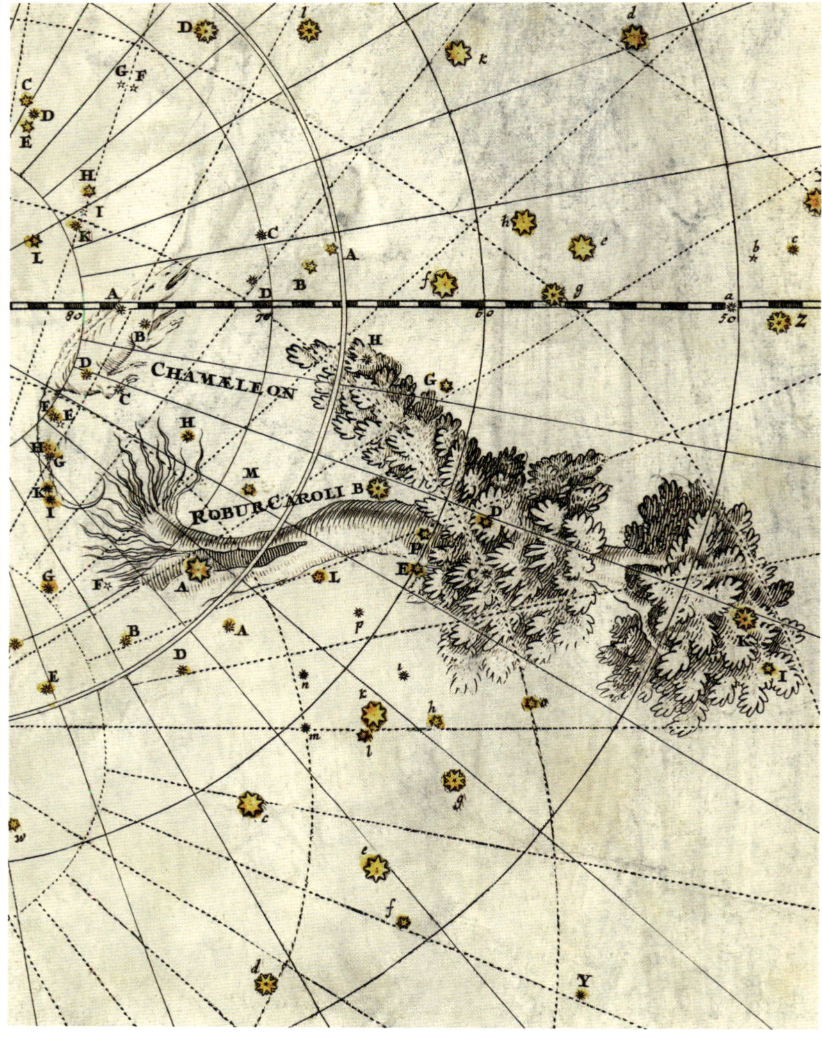

蝘蜓座和查理橡树座

蝘蜓座是另一个来自16世纪末的荷兰发明。在它的旁边，多佩尔迈尔画上了现已废止的查理橡树座。这个星座是埃德蒙·哈雷在1678年从南船座中分出来的。

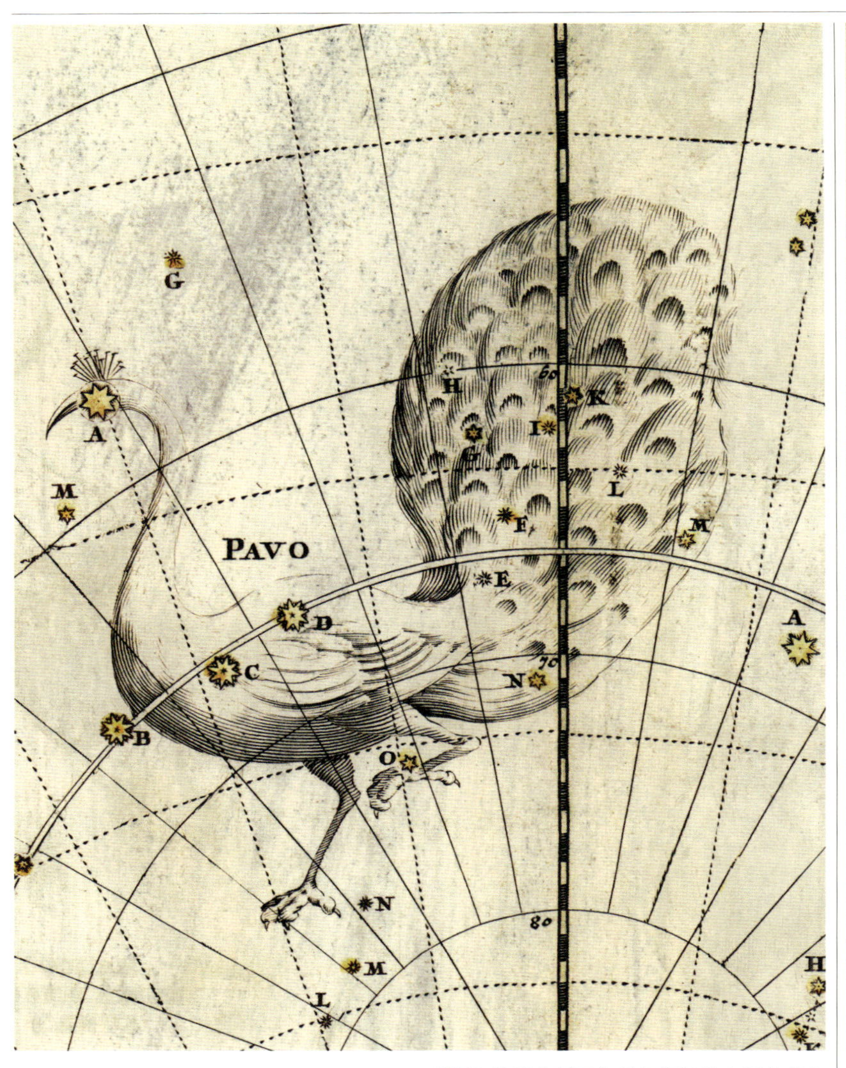

孔雀座

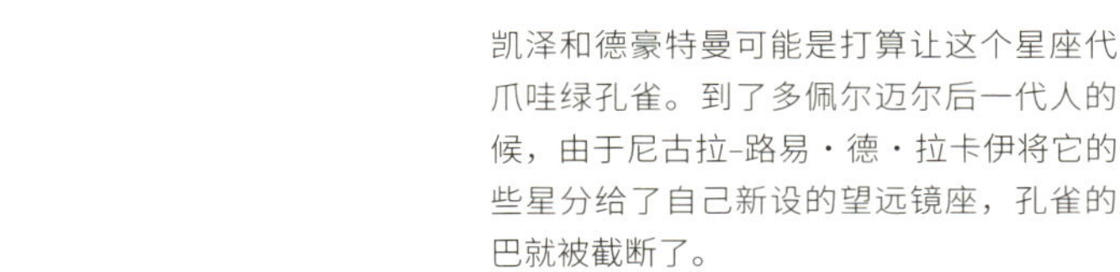

凯泽和德豪特曼可能是打算让这个星座代表爪哇绿孔雀。到了多佩尔迈尔后一代人的时候，由于尼古拉-路易·德·拉卡伊将它的一些星分给了自己新设的望远镜座，孔雀的尾巴就被截断了。

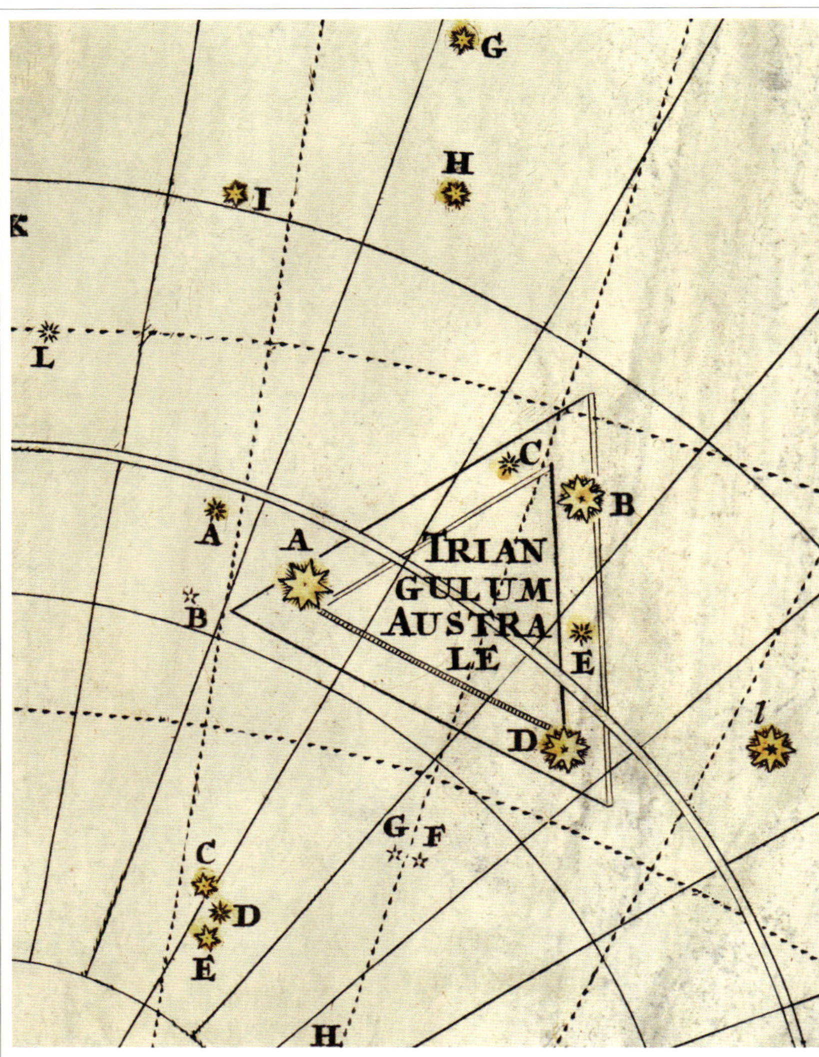

南三角座

南半球天空中的这个显眼的三角形最初是亚美利哥·韦斯普奇（Amerigo Vespucci）在16世纪初记录的。现代星座南三角座首次出现在普朗修斯1598年的天球仪上，但位置是错误的。

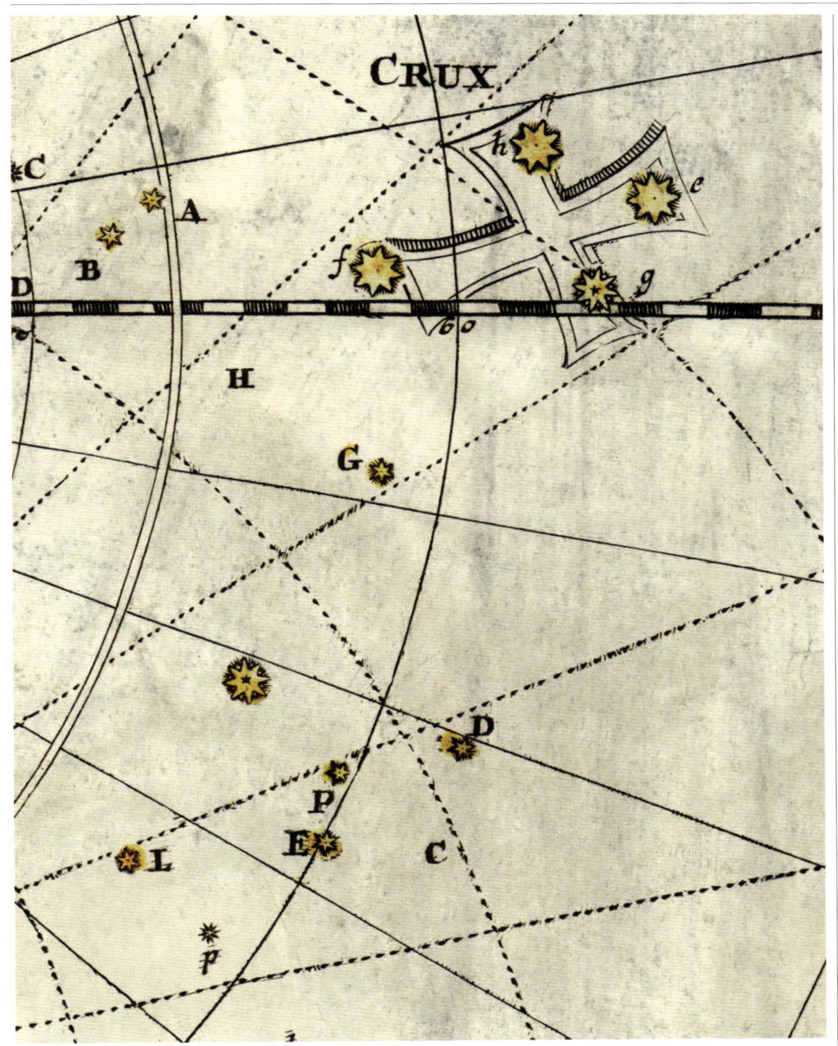

南十字座

古代地中海地区一度可以看到南十字，并把它视为半人马座的一部分。欧洲人在1500年前后再度发现了它。1592年，普朗修斯和埃默里·莫利纽克斯（Emery Molyneux，卒于1598）首次将它绘为一个单独的星座。

南船座

巨船“阿尔戈号”起源于埃及冥王奥西里斯的座船。1756年，拉卡伊将这个粗笨的星座分成了3块（船帆、船底、船尾），它们现在各自单独是一个星座。

《星图，或称对恒星的描述》

（*Uranographia, sive Astrorum Descriptio*，1801）

约翰·埃勒特·波得（Johann Elert Bode，1747—1826）的这项宏伟工程完成于19世纪初，标志着始于两个世纪之前的拜尔的星图传统的顶峰。波得在1782年出版了德语版的《弗拉姆斯蒂德天图》，新加入了一些恒星，并且革新性地在星座之间添加了分界线。然而，自他在1786年成为柏林天文台台长后，一项更具雄心的工作开始

了。波得《星图》的基础是一份包含了大约17240颗恒星的星表——远超过以往任何星图，甚至包括了肉眼无法看到的恒星。它还纳入了威廉·赫歇尔和卡罗琳·赫歇尔（Caroline Herschel，1750—1848）所编目的大约2500个星云和深空天体。《星图》中，两个相对的半球图（以天赤道上赤经0时和12时的点为中心）展示了整个天空，另外18张星图包含了100多个星座和其他形状。

关于彗星的理论

(THEORIA COMETARUM)

多佩尔迈尔描述了关于彗星轨道的理论自17世纪初到他所处时代的变化。

从古时到多佩尔迈尔所处的时代，人们对彗星的本质问题争论不休。最终，彗星提供了一些最惊人的证据，证明了日心说和艾萨克·牛顿的运动定律以及万有引力定律。

早期的观星者将彗星视为大气层上层的现象。他们相信彗星具有火一般的性质，因此大多将其放在亚里士多德体系的“火层”中。这一层位于“空气层”之上，但位于月球天下方，并且自然地吸引一切具有火的性质的物体。由于彗星并不是只出没于黄道附近，而是可以在天空中的任何位置现身，人们认为，这有力地证明了它们与行星无关。当然了，它们快速变化的外貌也把它们限制在了多变的月下界域。直到1577年大彗星的出现，才让第谷·布拉赫等人能够确定彗星视差的最大值，并因此判断，至少这一颗彗星是远在月球之外的。

一旦承认彗星是在行星所属的界域内移动，第一个浮现的问题自然是它们遵循什么样的轨道。第谷的回答是将彗星放在绕太阳运行的圆形轨道上，与行星类似（尽管在第谷的模型中，太阳本身仍然是绕着地球转的），但多佩尔迈尔则在图页26的四角展示了4种不同的假说。它们的提出者分别是：约翰内斯·开普勒、约翰内斯·赫维留、皮埃尔·珀蒂（Pierre Petit，1598—1677）和乔瓦尼·多梅尼科·卡西尼。

任何关于彗星的理论必须能够解释它们这三项要素：在天空中几乎成直线的运动、与行星轨迹相比没有定则的运动方向，以及显著的外观变化（每颗彗星随时间的变化，以及不同彗星之间的巨大差异）。一颗典型的彗星在出现的时候是暗淡的，运动速度也比较慢；如果那时它已经有彗尾了，这条彗尾看起来会相当长。在几周的时间里，它的亮度会增加，速度也快了不少，也许每天都会移动几度的位置。当然，它的运动可能会发生不可预测的变化。它的尾巴可能会先变短，之后又变长。最亮的那些彗星可能会长出好几条尾巴，尾巴甚至会指向不同的方向。最终，它的速度减缓，并逐渐消失于天际。

知道了这些信息，或许早年关于彗星是大气层上层的一种天气现象的假设看起来就没有那么不合理了。亚里士多德本人猜测彗星可能是一种特殊的流星，因为流星与彗星相似，都可以从任何方向划过天空，拖出长长的尾巴。流星只不过是寿命短了些，只有一两秒。

开普勒根据自己在17世纪初做的观测得出结论：彗星沿着直线行进，而它们的出现则是由发生在特定黄道星座中的行星合以某种未知方式触发的。如多佩尔迈尔在图页左上角所示，这些线与行星的轨道有关。彗星在天空中变化的速度和外观源自地球和彗星的相对运动，以及观察者的视角。

与此同时，赫维留敏锐地在其《彗星志》（*Cometographia*，1668）中给出了一个不同的结论。他意识到，尽管彗星的路径通常看起来是笔直的，在最接近太阳时，它们往往会朝向太阳弯曲。经过深思熟虑后，他提出彗星的路径可能是一条抛物线——一种开放曲线，在大部分长度上非常接近直线，但是在变换方向时会急剧弯曲。他还认为，彗星是一种旋转着的细长体，当其不同部位被太阳照亮而在地球可见时，就呈现出了变化的外观。

法国天文学家珀蒂受路易十四之命作了关于1664年的明亮彗星的报告，并首次提出，彗星可能是以固定周期回归的。事实上，他（错误地）声称1664年的彗星和1618年大彗星是

图24—1

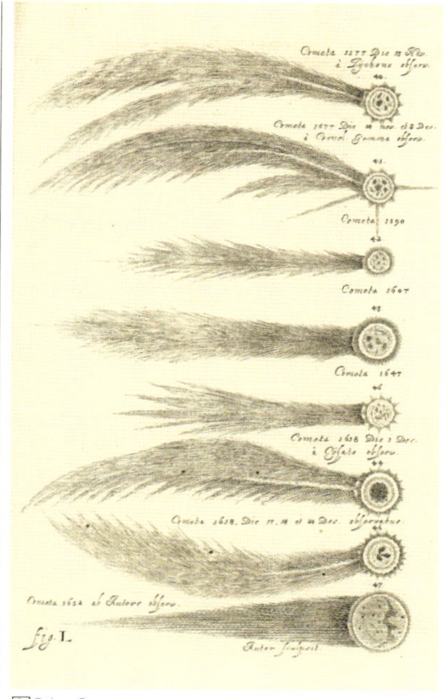

图24—2

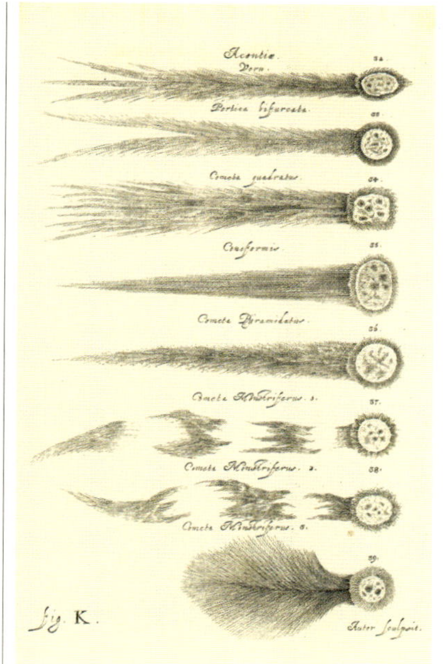

图24—3

图24—1～24—3. 最左侧是赫维留的《彗星志》（1668）的卷首插图。图中的天文学家正在就3种彗星模型展开讨论。它们是亚里士多德的大气现象论、开普勒的直线运动理论，以及赫维留本人的抛物线轨道模型。中图是赫维留将彗尾按其随时间发展的顺序排列的尝试。在最右图中，他对不同形式的彗尾进行了分类。

同一颗，因为它们在天空中的路径相似。他还预测这颗彗星会在1710年回归。珀蒂认为，彗星的轨道是规则的，且完全位于土星轨道之外（这就解释了它们两次出现之间较长的时间间隔）。但他正确地指出，彗星只有在靠近地球和太阳时才能看到，并且它们的彗尾永远指向背离太阳的方向。

在右下角，多佩尔迈尔从卡西尼的一张更大的图表中截取了一小部分，试图用卡西尼自己的独特理论解释1680年的明亮彗星的运动。卡西尼在这一阶段仍是地心宇宙论最后的支持者之一。按照他的设想，彗星的轨道是巨大的本轮，以远离地球的恒星轨道为中心，并且永远不会进入土星轨道以内。

最后，我们来看一下图页26中心的两张插图。它们展示了彗星轨道的真正本质是如何被认清的。左边的圆描绘了1680年的明亮彗星的轨道，显示了它与彗星在地球天空中不断变化的位置关系。这颗彗星是德国科堡（Coburg）的戈特弗里德·基尔希在1680年11月14日发现的。到了12月初，它看起来直冲向太阳前进，且发展出了壮观的长尾。然而，在12月22日，卡西尼和英国皇家天文学家约翰·弗拉姆斯蒂德都看到，有一颗彗星从相反方向钻出了太阳的光芒。之后，它的亮度大幅增加，甚至在白天也能看到。大多数天文学家得出了结论——它和基尔希发现的彗星是同一个。

这颗彗星的突然转向决定性地证明了，它必须真的沿着一条急剧弯曲的抛物线路径前进。这条证据启发了艾萨克·牛顿，他在自己的巨著《自然哲学的数学原理》（1687）中展示了太阳引力的影响是如何创造这样的路径的。然而，最终因为搞定这件事情而出名的人是牛顿的朋友埃德蒙·哈雷。哈雷收集了1337年至1698年之间大量的彗星出现记录，并用牛顿的模型分析了它们在空间中的路径。他发现，1531年、1607年和1682年看到的3颗彗星遵循几乎完全相同的轨道运行。因此，哈雷推测，我们看到的彗星所走的抛物线曲线，只是一个封闭椭圆轨道的近太阳端，而完成整个轨道周期需要大约76年。哈雷准确地预测到，这颗彗星（现在叫作哈雷彗星）将在1758年回归。本图页的右图来自牛顿物理学的早期普及者威廉·惠斯顿（William Whiston，1667—1752）1715年的作品，展示了哈雷计算的彗星轨道。

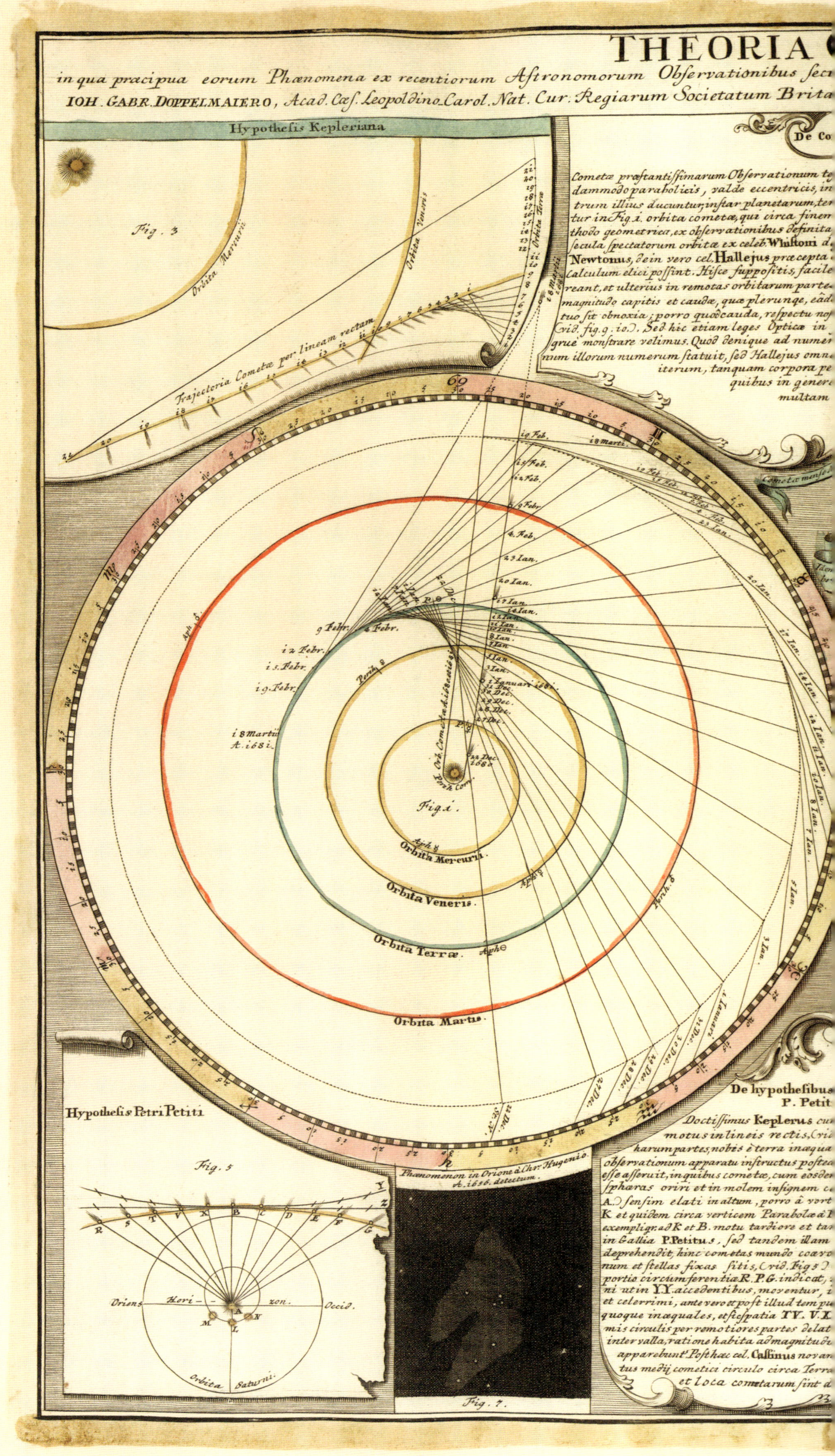

多佩尔迈尔
《天图》
图页26

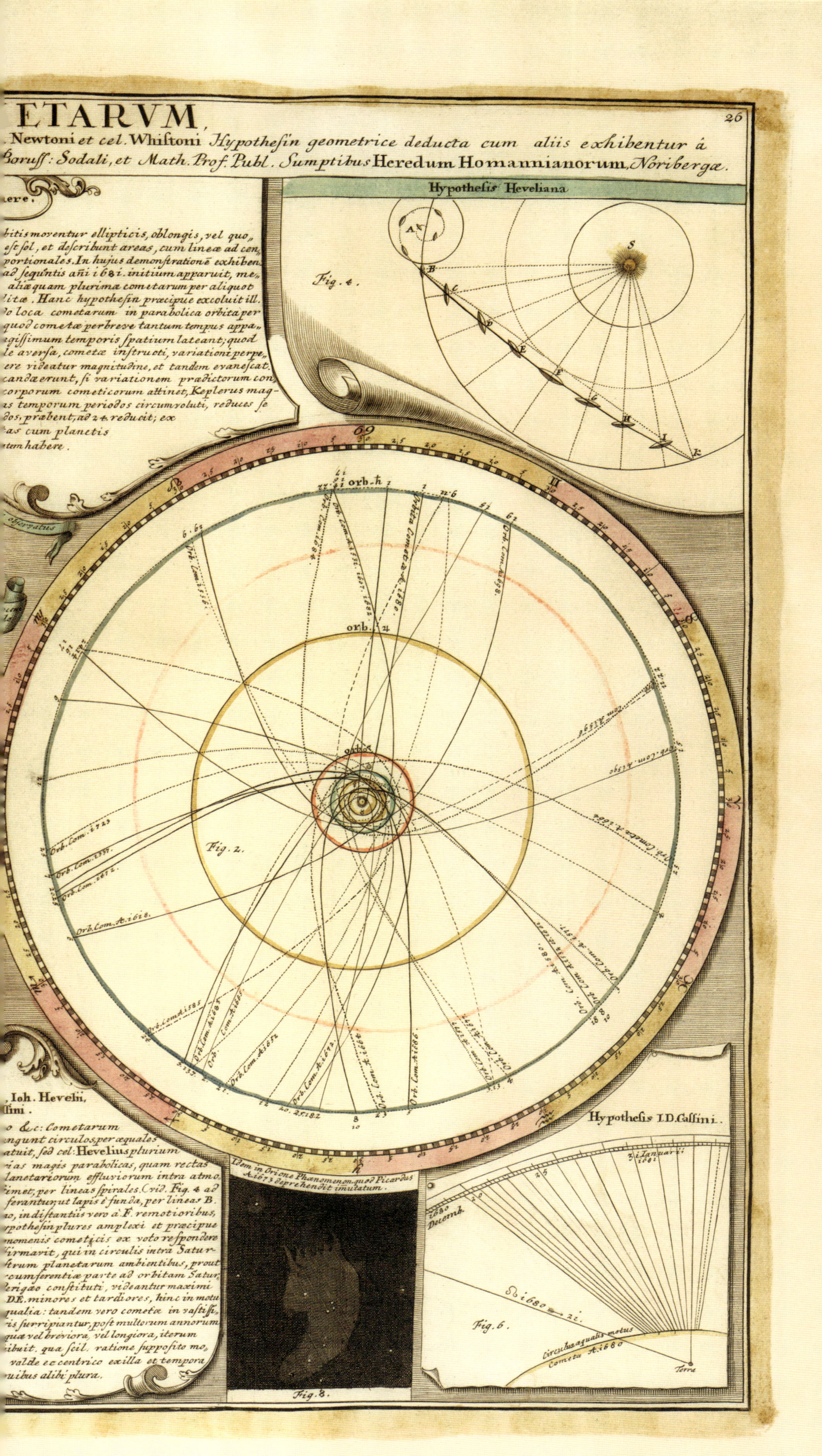
ETARVM,
26
Newtoni et cel. Whistoni Hypothesin geometrice deducta cum aliis exhibentur à
Boruss: Sodali, et Math. Prof. Publ. Sumptibus Heredum Homannianorum, Noribergæ.
Hypothesis Heveliana
Fig. 4.
orb. ♄
orb. ♃
Fig. 2.
Ioh. Hevelii,
Hypothesis I.D.Cassini.
Fig. 6.
Fig. 8.
Terra

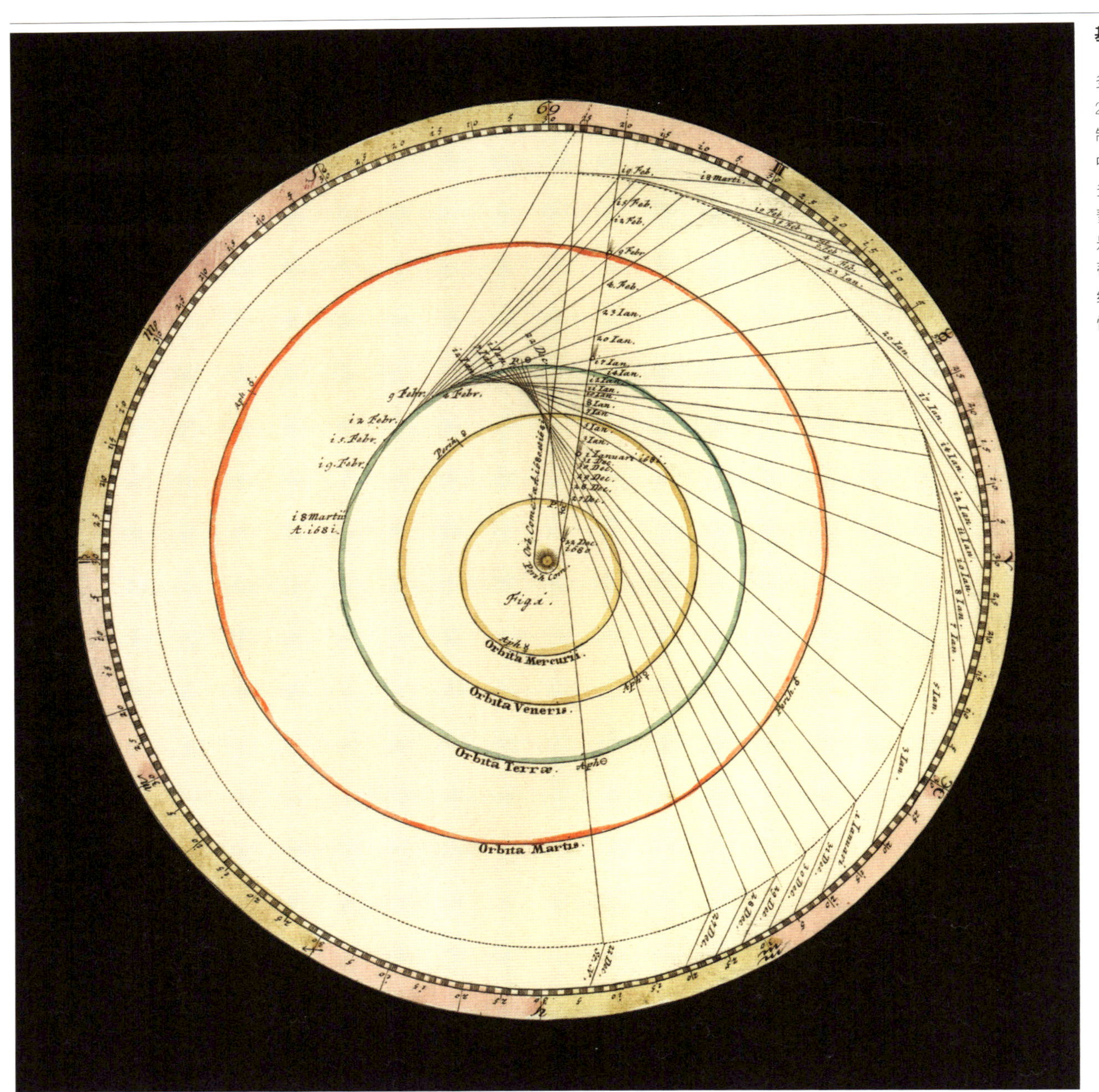

基尔希彗星的路径

多佩尔迈尔利用1680年大彗星在1680年12月22日重新出现至1681年3月的测量数据，绘制出了它的路径。通过比较彗星在地球天空中的方向和地球本身在轨道上的位置变化，多佩尔迈尔展现出了一条非常接近于直线的彗星路径。之前在11月的观测中，这颗彗星是朝向太阳行进的。人们（首先是弗拉姆斯蒂德）因此认为，彗星改变了方向——也最终导致牛顿证明这颗彗星实际上是遵循极端情况的抛物线曲线运动的。

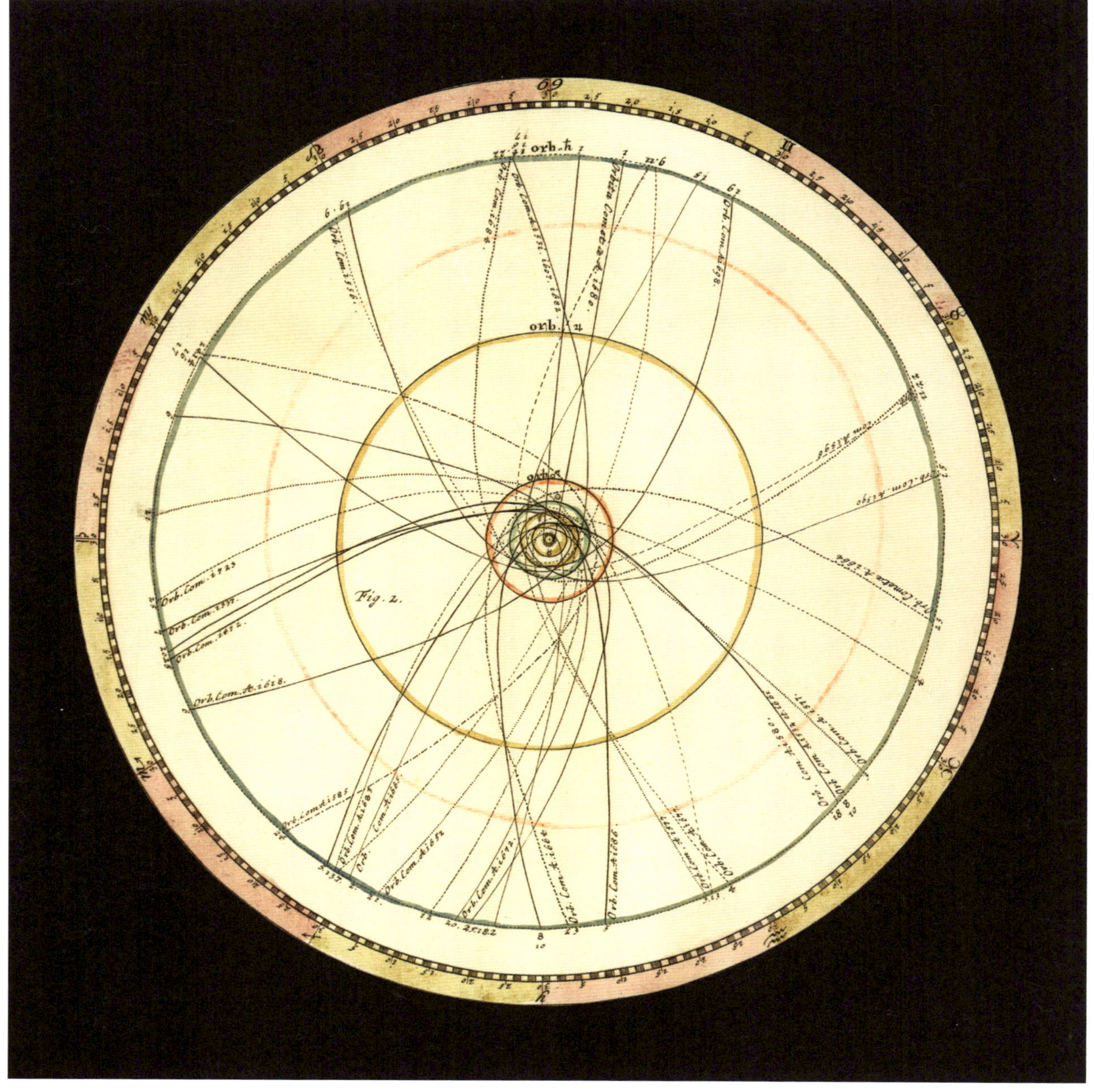

牛顿和惠斯顿提议的彗星椭圆轨道

本图复制了惠斯顿1712年的彗星轨道图。该图又是以哈雷在1705年关于这一主题的工作为基础绘制的。1680年大彗星的方向如左图所示，紧挨着12点钟位置右侧进入和离开了内太阳系。在它的左侧是哈雷彗星的路径。

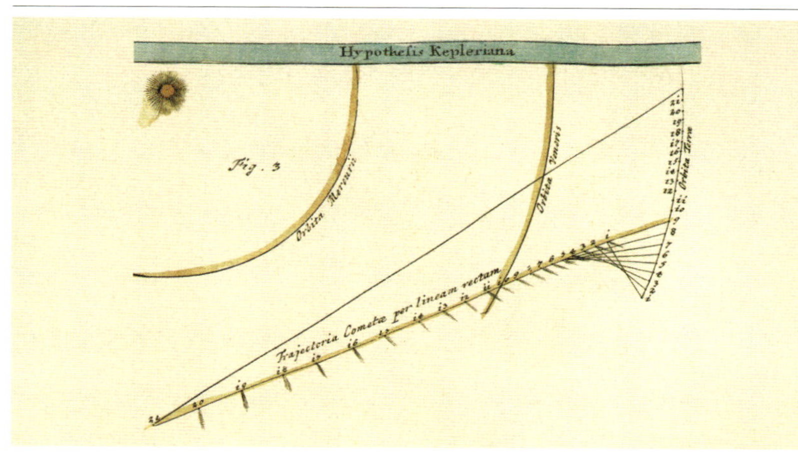

开普勒的假说

这张图表明了开普勒的观点，即地球运动对于在空间中沿直线运动的物体视方向的影响，可以解释彗星在地球的天空中的不规则运动。

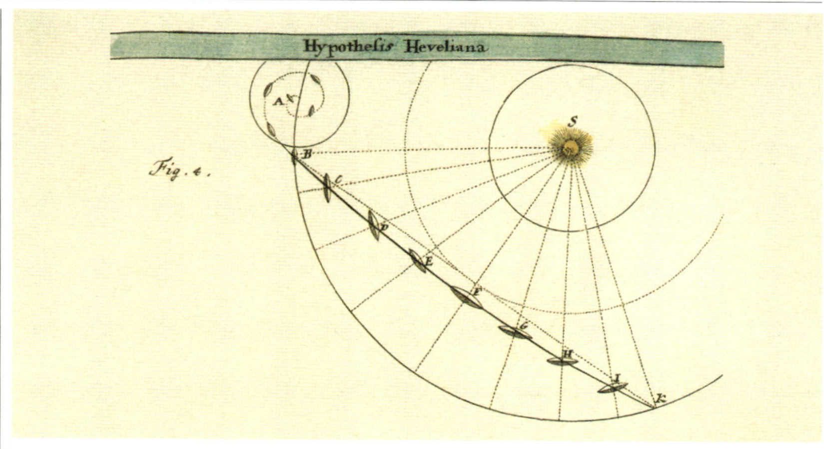

赫维留的假说

赫维留猜测彗星起源于各大行星的大气层中。它们通过旋涡逃逸而出。螺旋越长越大，最终变成一条只有轻微弯曲的直线。

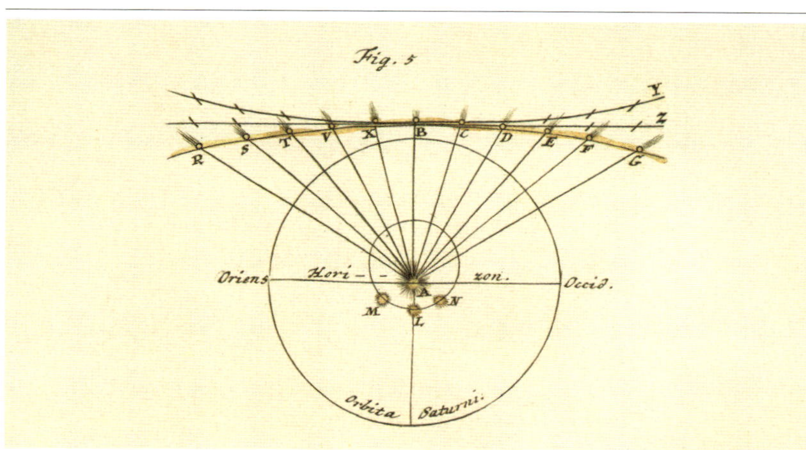

珀蒂的假说

根据珀蒂在1665年提出的模型，彗星沿着土星轨道以外的圆或椭圆轨道运行。因此，它们只有在最接近地球时才能重新出现在地球的天空。

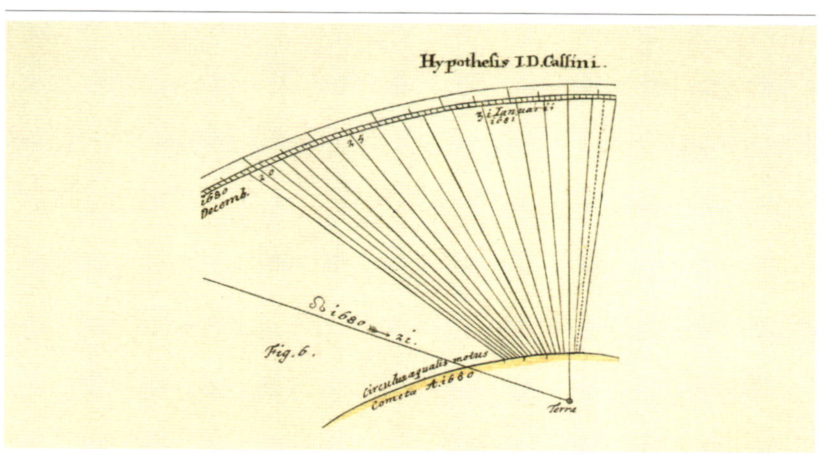

卡西尼的假说

在卡西尼的独创性理论中，彗星位于巨大的圆轨道上，圆心在天狼星方向，地球和太阳绕地球的轨道都在圆内。卡西尼设想的彗星轨道至少部分地解释了彗星不寻常的运动。

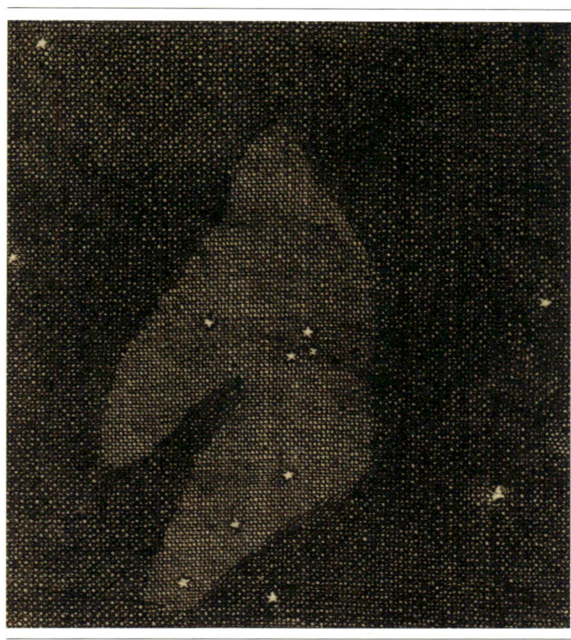

惠更斯观测到的猎户星云

或许是考虑到了气体星云和彗尾之间的相似性，多佩尔迈尔在本图页加入了克里斯蒂安·惠更斯对猎户星云的先驱性速写的摹本。

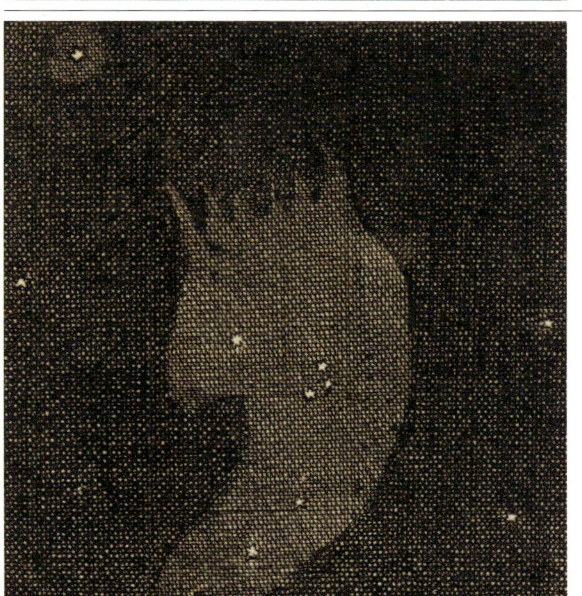

皮卡尔观测到的猎户星云

让·皮卡尔于1673年绘制这张关于猎户星云的速写展示出更多的结构。

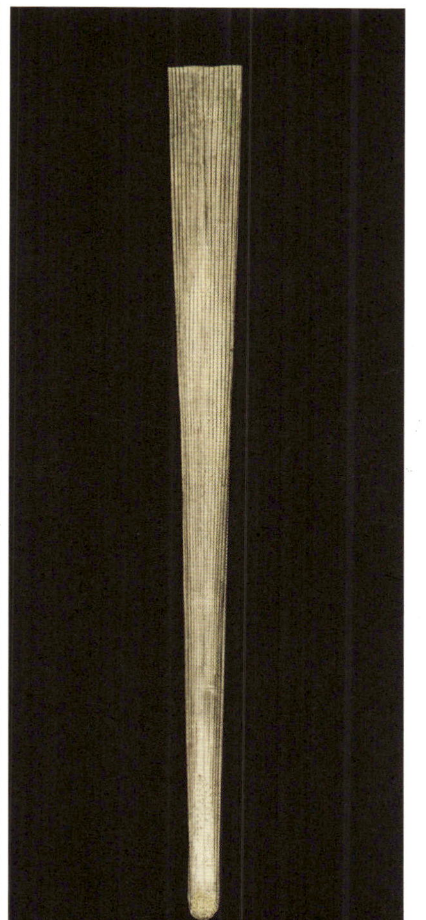

1680年12月的基尔希彗星

本图描绘了这颗彗星最壮观的一面，其时它正处于近日点附近。有报道称在此期间它亮得可以在白天看见。它的彗尾在这段时间是几乎侧面对着地球的，跨越了多达70度的天空。

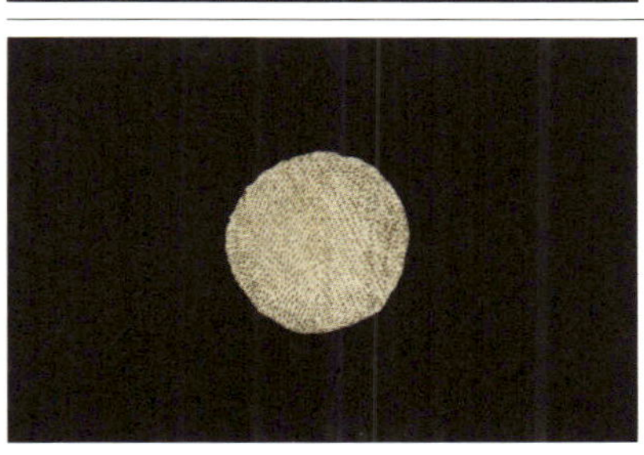

1681年3月的基尔希彗星

这张小图展示了1680—1681年的彗星即将消失时的样子。到了这个时候，由于本身活动减少，以及和地球相对角度发生变化而导致的透视缩短，它的彗尾已经消失了。

北半天球上的彗星运动

(MOTUS COMETARUM IN HEMISPHÆRIO BOREALI)

多佩尔迈尔绘图记录了彗星的路径和新星的出现，证明了天空并非永恒不变。

和彗星相关的几张图页是最后才编入多佩尔迈尔的《天图》的。其中描绘的事件最晚的发生在1742年，这表明这几页可能是在出版前不久完成的。介绍性的图页26描述了关于彗星的理论。另外两页所绘的分别是沿黄道（太阳在黄道带上的路径，黄道面是默认的太阳系平面）平分的两半天球，图中突出标记的是彗星的路径和天空中其他一些不寻常的天体的位置。

古人已经了解并观测到了天空中的变化。他们知道彗星，也知道流星雨和流星，并正确地将后两者与地球大气层相联系。他们还知道一种忽然闪耀出灿烂的生命，之后又消失得无影无踪的罕见星体（将在图页28中介绍）。

在前一章节中，我们回顾了人们关于彗星路径的辩论。而关于彗星的物理性质，也有过相似的争论。对于早期的观测者来说，他们日常经验中唯一能与彗星相比较的就是火焰（因此，在亚里士多德学说中，彗星属于位于月下界域最上层的火层）。变化多端的外观和不可预测的本质使彗星在占星学中与不平衡联系在了一起，并且通常被视为变化的征兆（中国古代天文学家也发展出了类似的理论，尽管他们有更多关于彗星的记录）。

一些研究者认为，彗星与厄运关联的观念根植于人类的史前时代。这可能反映了当彗星看起来颇具威胁地接近地球时所引发的恐慌。然而，这种观念更可能的起因是，公元前44年罗马统帅尤利乌斯·恺撒（公元前100—前44）遇刺后不久，一颗明亮的彗星出现了。这颗彗星似乎是从太阳系深处飞来的一次性访客，但望远镜出现之前的史料中记载的许多其他格外明亮的彗星其实是同一颗：著名的哈雷彗星。哈雷彗星大约每76年绕太阳一周，在历史上一直保持着明亮的状态。关于这颗彗星，最早的可靠记录是中国史书中对于它在公元前240年出现时的描述 。当然，在这之前的200年已经有了其他可能的记载。古希腊罗马、古代中国和中世纪欧洲的资料记录了它在第一个千年里的大多数回归，包括837年它格外接近地球时的壮观景象。之后，由于出现在1066年的诺曼征服之前，它的身影被记录在了巴约挂毯（Bayeux Tapestry）上。

图25—1～25—2. 这对壮美的彗星记录于《奥格斯堡奇迹之书》（*Augsburg Book of Miracle*，16世纪50年代中期）。彗星的造访往往被视为不祥之兆。左侧长着“孔雀尾巴”的彗星出现在1401年施瓦本（Swabia）暴发瘟疫之前。右侧是1527年出现的一颗彗星，它看起来像是挥舞着一把剑。

图25—1

图25—2

波兰天文学家斯坦尼斯瓦夫·卢别涅茨基（Stanisław Lubieniecki，1623—1675）在其《彗星剧院》（*Theatrum Cometicum*，1668）

图25—3

图25—3. 卢别涅茨基的《彗星剧院》（1668）是最早试图以科学方式汇总彗星观测记录的著作之一。他收集了来自欧洲各地观测者的报告和记录，其中包括这份关于1665年在汉堡看到的彗星的描绘。

中绘制了哈雷彗星图。受到前者启发，多佩尔迈尔在自己的星图中表现了这颗彗星在3次出现时的外观，最初分别由德国人文学者彼得·阿皮安（1495—1552）于1531年、约翰内斯·开普勒于1607年及英国皇家天文学家约翰·弗拉姆斯蒂德于1682年记录。3条几乎平行的轨迹都位于天极右侧，看起来有些像。轨道之间的相似性使埃德蒙·哈雷认出它们其实是同一个天体，并预测出了它在1758年的下一次回归。

图中的其余彗星虽然都是稀客，绕太阳轨道周期很长，但也是相当有意义的。其中，出现在1556、1577、1618和1680年的4颗彗星因为足够亮，被称为“大彗星”。我们已经知道，1680年的彗星不仅在解决有关彗星轨道形状的争议方面发挥了关键作用，而且还成为艾萨克·牛顿的引力理论的证据。在其他彗星中，1577年的彗星（其轨道为一条未着色的长线，靠近飞马座）是最具历史意义的。它在整个欧洲以及更远的地方可见，持续数月之久。有报道称，它不仅具有可以与月亮相媲美的最大亮度，还发展出了一条很长的彗尾。

丹麦的大观测家第谷·布拉赫注意到，这条彗尾改变了朝向，但始终指着背离太阳的方向。他的发现暗暗指示彗星的本质：彗星实际上是由小冰体组成的。它们在通过内太阳系时被阳光加热，从而产生了巨大的大气层和彗尾。然而，在短期内最重要的是，第谷能够用他在文岛的天文台上的仪器，高精度地跟踪彗星在天空中的路径。为了估计彗星的距离，他与在他南方约805千米外的布拉格的塔德亚什·哈耶克（Tadeáš Hájek，1525—1600）合作，从两个地点同时测量。两位天文学家发现，尽管在文岛和布拉格之间，月球相对于背景恒星的位置似乎略微移动，但彗星却丝毫未动。这使第谷确信，彗星必然比月球远至少3倍。因此，彗星现象发生在据说不可改变的天界，而不是多变的月下界域。

半个世纪后的1618年大彗星也同样影响巨大。它是那一年裸眼可见的3颗彗星中的最后一颗，从11月起到1619年1月可见。它也是第一颗可以用望远镜观察到细节的彗星。这颗彗星因其明显的红色外观和不祥的剑形尾巴，被称为“愤怒之星”（Angry Star）。它的出现在文学作品之中多有提及。英格兰的詹姆斯一世（苏格兰的詹姆斯六世）（1566—1625）为此还作诗一首，告诫他的臣民不要出于迷信而害怕这颗彗星是不祥之兆。

彗星之外，多佩尔迈尔还根据《天图》出版前的两个世纪里的记录，点出了6颗新星的位置。最早的一颗出现于1572年，在1572年11月达到了堪比金星的亮度。这是地球上几个世纪间可见的最强烈的恒星爆炸，而关于这一事件的长久记忆激励着天文学家更加密切地关注天空。1604年，在蛇夫座发生了一次类似的恒星爆发，这一次的亮度几乎和上一次差不多。

多佩尔迈尔
《天图》
图页27

HEMISPHÆRIO BOREALI
27
novis per hoc tempus visis, à præstantissimis Astronomis observati,
Norimbergæ cum Priv: S.C.M.
Hypothesis Iacobi Bernoulli.
Fig. 2.
Orbita Saturni
De lumine Zodiacali annuo
De parallaxi stellæ polaris annua.
Serpentarius
Libra
Serpens
CANCRI
Corona
Bootes
Virgo
Coma Berenices
Asterion
Chara
Leo
Leo Minor
Ursa Major
Lynx
Cancer
Pollux
Castor
Gemini
Fig. 5.
Crepusculum matutinum
Fig. 4.
Lumen Zodiacale circa initium Martii ante crepusculum matutinum, versus ortum, raro spectandum.

两代人所见的彗星移动

图页27的主图绘制了自1530年以来观测到的彗星在北半天球的轨迹。为了更好地解释太阳系天体的运动，多佩尔迈尔将这张图绘制在黄道坐标系中，令黄道（太阳系平面）将南北天球图分开。图中还标记了6颗新星的位置和出现日期。

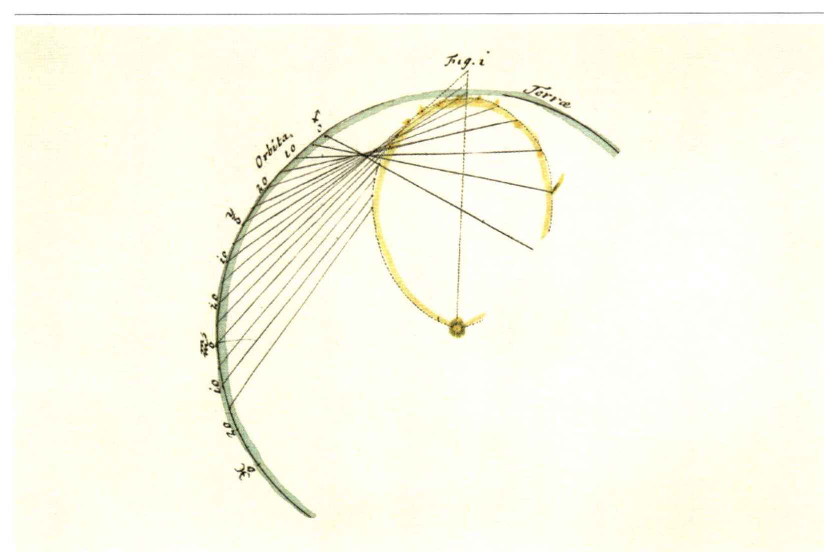

杰里迈亚·霍罗克斯的理论

多佩尔迈尔概述了杰里迈亚·霍罗克斯关于彗星沿椭圆轨道绕太阳运动的假说（后来证明是正确的），并展示了这种理论可以解释彗星在天空中的剧烈速度变化。

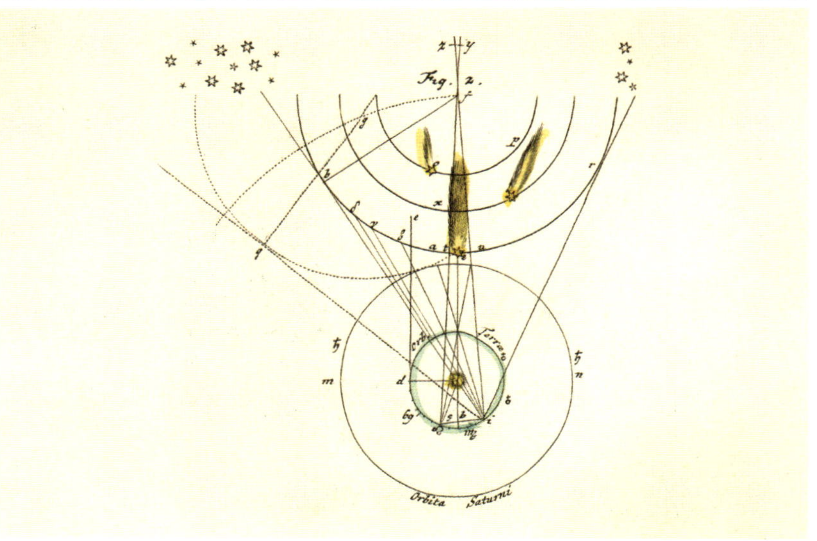

雅各布·伯努利（Jacob Bernoulli）的假说

多佩尔迈尔还阐释了雅各布·伯努利有趣但不正确的彗星假说。伯努利认为，彗星是绕着位于土星外侧的遥远不可见行星运动的卫星。

2月（左图左下小图）和3月（左图右下小图）所见的黄道光

这一对小示意图展示了一道奇怪的暗弱光芒。它以太阳为中心，沿着黄道星座展开。春季时，黄道几乎垂直于地平线，这种光芒最容易看到。

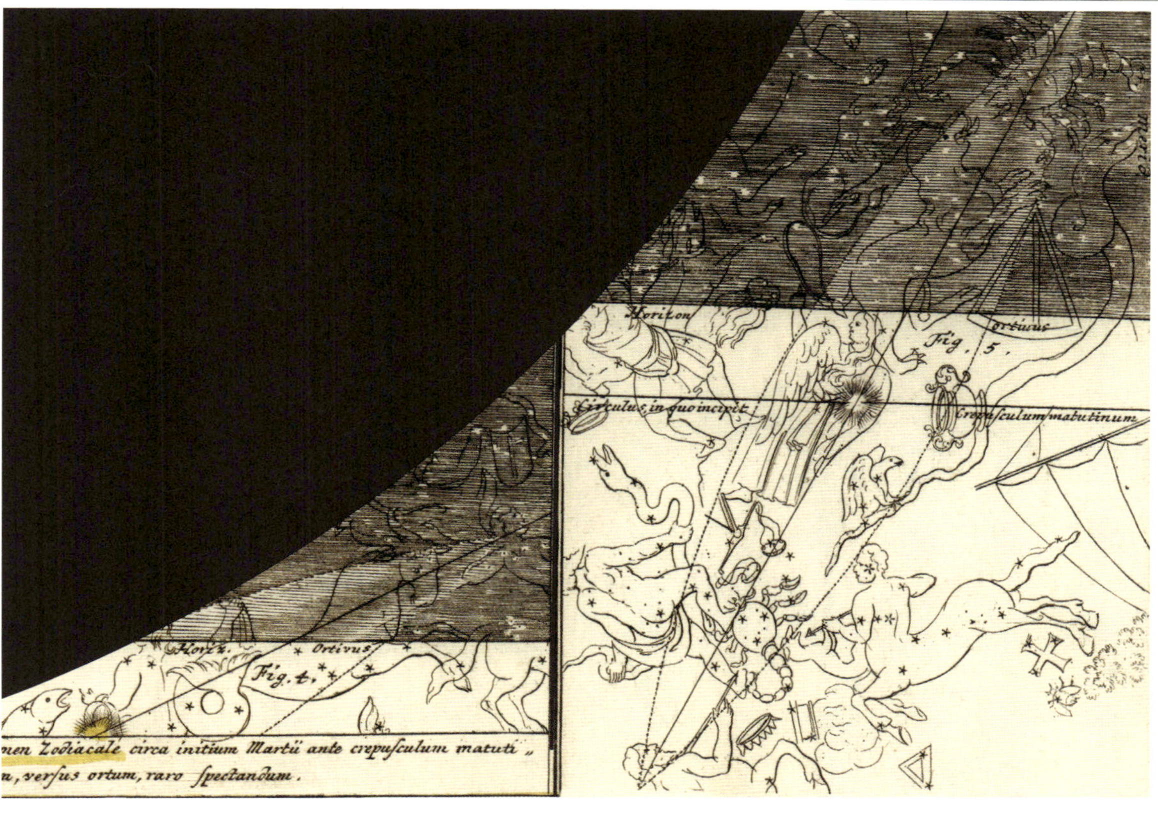

10月所见的黄道光

另外一组示意图（左图左下小图和右下小图）展示了10月的黄道光。两对小图都将这种光芒描绘为太阳大气的透镜形延伸。然而，现在已经知道这个现象是由太阳系平面内的尘埃粒子反射阳光造成的。

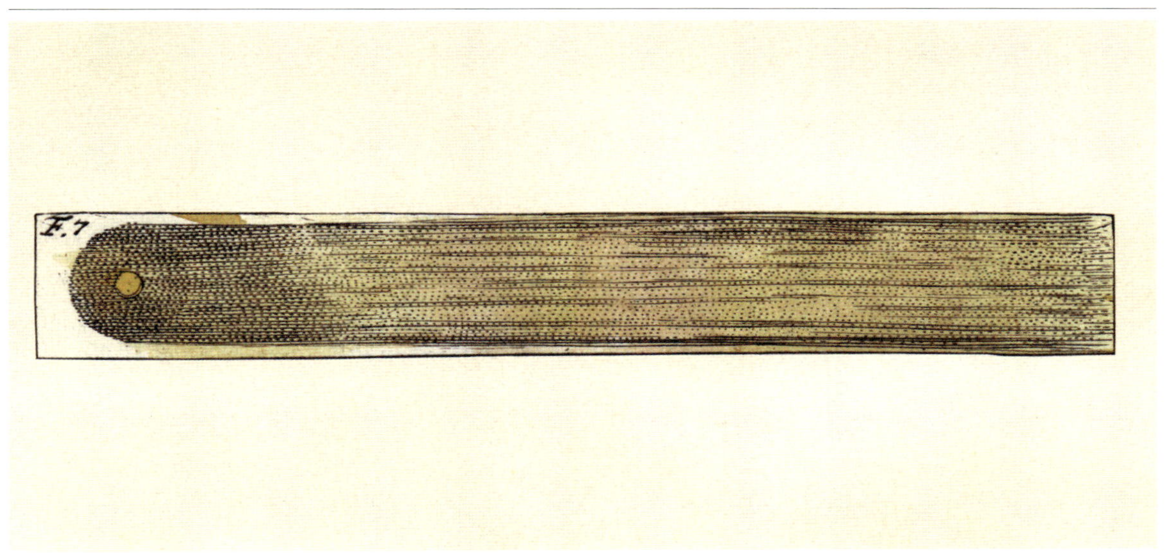

彗星的结构

多佩尔迈尔这张图展示了彗星的典型结构，包括中心明亮的彗核、广阔的大气（彗发）和伸展的彗尾。早期的哲学家认为彗星是上层大气的一种现象，而牛顿则推断出它们实际上是紧凑的固体天体，在绕太阳运动时被加热后会释放出蒸汽。

《彗星之书》

（*Kometenbuch*，约1587）

《彗星之书》是一本非常特别的彩绘手抄本，由弗兰德的一位匿名作者于1587年创作，描述了彗星的占星学解释。这本书的插图汲取了古希腊罗马、中世纪和阿拉伯的资料，详细描绘了历史上出现的彗星的外观。这些图画有时甚至有些离奇地将彗星描绘为长矛、翻滚的车轮，甚至是面孔。该书的创作是基于一种将彗星视为上层大气现象的哲学观点，认为彗星出现在空气层和火层。不难

想到，它主要关注的是彗星的出现对地球上的人可能产生的影响。《彗星之书》中还有关于从天而降的石头的记录，而彗星与流星表面上的相似性似乎意味着，类似彗星的物体有时会对地球产生物理影响。尽管《彗星之书》的插图充满了幻想元素，它们依然反映出彗星物理外观的多样性。这种多样的外观是由气体彗尾和尘埃彗尾与中央彗发的相互作用，以及它们反射太阳光的方式造成的。

南半天球上的彗星运动

(MOTUS COMETARUM IN HEMISPHÆRIO AUSTRALI)

1530年至1740年南半天球上彗星的运动，
以及多佩尔迈尔时代的两颗新星的记录。

和拥挤的北半天球彗星图相比，相应地描绘黄道以南天空中的彗星的图表显得有些空旷，而且展示的也大多是彗星出现在北半天球之前或之后的轨迹延伸。一个主要的例外是1664—1665年的大彗星。它出现在冬季，整个可见期内都低悬在地平线上。南半天球的彗星相对较少的原因很简单：在多佩尔迈尔的时代之前，还没有人在南半球进行过系统性的观测。不过，除彗星以外，多佩尔迈尔还标记了两颗新星或新出现的恒星的位置，与图页27上的6颗新星遥相呼应。

从古希腊罗马时代一直到16世纪中叶，欧洲的宇宙论一直将恒星固定不变的观念奉为圭臬。人们之所以认为“恒”星与地球领域、行星或彗星有着质的不同，并将它们想象为天球上的固定物体，关键理由之一就是它们的恒定性。然而，在这么长的时间里，银河系的遥远部分一定有过各种形式的恒星爆发，地球上有时可以看到新出现的恒星，这一点是肯定的。这也可以从中国天文学家的“客星”记录和其他来自世界各地的历史观测结果中得到证实。

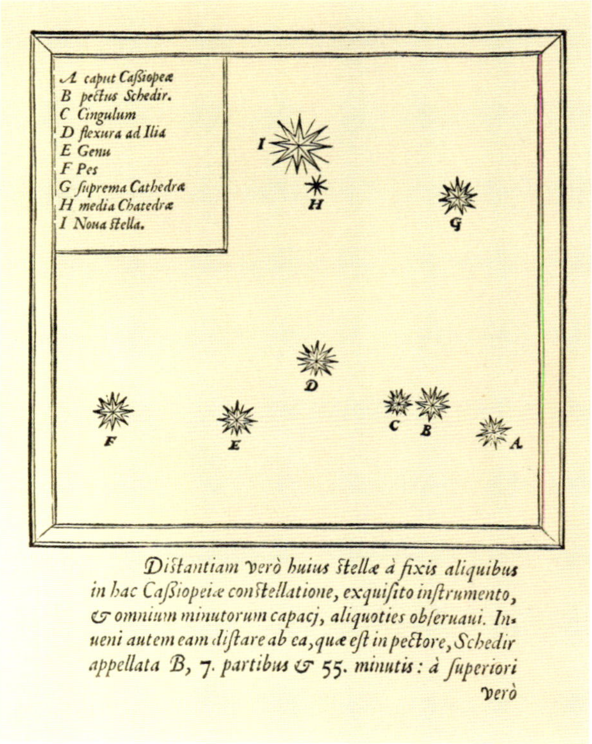

图26—1

图26—1. 这张插图来自第谷的《论新星》（*De Nova Stella*，1573），展示了1572年新星的亮度超过仙后座所有恒星的情形。第谷通过这些观测确立了他在当时欧洲科学界的声誉。

在没有望远镜的时代，只有最亮的爆发事件才会被肉眼观察者注意到，而这种爆发（现在称为超新星，以与具有不同物理原因的新星区分开来）是至为罕见的。欧洲人对它们明显的无知有时可以用时间或地点上的偶然来解释——或许西方观星者恰好无法看到它们。但有时候（尤其是金牛座著名的蟹状星云超新星的爆发，它在1054年的数月内比天空中的任何恒星都要亮）欧洲的记录阙如是难以解释的，甚至令人不由得猜测，这类记录是否被刻意删除了。然而，在1572年秋季，一颗爆发于仙后座的超新星以一种不容忽视的方式钻入了欧洲人的视野。

这次的超新星闪耀如金星，是地球上几个世纪以来所见到的最强烈的恒星爆炸。今天，这颗超新星被称为“第谷超新星”（Tycho's supernova），因为丹麦天文学家第谷·布拉赫不仅观测了它，还使用视差法计算了它的距离。第谷此后又用同一种方法计算了1577年大彗星的距离，并且证明了它远在月球轨道之外，是货真价实的天文现象。直到这颗“新恒星”最终变暗消失之前，在大约16个月的时间里，那些相信天空应该保持不变的人都只能尴尬地看着这个不可否认的对象。多佩尔迈尔将它绘于图页27。

1604年，另一颗耀眼的超新星爆发了（同样见图页27）。它对于欧洲的天空观念产生了甚至更大的影响。这次爆发出现在蛇夫座（多佩尔迈尔采用了这个星座的另一个名称，

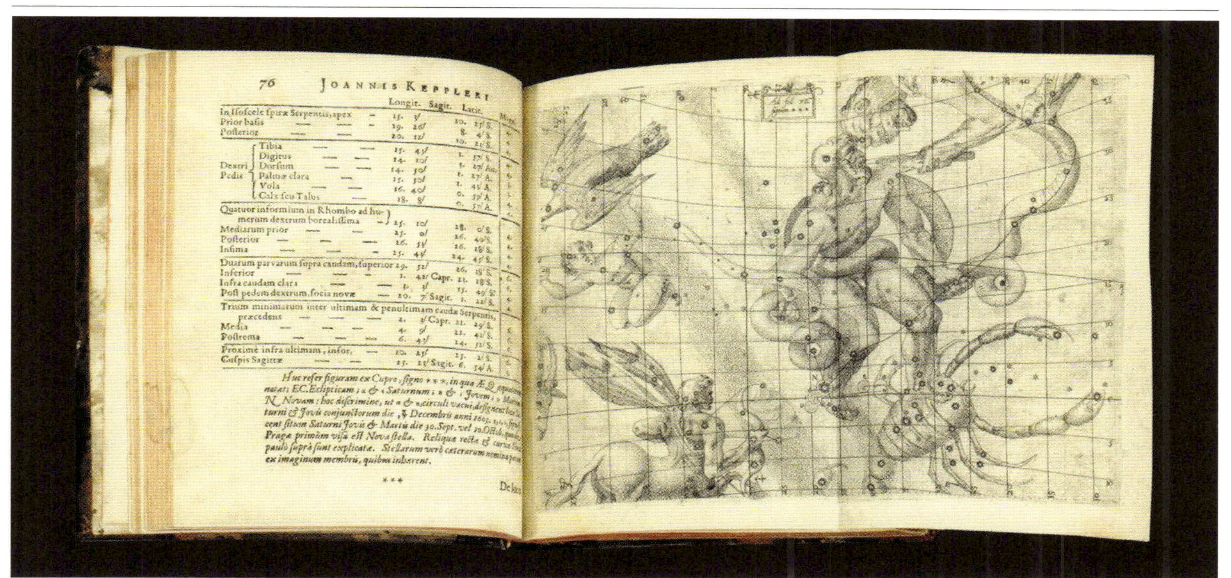

图26—2

图26—2. 开普勒在《论蛇夫足部的新星》（*De Stella Nova in Pede Serpentarii*，1606）中给出的这张图标记了1604年的超新星在蛇夫座内的位置。

Serpentarius）。它没有1572年的新星那么亮，但是由于当时恰好还发生了罕见的火星、木星和土星三行星“合”的天象，有更多的人观测它，并思索它是什么。约翰内斯·开普勒也是被这颗新星吸引、预测它的意义的众人之一。而今，这次爆发被称为“开普勒超新星”（Kepler’s supernova）。

这颗1604年的超新星是银河系内最后一颗被观测到的超新星。但几年后，随着望远镜的发明和更系统的巡天方法的引入，人们越来越频繁地发现了许多更暗弱也更普通的新星。具体而言，多佩尔迈尔的图页27包括了其中的两颗：据称于1612年在仙女座中发现的新星，以及1670年在天琴座看到的星。然而，他的图表上标记的两颗星的位置都与当年实际发现新星的位置不符。1670年新星实际上发现于天鹅座头部的南侧（位于现代的狐狸座的范围内），而1612年的新星在狮子座，和仙女座相距甚远。

与此同时，图页27和图页28上的另外4颗标记为新星的天体，按照现代天文学的分类方法，实际上应该称为变星。1600年，位于天鹅座身体部位的恒星天鹅座P忽然亮度激增，产生了时人所见的新星（图页27）。但这不过是它的许多次不可预测的光度变化中的一次。它的亮度在1600年左右的几年里保持在三等，之后慢慢转暗直到不可见。自17世纪50年代起，它又再次变亮。到了多佩尔迈尔的时代，它的亮度大约为五等，并且自那之后几乎没有变过。

其余3颗新星实际上都是另一种被称为“长周期变星”的天体。最早被发现的是鲸鱼座咽喉部位的刍藁增二（图页28）。当时，德国天文学家达维德·法布里丘斯（David Fabricius，1564—1617）试图用这颗恒星作为行星运动的参考点，却注意到它的亮度在变化。起初，他看到这颗星变亮后又消失不见，就假定这是一颗新星。但到了1609年，他发现这颗星恢复了原来的亮度。同样地，位于天鹅座颈部的天鹅座χ（图页27）和长蛇座尾巴上的长蛇座R（图页28）也分别在1686年和1704年被确认为不寻常的天体。这3颗星都是红色的。它们的亮度会以有些不规则的周期脉动变化，平均时长分别为332、409和389天。

得益于第谷令人信服的测量结果，将新星和与之关联的恒星视为大气现象的理论在一开始就被否定了。然而，天文学家仍然为它们的真正性质苦苦探索合理的解释。早期的理论包括：它们是真正的恒星诞生（这就引发了为什么这些恒星没有持续存在的问题）；它们是轨道会短暂地接近地球的物体，在距离近时极亮，再次回到宇宙深处后则变暗。这两种解释最终都无法经受住检验。直到19世纪后半叶，这些变化的恒星的真正本质才开始变得更加清晰。

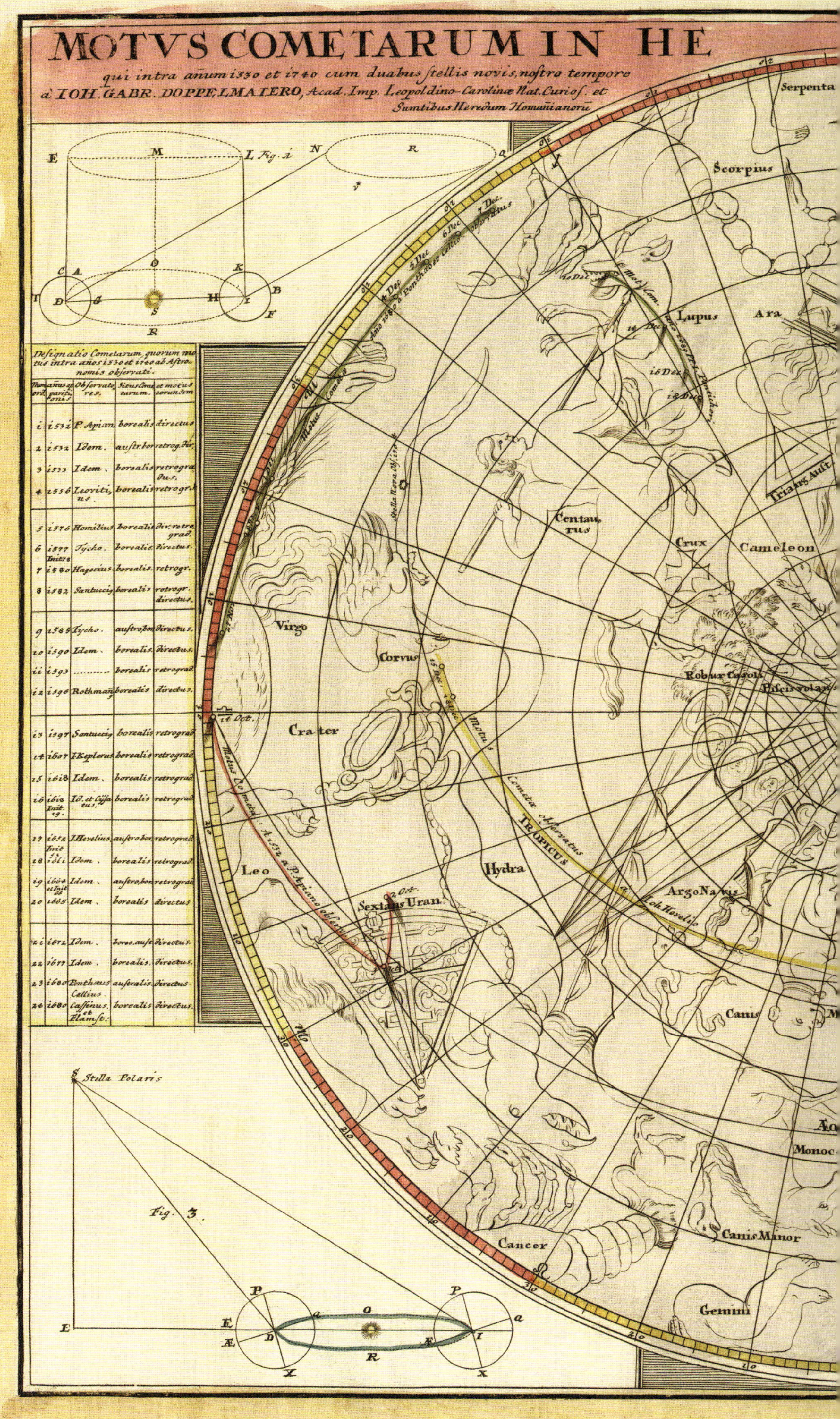

多佩尔迈尔
《天图》
图页28

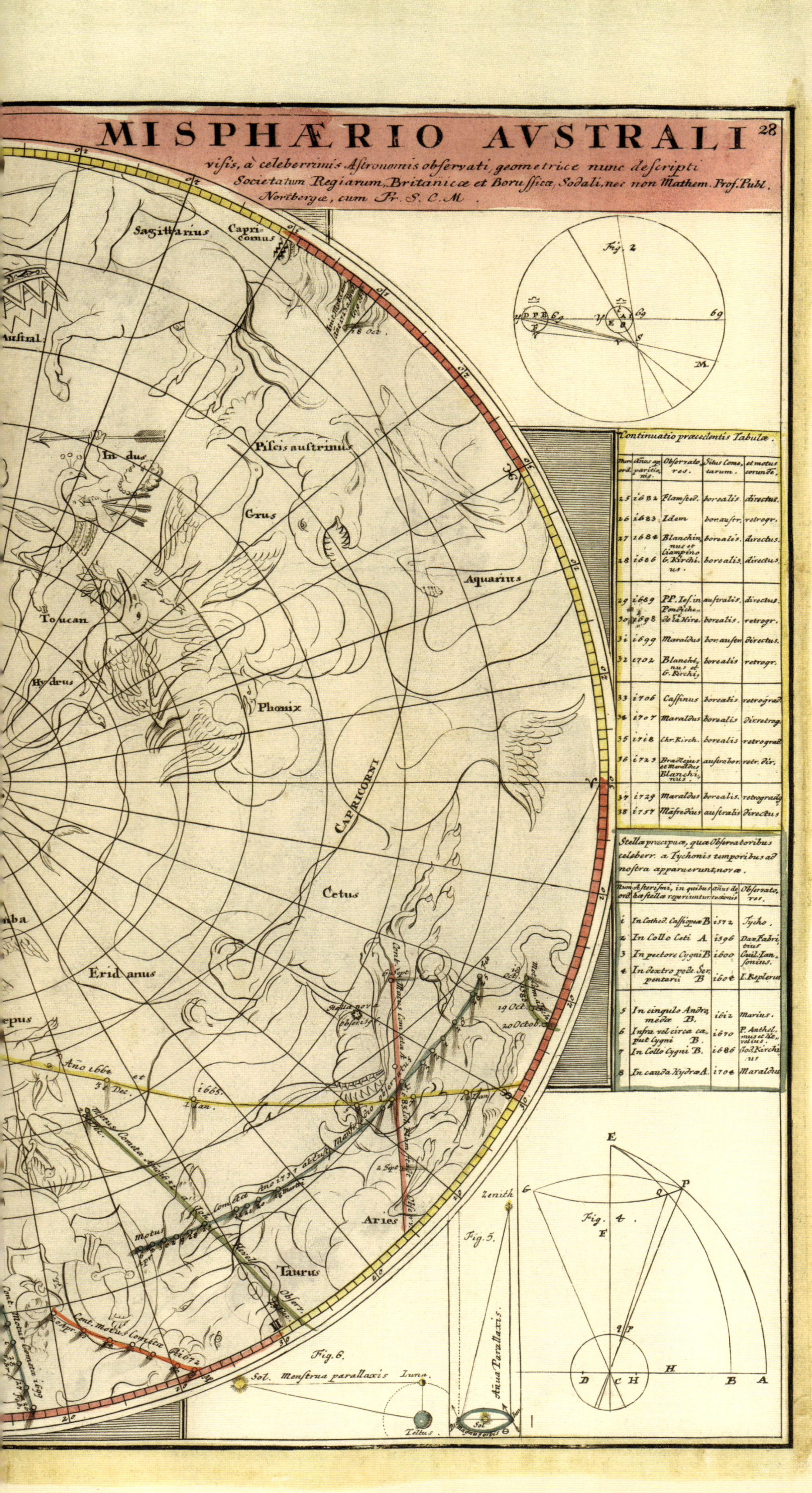
MISPHÆRIO AVSTRALI
28
visis, à celeberrimis Astronomis observati geometrice nunc descripti
Societatum Regiarum, Britanicæ et Borussicæ, Sodali, nec non Mathem. Prof. Publ.
Noribergæ, cum Pr. S. C. M.
Sagittarius
Capricornus
Austral.
Piscis austrinus
In dus
Grus
Aquarius
Toucan
Hydrus
Phœnix
CAPRICORNI
Cetus
Eridanus
Aries
Taurus
Fig. 2
Fig. 4.
Fig. 5.
Fig. 6.
Sol.
Menstrua parallaxis
Luna.
Tellus
Zenith
Continuatio præcedentis Tabulæ.
Stellæ præcipuæ, quæ Observatoribus celeberr. a Tychonis temporibus ad nostra apparuerunt novæ.

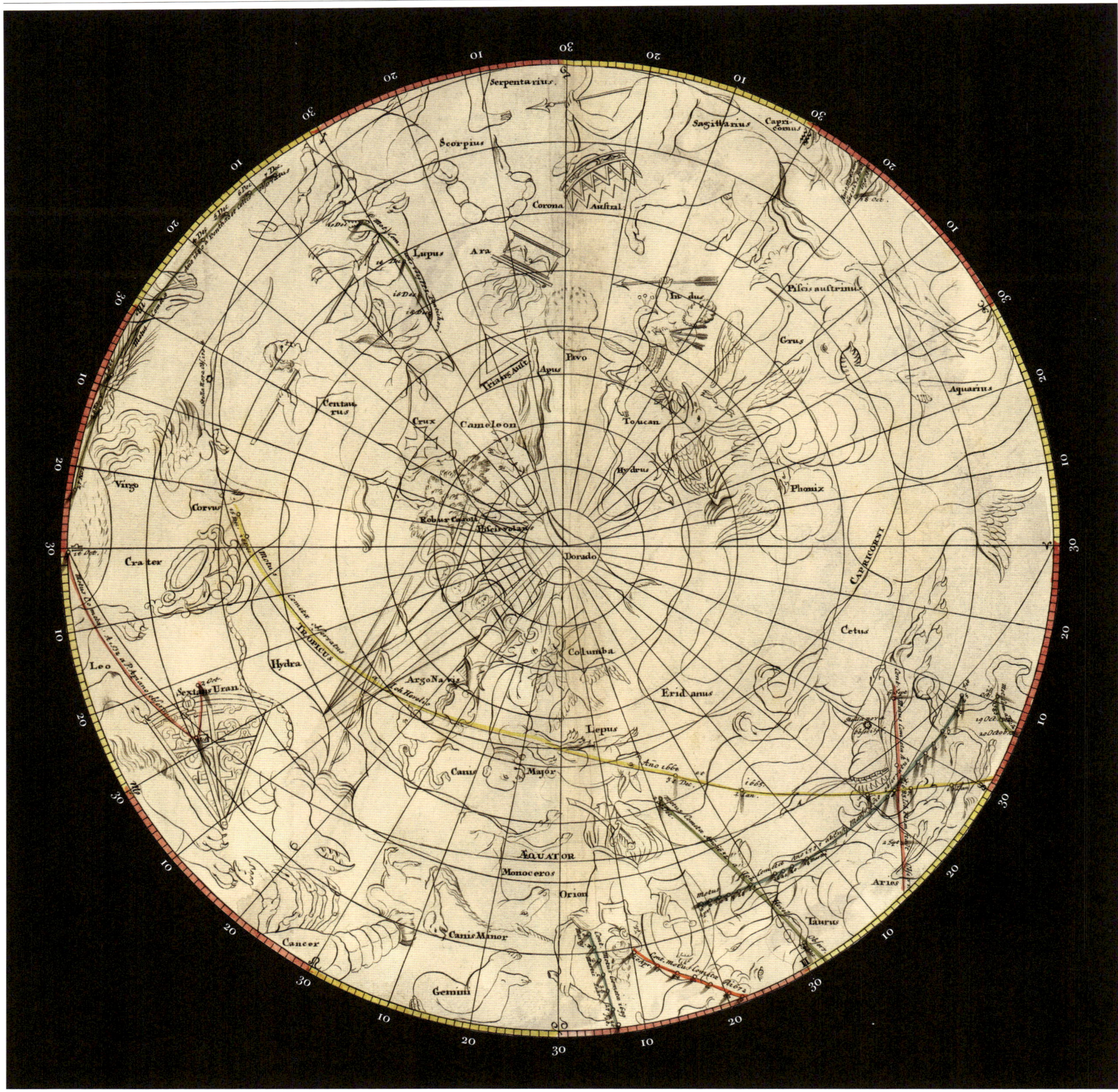

黄道以南的半个天球上观测到的彗星路径

图页28的主图是上一张图的补充，展示了自1530年以来观测到的彗星在黄道以南的半个天球上的轨迹。由于没有欧洲观测者在南半球的合适位置观测南天高纬度区域的彗星，本图不可避免地比北半天球部分稀疏很多。

1530年至1740年天文学家观测到的彗星列表

年份	观测者	天空中的位置	运动方式
1531	阿皮安	北方	正向
1532	阿皮安	南方/北方	逆行/正向
1533	阿皮安	北方	逆行
1556	勒沃维茨基	北方	逆行
1576	霍梅尔	北方	正向/逆行
1577—1578	第谷	北方	正向
1580	哈耶克	北方	逆行
1582	圣图奇	北方	逆行/正向
1585	第谷	南方/北方	正向
1590	第谷	北方	正向
1593	……	北方	逆行
1596	罗特曼	北方	正向
1597	圣图奇	北方	逆行
1607	开普勒	北方	逆行
1618	开普勒	北方	逆行
1618—1619	开普勒和齐萨特	北方	逆行

续

年份	观测者	天空中的位置	运动方式
1652—1653	赫维留	南方/北方	逆行
1661	赫维留	北方	逆行
1664—1665	赫维留	南方/北方	逆行
1665	赫维留	北方	正向
1672	赫维留	北方/南方	正向
1677	赫维留	北方	正向
1680	蓬泰奥和切利奥	南方	正向
1680	卡西尼和弗拉姆斯蒂德	北方	正向
1682	弗拉姆斯蒂德	北方	正向
1683	弗拉姆斯蒂德	北方/南方	逆行
1684	比安基尼和钱皮尼	北方	正向
1686	G. 基尔希	北方	正向
1689	里绍神父	南方	正向
1698	德拉伊尔	北方	逆行
1699	马拉尔迪	北方/南方	正向
1702	比安基尼和G. 基尔希	北方	逆行

续

年份	观测者	天空中的位置	运动方式
1706	卡西尼	北方	逆行
1707	马拉尔迪	北方	正向/逆行
1718	C. 基尔希	北方	逆行
1723	布拉德雷、马拉尔迪和比安基尼	南方/北方	逆行/正向
1729	马拉尔迪	北方	逆行
1737	曼弗雷迪	南方	正向

自第谷·布拉赫至贾科莫·马拉尔迪等知名观测者所见的新星

位置	发现时间	发现者	现代名称
仙后座的宝座中	1572	第谷·布拉赫	SN 1572 第谷超新星
鲸鱼座的颈部	1596	达维德·法布里丘斯	刍藁增二 鲸鱼座O
天鹅座的胸部	1600	威廉·扬松·布劳	天鹅座P
蛇夫座的右足上	1604	约翰内斯·开普勒	SN 1604 开普勒超新星
仙女座的腰带上	1612	西蒙·马里乌斯	M31 仙女星系
天鹅座头部下方	1670	第戎的安泰尔姆/赫维留	1670狐狸座新星
天鹅座的颈部	1686	戈特弗里德·基尔希	天鹅座X
长蛇座的尾部	1704	贾科莫·马拉尔迪	长蛇座R

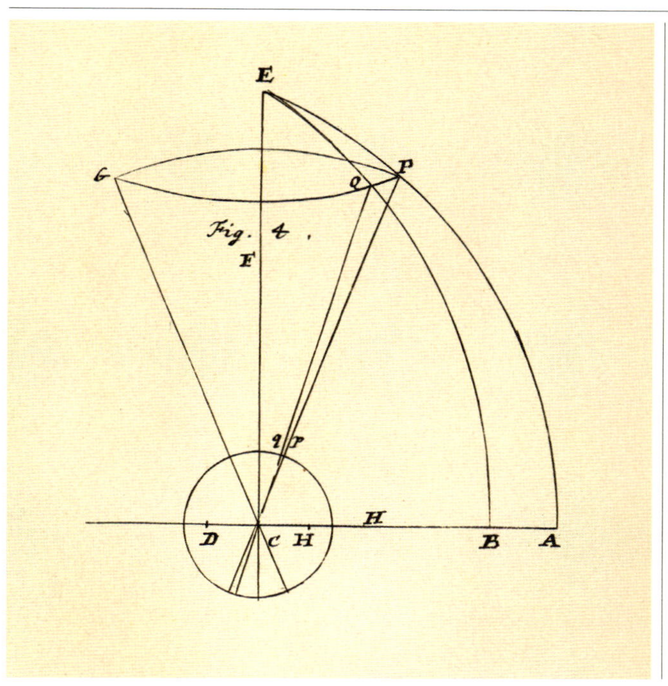

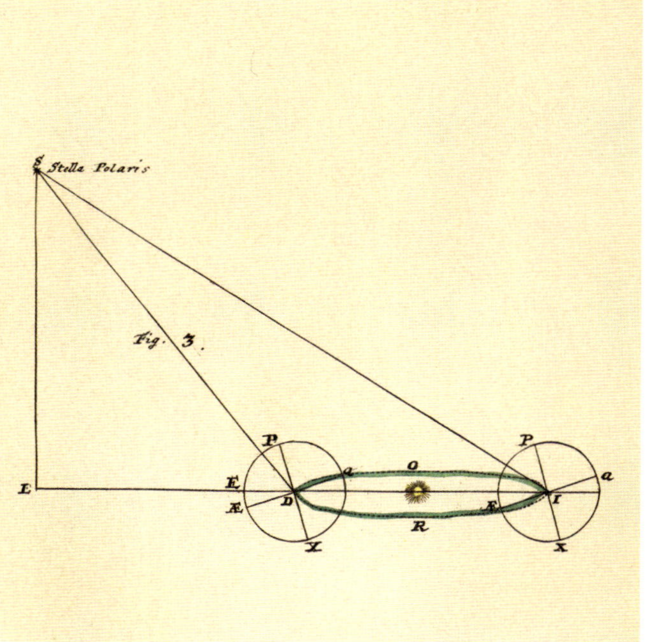

分点岁差（本行左图）

这张示意图阐释了天空朝向的缓慢变化，即“岁差”。它是由地球自转轴在空间中以25800年为周期的摆动造成的。

弗拉姆斯蒂德的“视差”（本行右图）

本图复制自弗拉姆斯蒂德的一张示意图。弗拉姆斯蒂德声称自己观测到了北极星的视差，并以此图证明。

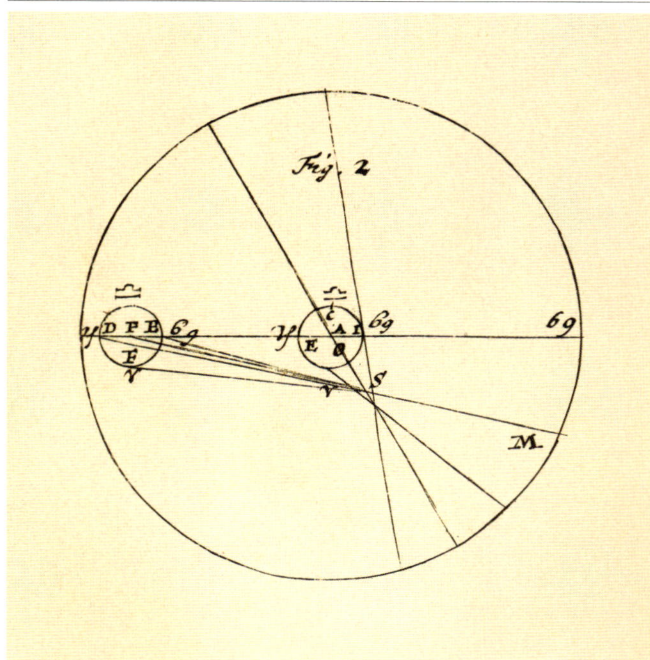

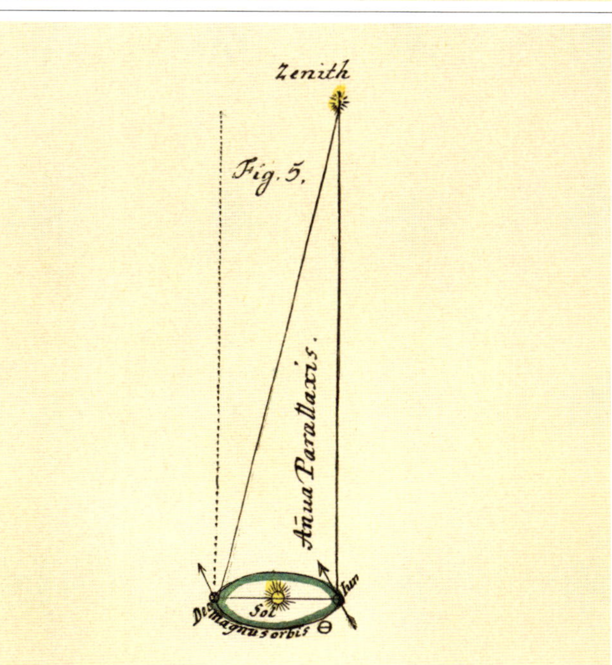

卡西尼的反驳（本行左图）

多佩尔迈尔在此处复制了卡西尼在1702年的一张示意图。卡西尼指出，极星因视差产生的移动周期应该与弗拉姆斯蒂德所观测到的不同。

天顶处的视差（本行右图）

这张小示意图解释了如何将周年视差的原理应用于位于天顶点（观测者头顶正上方）的恒星。

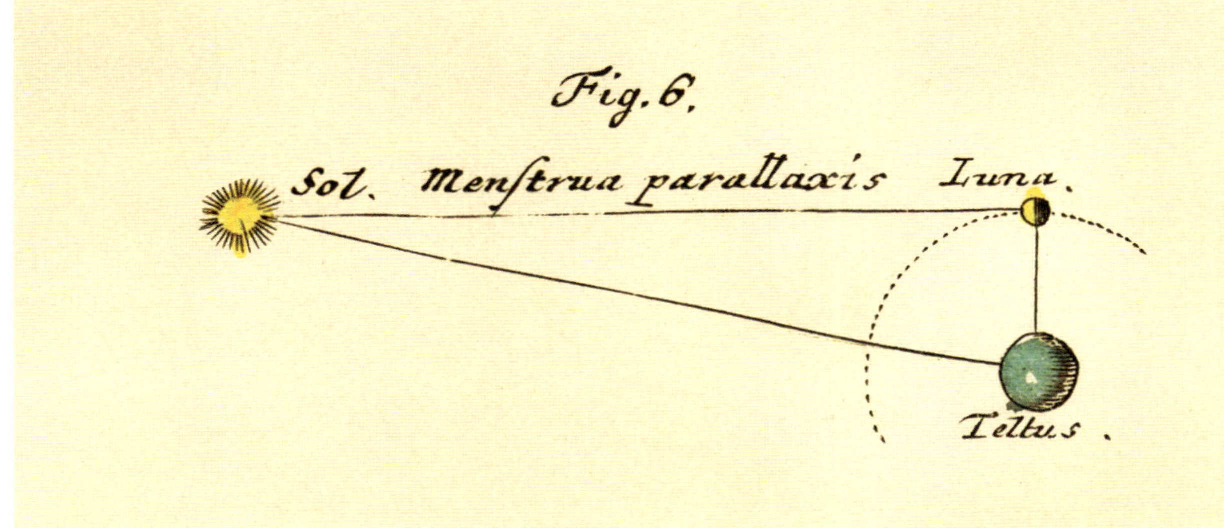

太阳的视差

这张小插图描绘了测定太阳视差的方法：通过测量月球正好在上弦相位时的位置来获取地球和月球的相对距离。这种主观方法是建立太阳系尺度的基础，直到1761年金星凌日才有了更精确的计算方法。

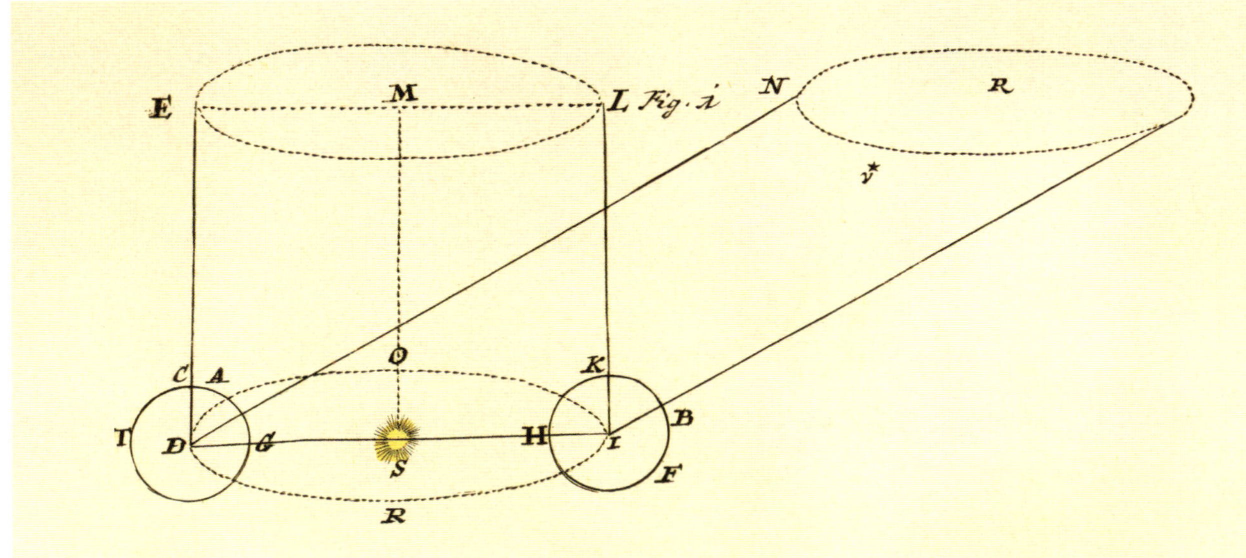

恒星光行差？

这张图似乎是在阐释由詹姆斯·布拉德雷（James Bradley）在1728年发现的“光行差”现象。这个发现是地球绕着太阳运动的决定性证据，但在本图页或上一图页中均未对此进行解释。

比较天文学，I—II

(ASTRONOMIA COMPARATIVA)

多佩尔迈尔比较了太阳系内各种现象在不同星球上的不同呈现形式。

初版《天图》的最后两页是多佩尔迈尔的想象力与计算的杰作。它们大胆地比较了太阳系内其他星球上的景色和经历，堪称雄心勃勃。

哥白尼之前的天文学家或许会认为这种视角的跳跃是无稽之谈，而目前所知最早尝试这类“比较天文学”工作的人，正是约翰内斯·开普勒。在他非同寻常的小说《梦》（*Somnium*，1608）中，开普勒讲述了一个月球旅行的奇幻故事，并以此为框架讨论了月球的天文学，即从地球的这颗卫星上所见到的天空。通常认为，开普勒于16世纪90年代开始撰写《梦》一书。最初，这是一部捍卫哥白尼天文学的论著，后来才添加了叙事框架和大量的脚注。完整的作品于开普勒逝世后在1634年出版。它被称为第一部“硬”科幻小说——在开普勒之前，凡是涉猎月球旅行这一题材的作家，只是将其当作寓言和讽刺的载体，对物理学现实却轻飘飘地带过。

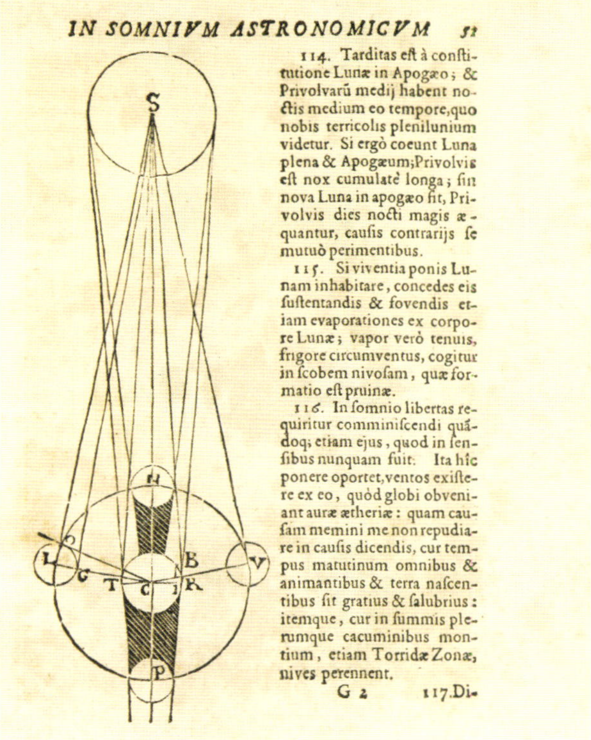

IN SOMNIVM ASTRONOMICVM 51

114. Tarditas eſt à conſtitutione Lunæ in Apogæo; & Privolvarũ medij habent noctis medium eo tempore, quo nobis terricolis plenilunium videtur. Si ergò coeunt Luna plena & Apogæum; Privolvis eſt nox cumulatè longa; ſin nova Luna in apogæo ſit, Privolvis dies nocti magis æquantur, cauſis contrarijs ſe mutuò perimentibus.

115. Si viventia ponis Lunam inhabitare, concedes eis ſuſtentandis & fovendis etiam evaporationes ex corpore Lunæ; vapor verò tenuis, frigore circumventus, cogitur in ſcobem nivoſam, quæ formatio eſt pruinæ.

116. In ſomnio libertas requiritur comminiſcendi quãdoq; etiam ejus, quod in ſenſibus nunquam fuit. Ita hîc ponere oportet, ventos exiſtere ex eo, quòd globi obveniant auræ ætheriæ: quam cauſam memini me non repudiare in cauſis dicendis, cur tempus matutinum omnibus & animantibus & terra naſcentibus ſit gratius & ſalubrius: itemque, cur in ſummis plerumque cacuminibus montium, etiam Torridæ Zonæ, nives perennent.

G 2 117. Di-

图27—1

图27—1. 基于当时对天空和地球在月球视角中呈现样貌的最佳理解，开普勒创作了幻想小说《梦》（1608）。此处的图表展示了决定月相周期的条件。

多佩尔迈尔以相当富有逻辑性的方式将这个宏大的主题分为了两部分，图页29关注于月球、水星和金星，而图页30则集中在火星、木星和土星上。因此，从我们以地球为中心的视角看，他是按照“内侧”和“外侧”将它们分组的。然而，考虑到多佩尔迈尔在此处的目的，重新审视这些概念的含义是值得的。

根据托勒密及其后继者的经典天文学，内侧行星指的是那些在自己均轮上的运动与太阳的运动锁定的行星。因此，它们在天空中的运动路径总是以太阳为中心，看起来就像是向东西两侧摆动的“8”字形。它在两端达到与太阳的最大角间距（大距），然后必定会被拉向太阳。与之相反，外侧行星的速度较慢，在其均轮上的运动也比较自由。它们的运动以位于太阳背后的“合”开始，之后相对于太阳向西漂移，直至到达天空的另一侧（即“冲”，此时它们会在天空中走出一个逆行圈）。接下来，它们将从东边赶上太阳，再次返回“合”。

尽管行星运动本身没有发生变化，但由于人们逐渐认可了太阳系是以太阳为中心的，内侧行星与外侧行星的概念变得更加直观易懂了——现在，它们指的不过是比地球更靠近太阳（且与太阳的最大角间距只能达到特定角度）的行星，或是轨道将地球与太阳都包括在内的行星。因此，任何行星都可以作为内侧与外侧的参考点。对于火星、木星和土星来说，地球本身会看起来像一个运动锚定在太阳上的内侧行星，而从水星的角度来看，甚至金星也变成了一颗在天空中自由游荡的外侧行星。

位于图页中央的复杂图表将各行星放置在了太阳系的不同位置，然后（在外面的圆环里）解释了这些位置与每颗行星在其他行星的视角下的视运动范围的关系。例如，在图页29中，内环演示了在一个水星年的时间里，其他行星在水星的天空中的视轨迹，而外环演示的是从金星看到的行星轨迹。表格中还列出了其他一些可能有用的信息。例如，图页29的表格给出了每颗行星（从它们以外的行星所见）的大距角，而图页30给出了每颗行星的外侧邻居的逆行期持续时间。

在图页的四角，多佩尔迈尔还补充了一系列较小的示意图。图页29下侧的两张回顾了开普勒的《梦》。右下角的图描述了月球上所见的“地球相位”序列；而左下角的两个半球描绘的是月球视角中的地球外貌，分别以“旧世界”大陆和美洲这个“新世界”为中心。图页30右下角的示意图则展示了太阳在不同行星的天空中的相对大小。

图页29上侧和图页30的3个位置上，填入的是一些“第谷式”的太阳系模型。乍一看，它们似乎不那么实用。每个模型都以一个特定的行星为宇宙中心，太阳环绕着这颗行星转动，而其他行星则绕着太阳转。这可能看起来不过是个有趣的智力游戏。但请想想，第谷模型可是一种能解释地球上所见的所有行星运动的强大工具！使用这种工具，类似的视角转换为理解任意星球所见的行星运动模式（接近、远离等）提供了有用的思考方式。每个小图旁边的小表格显示了每颗行星的轨道在其他行星视角下的角度倾斜（每颗行星在其他行星的天空中偏离黄道的程度）。这也说明，这种思考方式是有其实用性的。

原版《天图》的最后一页以一则恰到好处的训词收尾。这段话摘自罗马哲学家塞内加（Seneca，约公元前4—公元65）于约公元64年写作的《天问》（*Naturales quaestiones*）。这部独特且有些神秘的自然哲学著作主要关注于气象学，因此由于当时的认识水平，也涵盖了我们今天认为属于天文学领域的现象。多佩尔迈尔引用了讨论彗星的卷七中的文字，表达了无论自己的工作多么全面，都将不可避免地被新的知识和发现所取代的谦卑之情：

图27—2

图27—2. 第一批描绘其他天体上所看到的景色的艺术作品出现在19世纪。它们是之后被称为“太空艺术”的流派的肇始。这张早期插图摘自法国科学作家阿梅代·吉耶曼（Amédée Guillemin，1826—1893）的《月球》（*La Lune*，1868）。它展示的是仅被“满地”（Full Earth）的光芒照亮的月球正面。

> 自然之奥秘，不可一探而尽。其奥秘封于隐秘神殿，非一般人能随意窥视。未来之人或可知其究竟，彼时我辈记忆已消散如烟。此时代得见一斑，而来者则可深究其余。至于何时方能知晓其全貌？大计缓成，懈怠则用时愈长。

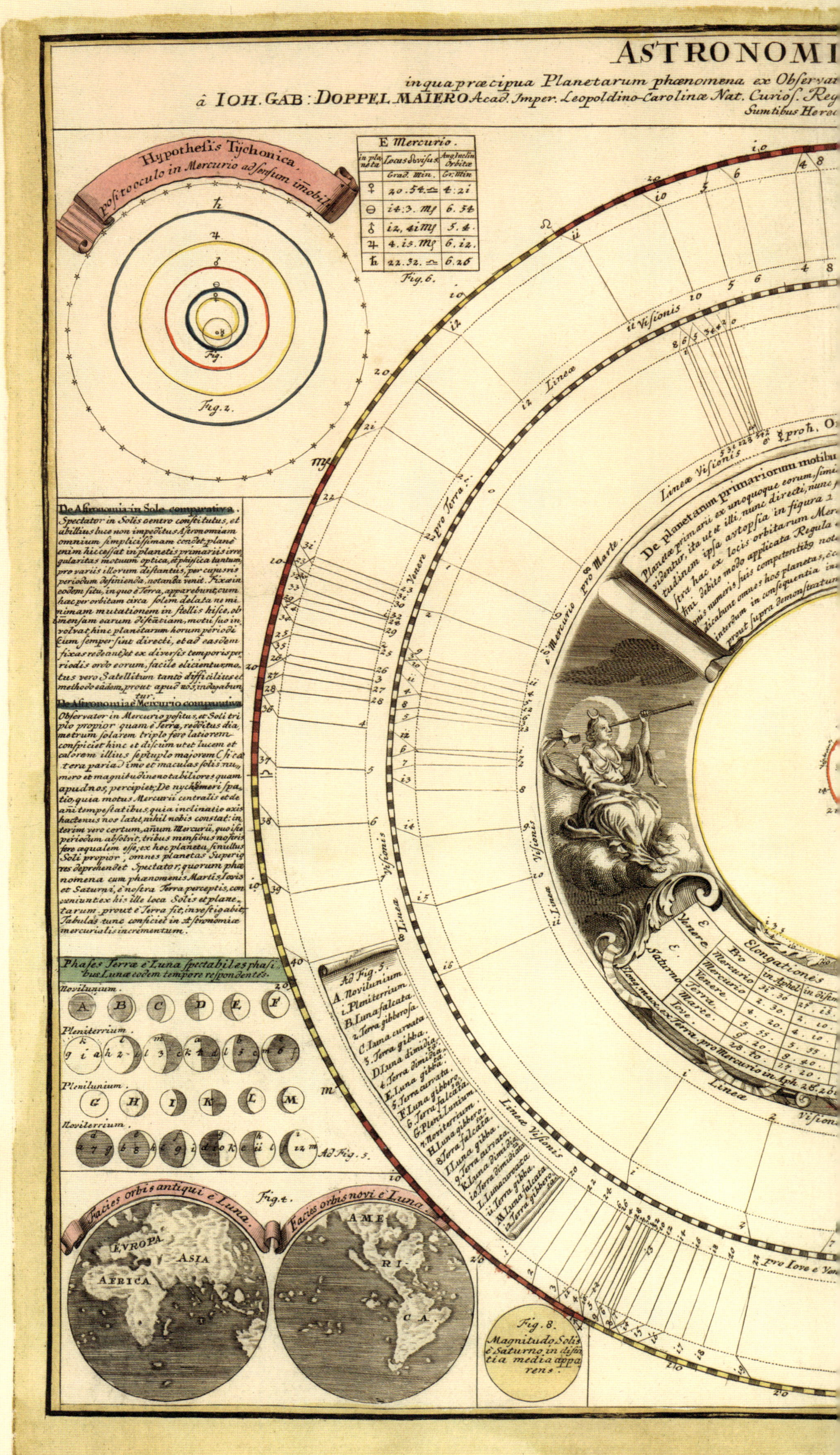

多佩尔迈尔

《天图》

图页29

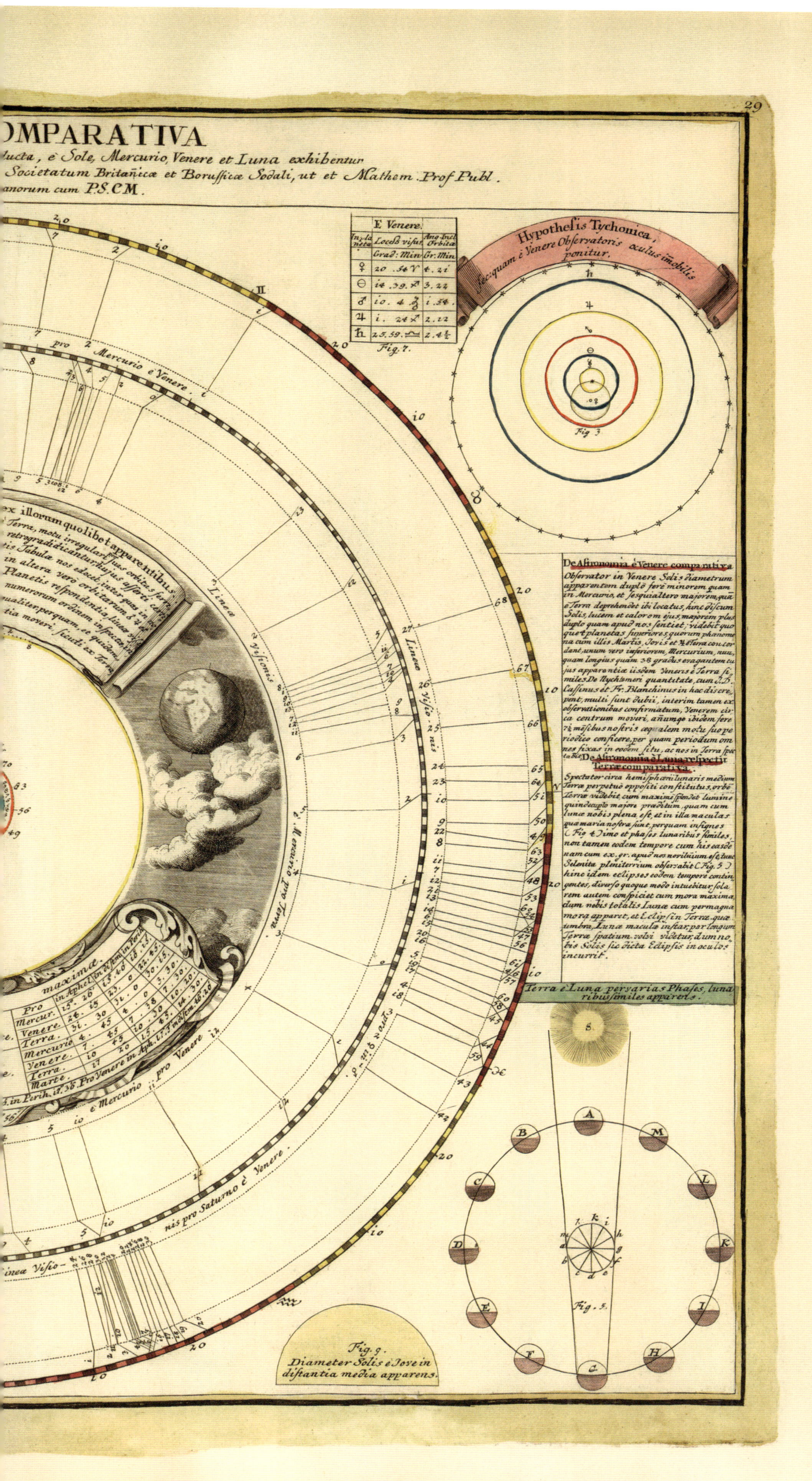

OMPARATIVA
ducta, è Sole, Mercurio, Venere et Luna exhibentur
Societatum Britañicæ et Borussicæ Sodali, ut et Mathem. Prof Publ.
anorum cum P.S.C.M.
Hypothesis Tychonica, sec: quam è Venere Observatoris oculus immobilis ponitur.
Fig 3
Fig. 7.
De Astronomia è Venere comparativa
Observator in Venere Solis diametrum apparentem duplò ferè minorem quam in Mercurio, et sesquialtero majorem, quā è Terra deprehendet ibi locatus, hinc discum Solis, lucem et calorem ejus, majorem plus duplo quam apud nos sentiet; videbit quoque 4 planetas superiores, quorum phænomena cum illis Martis, Jovis et ♄ è Terra concordant, unum vero inferiorem, Mercurium, nunquam longius quam 38 gradus evagantem cujus apparentiæ iisdem Veneris è Terra similes. De Nychtemeri quantitate, cum J.D. Cassinus et Fr. Blanchinus in hac discrepent, multi sunt dubii, interim tamen ex observationibus confirmatum, Venerem circa centrum moveri, añumqe ibidem fere 7½ mēsibus nostris æqualem motu suo periodico conficere, per quam periodum omnes fixas in eodem situ, ac nos in Terra spectabit.
De Astronomia è Luna respectu Terræ comparativa.
Spectator circa hemisphærii lunaris medium Terræ perpetuò oppositi constitutus, orbē Terræ videbit, cum maximè splendet lumine quindecuplo majore præditum, quam cum lunæ nobis plena est, et in illa maculas quæ maria nostra sunt, perquam insignes (Fig 4) imo et phases lunaribus similes, non tamen eodem tempore cum his easdē nam cum ex. gr. apud nos novilunium est, tunc Selenita pleniterrium observabit (Fig. 5) hinc idem eclipses eodem tempore contingentes, diverso quoque modo intuebitur, solarem autem conspiciet cum mora maxima, dum nobis totalis Lunæ cum permagna mora apparet, et Eclipsin Terræ quæ umbra, Lunæ maculæ instar, per longum Terræ spatium volvi videtur, dum nobis Solis sic dicta Eclipsis in oculos incurrit.
Terra è Luna per varias Phases, lunaribus similes apparens.
Fig. 5.
Fig. 9. Diameter Solis è Jove in distantia media apparens.

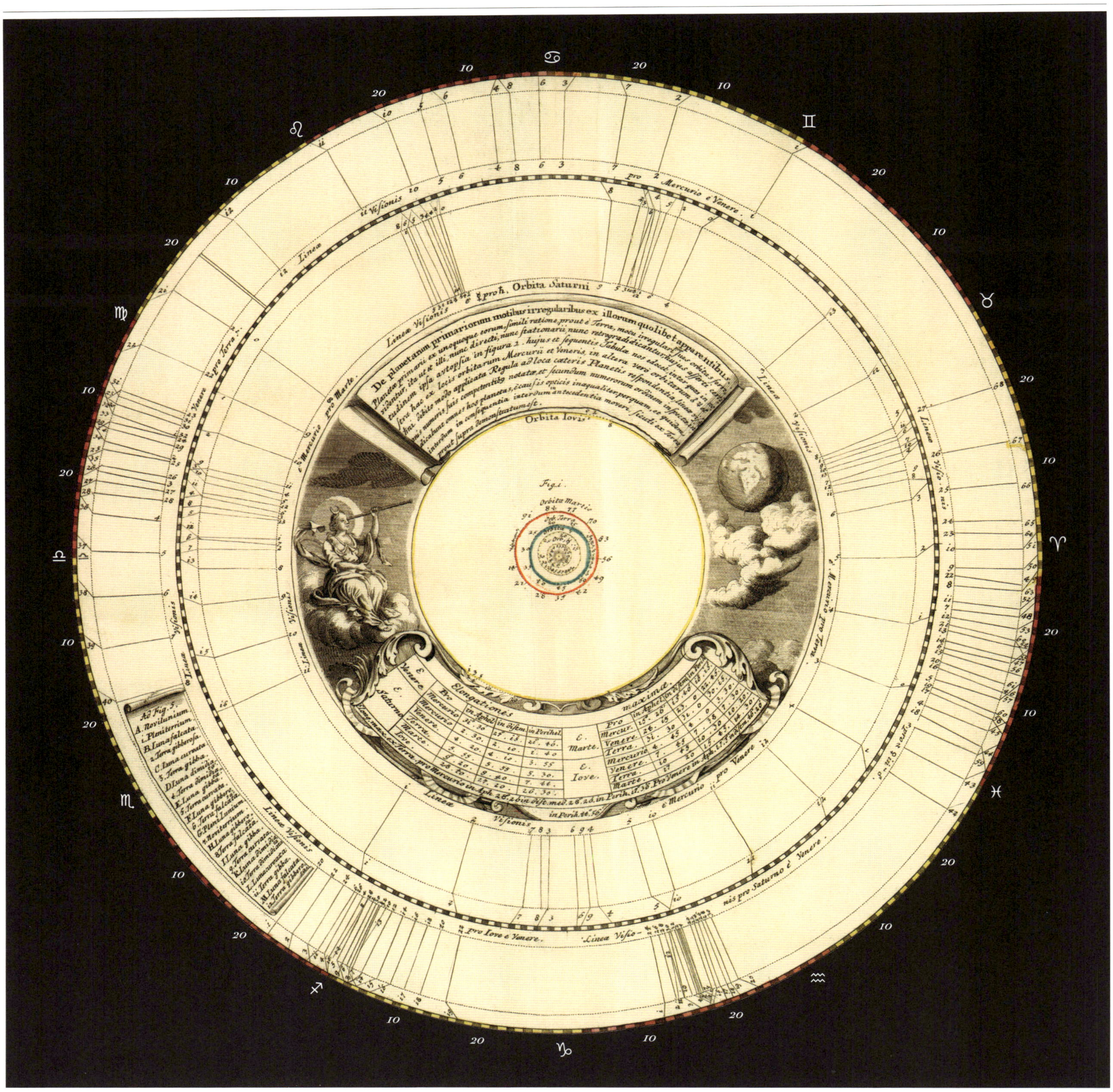

自水星和金星所见的其他行星运动

中央位置的这张图表展示了行星相对于彼此的轨道。图表外圈构建由此产生的视线，以显示从水星和金星所见到的每个行星的运动现象。底部的表格列出了每颗行星在相对于观测者为内侧行星时的大距角（与太阳的最大角间距）。

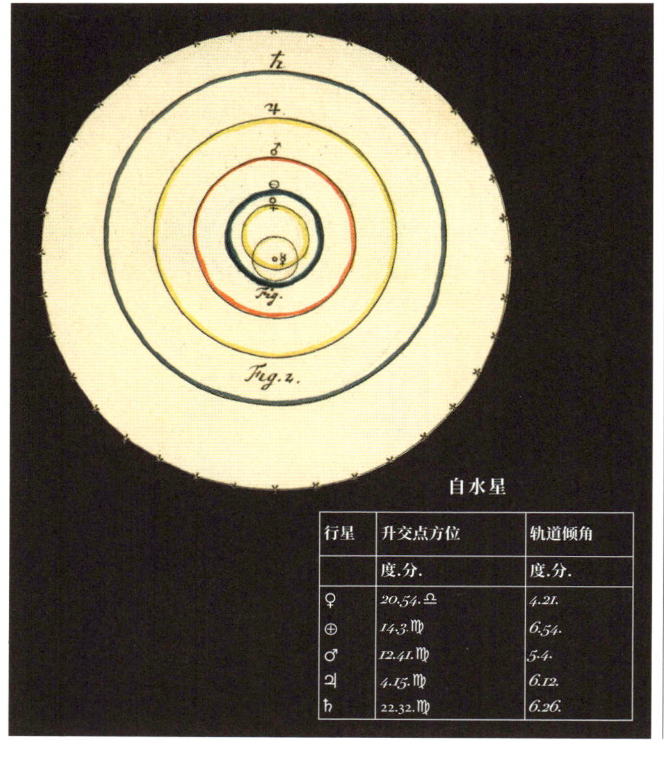

自水星

行星	升交点方位	轨道倾角
	度.分.	度.分.
♀	20.54.♎	4.21.
⊕	14.3.♍	6.54.
♂	12.41.♍	5.4.
♃	4.15.♍	6.12.
♄	22.32.♍	6.26.

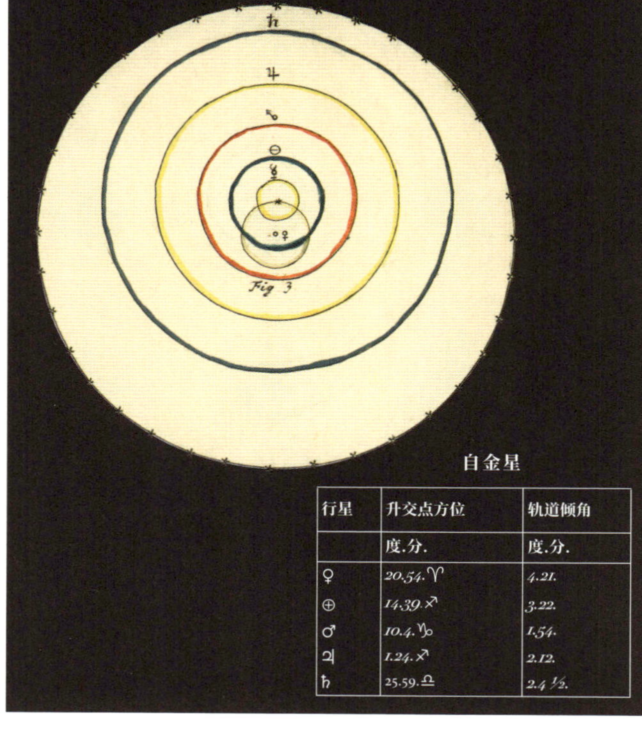

自金星

行星	升交点方位	轨道倾角
	度.分.	度.分.
♀	20.54.♈	4.21.
⊕	14.39.♐	3.22.
♂	10.4.♑	1.54.
♃	1.24.♐	2.12.
♄	25.59.♎	2.4 ½.

以水星为中心的第谷模型（本行左图）

多佩尔迈尔想象出了一个相似于第谷体系的太阳系模型。其中除水星外的所有行星都围绕太阳运动，而太阳则绕着位于中心的静止的水星运动。表格显示了自水星测量的其他行星的轨道倾角。

以金星为中心的第谷模型（本行右图）

这张示意图描绘了一个以静止的金星为中心的第谷体系。其中，太阳围绕着金星转动，而所有其他行星则绕着太阳转动。表格给出了自金星测量的其他行星的轨道倾角。

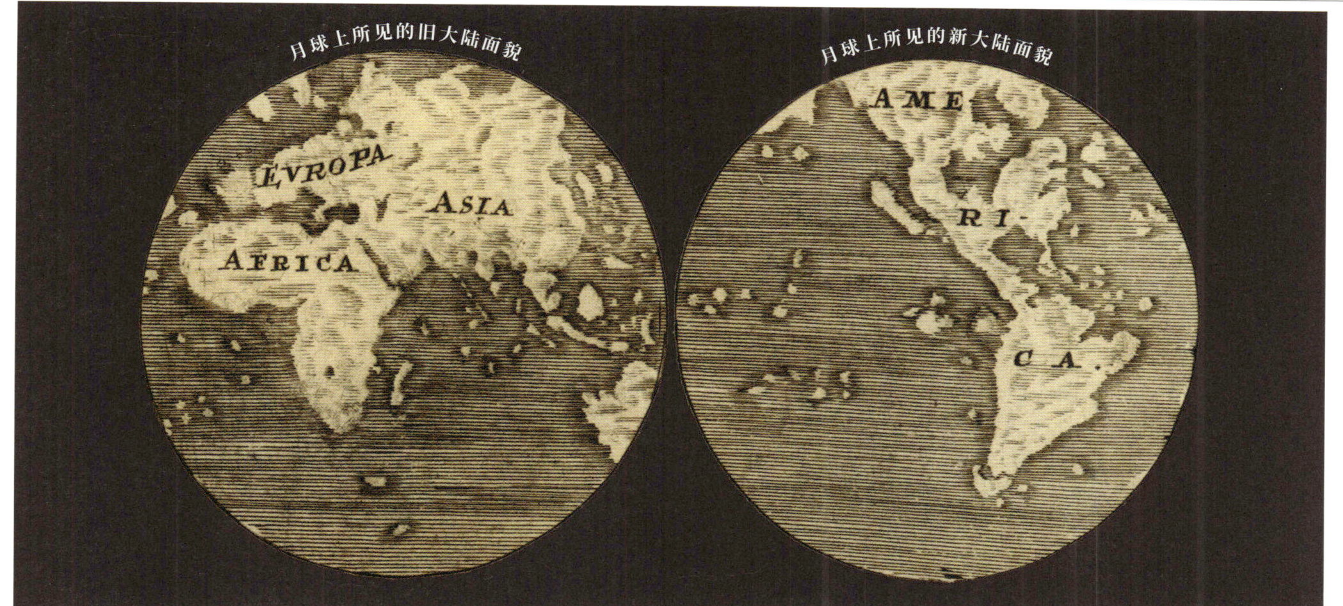

月球上所见的地球半球

多佩尔迈尔在这里考虑的是从月球上看地球所呈现的样子。它比地球上见到的月球要亮5倍，海洋看起来是醒目的深色区域。

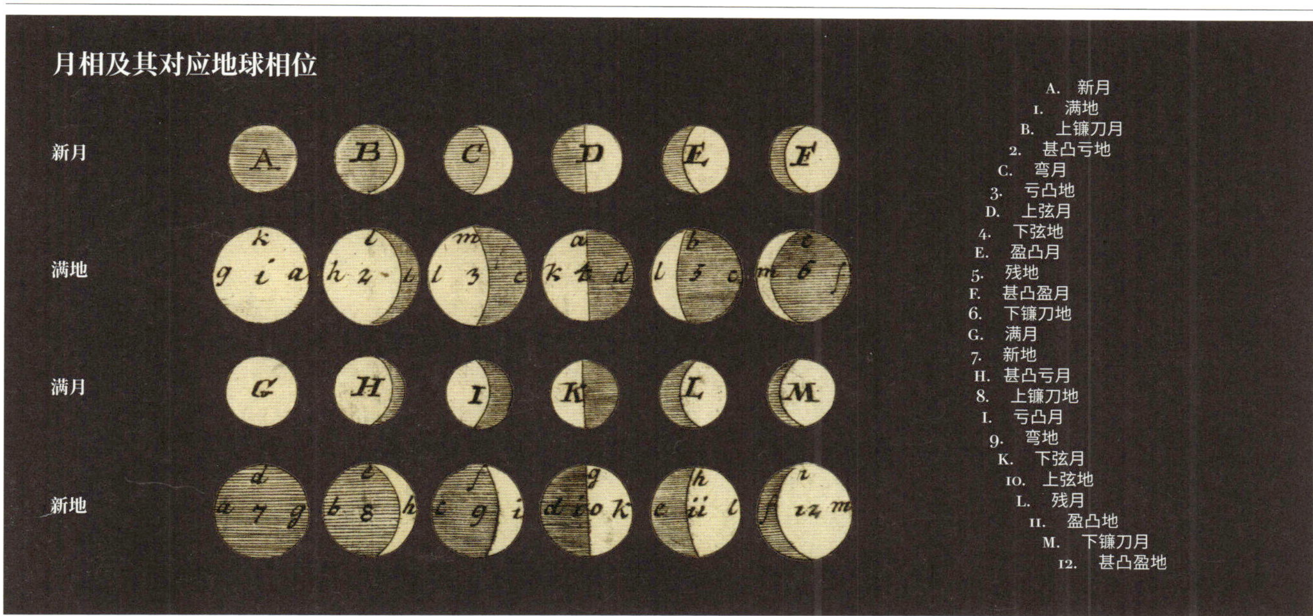

月相与地球相位

多佩尔迈尔描绘了地球所见的月相变化，以及与之对应的同时间从月球所见的地球相位。需要注意的是，尽管月球上看到的地球相位周期与地球上看到的月相周期都是29.5天，地球的自转导致朝向月球的一面的大陆也在轮转变化。

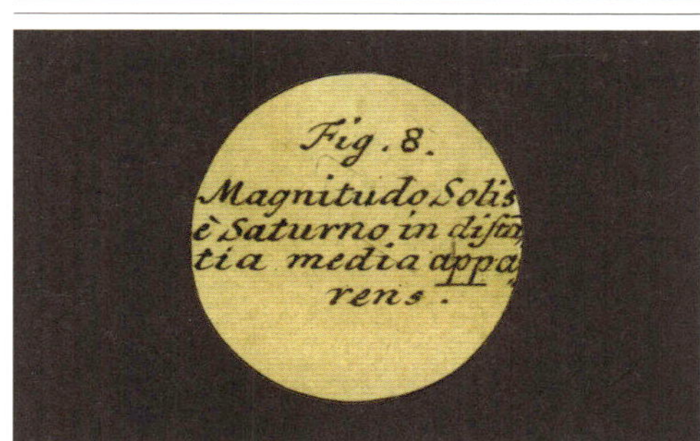

土星上看到的太阳大小

一张说明从土星看到的太阳大小的示意图。

木星上看到的太阳大小

一张说明从木星看到的太阳大小的示意图。

相位间的关系

这张图展示了地球的相位（标记见本页“月相与地球相位”图）可以根据月球的位置和相位推算。

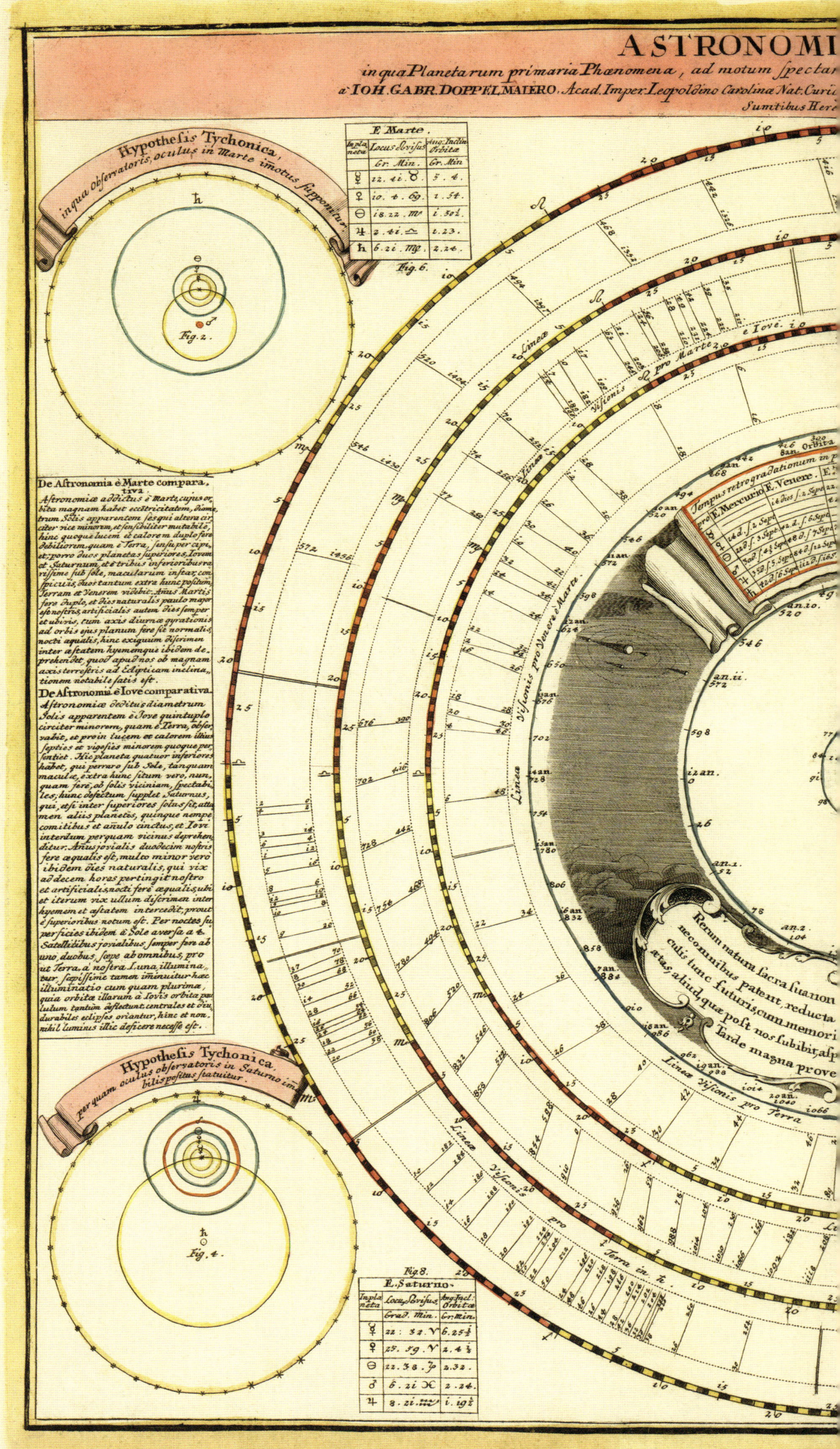

多佩尔迈尔
《天图》
图页30

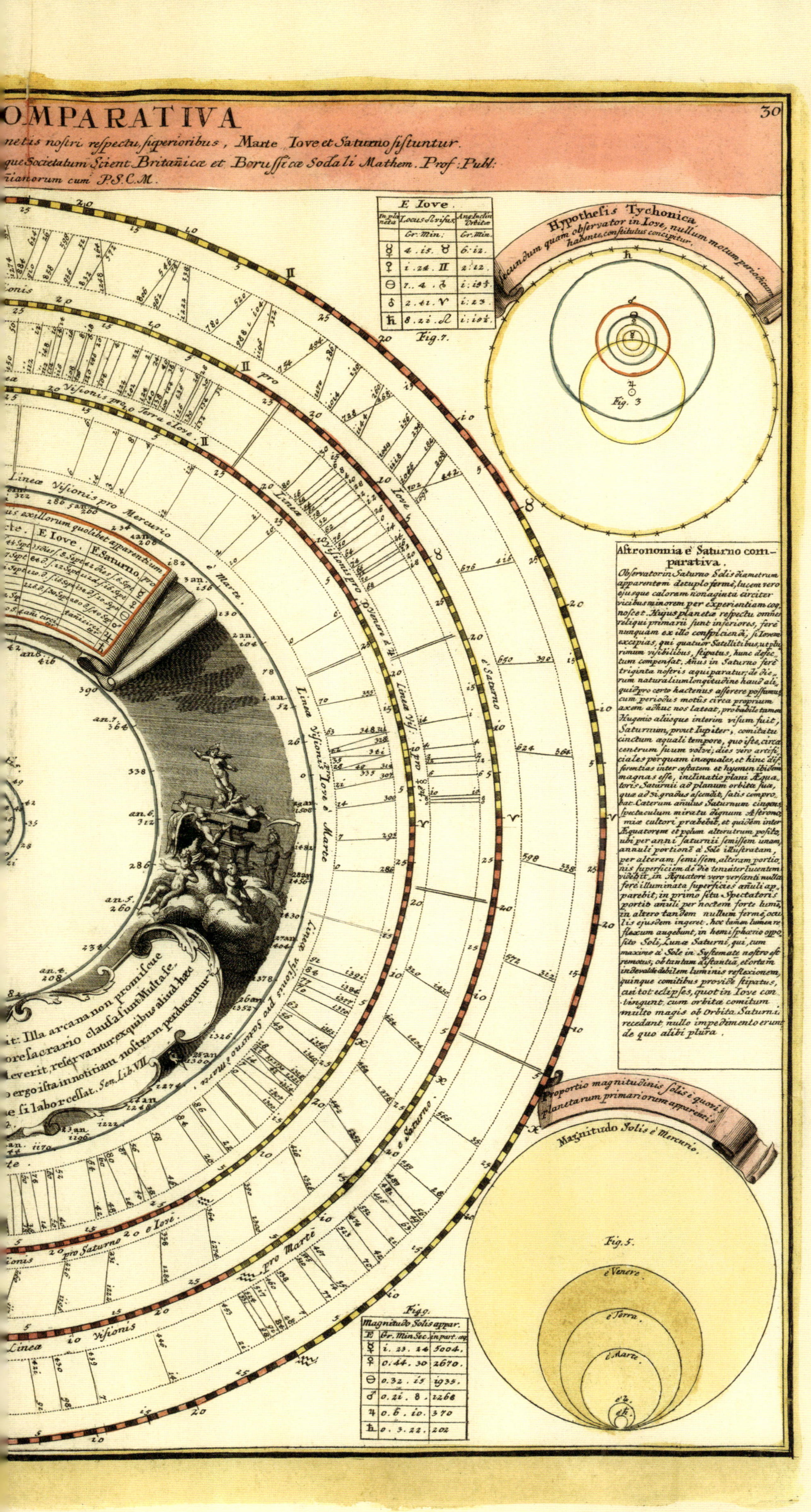
OMPARATIVA
30
Hypothesis Tychonica
E Iove
Fig. 7.
Fig. 3
Astronomia e Saturno comparativa.
Fig. 5.
Magnitudo Solis e Mercurio.
Magnitudo Solis appar.

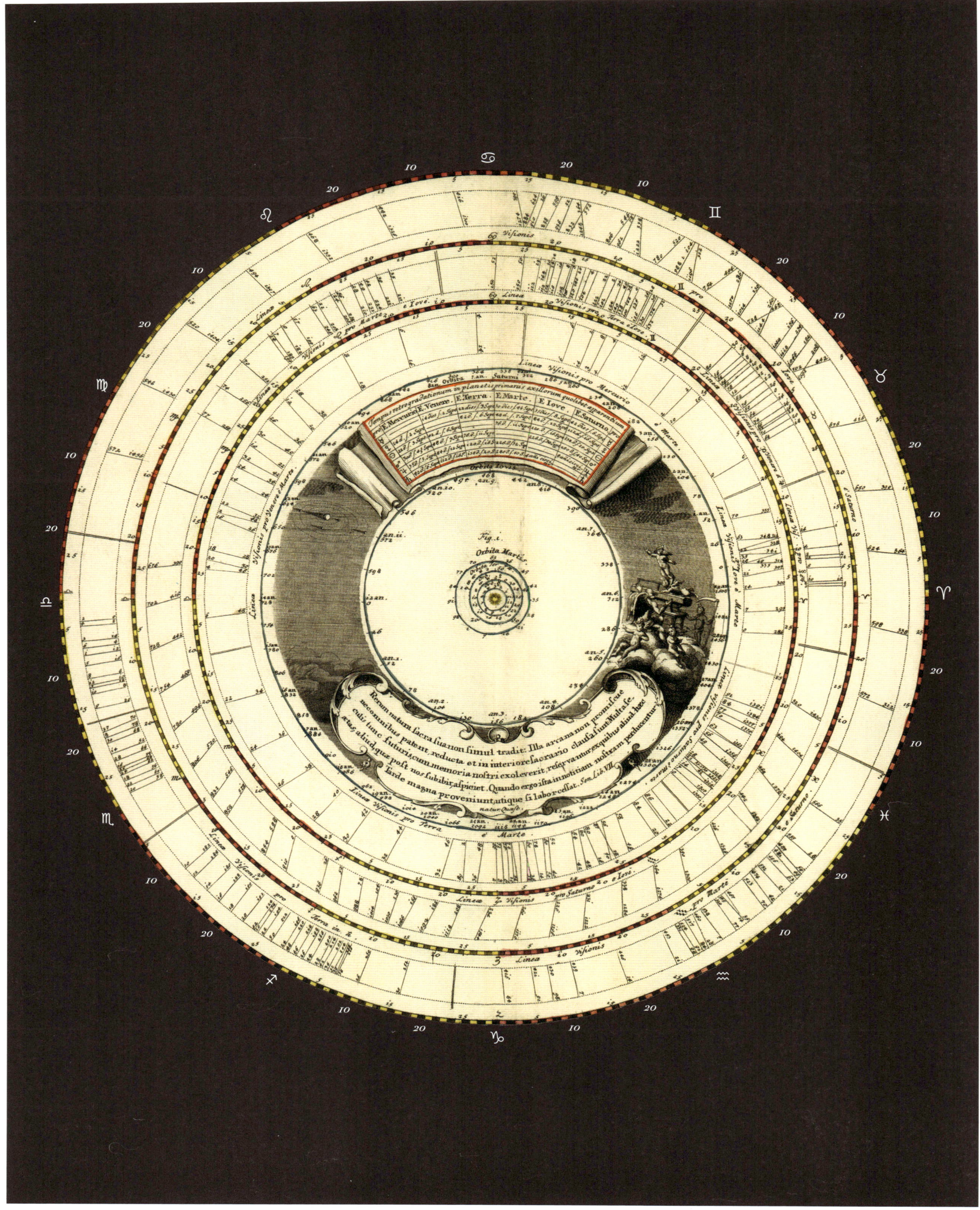

自火星、木星和土星所见的其他行星运动

图页30的中央图示扩展了上一图页的概念。图中的行星轨道具有等间隔的标记点，并在此基础上绘制出从不同视角（如从火星、木星和土星）观察的视线，显示了从火星、木星和土星观察到的行星运动模式。正中偏上部位的表格提供了自不同观察点所见的各个行星的平均逆行时长。

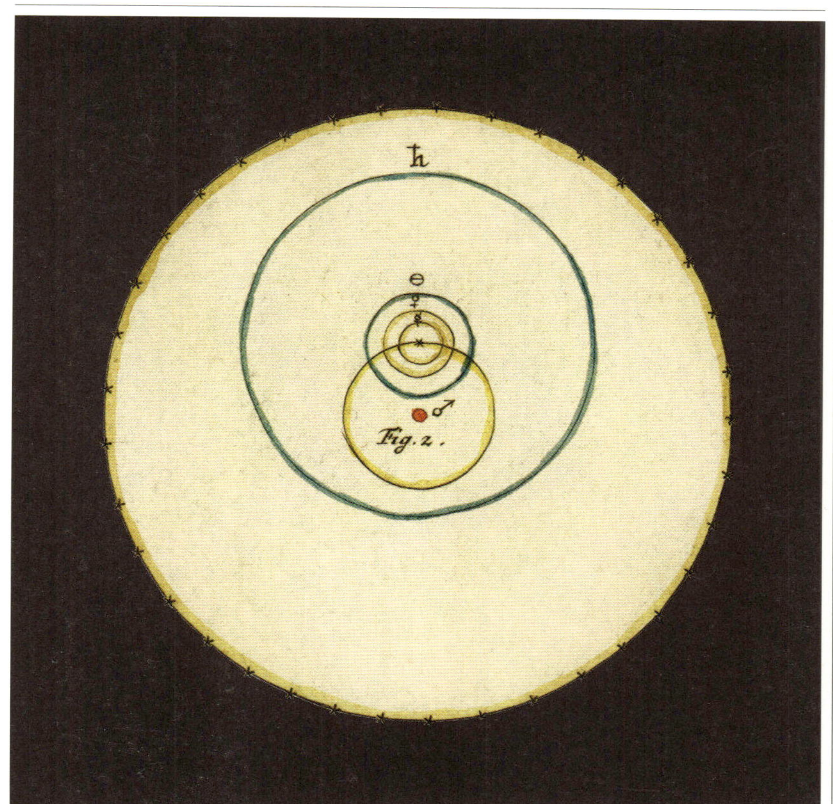

以火星为中心的第谷模型

多佩尔迈尔在此处描绘了一个火星是静止的宇宙中心的太阳系模型。其中，太阳围绕火星转动，而所有其他行星则绕着太阳转动。表格列出了自火星测量的其他行星的轨道倾角。

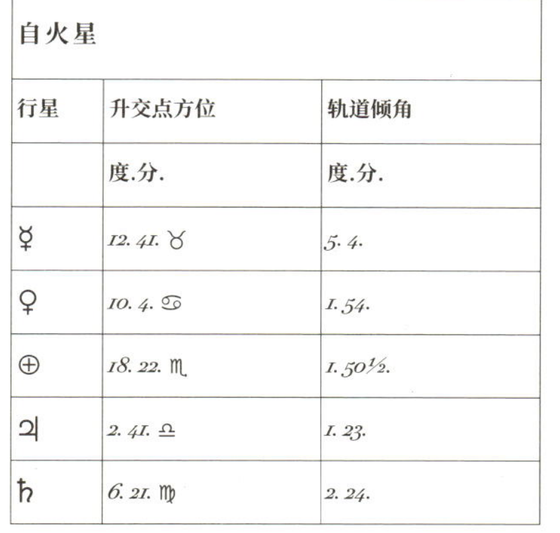

自火星		
行星	升交点方位	轨道倾角
	度.分.	度.分.
☿	12. 41. ♉	5. 4.
♀	10. 4. ♋	1. 54.
⊕	18. 22. ♏	1. 50½.
♃	2. 41. ♎	1. 23.
♄	6. 21. ♍	2. 24.

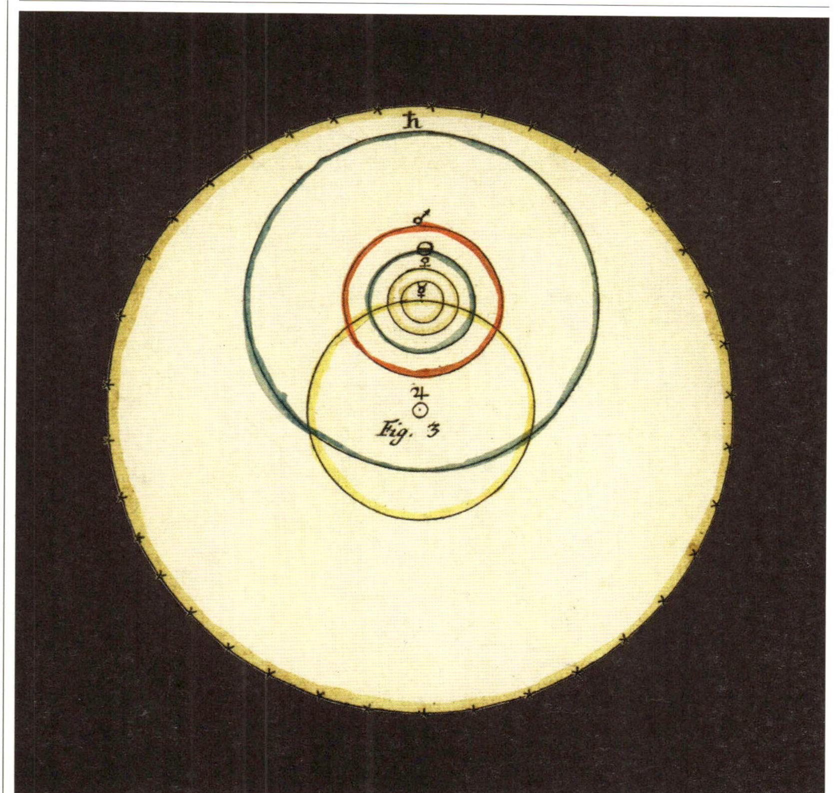

以木星为中心的第谷模型

这张示意图展示了一个木星固定于其中心的系统。太阳沿着圆轨道绕木星转动，其他行星则围绕太阳转动。表格显示了其他行星与木星之间的轨道关系。

自木星		
行星	升交点方位	轨道倾角
	度.分.	度.分.
☿	4. 15. ♉	6. 12.
♀	1. 24. ♊	2. 12.
⊕	7. 4. ♑	1. 19⅔.
♃	2. 41. ♈	1. 23.
♄	8. 21. ♌	1. 19½.

以土星为中心的第谷模型

最后这幅第谷式的示意图介绍的是以土星为固定不动的中心的太阳系。太阳沿着一个广阔的圆形围绕土星转动，其他行星则绕太阳公转。旁边的表格展示了土星视角所见的其他行星轨道。

自土星		
行星	升交点方位	轨道倾角
	度.分.	度.分.
☿	22. 32. ♈	6. 25½.
♀	25. 59. ♈	2. 4½.
⊕	22. 38. ♑	2. 32.
♃	6. 21. ♓	2. 24.
♄	8. 21. ♒	1. 19½.

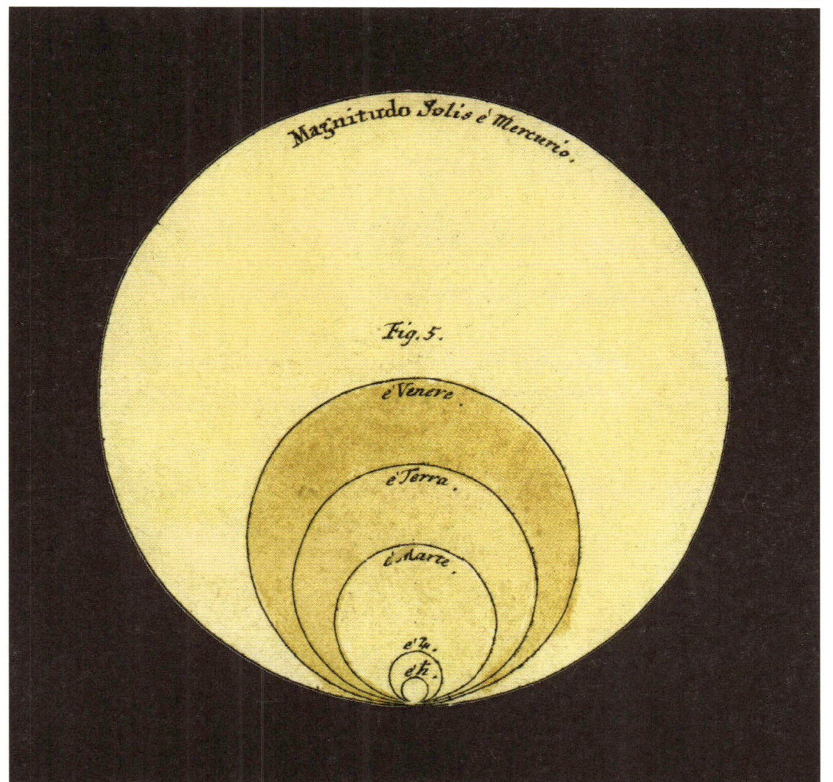

各大行星上看到的太阳大小

多佩尔迈尔在此处将各大行星上所见到的太阳相对尺寸可视化。木星和土星上见到的小圆盘在图页29上有较大尺寸的表示。

太阳的视尺寸		
自	度.分.秒.	相对大小
☿	1. 23. 24.	5004.
♀	0. 44. 30.	2670.
⊕	0. 32. 15.	1935.
♂	0. 21. 8.	1268.
♃	0. 6. 10.	370.
♄	0. 3. 22.	202.

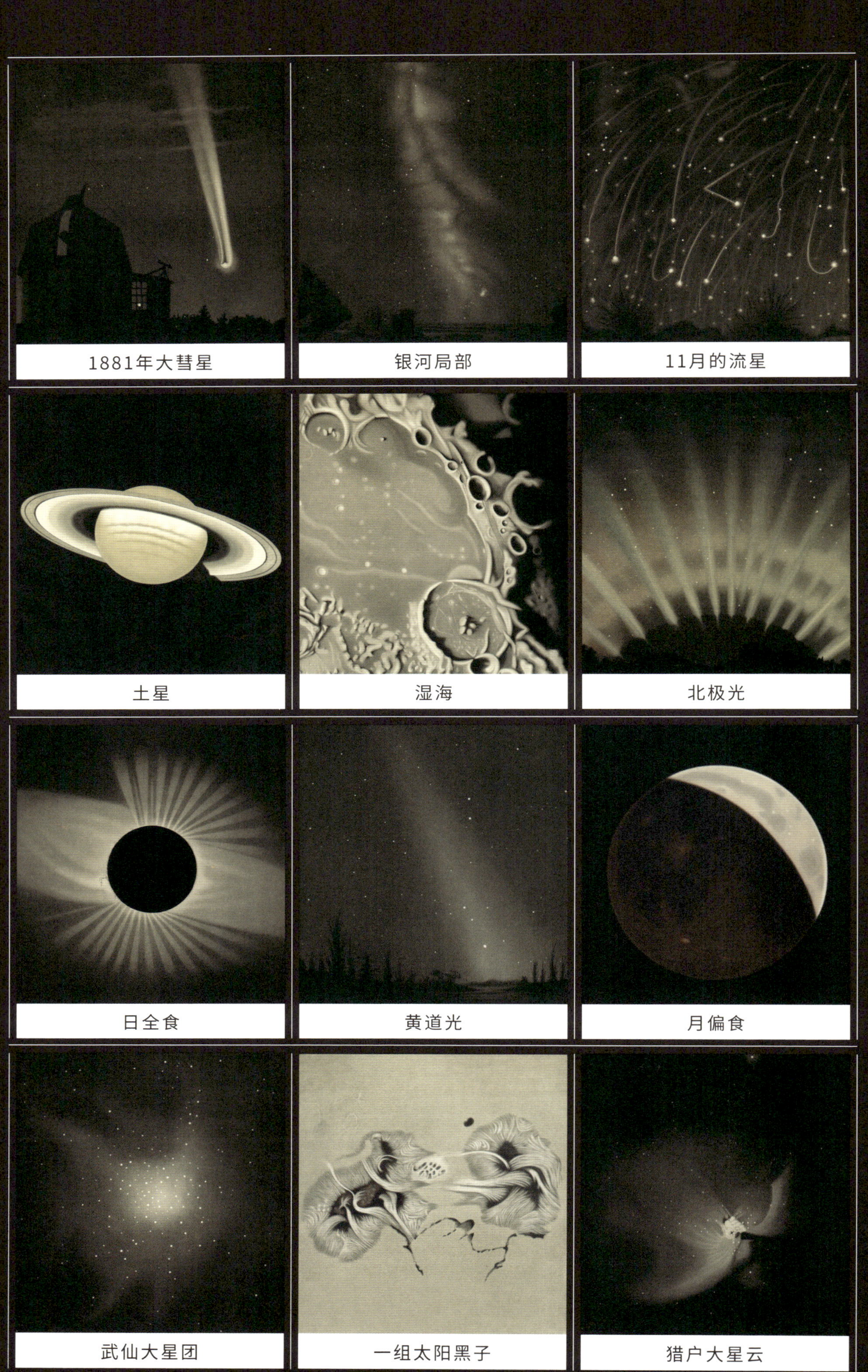

1881年大彗星

银河局部

11月的流星

土星

湿海

北极光

日全食

黄道光

月偏食

武仙大星团

一组太阳黑子

猎户大星云

传 承

《天图》于1742年出版前的数十年编纂历程，恰逢天文学传奇中的一段独特时期。那时，尽管大多数天文学家已相信太阳系的哥白尼日心模型是正确的，但关于地球运动的决定性证据才刚刚得以发现，而揭示宇宙真正尺度的突破性进展更是远在几十年之后。在结束本书的故事之际，是时候看到，多佩尔迈尔的巨著以各种方式巧妙地融入了更广泛的人类对宇宙的理解、对天空的艺术描述，以及二者复杂的关联。

* * *

从历史的角度看，《天图》中至少存在一个谜团。在该书出版的1742年，确认地球运动的最终线索早在10多年前就已经在其他地方获得了认可。今天，这种现象被称为“恒星光行差”（aberration of starlight）。

正如之前已经提到的，在对哥白尼“地动”理论的反对声中，最有说服力的一条就是视差的不存在——当地球处于其据说相当巨大的轨道上的不同位置时，恒星的视方向应当发生以年为单位的移动，但实际上却观测不到这种变化。哥白尼学说对此的主要回应是提出恒星距离地球非常遥远，以至于其视差无法被检测到，即便用上最强大的望远镜和最准确的测量设备也不行。但这又意味着，恒星一定是自己的系统里的“太阳”，存在于极远的距离外。甚至连日心说最早的支持者萨摩斯的阿利斯塔克也意识到了视差问题及其含义。

图28—1

图28—1. 这张18世纪版画的作者是萨顿·尼科尔斯（Sutton Nicholls），描绘的是为纪念1666年伦敦大火（Great Fire of London）而建的纪念碑（The Monument）。这座62米的高塔由克里斯托弗·雷恩爵士与胡克合作设计，以便实现胡克提高对天棓四的测量精度的设想。它的中心是一个空腔，这样，建筑整体就成了一个巨大的天顶望远镜。令人难过的是，附近的交通导致的震动毁掉了胡克的心愿。

然而，进入16世纪后，测量技术的突飞猛进使“恒星尺寸问题”成为接受哥白尼学说的另一道重要障碍。人们发现，恒星具有虽然很小但显然是可以测量的角直径。结合它们极为遥远的距离，就可以算出恒星大得惊人的尺寸——即使是那些最暗、最小的恒星，也是体积远大于太阳的怪物。直到19世纪，天文学家发现有许多光学效应可以使遥远恒星发出的点光源看起来像一个具有小面积的圆盘，这个问题才得以解决。与此同时，许多天文学家感到，支持哥白尼学说意味着一面将太阳推到宇宙中心的位置，一面接受它的大小与天上所有其他恒星相比都是微不足道的。而这是自相矛盾的。看起来，解决这一问题的唯一方法就是通过足够精确的测量确定恒星视差的大小。

作为英国皇家学会的实验负责人，罗伯特·胡克在1669年率先尝试着测量了视差。他意识到，计算任何一颗恒星的真实方位都是很复杂的，因为地球的大气会弯曲或折射星光。于是，他把注意力集中于天棓四（Eltanin，天龙座γ）。在伦敦的纬度，这颗星从头顶正上方经过，因此可以假设它不受大气折射的影响。仔细的测量表明，天棓四与北天极的距离在7月比上年10月近约23角秒（大约1/160度）。1680年，法国天文学家让·皮卡尔称北极星勾陈一也受类似的效应影响。当时的科学界对此普遍持怀疑态度，但当英国皇家天文学家约翰·弗拉姆斯蒂德在1698年报告自己探测到了类似的极星摇摆现象时，它们显得更加不可忽视了。基于自1689年以来的一系列观测，弗拉姆斯蒂德确信自己已经发现了北极星的视差，并描述了它的表现方式。

尽管没有人胆敢质疑弗拉姆斯蒂德测量的准确性，几位天文学家很快就对其理论基础表示了怀疑。当时的人们还不完全理解视差导致的观测效应，但有许多人指出，弗拉姆斯蒂德发现的周年循环运动与任何一种还算可信的理

图28—2

图28—2. 弗朗西斯·普莱斯（Francis Place）的这张图（1712）中，可以见到格林尼治皇家天文台的“星室”（Camera Stellata）。雷恩为其设计了巨大的窗户，以便安装望远镜和其他仪器。然而，由于这栋建筑本身没有朝向任何一个方位点，事后发现，不可能将屋内的中天望远镜与南北子午线对齐（对于测量物体在天空中的最高点是必需的）。相反，弗拉姆斯蒂德的大部分观测工作都是在其他建筑进行的。

论都搭不上边。弗拉姆斯蒂德发现北极星的移动在6月和12月变慢并改变方向，而大多数专家则肯定地表示，真正的视差改变方向的时间在3月和9月。巴黎天文台的乔瓦尼·多梅尼科·卡西尼在1702年的一封信中给出了最详细的批评意见，还附上了对弗拉姆斯蒂德的发现的一条有些晦涩的解释。

多佩尔迈尔肯定也了解这场辩论。在图页28的补充图表中，他解释了视差的原理，也探讨了弗拉姆斯蒂德和卡西尼的理论。然而，尽管有很明确的证据显示，多佩尔迈尔是在大约1740年编写的这些图表，他却莫名其妙地遗漏掉了故事的关键结局。

18世纪20年代中期，牛津的萨维尔天文学教授詹姆斯·布拉德雷（1692—1762）与业余天文学家塞缪尔·莫利纽克斯（Samuel Molyneux，1689—1728）合作，试图重复胡克的测量工作。他们为此专门定制了一台垂直安装的望远镜，将它挂在了莫利纽克斯位于伦敦郊外的房子的一只烟囱外侧。该仪器的镜筒悬吊在顶部的枢轴上，并且可以使用可调螺丝将目镜端来回摆动1度多一点。另有铅垂线挂在枢轴上，给定精确的垂直方向。望远镜与垂线的偏差可以从一个划分得极为细致的弧上读出。自1725年12月起，在近两年的时间里，莫利纽克斯和布拉德雷不辞辛苦地记录了望远镜观测到的大约80次天棓四到达天空位置最高点的情况。他们的结果不仅毫无疑问地肯定了位置漂移的真实性，而且也确认了这种移动和预测中的视差具有3个月的差异。

起初，天文学家还在怀疑，这会不会是地球自转轴的一种称为“章动”的方向摆动导致的。但布拉德雷将证明实情并非如此。莫利纽克斯先是有了其他的时间安排，后来不幸去世，布拉德雷只得孤身一人继续他们的工作。他使用了一台能够以更大弧度摆动的较小仪器，测量了距离天顶点更远的恒星，并考虑了大气折射的理想影响。布拉德雷发现，章动效应预计会对所有的恒星产生相同程度的影响，但自己测量到的恒星位置变化根据它们与天极的距离而有很大差异。

他终于在1728年找到了答案。在寻找视差的过程中，人们一直专注于地球相对于遥远恒星的位置变化，但忽视了地球速度（相对于特定星体的方向上的速度）的变化。已知光速有限，地球相对于一颗恒星发出的光线的运动方向，会影响光线到达地球的方向，因此也会影响这颗恒星在天空中的视位置。（一个日常生活中的类比是，想象一下，拿着伞的人想要保护自己不被雨淋，需要根据自己的运动方向和速度改变伞的倾斜角度。）

布拉德雷利用自己的测量数据，估算出地球在太空中的移动速度大约是光速的1/10200，而光从太阳传播到地球需要8分12秒（非常接近8分20秒的现代数值）。因此，他不仅毫无争议地证明了地球确实是在围绕着太阳移动，也改进了罗默早前的光速估计，从而提高了对整个太阳系的测量精度和准确性。

布拉德雷的工作很快就在欧洲得到了广泛的认可，这有力地证明了他的方法和观念确实是可靠的。这些恒星的异常行为本来或许能给哥白尼理论致命的一击，但他成功地将其转为支持的证据。其实，在同一时间，意大利数学家、天文学家欧斯塔基奥·曼弗雷迪（Eustachio Manfredi，1674—1739）已经在博洛尼亚做起了类似的观测工作，而曼弗雷迪的目的是一劳永逸地推翻哥白尼学说。而有些讽刺的是，布拉德雷很快采用了曼弗雷迪为这种效应起的专有名词——“周年光行差”（annual aberration），用以将其与真正的视差区别开。

Königsberger Heliometer.

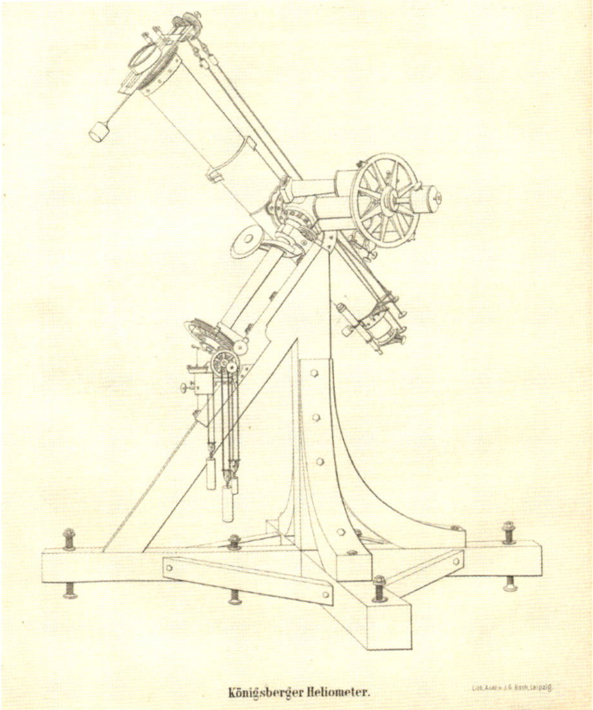

图28—3

图28—3. 贝塞尔论文集中的这张简图展示了“柯尼斯堡量日仪”（Königsberg heliometer）。贝塞尔用这台不同寻常的望远镜精确测量了天鹅座61的视差。这台望远镜的主物镜分割成了两半，以便产生两个独立的影像。分离的镜片可以通过精细的螺旋螺丝微调，从而让不同恒星的像重合。此时恒星间的精确距离就对应于镜片的分离程度。

这样一来，多佩尔迈尔未能在《天图》中恰当地介绍布拉德雷的工作这件事就有些令人玩味了。多佩尔迈尔有着遍布欧洲的人际网络，本人又是皇家学会的会员，按理说不可能对如此重大的进展一无所知。实际上，他在图页28中收录了一张可能是用来阐释这种现象的图表，但却忘了附上解释性的文字。可能这只是因为页面上没有足够空间，或者他有了其他的主意。《天图》似乎留下了这最后一个谜团。

* * *

随着光行差现象被广泛了解和接受，地球是否运动似乎已不再是一个问题。自那之后，难以捉摸的视差仍然是测量宇宙尺度的重要潜在工具，但已不再是互相竞争的天文学体系之间存在的关键争议点。然而，在1747年，布拉德雷经过20多年极为缜密的测量尝试，发现真正的视差效应很显然还是太小，是当时的任何望远镜都无法辨别的。尽管在随后的几十年里仍有间歇性的视差测量尝试，但直到19世纪30年代，望远镜和其他观测仪器的改进才带来了第一批成果。1838年，德国天文学家弗里德里希·贝塞尔（Friedrich Bessel，1784—1846）成为成功测量视差的第一人。

贝塞尔的测量瞄准了天鹅座61：这是天鹅座的一颗肉眼可见的暗淡恒星（或者说其实是一对双星）。天鹅座61最出名的是它在天空中的“自行”（proper motion）——与其他恒星相比，它每350年就能移出一个满月的宽度。当朱塞佩·皮亚齐（Giuseppe Piazzi，1746—1826）在1804年发现这一现象时，天鹅座61因此获得了“飞行之星”这一昵称。

早在1718年，埃德蒙·哈雷就证明了自行的存在，但多数恒星的移动还是太慢了。但是，可以合理地推测，如果所有恒星在太空中都以大致相近的速度沿随机方向运动，那么自行最大的恒星离地球最近。

贝塞尔之所以选择天鹅座61作为自己的研究对象，正是因为它是当时所知自行最大的恒星。与此同时，身在圣彼得堡的弗里德里希·施特鲁韦（Friedrich Struve，1793—1864）出于另一套同样合理的逻辑，选择了天空中的一颗最亮

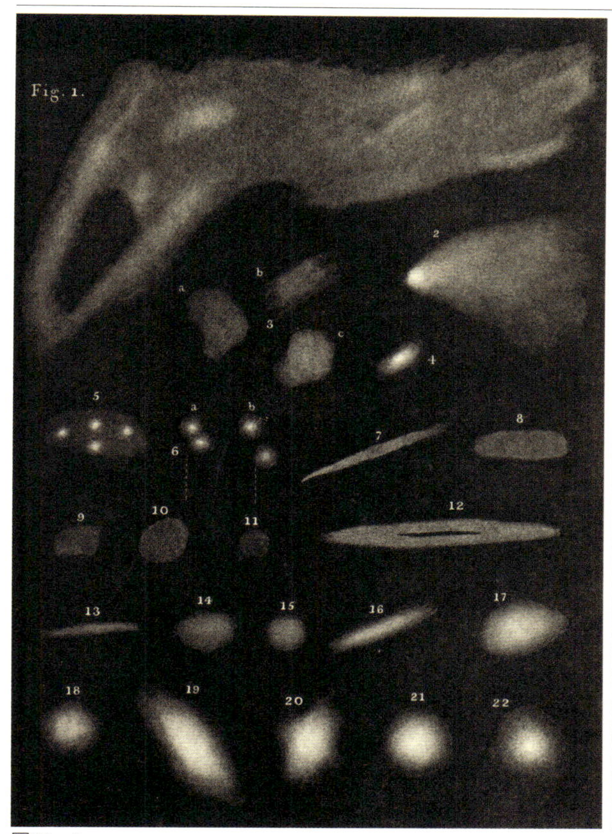

图28—4

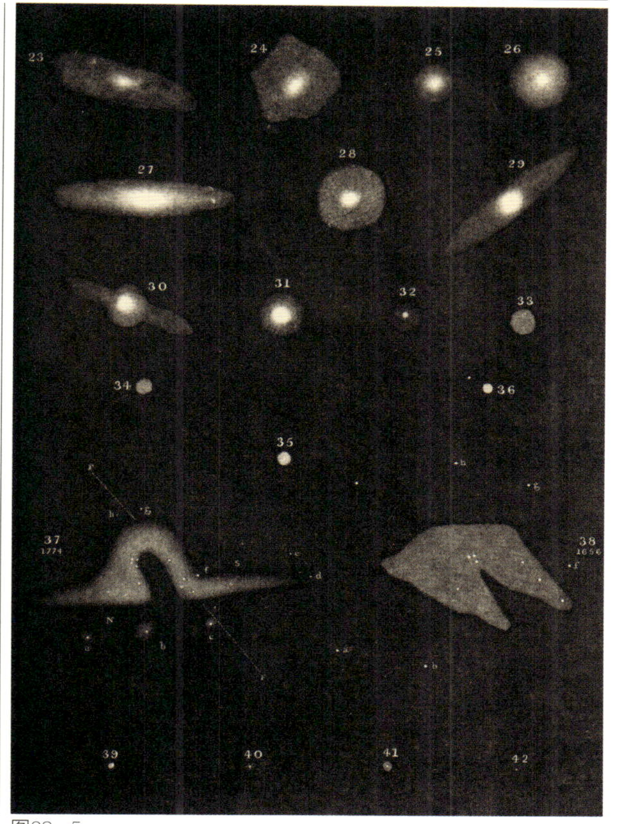
图28—5

图28—4～28—5. 威廉·赫歇尔的1811年星表中的这两页展示了天空中的星云和弥散天体，旨在展示它们随时间从一种类型到另一种类型的演化。在18和19世纪发现大量星云之后，许多天文学家把它们当作同一类天体进行研究，还没有意识到它们中其实有聚在一起的星团，有星际气体云，也有遥远的星系。

的星——天琴座的织女星。就像许多人一样，他认为没有理由不相信不同恒星的发光能力有着巨大差异。那么，最亮的恒星就是离地球最近的恒星，因而具有最大的视差。

事实证明，贝塞尔做出了更好的选择。尽管在宇宙学意义上，织女星确实离地球很近，但它与我们的距离是天鹅座61的2倍，因此其视差是后者的1/2。另外，与暗得多的天鹅座61相比，织女星耀眼的亮度也使得精确测量其中心点变得更加困难。结果，尽管施特鲁韦在1837年发表了较为准确的织女星视差初步测量值，他在1840年发表的最终结果实际上相当不准确。与此同时，贝塞尔在1838年测量到的天鹅座61视差为0.314角秒（约为1/11500度），与其现代值只差了不到10%。通过这一数值，他计算得出了用现代术语描述相当于10.3光年的距离。贝塞尔致信给伦敦的皇家天文学会宣告了这一发现。收到信后，皇家天文学会主席约翰·赫歇尔赞叹道：“恒星宇宙的‘测深索’终于探到底部了。”

然而，虽然已经能够测量视差，绘制宇宙地图的大门并没有完全打开。贝塞尔和施特鲁韦的工作已经将当时的望远镜用到了极致，而在他们最初测量这两颗星之后，整个19世纪里，总共只有二三十颗非常接近地球的恒星得到了测量。（要测量视差角小得多也即距离远得多的恒星，需要等到能够在地球大气层上方观测的轨道天文台时代。）不管怎么说，了解了这为数不多的恒星的真实亮度，人们第一次计算出了恒星本身输出了多少光（光度）。由此出发，可以通过跟踪不同的证据线索，获取其他的物理性质。这样，就建立了一个还可以应用于许多其他恒星的恒星物理模型。

贝塞尔的测量帮助人类确定了太阳系近邻的距离，但更遥远的恒星还是一片令人尴尬的神秘莫测。威廉·赫歇尔（前面提到的约翰·赫歇尔的父亲）在18世纪80年代时曾试图测绘银河系的结构。通过统计天空不同区域中的恒星数目和亮度，他得出了一个结论，即银河系是一个有些扁平的恒星团块，太阳和太阳系嵌在它的中央平面内，离中心有一点点距离。

人们就赫歇尔模型的准确性展开了争论。与此同时，几乎整个19世纪里，多数天文学家依然认为，银河系是唯一的一个恒星系统，包括了宇宙中的一切。而早在1750年，托马斯·赖特就已经提出了另一种可能性——银河系不过是太空中众多巨大的恒星团块中的普通一员。赖特注意到，尽管大多数恒星都集中在银河的条带附近，有许多星云却离这一平面很远，看起来并不属于这里。几年之后，受到赖特思想的启发，德国哲学家伊曼纽尔·康德提出，银河系和这些遥远的星云一样，都是些独立的“岛宇宙”。

这个想法非常有见地。但是，第二次伟大的哥白尼革命，也就是将我们的银河系降格为数不尽的万亿星系之一的观念转变，还要等到19世纪末20世纪初才发生。1864年，英国天文学家威廉·哈金斯（William Huggins，1824—1910）分析了许多“星云”发出的光，发现可以将它们分为截然不同的两大类：一类是由发光气体组成，而另一类——特别是有螺旋形结构的那些——很明显是巨大而无法解析的恒星团块。大约在1915年，美国亚利桑那州弗拉格斯塔夫市洛厄尔天文台的维斯托·斯里弗（Vesto Slipher，1875—1969）的进一步研究表明，许多旋涡星云正在以每秒数百千米的速度相对于地球移动。这远远大于恒星的典型速度，而且意味着它们并不受银河系引力的束缚。

问题终于在1925年得到了解决。这一年，埃德温·哈勃（Edwin Hubble，1889—1953）使用美国加利福尼亚州威尔逊山天文台的望远镜拍摄了许多张单个旋涡星云的照片。这是当时世界上最大的望远镜。哈勃从用它拍到的照片里分解出了星云中的单个恒星。通过比较这些照片，他发现了许多亮度随时间改变的变星。这些变星分属各个种类，但其中一些恰属于造父变星。而此前，哈佛大学的天文学家亨丽埃塔·斯旺·莱维特（Henrietta Swan Leavitt，1868—1921）已经证明，造父变星的脉动周期与平均内禀亮度具有确定的关系。哈勃利用莱维特发现的“周光关系”得到了照片上的造父变星的真实光度，进而通过与这些变星的视亮度相比较，计算出了它们的距离。这些数据最终铁板钉钉地确认了，旋涡星云真的就是康德所说的“岛宇宙”，而我们的星系不过是众多星系中的一个。

哈勃的发现是将地球从宇宙中心的特权宝座上拉下来的最后一个重大突破。几年后，他发现了著名的哈勃定律：离我们越远的星系，离开我们的速度就越快，在各个方向上都是如此。但这时的天文学家已经不会假设地球是什

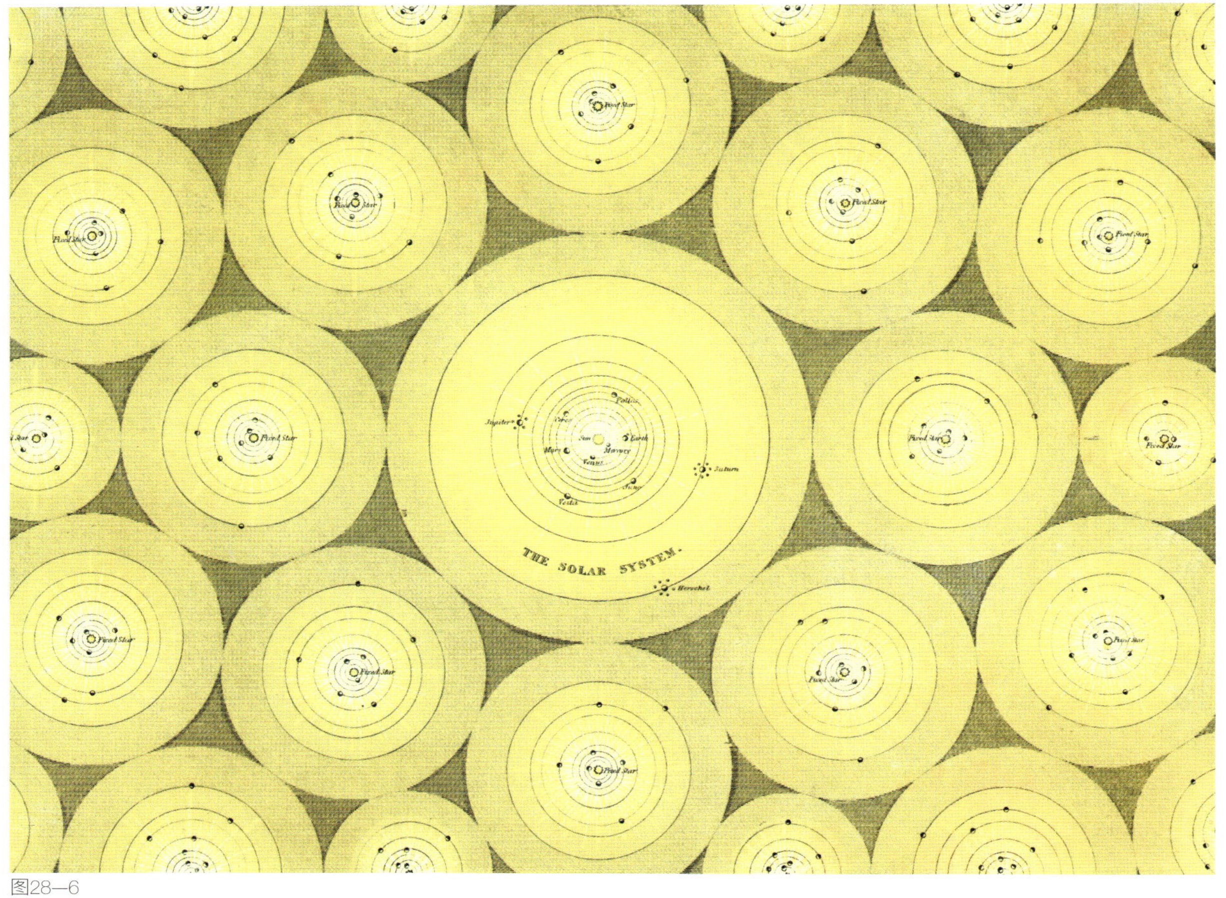

图28—6

图28—6. 艾萨克·弗罗斯特（Isaac Frost）约于1846年创作的这幅版画名为《牛顿宇宙体系》（*Newtonian System of the Universe*）。图中描绘了太阳系及周围其他恒星的类似系统。就像启蒙时代的天文学家敢于将每颗恒星想象为它自己的太阳系的中心一样，现代的宇宙学家也将每个星系看作是它自己的那个广袤的“可观测宇宙”的中心。以此为起点，可以向各个方向延伸，直到光线自大爆炸以来能走到的最遥远的地方。

么特殊的观察点了。按照阿尔伯特·爱因斯坦在20世纪初奠定的相对论原理，他们认为不存在这样的特权视角。宇宙从任意一个随机选择的星系的角度看起来都是相同的，因此对星系运动的正确解释是整个宇宙都在膨胀，并拉扯着每个星系与其他星系分离，就像葡萄干在发酵中的蛋糕上一样。

然而，从某种意义上说，地球直到现在依然是万事万物的中心。宇宙膨胀（以及其推论，即膨胀的宇宙可以追溯至一个现在称为“大爆炸”的起始点）的发现为我们能够看多远设定了限制，却让地球回到了它自己那个独特的“可观测宇宙”的中心。光速有限意味着我们向太空深处探看的对象越远，从它们而来的光走过的时间就越长，我们所看到的就是越发久远的过去。因此，光自宇宙诞生以来的138亿年里能够走过的距离，给我们的视线划出了一道界限。

空间中的每一点都是它自己的可观测宇宙的中心，而真正的无所不包的宇宙则远超于此。这个大宇宙和每一个可观测宇宙都在扩张着。知道这一切，古希腊的天文学家可能会感到宽慰。原来，永远无法被穿透的终极天球层确实是存在的。

* * *

天文学是最古老也最直观的科学。因此，试图理解宇宙并将这些知识传递给他人的努力与艺术创作不可避免地交织在一起。

自史前时代起，人们就将夜空中群星的形态和其他天象与象征符号、强大的神灵和传奇人物联系在一起，成为历史悠久的传统。而17世纪和18世纪欧洲的大星图集正是这一传统的巅峰之作。这些星图——主要是约翰·拜尔的《测天图》（1603）和约翰内斯·赫维留的《星图》（1687）——的影响，在本书前文中已有所介绍。

多佩尔迈尔在《天图》一书中的星图特别受到赫维留《星图》的影响。但是，在《天图》成书之时，一部重磅新作已经出现了。那就是弗拉姆斯蒂德的《不列颠星表》（1725）及其附带的星图。这是40年兢兢业业观测的成

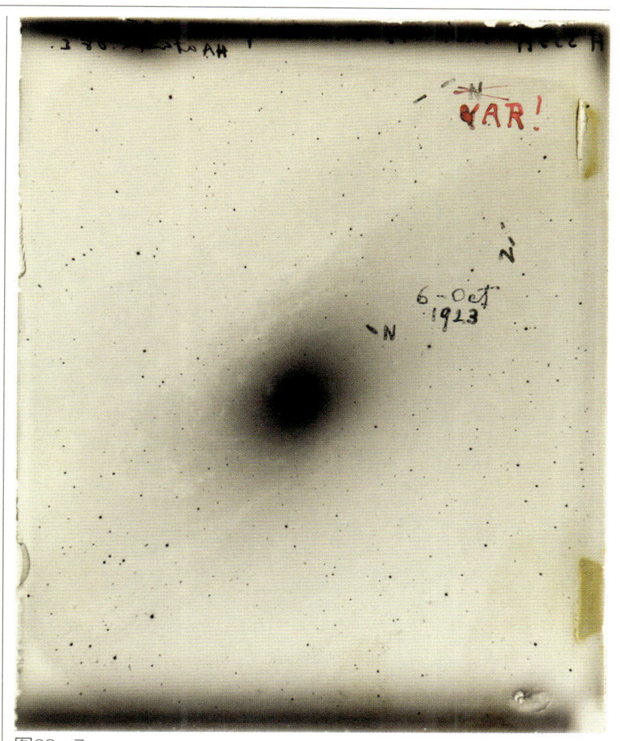

图28—7

图28—7. 1923年，哈勃在这张拍摄下了仙女座旋涡星云的照相底版上标记了“VAR!”的字样，表示上面有一颗相对于其他照片改变了亮度的变星。他极为细致地计算了仙女座星云和其他地方的造父变星的光变周期，利用它们的光度与周期的关系算出了它们的真实距离。

果，人们对之期盼已久。通过对54个星座中约2935颗恒星位置的精确测量，弗拉姆斯蒂德树立了一套风行于整个18世纪的新标准。尽管多佩尔迈尔的天图（以及其他基于早期星表绘制的作品）依旧流行，最严肃的观测者现在信赖的是弗拉姆斯蒂德。在这一时代，星图上的恒星和星座图案的权重仍旧是大致相当的。但随着望远镜的改进，天文学家以越来越高的精度编目了比以往多得多的天体。也就是说，星图的版面越来越拥挤了。

黄金时代的最后一份大星图——《星图，或称对恒星的描述》（1801）——是柏林天文台的台长约翰·埃勒特·波得编写的。图中纳入了超过17000颗恒星，其中有许多比肉眼能看到的极限还要暗很多。同时，精心描绘的星座形象也相当吸引注意力。这幅星图的实用性是当时之最。

进入19世纪以后，星图变得越来越工具化了。由于大量的新天体涌现，星座图像退居背景，最后消失了。波得尝试引入的星座边界指出了前进的方向。有了边界，新发现的天体就可以毫无争议地归属于天空中的一个独一无二的区域。最终，波得的想法在20世纪得到了系统化。国际天文学联合会于1928年拍板确定了88个星座，它们覆盖了整个天空。

尽管如此，浪漫的星座图案绝没有消失。

图28—8～28—11. 到19世纪时，严肃天文学家使用的星图上的天体越来越密集，而星座人物已经开始慢慢消失了。但是，它们依然作为天文爱好者的装饰品和提示符出现在许多地方。例如，1824年出版的《乌剌尼亚之镜》是一套共32张天文卡片，每张卡上都打了孔。光线从孔中漏出时，就可以模拟天上的群星。

图28—8

图28—9

图28—10

图28—11

它们的身影始终是业余爱好者寻星时的宝贵教学工具。从《乌剌尼亚之镜》(*Urania's Mirror*, 1824)优美的卡片，到现代天文观测应用程序中可切换的图层，它们依旧处处可见。这样说来，《天图》捕捉到的，只是人类记录群星的永恒故事中的一个迷人时刻。

* * *

在多佩尔迈尔时代之后的很长一段时间里，制图技艺仍是一项关键的天文学技能，也是保存通过望远镜目镜所看到的瞬时图像并与他人分享的唯一方法。《天图》中，星图的绘图形式主要承袭自文艺复兴时期的制图师和诸如拜尔和赫维留这样的先驱。但是，书中也可以见到对单个天体的写实性描绘，如图页26底部所示的星云。这些图画暗示着对准确呈现实际在天空中所观察到的事物的新挑战。

望远镜时代早期的天文学家通常满足于用墨水在纸上记录天体的位置和形状。恒星或是在那里，或是不在。更亮的星体在视觉上"更大"的观念已经被广泛接受。要是想用墨水和纸张记录那些具有亮度或明暗变化的对象，比如太阳表面的黑子，或是月球的地形地貌，就需要用到更精巧的方法了。而至于表现彗星的方法，这是另一个自有其丰富历史的领域。它始自中国马王堆帛书上用线条勾勒的彗星图(公元前185年前后)，继于木雕版画和中世纪富有想象力的插图，一直到望远镜时代。

话说回来，第一个尝试以比较写实的手法表现天空本身的人是乔瓦尼·巴蒂斯塔·霍迪尔纳(Giovanni Battista Hodierna, 1597—1660)。他在自己的《论彗星世界的系统，及天空中的奇妙事物》(*De systemate orbis cometici, deque admirandis coeli characteribus*, 1654)一书中，有史以来第一次详细记录了今天的天文学家称为"深空天体"(星云和其他明显具有非恒星外观的遥远天体)的对象。霍迪尔纳制作的是简单的木版画，其中黑色块代表太空背景，恒星从其中涌现而出；星云的大致界限则以阴影线来表现。

荷兰天文学家克里斯蒂安·惠更斯在其著作《土星系统》(*Systema Saturnium*, 1659)中，既提升了对天空的观测精度，也改进了它在印刷品中的呈现方式。他应用了雕版印刷的方法，为猎户星云涂上了一整块颜色，也用这种方法表示了火星和木星表面特征的亮度。这种技术虽然只是引入了介于白色的星点和黑色的太空之间的一种灰色调，却预示着一项新的天文绘图传统的开始。自此之后，人们抛弃了白底黑星的粗糙形式，而使用黑纸和彩色笔来更准确地描绘天空。

多佩尔迈尔在图页26上翻印了两张关于同一天区的素描图，一张来自惠更斯，另一张细节更丰富的则是皮卡尔在1673年绘制的。皮卡尔向这个天区添加了一些新的恒星，图中星云状物的形状也与惠更斯笔下的有相当大的不同。一些现代研究人员认为，猎户星云未曾被一些早期甚至相当晚近的观测所记录，或许意味着它在近代历史中发生了显著变化。然而，记录的差异更有可能是由于早期望远镜的技术缺陷和观测者的主观解释造成的。

到了18世纪末，随着望远镜技术的进步，大量新天体，特别是星云状天体得以被发现，对于精确绘图的要求更加紧迫了。1774年时，彗星猎手夏尔·梅西叶（Charles Messier，1730—1817）发表了他自己的“星云”列表的第一版（为了方便其他天文学家准确找到新彗星）。在随后的10年里，他又将星表包括的天体从最初的大约45个扩展到了103个。梅西叶星表中的许多天体都可以分解为单个恒星，但也有许多是不可以的。梅西叶对猎户星云的描绘在天空可视化方面迈出了一大步。他使用微妙的光影渐变，记录下了望远镜圆形视场中明显具有三维结构的天体。同时，图上叠加的网格线不仅揭示了梅西叶达到如此准确度的工作方法，也提醒着读者，表明这是有价值且科学的工作。

然而，从18世纪80年代起，梅西叶费心编写的星云目录很快就被威廉·赫歇尔赶超了。赫歇尔是一位自学成才的望远镜制造者，但他所造的望远镜是当时精度最高的。他与妹妹卡罗琳·赫歇尔（1750—1848）一起，使用自己制造的仪器对天空进行了开创性的观测。在1781年发现新行星（现名为天王星）后，他被誉为欧洲最优秀的观测者。威廉·赫歇尔做出过许多发现。他找到了很多新星云，并且确认其中一些的确是气态的。然而，这些新天体中，有许多是只有他本人才能准确观测的，难以与他人进行讨论。为此，他在1811年为自己的论文《论天空的构造》（*On the construction of the heavens*）绘制了一幅颇具影响力的版画（见本书第239页），展示了各种形式的星云。

老赫歇尔的儿子约翰继承了父亲的衣钵，成为19世纪上半叶的杰出观测家。约翰·赫歇尔自青年时代起就是一名熟练的绘图员。与许多人一样，他也受益于1795年铅笔的发明。这种铅笔混合了不同比例的石墨和黏土，可以用于制作硬度不同的绘图工具。约翰·赫歇尔使用了他父亲的望远镜和一些自己的创造，为天空中的许多弥散天体绘制了精细入微的星图。他想出了一种巧妙的方法，可以准确地记录暗淡的恒星和星云：首先，标绘出几颗关键恒星的精确位置。然后，利用它们的连线，构建一个多边形骨架。最后，参照天空中的这些虚拟的线条，添加更暗弱的特征。约翰·赫歇尔之所以如此关心绘图的准确度，是因为他希望通过星云的形状发现其中的运动和演化，特别是借此解决当时关于星云是否为新生太阳系的广泛争论。与此同时，在1839年前后，耶鲁学院的一位年轻的天文学家埃比尼泽·波特·梅森（Ebenezer Porter Mason，1819—1840）开创了另一种绘制星云的方法。正如地图上使用等高线，梅森在绘图中第一次使用了代表相同亮度的“等照度线”（isophote）。

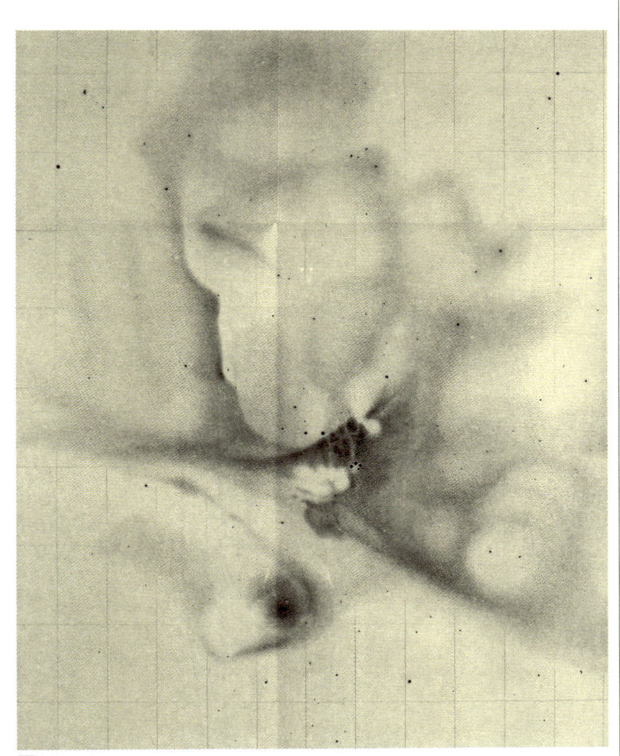
图28—12

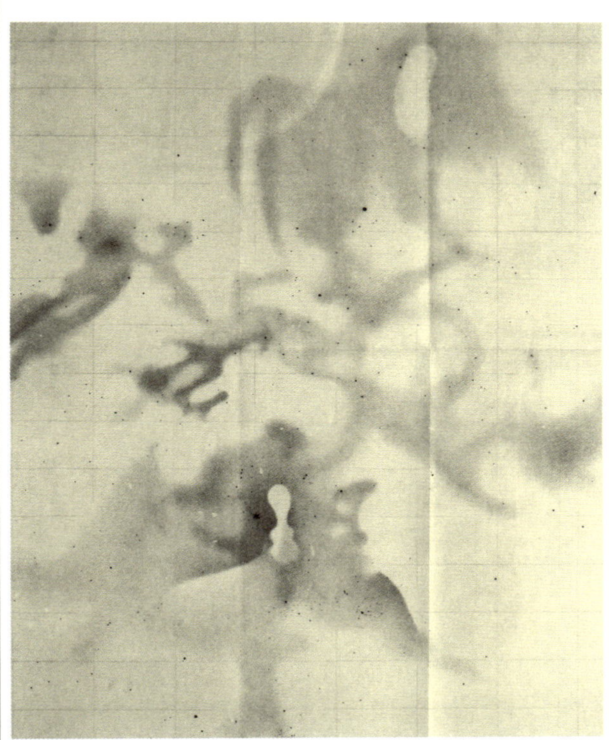
图28—13

图28—12～28—13. 约翰·赫歇尔在19世纪30年代绘制了这两幅极为精彩的天文学素描。左为猎户星云，右为南天的船底座的钥匙孔星云。赫歇尔将精细的测绘与艺术的眼光相结合，并使用了最新的绘图工具，画下了极为丰富的细节。

然而，画出19世纪最有影响力的天文学插图的却另有其人。1845年，第三代罗斯伯爵威廉·帕森斯（William Parsons，1800—1867）建成了当时世界上最大的望远镜，开始了自己的星云研究。罗斯伯爵的这台望远镜因为其巨大的尺寸被称为“利维坦”。它有着直径1.8米的镜片，过长的镜筒必须使用两堵平行的墙支撑。这因此限制了它的水平运动，而且使每个观测目标最多也只能在视野中停留一小时。不过，望远镜安装好后几乎没多久，帕森斯就利用它画下了猎犬座的梅西叶天体51号（简称M51）。赫歇尔此前看到的只是一个环状结构，帕森斯却发现了大量的细节，辨认出了一个螺旋形。

帕森斯的手绘图于1846年被复制为美柔汀（mezzotint）版画。美柔汀是一种依靠铜版表面粗糙程度来控制墨水分布的技法。使用了这种方法，在制造半色调印象时，就不再需要像阴影线或点阵这样的更大、更刻意的标记。随着时间的推移，人们越来越清楚地认识到了合理选择素描技术和复制方法的意义。例如，图页26中使用了点刻法等传统技术来表现渐变阴影。然而，在天文学背景下，它们也可能使人产生错误的印象，把这一区域当作一片聚集的小恒星。要说格外容易引起误解的，莫过于星云的结构。为了区分这些天体究竟是真正的气体云，还是无数不可分辨的恒星的集合，天文学家总是要花很大力气。事实上，由于这些被笼统称为“星云”的东西其实是好几种不同类别的天体（主要是恒星形成区的发光气体云、死亡恒星喷出的气体壳，以及包括了密集的恒星的遥远星系），分辨它们就更困难了。

尽管如此，天文学家依然尽力做到更客观。一些人尝试着选择可以避免歧义的艺术媒介，比如水彩和油画。其中，最引人注目的是威廉·拉塞尔（William Lassell，1799—1880）的作品。他用细节丰富的油画，传达了自己关于复杂的星云的印象。与此同时，帕森斯则雇用了几个技艺娴熟的观测助手，让每个人用他们的独特技法在他们自己的笔记本中记录下在目镜中看到的东西。然而，主观性依旧不可避免地渗透到了画面中。对于M51这样的天体，这种问题尤为严重。实际上，这个“星云”是一个遥远的星系。它的螺旋形结构只是一种视觉图案，是因为其最亮的恒星沿着大致圆形的同心轨道运动时在某些位置“聚集”而形成的。然而，螺旋形的外观诱使许多观测者将其描绘为天上的旋涡。

图28—14～28—15. 罗斯伯爵在1850年的一篇论文中刊载了这一系列星云简图。梅西叶51号醒目的结构（左上，绘于1848年）与其他天体都多少有些相似之处。现在我们知道，所有这些天体都是遥远的旋涡星系。罗斯伯爵标志性的“旋涡”图在之后的半个多世纪里成为旋涡星云的标准图像。

图28—14

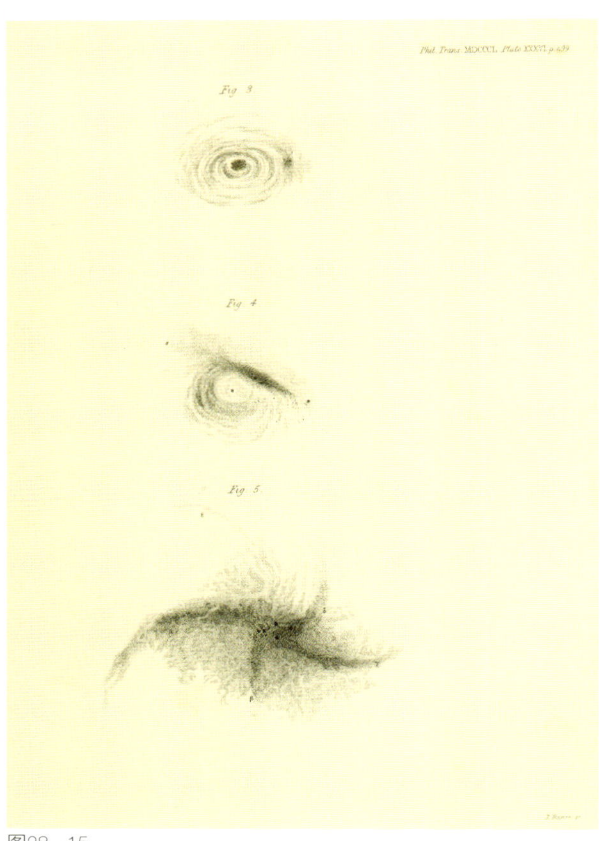

图28—15

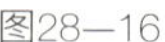

图28—16

图28—17

图28—16～28—17. 这两张标志性的猎户星云图像连接了一个跨多个世纪的天文学发展史。左侧是德雷伯具有里程碑意义的照片（1880）。他在拍摄时使用了一种新的处理方法，大幅提高了感光度，并首次将更广泛的对象纳入摄影范围。右侧是哈勃空间望远镜于2006年摄制的一张照片。它使用了一系列现代成像技术，以5种不同的颜色呈现出令人惊叹的画面，将科学精度与艺术才华完美结合。

其中，物质向着旋涡明亮的中心汇聚，与太阳系形成理论相符合。法国天文学家卡米耶·弗拉马里翁（Camille Flammarion，1846—1936）大力推广了这种说法。据说，文森特·凡·高（1853—1890）在《星夜》所描绘的旋涡状天空，甚至也是受此影响。

昭示着即将到来的天文学图像革命的第一个信号出现在1839年。在这一年里，法国艺术家、摄影师路易·达盖尔（Louis Daguerre，1787—1851）使用自己新发明的曝光时间更短的银版摄影法（Daguerreotype），拍下了一张斑驳的月面照片。然而，直到40多年后，摄影技术才发展成熟到了能与手绘相匹敌的程度。自1880年起，业余天文学家亨利·德雷伯（Henry Draper，1837—1882）使用一种快速反应的新方法——干板（dry plate）摄影——拍下了猎户星云的照片。这些令人印象深刻的图像立刻引得人们纷纷效仿。

当然，摄影术也有其局限性，底片处理技术本身也需要一些主观判断。然而，即使与最熟练的观测者的眼睛相比，长时间曝光的能力也具有明显的优势。长曝光技术与光谱学（将星光分解成类似于彩虹的光谱来研究不同波长的强度）等新技术相结合，使得天文学家得以开展第一批大规模摄影巡天，进入了天文学的“大数据”时代。分析和比较大量恒星的数据揭示了它们之间的规律和关系，而这对天文学家通过新的科学分支——天体物理学了解它们的物理特性和生命故事至关重要。

由于摄影技术的进步，以及之后出现的数字成像技术的发展，20世纪和21世纪的专业天文学家已经不再需要亲自站在目镜后方了。如今是计算机负责着控制仪器、从数千千米之外的山顶天文台收集数据的工作。然而，人类的才华和灵感仍旧有用武之地——用于构思关于宇宙的最具洞察力的问题，发现获得最清晰答案的最佳途径，以及解释所有这一切的意义。

艺术与天文学古老的伙伴关系生动地呈现于《天图》这部历史杰作，也以各种不同的形式延续至今。例如，在业余天文爱好者中仍有忠实的天文素描实践者。而至于哈勃空间望远镜等设备产出的经仔细处理过的图像，不正是旨在从电子传感器中提取尽量多的细节并将它们以最佳效果结合在一起的艺术作品吗？

我们在宇宙中的渺小地位限制着我们，阻止我们清晰地观察它。即使在最强大的望远镜的视野里，绝大多数恒星仍然只是光点而已，更别提我们在银河系这个巨大的旋涡星系中视野不佳的位置了。然而，天文学家总是能巧妙地找到了解宇宙现象的新方法。当他们想要传达自己的想法时，往往会借助于艺术家的才能，以弥合知识与感性之间的差距，并将方程、数字和数据转化为其他星球和世界的视觉形象。正如多佩尔迈尔在300年前发现的那样，视觉上的魅力可以成为表达科学观点时的有力工具。

天文学大事记

公元前4世纪

曾是柏拉图门徒的欧多克索斯建立了一个数学模型，使用沿着不同轴线绕地球转动的同心球层来描述天体的运动。

公元前4世纪末

亚里士多德以欧多克索斯球层为基础，建立了自己的宇宙模型。他的球层之间具有物理联系，以使驱动力从一个球层传递到下一个。亚里士多德认为行星、恒星和天球都是由与土、空气、火和水这些属于尘世的元素特性不同的以太组成的。

公元前3世纪

萨摩斯的阿利斯塔克考虑了一种以太阳为中心的宇宙论，以取代亚里士多德的地心学说。但他无法证明自己的理论。

约公元150年

亚历山大港的托勒密在其天文学论著《天文学大成》中改进了天球层模型，向其中增添了称为均轮的辅助圆以及其他数学工具。托勒密的新模型在之后的1400年里具有不受挑战的地位。

公元5世纪

印度数学家阿耶波多（Aryabhata）最早提出，天空的周日运动是地球绕轴自转导致的。然而，他的思想并没有为欧洲的天文学家所知。

1025年

海什木撰写了《对托勒密的质疑》。这是伊斯兰天文学家表达对地心体系准确性的怀疑的几部作品之一。

1252年

卡斯蒂利亚的阿方索十世资助编写了《阿方索历表》。这是一系列使用托勒密模型（经伊斯兰天文学家改进过）来预测天体位置的表格。

1377年

法国哲学家尼古拉·奥雷姆在其《天地通论》中证明，许多反对地球运动和自转的论点实际上是可以忽略不计的。然而，这本书依旧支持地心宇宙论。

1472年

雷乔蒙塔努斯发表了他曾经的老师格奥尔格·冯·波伊尔巴赫撰写的《行星新论》。该书简单介绍了托勒密模型。这是有史以来第一本印刷出版的天文学教科书。雷乔蒙塔努斯随后又完成了对托勒密一些作品的翻译工作，以《天文学大成概要》为题于1496年付梓。

1483年

《阿方索历表》初版发表（第二版印刷于1492年）。天文数据和托勒密理论的普及，使托勒密模型的不足之处益发凸显。

1514年

尼古拉·哥白尼私下将其《短论》的手稿副本分发给朋友传阅——这是日心说的早期纲要。消息迅速传遍欧洲的自然哲学界。

1515年

阿尔布雷希特·丢勒、约翰内斯·斯塔比乌斯和康拉德·海因福格尔创作了一对天球图——这是欧洲历史上第一幅印刷星图。

1543年

部分地由于朋友兼弟子——德国数学家格奥尔格·约阿希姆·雷蒂库斯——施加的压力，哥白尼完整解释自己理论的《天球运行论》得以出版。

1551年

德国天文学家伊拉斯谟·赖因霍尔德（Erasmus Reinhold）出版了基于哥白尼模型的预测历表——《普鲁士星历表》（*Prutenic Tables*）。人们很快发现它比《阿方索历表》更实用。

1572年

仙后座的超新星事件是历史上第一个明确无疑地证明天空并非永恒不变，而是会发生变化的例子。第谷·布拉赫的测量表明它必然比月球更远，这给了亚里士多德的天界不变观点沉重一击。

1577年

第谷测量了一颗明亮彗星的路径，证明这颗彗星也是远在月球轨道之外的。

1588年

受到反对哥白尼理论的科学论证的启发，第谷发表了自己的宇宙模型。其中，行星绕着太阳运行，但太阳绕地球转动。

1598年

荷兰制图师彼得勒斯·普朗修斯制作了一个天球仪，向其中增添了极南天空的新星座，并标示了最近一次荷兰贸易探险中航海者所报告的恒星。

1603年

约翰·拜尔出版了囊括整个天空的星图集《测天图》。它引入了按照各星座内恒星的亮度顺序进行希腊字母编号的惯例。

1608年

望远镜出现于荷兰，其发明人可能是荷兰眼镜制造商汉斯·利伯希。关于新发明的消息很快传遍了欧洲。

1609年

约翰内斯·开普勒出版了《新天文学》，主张哥白尼体系中行星遵循椭圆而非正圆轨道运行，且其速度随着与太阳的距离不同而变化。

1610年

伽利略发表《星际信使》，总结了他此前的望远镜发现——包括木星的卫星。他成为坚定的哥白尼主义者，但很快就被教会当局禁止将该理论作为物理现实来教授。

1619年

开普勒在《世界的和谐》中详细阐述了椭圆轨道理论，并添加了第三条定律，将行星的轨道周期与其和太阳的平均距离联系起来。

1632年

伽利略发表《关于两大世界体系的对话》，对托勒密模型和哥白尼模型进行了比较。他对地心说及其追随者的讽刺攻击导致了宗教裁判所的审判。

1651年

乔瓦尼·巴蒂斯塔·里乔利出版《新天文学大成》。这是一部天文学百科全书，其中包括详细的月球地图和对一些关于地球运动的论证的分析。这些论证最终导致里乔利支持一种改进的第谷体系。

1655年

克里斯蒂安·惠更斯使用他自己设计的一台强大的新型望远镜观测了土星，确定了土星环的结构，并发现了土星最大的卫星——土卫六。

1660年

英国皇家学会获得查理二世特许状，于伦敦成立。这是世界上第一所国立科学学院。1665年，英国皇家学会开始出版世界上第一份科学期刊——《哲学汇刊》。

1667年

路易十四特许成立巴黎天文台，目的是提高对天文学和航海的认识。

1671—1672年

在巴黎天文台工作的乔瓦尼·多梅尼科·卡西尼利用火星和木星的表面特征确定了它们的自转，并发现土星的4颗新卫星。

1675年

查理二世在格林尼治建立了一座皇家天文台，其目的与巴黎天文台类似。约翰·弗拉姆斯蒂德被任命为首位皇家天文学家。

1676—1677年

埃德蒙·哈雷在南大西洋的圣赫勒拿岛绘制了南半球天空图，并记录了一次水星穿过太阳表面的“凌日”事件。

1681年

一颗明亮的彗星（由戈特弗里德·基尔希发现，之前曾被观测到朝向太阳运动）在重新出现时运动方向发生了明显的变化，这提供了彗星沿抛物线运动的令人信服的证据。

1686年

法国作家贝尔纳·德·丰特奈尔（Bernard de Fontenelle）的《关于宇宙多样性的对话》（*Entretiens sur la pluralité des mondes*）出版。这是一本很有影响力的书，探讨了恒星是拥有自己的“太阳系”的其他“太阳”的证据。

1687年

艾萨克·牛顿发表了《自然哲学的数学原理》，在书中概述了运动定律和万有引力定律，解释了行星的运动及其椭圆轨道背后的力。

1690年

约翰内斯·赫维留的《天文学绪论》在其去世后出版。在这本颇具影响力的星表和星图集中，赫维留向北方天空添加了10个新的星座。

1698年

惠更斯的《宇宙观察者》在其去世后出版。这是一本很有影响力的著作。作者在书中推测了地外生命的可能性，并且首次尝试估计了恒星距离。

1700年

普鲁士国王腓特烈一世授权建立柏林天文台。戈特弗里德·基尔希为首任台长。

1705年

哈雷发表了《彗星天文学论说》（*A Synopsis of the Astronomy of Comets*），称这些天体遵循的是围绕太阳的椭圆轨道，并预测在1531年、1607年、1682年出现的同一彗星将于1758年回归。

1728年

詹姆斯·布拉德雷宣布自己发现了恒星位置微小的周年移动（现称为“周年光行差”），且这种移动是由地球绕太阳公转时光线追上地球的角度发生变化而引起的。

1729年

约翰·弗拉姆斯蒂德的《天图》在他去世后出版。这是到那时为止最为详尽和准确的星图。

1742年

霍曼继承人出版了多佩尔迈尔的《天图》。这本书结合了天体图谱与对当时的宇宙观以及历史上的其他理论的详细总结。

1750年

尼古拉-路易·德·拉卡伊在好望角开始了为期4年的天文观测。他在此处编制了详细的南天星表，并设置了14个新的星座。

1758年

业余天文学家约翰·格奥尔格·帕利奇使用多佩尔迈尔《天图》中的图表证实了哈雷彗星的回归。

1774年

夏尔·梅西叶发布了他的疏散天体表第一版——对此类天体（包括星团、星云、星系）的研究就此开启。

1781年

威廉·赫歇尔使用自制的望远镜发现了天王星。这是自史前时代以来第一个加入太阳系的新行星。

1785年

威廉和卡罗琳·赫歇尔首次尝试根据在各个方向看到的恒星数量绘制银河系的结构图。

1801年

约翰·埃勒特·波得出版了《星图》。这是一份极为详尽的星图集，包括了全天17000多颗恒星，其中许多早已低于肉眼可见范围。

1838年

弗里德里希·威廉·贝塞尔成功测量了天鹅座61的周年视差，首次证明了星际距离的巨大尺度。

1846年

法国数学家于尔班·勒威耶（Urbain Le Verrier）通过天王星运动的反常变化预测到了第八颗行星的存在。海王星很快就被发现。

1846年

第三代罗斯伯爵威廉·帕森斯使用一台巨型望远镜，发现了M51的旋涡般的形态。人们很快发现有许多其他星云也具有类似的旋涡结构。

1864年

威廉·哈金斯使用新的光谱学技术来区分气态星云和光线由无数单个恒星组成的“星云”。

1886年

哈佛学院天文台的爱德华·皮克林（Edward Pickering）开始进行全面的摄影和光谱测量巡天，最终解开了恒星化学和物理学的秘密。

1912年

亨丽埃塔·斯旺·莱维特确定银河系伴星系小麦哲伦云中造父变星的亮度与周期之间的关系。这一关系解锁了测量遥远的宇宙距离的大门。

1925年

埃德温·哈勃在许多旋涡星云中识别出造父变星，进而估计了它们的距离，并证明它们是远在银河系之外的独立星系。

1929年

哈勃发现了一个规律，即一个星系离银河系越远，它后退的速度就越快——这一关系揭示了整个宇宙是从遥远过去的一个点开始膨胀的。

重要人物

亚里士多德
(公元前384—前322)

古希腊哲学家，发展了一种宇宙学理论，认为恒星和行星被承载在环环相扣且以地球为中心的同心天球层上。

托勒密
(约90—168)

希腊-埃及天文学家和地理学家，改进了宇宙的地心模型，建立了一套持续了1500年的理论。

海什木
(约965—1040)

阿拉伯学者，研究了光学和视觉原理，发表了对托勒密影响深远的批评，并提出了自己的行星运动模型。

尼古拉·哥白尼
(1473—1543)

波兰神职人员、天文学家，提出了以太阳为中心的宇宙模型来解释托勒密模型中的问题。

第谷·布拉赫
(1546—1601)

丹麦天文学家，提出了一种折中的宇宙理论以解决托勒密和哥白尼模型的问题。

伽利略·伽利雷
(1564—1642)

意大利物理学家，他的早期望远镜观测支持哥白尼模型，导致了他之后与天主教会的冲突。

约翰内斯·开普勒
(1571—1630)

德国天文学家，将哥白尼体系中的行星轨道由圆改进为椭圆，使其预测更加准确。

约翰·拜尔
(1572—1625)

德国制图师，制作了第一本涵盖整个天球的星图，其卷首插图如上图所示。

约翰内斯·赫维留
(1611—1687)

德国-波兰天文学家，绘制了月球地图，设立了新的星座，并出版了一本对多佩尔迈尔产生很大影响的星图。

乔瓦尼·多梅尼科·卡西尼
（1625—1712）

意大利天文学家，做出了重要的行星观测工作，后从地心说转向哥白尼日心宇宙模型。

克里斯蒂安·惠更斯
（1629—1695）

荷兰天文学家、发明家，第一个准确地描述了土星环，发现了土星最大的卫星——土卫六，并发明了摆钟。

艾萨克·牛顿
（1643—1727）

英国物理学家，发现了描述行星和其他天体行为的运动和引力定律。

约翰·弗拉姆斯蒂德
（1646—1719）

英国皇家天文学家，以前所未有的准确度绘制了约3000颗恒星，并制作了有影响力的星表和星图。

埃德蒙·哈雷
（1656—1742）

英国天文学家和地球物理学家，绘制了第一张详细的南天星图，并预测了以他名字命名的彗星的回归。

詹姆斯·布拉德雷
（1692—1762）

英国天文学家，通过精确测量恒星位置给出了地球绕太阳公转的确凿证据。

弗里德里希·贝塞尔
（1784—1846）

德国天文学家，首次测量了地球与太阳以外的恒星的距离，开始了对宇宙真实尺度的认识。

亨丽埃塔·斯旺·莱维特
（1868—1921）

美国天文学家，发现了某些可测量恒星的亮度与脉动周期之间的关系。

埃德温·哈勃
（1889—1953）

美国天文学家，确定了银河系以外遥远星系的存在，并随后发现了宇宙的膨胀。

名词表

周年光行差
由于地球在每年的轨道运动中方向的变化而导致恒星视觉位置发生偏移的现象（与视差不同）。

以太
亚里士多德宇宙学中的“第五元素”——一种倾向于进行完美圆周运动的不朽物质，行星和恒星的球体由其组成。

地平纬度；地平高度
天体与地平线之间的角距离（沿经天顶与该天体的大圆测量）。

角直径
天空中的物体在视觉上的大小，根据远处观察者看到的物体边缘之间的角度来衡量。

远日点
行星轨道上离太阳最远的点。类似地，远地点是月球轨道上离地球最远的点。

浑仪
以地球或太阳为中心的天球模型，用于理解和预测恒星和行星的运动。

星盘
一种传统的天文仪器，结合了测量角度的工具和用于预测天体位置的活动星图。

占星术
将太阳、月球和行星等天体的运动与地球上的事件联系起来的一些古老传统。

方位角
画一条连接天顶点与该天体的线，这条线与地平有一个交点。该交点与地平上的正北点或正南点之间的夹角，就是该天体的方位角。

制图学
地图制作的技艺与科学，主要关注如何将地球表面（或“天球”）上的位置准确地转换到平面图或地球仪、天球仪上。

天球坐标系
用于确定天空中的物体位置的坐标系统——包括地平坐标（高度和方位角）、赤道坐标（赤经和赤纬）和黄道坐标等。

天赤道
一条环绕天空的假想线，位于南北天极之间正中的位置，对应于地球赤道平面在天空中的延展。

天极
天空中正对地球南北极的两个点，由于地球的每日自转，天空似乎围绕着这两个点旋转。

天球
现代天文学中围绕地球的假想球体，天球上天体的位置可以通过天球坐标系确定。

彗星
一种小型冰质天体，通常沿高度椭圆形的轨道运行，返回内太阳系的周期一般为数十年、数个世纪或更长时间，来自太阳的热量导致它形成模糊的彗发和拉长的彗尾。

合
两个天体具有相同的黄经或赤经。

星座
传统上指由天上星辰偶然排列而成的图案，人们将其与神话人物、动物或具有文化意义的器具联系起来。现代天文学家将88个星座定义为独特的区域，这些区域合在一起可以涵盖整个天空。

哥白尼学说
见“日心说”。

赤纬
沿穿过两个天极的线测量的天赤道与恒星或其他天体之间的角度。

均轮
在复杂的太阳系地心模型中，本轮所绕转的较大圆。

度
角度的常用度量单位。一个完整的圆为360度，每度又可被细分为60角分，1角分为60角秒。

位
一种表示天文角度或范围的传统单位，对应于太阳或月球视直径的1/12。

偏心率
表示椭圆（例如轨道）偏离完美圆的程度的数值。圆的偏心率为0，高度拉长的椭圆的偏心率可以接近但不能达到1。

食
一个天体从另一个天体前方经过的天文事件。

黄道
一条围绕天空的假想线，与天赤道具有23.5度的夹角，标记着太阳在一年中穿过黄道带星座的视觉轨迹。由于太阳的视运动实际上是地球的公转运动导致的，因此黄道也是地球公转平面的延伸。这一平面通常也被视为整个太阳系的基准平面。

黄纬
沿穿过两个黄极的线测量的黄道与恒星或其他天体之间的角度。

黄经
沿着与黄道平行的线测量，自春分点向该平行线所作垂线出发，向东到天体的度数。

黄极
黄道南北90度的点，由于岁差，天极似乎围绕这些点非常缓慢地旋转。

元素（亚里士多德学说）
亚里士多德物理学中构成宇宙的传统物质：月下界域的土、水、气、火以及天上的以太。在这一框架中，自然界的运动可以由各物质上升或下降以回归其应有位置的倾向解释。

椭圆
封闭而均匀的曲线，看起来像是沿一个轴延伸的圆，两个焦点位于中心两侧，与中心距离相等。物体在引力的影响下沿着椭圆轨道运动，被绕转的主体位于两个焦点之一。

距角
地球内侧行星（水星或金星）相对于太阳以西或以东的角间距。

本轮
圆心位于大圆周上的小圆。在古典晚期和中世纪的地心宇宙模型中，人们令行星位于转动的本轮上，以解释它们的复杂运动。

偏心匀速点；均衡点
托勒密地心体系中引入的概念，行星以恒定的角速度围绕该点运动。通过引入偏心匀速点，托勒密体系可以保留匀速和圆周运动的古典理想，同时更准确地预测行星在天空中的路径。

春分点
太阳沿黄道从南半球到北半球运行过程中，于北半球春分时穿过天赤道的点。春分点（用符号 ♈ 表示）是黄道和赤道坐标系的参考点。

恒星
看似恒定不变的点状光源，组成了星座，并且除了每天围绕天空转一圈外，没有额外的复杂运动。在哥白尼以前的天文学中，恒星被想象为位于行星外侧的天球层上的点。

地心说
传统且曾是公认的观点，认为地球是静止的，位于宇宙的中心，太阳、月球、行星和恒星以不同的速度围绕地球运动。

百分度
角度的度量，今天主要用于测绘；1百分度是直角的1/100，所以100百分度对应90度。

引力
具有质量的物体之间的吸引力，与它们的质量和它们之间的距离有关。地球对它附近物体的引力称为重力。

大圆
围绕球体表面绘制的任何平面通过球心的圆，因此具有最大周长。黄道、天赤道、穿过两个天极的经线等都是大圆。

日心说
该观点认为太阳位于太阳系的中心，地球是围绕它运行的行星家族中的第三个行星。

宫（黄道）
传统上与太阳穿过的黄道星座有关的天空区域。在多佩尔迈尔的语境中，指一种将黄道划分为每段大约30度的12个相等部分的方法。

倾角
一个轨道相对于另一个轨道倾斜的角度。

惯性
物体在不受外力时保持其原有的静止或匀速直线运动状态不变的倾向。

下合
行星位于地球和太阳之间的

“合”（尽管由于其轨道的倾斜，该行星可能位于太阳的上方或下方）。只有金星和水星可以发生这种事件。

内侧行星
托勒密天文学中，本轮总与地球上看到的太阳方向保持一致的行星（与外侧行星相对）。在哥白尼体系中，指比地球更接近太阳的行星。

纬度
地球或其他球体表面的位置坐标，以赤道以北或以南的度数测量。

经度
地球或其他球体表面的位置坐标，沿地球赤道的东西方向测量，以选定的子午线以东或以西度数表示。

月食
满月时，地球经过月球和太阳之间且其阴影完全覆盖月球表面的事件。

子午圈
天空中穿过两个天极以及观测者的天底和天顶的一条线。子午圈在正北与正南点与地平线相接。天体穿过子午圈时，在观测者的天空中达到最大高度。

子午；南
表示方向“南”的传统词语，曾被欧洲地理学家和天文学家广泛使用。

月球
地球的天然卫星，首字母“M”大写；首字母为小写“m”时代表其他行星的天然卫星。

天底
观测者脚下正下方的点，与天顶相对。

交点
具有不同倾角的轨道平面相交的两个点之一，当与该点精确对齐时，可以发生日食或凌日等现象。

掩
一个天体从另一个天体前方经过并将其遮挡的事件，通常用于描述恒星消失于行星后方，或行星和恒星在月球后面消失的现象。

冲
外侧行星（如火星、木星和土星）在天空中位于与太阳完全相反的方向，此时它们距离地球最近。

轨道
一个物体在引力影响下绕另一个物体运动的路径，通常为椭圆形。

视差
由于地球在每年的公转运动中所处位置的不同而导致的恒星视方向的微小偏移（与周年光行差不同）。视差偏移的大小与恒星和地球的距离成反比。

半影
月球未完全遮挡太阳的日食期间月球投下部分阴影的区域。多佩尔迈尔也使用这一词汇指代月食时月球表面上的阴影。

近日点
行星轨道上离太阳最近的点。类似地，近地点是月球轨道上离地球最近的点。

相
球形天体看起来的形状变化，是由于地球所见的该天体日照半球的面积不同而产生的。

行星
绕着太阳公转，共有8个，尽管最外侧的天王星和海王星在多佩尔迈尔时代还未被发现。

平面星图；活动星图
一种传统工具，用于计算在特定位置的特定日期和时间可见的恒星。

岁差
地球的极点25800年一周的“摆动”造成的星座方位缓慢变化，导致天极的位置发生变化，并使春分点沿黄道缓慢移动。

宗动天
引起行星运动的“原动力”或发源，是地心宇宙体系的最外层球壳，位于恒星天之外，为所有内部球层提供旋转运动。

投影
制图师用于将测量自真实或表观球体的位置（如恒星坐标）转移到平面地图或图表上的数学系统。

象限仪
一种传统仪器，由摆动瞄准杆和带刻度的四分之一圆组成，有时安装在精确对齐的墙上，用于测量天体的高度。

折射
光穿过不同材料时发生弯曲的效应。由于与真空相比，地球大气层中的光速较慢，因此折射会影响天体位置的测量结果。

逆行
行星运动的一种。在这种运动中，天体在恢复其正常的“顺行”（自西向东）路线之前，似乎会在背景恒星的衬托下减速、停止并向后移动。

赤经
沿着与天赤道平行的线测量，自春分点向该平行线所作垂线出发，向东到天体的度数。现以时、分、秒表示，但历史上曾有过多种角度表示方法。

卫星
在引力的影响下绕另一个天体运行的任何物体。

七星；北
表示方向“北”的传统词语，曾被欧洲地理学家和天文学家广泛使用。

日食
在地球表面看到月球经过太阳前方的事件，此时月球部分或全部遮挡太阳。日全食需要日、月、地精确对准，并且只能在地球上有限的区域看到。

天球层；天
地心宇宙论中的一系列旋转的同心球层，由不可见的晶体材料组成，行星和其他天体位于其上。

月下界域
亚里士多德宇宙论中位于月球下方的多变领域，充满了土、水、空气和火这四种经典元素。这一领域中的物体倾向于直线运动。

太阳
太阳系中心的炽热天体，照亮了周围的所有天体。哥白尼革命使人们很快意识到，太阳只是无数恒星中的一颗。

日晷
一种利用太阳方位找到某个位置的地方时的设备，其基础是被称为日晷仪标杆的棒子投射的影子。

太阳黑子
太阳表面的黑斑，随着太阳自转而在太阳表面移动。

上合
行星恰位于太阳另一侧的“合”（尽管由于其轨道的倾斜，该行星可能位于太阳的上方或下方）。

外侧行星
托勒密天文学中，本轮与地球和太阳方向的对准方式可变的行星（与内侧行星相对）。在哥白尼体系中，指比地球更远离太阳的行星。

凌
较小物体经过较大物体表面的事件——例如水星或金星从太阳前方经过，或者卫星从木星前方经过。

第谷体系
一种宇宙体系，其中行星绕太阳运行，但太阳绕地球转动。第谷·布拉赫提出这一模型以解决当时的纯粹日心体系的问题。

本影
日全食期间月球投下深影的区域。

天顶
观测者头顶正上方的点，与天底相对。

黄道带
黄道穿过的12个古老的星座围成的条带，太阳的周年视觉运动仿佛经过这一区域。这里也是行星最常出现的地方。目前，岁差的影响令黄道也穿过了第十三个星座——蛇夫座。

延伸阅读

约翰·加布里尔·多佩尔迈尔的作品

- Doppelmayr, Johann Gabriel and Johann Christoph Sturm, *Optico-physical dissertation on the camera obscura* (Altdorf: Meyer, 1699)
- Doppelmayr, Johann Gabriel, *Detailed explanation of two new Homann charts, on the Copernico-Huygenian solar system and the European eclipse* (Nuremberg: Johann Baptist Homann, 1707)
- Doppelmayr, Johann Gabriel, *Gnomonica, or thorough instruction of how to set up all regular sundials* (Nuremberg: Johann Christoph Weigel, 1708)
- Doppelmayr, Johann Gabriel, *Short introduction to the noble astronomy* (Nuremberg: Johann Baptist Homann, 1708)
- Doppelmayr, Johann Gabriel, *A short summary of the physical experiments and artistic tests presented and demonstrated in the so-called Collegium Curiosum* (Nuremberg: 1716)
- Doppelmayr, Johann Gabriel, *New and thorough instructions on the placement of sundials* (Nuremberg: Johann Christoph Weigel, 1719)
- Doppelmayr, Johann Gabriel, *Historical account of the Nuremberg mathematicians and artists* (Nuremberg: Peter Conrad Monath, 1730)
- Doppelmayr, Johann Gabriel, *Illustrated physical experiments, or natural science promoted through many experiments and artistic tests demonstrated in the so-called Collegium Curiosum* (Nuremberg: Rüdiger, 1731)
- Doppelmayr, Johann Gabriel, *The Atlas of the Heavens, in which the world is to be seen, and in the same place the phenomena of the wandering and fixed stars* (Nuremberg: Heirs of Homann, 1742)
- Doppelmayr, Johann Gabriel, *Newly discovered phenomena due to admirable effects of nature arising from electrical power that accrues to nearly all bodies* (Nuremberg: Endter & Engelbrecht, 1744)

其他著作

- Allen, Richard Hinckley, *Star Names: Their Lore and Meaning* (New York: Dover, 1963)
- Astronomical Society of Malta and National Library of Malta, *Respicite Astra: A Historic Journey in Astronomy through Books* (Valetta: National Library of Malta, 2010)
- Bernardini, Gabriella, *Giovanni Domenico Cassini: A Modern Astronomer in the 17th Century* (New York: Springer, 2017)
- Bernhard Cantzler et al., *A summary of practical geometry*, trans. Johann Gabriel Doppelmayr (Nuremberg: Wolfgang Moritz Endter, 1718)
- Bion, Nicolas, *A further opening of the new mathematical work-school*, trans. Johann Gabriel Doppelmayr (Nuremberg: Peter Conrad Monath, 1717)
- Bion, Nicolas, *A third opening of the mathematical work-school of Nicolas Bion, describing the preparation and use of various astronomical instruments*, trans. Johann Gabriel Doppelmayr (Nuremberg: Peter Conrad Monath, 1721)
- Bion, Nicolas, *The newly opened mathematical work-school, or thorough instructions of how to use mathematical instruments not only properly and correctly, but also to make them in the best and most accurate manner*, trans. Johann Gabriel Doppelmayr (Frankfurt, Leipzig & Nuremberg: Hofmann, 1712)
- Borbrick, Benson, *The Fated Sky: Astrology in History* (New York: Simon & Schuster, 2005)
- Buchwald, Zed J. and Robert Fox, *The Oxford Handbook of the History of Physics* (Oxford: Oxford University Press, 2013)
- Chapman, Allan, *Stargazers: Copernicus, Galileo, the Telescope and the Church* (Oxford: Lion Books, 2014)
- Christianson, John Robert, *Tycho Brahe and the Measure of the Heavens* (London: Reaktion Books, 2020)
- Drake, Stillman, 'Galileo's First Telescopic Observations', *Journal for the History of Astronomy*, 7, 3 (1976), 153–68
- Drake, Stillman, *Galileo at Work: His Scientific Biography* (Chicago: University of Chicago Press, 1978)
- Duerbeck, Hilmar W., *A Reference Catalogue and Atlas of Galactic Novae* (Chicago: University of Chicago Press, 1987)
- Ferguson, Kitty, *Tycho and Kepler: The Unlikely Partnership that Forever Changed our Understanding of the Heavens* (New York: Walker & Company, 2002)
- Gaab, Hans, 'Johann Gabriel Doppelmayr (1677–1750)', *Beitrage zur Astronomiegeschitchte*, band 4, in *Acta Historia Astronomiæ*, 13 (Frankfurt: Verlag Harri Deutsch, 2001), 46–99
- Gingerich, Owen, *The Book Nobody Read: Chasing the Revolutions of Nicolaus Copernicus* (London: William Heinemann, 2004)
- Graney, Christoper M., *Setting Aside All Authority: Giovanni Battista Riccioli and the Science against Copernicus in the Age of Galileo* (Notre Dame, IN: University of Notre Dame Press, 2015)
- Heilbron, John L., *Galileo* (Oxford: Oxford University Press, 2010)
- Hirshfeld, Alan, *Parallax: The Race to Measure the Cosmos* (New York: Henry Holt and Company, 2001)
- Hoskin, Michael (ed.), *Cambridge Illustrated History of Astronomy* (Cambridge: Cambridge University Press, 1997)
- Inwood, Stephen, *The Man Who Knew Too Much: The Strange and Inventive Life of Robert Hooke* (London: Macmillan, 2003)
- Irby-Massie, Georgia L. and Paul T. Keyser, *Greek Science of the Hellenistic Era: A Sourcebook* (London: Routledge, 2002)
- Kanas, Nick, *Star Maps: History, Artistry, and Cartography* (3rd edn) (New York: Springer, 2019)
- Koestler, Arthur, *The Sleepwalkers: A History of Man's Changing Vision of the Universe* (London: Pelican, 1970)
- Lankford, John (ed.), *History of Astronomy: An Encyclopedia* (New York: Garland Publishing, 1997)
- Nasim, Omar, *Observing by Hand: Sketching the Nebulae in the Nineteenth Century* (Chicago: University of Chicago Press, 2014)
- Pilz, Kurt, *600 Jahre Astronomie in Nürnberg* (Nuremberg: Verlag Hans Carl, 1977)
- Rogers, John H., 'Origins of the Ancient Constellations I and II', *Journal of the British Astronomical Association*, 108, 1, 2 (1998), 9–28; 79–89
- Rousseau, A. and S. Dimitrakoudis, 'A Study of Catasterisms in the "Phaenomena" of Aratus', *Mediterranean Archaeology and Archaeometry*, 6, 3 (2006), 111–19
- Sandler, C., *Johann Baptista Homann, die Homännischen Erben, Matthäus Seutter und ihre Landkarten* (Amsterdam: Meridian Publishing Co., 1979)
- Savage-Smith, Emilie, 'Celestial Mapping', in *The History of Cartography, Volume 2, Book 1: Cartography in the Traditional Islamic and South Asian Societies* (Chicago: University of Chicago Press, 1992), 12–70
- Seargent, David, *The Greatest Comets in History: Broom Stars and Celestial Scimitars* (New York: Springer, 2009)
- Sobel, Dava, *Longitude* (London: 4th Estate, 1995)
- Streete, Thomas, *Astronomia Carolina, a new theory of celestial motion*, trans. Johann Gabriel Doppelmayr (Nuremberg: Andreas Otto, 1705)
- Toomer, G. J., *Ptolemy's Almagest* (Princeton, NJ: Princeton University Press, 1998)
- Walker, Christopher (ed.), *Astronomy Before the Telescope* (London: British Museum Press, 1996)
- Wilkins, John, *John Wilkins's defence of Copernicus, in two parts*, trans. Johann Gabriel Doppelmayr (Leipzig: Peter Conrad Monath, 1713)
- Williams, M. E. W., 'Flamsteed's Alleged Measurement of Annual Parallax for the Pole Star', *Journal for the History of Astronomy*, 10, 2 (1979), 102–16
- Wilson, Curtis, 'On the Origin of Horrocks's Lunar Theory', *Journal for the History of Astronomy*, 18, 2 (1987), 77–94
- Woolard, Edgar W., 'The Historical Development of Celestial Coordinate Systems', *Publications of the Astronomical Society of the Pacific*, 54, 318 (1942), 77–90
- Wulf, Andrea, *Chasing Venus: The Race to Measure the Heavens* (London: William Heinemann, 2012)

图片来源

除非另外说明，所有多佩尔迈尔《天图》图像均来自戴维·拉姆齐地图中心（David Rumsey Map Collection）

本书团队已尽一切努力寻找本书中转载材料的版权所有者并注明出处。作者和出版商对任何遗漏或错误表示歉意，并将在以后的版本中将其更正。

a=上
c=中
b=下
l=左
r=右

4–5 Universitätsbibliothek Freiburg i. Br., J 8564, b, S. 18
8 Fine Art Images/Heritage Images/Getty Images
9 ESA/Hubble & NASA, J. Lee and the PHANGS-HST Team
12–13 *Harmonia macrocosmica seu atlas universalis et novus*, Andreas Cellarius, 1708
14l © The Trustees of the British Museum
14c © History of Science Museum, University of Oxford, inventory no. 40, 443
14r © History of Science Museum, University of Oxford, inventory no. 49296
15l *Templum S: Egidy cum Gymnasis*, Johann Andreas Graff, Jeremias Wolf, 1695–1725
15r *Maxplatz*, Johann Andreas Graff, 1693
16 Wellcome Library, London
17 Eimmart Observatory at Vestnertor Bastion of Nürnberg Castle, Johann Adam Delsenbach, 1716
18 *Johann Wilhelm Winter*, Johann Baptist Homann, 1728–1750
19 *1706 map of Europe during the Solar eclipse of May 12*, Johann Gabriel Doppelmayr, Johann Homann, 1706
20–21 © Mathematisch-Physikalischer Salon, Staatliche Kunstsammlungen Dresden, Photo: Peter Müller
24–25 Courtesy of The Linda Hall Library of Science, Engineering & Technology
26 *Harmonia macrocosmica seu atlas universalis et novus*, Andreas Cellarius, 1708
27 Bibliothèque nationale de France, département Cartes et plans, GE EE-266 (RES)
28l © Bibliotheque Mazarine/ © Archives Charmet/Bridgeman Images
28r Bibliothèque nationale de France. Département des Manuscrits. Grec 1401
29 © Bodleian Libraries, University of Oxford
32 Private Collection
33 *Sphaera armillaris; Instrumentum artificiale orrery ab inventore appellatum*, T. C. Lotter, 1774
39, 45 *Harmonia macrocosmica seu atlas universalis et novus*, Andreas Cellarius, 1708
50–51 *Tychonis Brahe Astronomiæ instauratæ mechanica*, Tycho Brahe, 1598
52 Photo © RMN-Grand Palais (domaine de Chantilly) © Michel Urtado
53 © British Library Board. All Rights Reserved/Bridgeman Images
54 *Tabulae Rudolphinae: quibus astronomicae*, Johannes Kepler, 1571–1630
55 Courtesy of The Linda Hall Library of Science, Engineering & Technology
60–61 Images owned by the Complutense University of Madrid
62–63 Library of Congress, Washington DC
68 The Picture Art Collection/Alamy Stock Photo
69 © British Library/Bridgeman Images
74–75 Photos © RMN-Grand Palais (domaine de Chantilly) © René-Gabriel Ojeda
76 Wellcome Library, London
77 Artokoloro/Alamy Stock Photo
83 The Digital Walters, W. 73, Cosmography
88 Metropolitan Museum of Art, New York, The Elisha Whittelsey Collection, The Elisha Whittelsey Fund, 1959
89 *Tychonis Brahe Astronomiæ instauratæ mechanica*, Tycho Brahe, 1598
94 *Description de l'Univers*, Alain Manesson Mallet, Paris, 1683
95l *Astronomia Mova Aitiologetos Sev, Physica coelestis*, Johannes Kepler, Tycho Brahe, 1609
95r *Astronomy explained upon Sir Isaac Newton's Principles*, James Ferguson, 1794
100–101 Leemage/UIG via Getty Images
102l National Archives of Belgium, Hand drawn maps and plans, Inv. Series II, no. 7911
102r *Mundus subterraneus, in XII libros digestus*, Athanasius Kircher, 1678
103 *Ars Magna Lucis et Umbrae*, Athanasius Kircher, 1671
108 Maria Clara Eimmart (Nuremberg 1676–1707), Lunar phase observed on 29 August 1697, Nuremberg, late XVII cen., (Inv. MdS-124e) mixed media on paper, Alma Mater Studiorum Università di Bologna, Sistema Museale di Ateneo, Museo della Specola
109 Maria Clara Eimmart (Nuremberg 1676–1707), Full Moon, Nuremberg, late XVII cen., (Inv. MdS-124c), mixed media on paper, Alma Mater Studiorum Università di Bologna, Sistema Museale di Ateneo, Museo della Specola
110 Wellcome Library, London
111 Historic Illustrations/Alamy Stock Photo
116 The Metropolitan Museum of Art, The Elisha Whittelsey Collection, The Elisha Whittelsey Fund, 1960
117 *Johannis Hevelii Selenographia, sive, Lunae descriptio*, Johannes Hevelius, 1647
118 *La cosmographie de Pierre Apian*, Peter Apian, 1544
119 *A Description of the Passage of the Shadow of the Moon over England, In the Total Eclipse of the Sun, on the 22d Day of April 1715 in the Morning*, Edmund Halley, I. Senex and William Taylor, 1715
124–125 Copyright of the University of Manchester
126 Library Of Congress/Science Photo Library
127l *Cristiani Hugenii Zulichemii, Const. f. Systema Saturnium*, Christiaan Huygens, 1659
127r Eth-Bibliothek Zürich/Science Photo Library
132 *Introductio geographica Petri Apiani in doctissimas Verneri annotationes*, Peter Apian, 1533
133 Cambridge University Library, RGO 14/30, fol. 504
138 Metropolitan Museum of Art, New York, Rogers Fund, 1919
144–145 Leiden University Libraries, VLQ 79
147l *Harmonia macrocosmica seu atlas universalis et novus*, Andreas Cellarius, 1708
147r *Atlas Celeste de Flamsteed*, John Flamsteed, M. J. Fortin, 1776
152–153 The Metropolitan Museum of Art, New York, Rogers Fund, 1913
155 Österreichische Nationalbibliothek Wien, Cod. 5415, fol. 168r (E 4561-C)
160 Wellcome Library, London
161l *Blaeu Atlas Maior*, Joan Blaeu, 1665
161r Utrecht University Library, Mag: AC 62 Rariora (Vol. 1)
167 David Rumsey Map Collection www.davidrumsey.com
172 © Interfoto Scans www.agefotostock.com
173 Interfoto/Alamy Stock Photo
178–179 *Uranometria*, Johann Bayer, 1661
184–185 *Firmamentum Sobiescianum sive Uranographia*, Johannes Hevelius, 1687
190–191 *Atlas Celeste de Flamsteed*, John Flamsteed, M. J. Fortin, 1776
196–197 Courtesy of The Linda Hall Library of Science, Engineering & Technology
202–203 David Rumsey Map Collection www.davidrumsey.com
205 Library of Congress, Washington DC
210 *The Augsburg Book of Miracles*, c. 1550
211 *Theatrum cometicum, duabus partibus constans*, Stanislaw Lubieniecki, 1668, Biblioteka Narodowa, Poland
216–217 *Kometenbuch*, 1587. Nordostfrankreich bzw. Flandern.
218 *De nova et nullius ævi memoria prius visa stella jam pridem Anno a nato Christo 1572 mense Novembr*, Tycho Brahe, 1573
219 *De stella nova in pede serpentarii, et qui sub eius exortum de novo iniit, Trigono Igneo*, 1606/Private Collection/Photo © Christie's Images/Bridgeman Images
224 *Somnivm seu opvs posthvmvm de astronomia lvnari*, Johannes Kepler, 1634
225 Antiqua Print Gallery/Alamy Stock Photo
234 Rare Book Division, The New York Public Library
236 The Monument, Sutton Nicholls, 1725–1728, British Library, London
237 © National Maritime Museum, Greenwich, London
238 *Abhandlungen von Friedrich Wilhelm Bessel*, Vol. 2, Friedrich Wilhelm Bessel, Leipzig, 1872
239 *Philosophical Transactions of the Royal Society of London*, 1811, Wellcome Library, London
240 David Rumsey Map Collection www.davidrumsey.com
241 Courtesy of Carnegie Institution for Science
242 Library of Congress, Washington DC
243 *Results of astronomical observations made during the years 1834, 5, 6, 7, 8, at the Cape of Good Hope*, John F. W. Herschel, 1847
244 *Philosophical Transactions of the Royal Society of London*, Vol. 140, Royal Society, 1850
245l *Monograph of the central parts of the nebula of Orion*, Edward Singleton Holden, 1882
245r STScI, Hubble Heritage
248al Wellcome Library, London
248ac *Les vrais pourtraits et vies des hommes illustres grecz, latins et payens*, André Thevet, 1584
248ar *Johannis Hevelii Selenographia, sive, Lunae descriptio*, Johannes Hevelius, 1647
248cl Hulton Archive/Getty Images
248cc The Museum of Fine Arts, Sarah Campbell Blaffer Foundation, Houston
248cr ZU_09
248bl Wellcome Library, London
248bc *Uranometria*, Johann Bayer, 1603
248br Ian Dagnall Computing/Alamy Stock Photo
249al Chronicle/Alamy Stock Photo
249ac Wellcome Library, London
249ar Georgios Kollidas/Alamy Stock Photo
249cl Wellcome Library, London
249cc Georgios Kollidas/Alamy Stock Photo
249cr Pictorial Press Ltd/Alamy Stock Photo
249bl Lebrecht Music & Arts/Alamy Stock Photo
249bc GL Archive/Alamy Stock Photo
249br Archive PL/Alamy Stock Photo

其　他

致谢

编写这本书需要对约翰·加布里尔·多佩尔迈尔以及文艺复兴和启蒙时期的天文学进行详尽研究。在这个过程中，我阅读了许多学术研究者的著作，如果没有他们，我是绝无可能完成这项工作的。其中许多作品我列在了“延伸阅读”中。由于很多原始文献是德文的，我还要深深感谢我的妻子卡特娅·赛博尔德（Katja Seibold）在帮助我理清某些棘手段落时的无尽耐心。

特别感谢那些同意审阅这本书并提供宝贵反馈和建议的审稿人，特别是研究多佩尔迈尔的权威汉斯·加布（Hans Gaab）的见解。

最后，我要感谢出版团队：泰晤士 & 哈德逊（Thames & Hudson）的伊莎贝尔·杰索普（Isabel Jessop）、弗洛伦斯·阿拉德（Florence Allard）、菲比·林斯利（Phoebe Lindsley）和苏珊娜·英格拉姆（Susanna Ingram），以及文字编辑贝姬·吉（Becky Gee），感谢你们在如此冗长且细节密集的项目中所做的努力；感谢简·莱恩（Jane Laing）和特里斯坦·德兰西（Tristan de Lancey）在形成写作概念和细心监督其孕育过程中的帮助；感谢卡伦·梅里坎加斯·达林（Karen Merikangas Darling）在芝加哥对这本书的贡献和帮助。

特别感谢马丁·里斯为本书作序。

关于本书作者

贾尔斯·斯帕罗是一名专注于天文学和物理学的作家和编辑。他曾在伦敦大学学院学习天文学，并在帝国理工学院学习科学传播。他还是英国皇家天文学会的会士。他为众多书籍、杂志和百科全书撰写文章，涵盖了广泛的主题，从前沿的空间技术到科学史，从遥远的星座到考古学。

他经常为杂志撰写文章，这些杂志包括《关于太空的一切》（*All About Space*）和《夜空》（*Sky at Night*）等。他还是畅销书《宇宙》（*Cosmos*）、《亲历宇宙史》（*A History of the Universe in 21 Stars*）、《太空飞行》（*Space flight*）和《太空是什么形状的》（*What Shape is Space? A primer for the 21st century*）（来自泰晤士－哈德逊的《大理念》系列）的作者。

关于马丁·里斯

马丁·里斯（拉德洛的里斯男爵，功绩勋章获得者、英国皇家学会院士）是一位天体物理学家和宇宙学家，也是英国皇家天文学家。他曾任剑桥大学三一学院院长（2004—2012年）和英国皇家学会主席（2005—2010年）。2012年，他与他人共同创立了研究全球灾难威胁和减少其风险的跨学科研究中心——生存风险研究中心（Centre for the Study of Existential Risk）。

他发表过500多篇研究论文，涉及黑洞、伽马射线暴、多重宇宙和星系起源等主题。除了学术研究，他还是许多通俗读物的作者，其中包括《人类未来》（*On the Future: Prospects for Humanity, Our Cosmic Habitat*）和从英国广播公司电台四台“里思讲座”（Reith Lectures）系列中改编而来的《从当前到无限：科学的眼界》（*From Here to Infinity: Scientific Horizons*）。

封面和书脊：图片来自《天图》，由戴维·拉姆齐地图中心提供

卷首及卷尾空页大理石纹纸：RTRO/Alamy图库

第3页：哥白尼太阳系模型的细节摘自《天图》的图页2。

第4—5页：此页描绘了一对沿黄道线划分的两半天球，有时作为附加图页包含在《天图》的后续版本中。尽管图页的补充细节随着雕版的修改而有所变化，但该天图最初的作者一般被认为是纽伦堡天文台的创始人兼首任台长格奥尔格·克里斯托夫·艾姆马尔特。

第10页：这些星座的详细信息摘自《天图》的图页2。

第22页：图表摘自《天图》的图页3、4和6，描述了天体的相对大小、太阳系的假设模型和行星的运动。

第234页：法国艺术家和天文学家艾蒂安·利奥波德·特鲁夫洛（Étienne Léopold Trouvelot，1827—1895）绘制的一系列令人惊叹的天体现象插图的细节。移居美国后，特鲁夫洛在哈佛学院天文台和美国海军天文台工作，创作了数以千计的画作，包括这些精美的粉彩画。